“十三五”国家重点出版物出版规划项目
面向可持续发展的土建类工程教育丛书

可持续发展导论

主　编　李永峰　李巧燕　杨倩胜辉
副主编　张　颖
参　编　肖梓良　赵　璐　尉　红　李传硕
主　审　施　悦

机 械 工 业 出 版 社

本书以可持续发展研究为中心，分5篇介绍了可持续发展的相关概念及其主要内容。概述篇包括可持续发展的形成与发展、可持续发展的基本原理、我国的可持续发展等。经济可持续发展篇包括经济与可持续发展、循环经济与可持续发展、绿色GDP与绿色消费、环境经济手段等。社会可持续发展篇包括人口、城市化与可持续发展，科技文化教育与可持续发展，减灾扶贫与可持续发展等。生态可持续发展篇包括生态文明建设与可持续发展、自然资源与可持续发展、环境保护与可持续发展、生物多样性与可持续发展。可持续发展系统的构建和评估篇包括可持续发展系统的构建与应用、可持续发展的测度方法、可持续发展的评估体系与方法、可持续发展评估模型及应用。

本书可作为高等学校的土木工程、环境工程、环境科学、市政工程及其他相关专业本科生可持续发展课程的教学用书，也可作为环境行业从业人员的参考书。

图书在版编目（CIP）数据

可持续发展导论/李永峰，李巧燕，杨倩胜辉主编．—北京：机械工业出版社，2021.12（2025.1重印）
（面向可持续发展的土建类工程教育丛书）
"十三五"国家重点出版物出版规划项目
ISBN 978-7-111-69578-3

Ⅰ.①可…　Ⅱ.①李…②李…③杨…　Ⅲ.①可持续性发展-高等学校-教材　Ⅳ.①X22

中国版本图书馆CIP数据核字（2021）第230428号

机械工业出版社（北京市百万庄大街22号　邮政编码100037）
策划编辑：马军平　　　责任编辑：马军平
责任校对：李　杉　王明欣　封面设计：张　静
责任印制：李　昂
北京捷迅佳彩印刷有限公司印刷
2025年1月第1版第3次印刷
184mm×260mm · 22印张 · 546千字
标准书号：ISBN 978-7-111-69578-3
定价：69.00元

电话服务　　　　　　　　网络服务
客服电话：010-88361066　机　工　官　网：www.cmpbook.com
　　　　　010-88379833　机　工　官　博：weibo.com/cmp1952
　　　　　010-68326294　金　　书　　网：www.golden-book.com
封底无防伪标均为盗版　机工教育服务网：www.cmpedu.com

前言

可持续发展概念主要着眼于环境与经济社会发展的关系问题，强调环境保护、经济发展、社会进步这三者之间的协调发展；生态文明理念以可持续发展理论为基础，从人类社会文明转型的历史视角和中国特色社会主义总体布局的内在要求，强调人与人、人与自然关系的和谐。

可持续发展的研究是环境保护工作的重要组成部分，其研究正由最初的定性探讨阶段逐步进入定量评估阶段，可持续发展的研究从经济、社会、生态，系统学构建及哲学思考开展，环境保护工作的开展需要每一个人的参与，更需要唤醒人们的可持续发展意识，提高环境保护意识。

本书主要介绍了可持续发展的相关概念，如可持续发展的内涵、可持续发展原理等，并从经济、社会、系统学构建、生态和可持续发展哲学方面进行全方位的介绍，可以让读者更全面地了解可持续发展。从传统的生态可持续发展到经济可持续发展，需要进行可持续发展的定量研究，并得到可持续发展的社会学乃至可持续发展相关哲学的支持。同时希望本书的出版能够使更多读者参与到环境保护的行动中来，为地球的可持续发展尽一份力量。

本书由李永峰、李巧燕和杨倩胜辉任主编，张颖任副主编。具体分工如下：第1章由李永峰编写；第2章～第6章由李巧燕编写；第7章及第8章的8.1、8.2节由杨倩胜辉编写；第8章的8.3～8.8节由张颖、李永峰编写；第9章～第11章由李传硕、李永峰编写；第12章、第13章由肖梓良、李巧燕编写；第14章、第15章由尉红、李巧燕编写；第16章～第18章由赵璐、李巧燕编写。

本书的编写及出版得到了国际青年科学基金（51108146）和教育部高等学校博士点基金（20120232912002）的支持，并得到“黑龙江省自然科学基金项目（E201354）”“十二五国家科技计划项目（2011BAD8B0103）”的技术成果与资金的支持，特此感谢。

本书在编写过程中参考了许多中外文献，在此向相关文献作者表示诚挚的谢意。本书由施悦教授主审，在此深表感谢。

限于编者水平，书中可能存在不妥之处，真诚希望广大读者批评指正。

编　者

目 录

第 5 篇　可持续发展系统的构建和评估

第1篇　概　述

第1章　可持续发展的形成与发展

1.1　可持续发展的形成

朴素的可持续发展思想古已有之。例如，中国古代即有“与天地相参”的思想，西方经济学家马尔萨斯、李嘉图和穆勒等也较早认识到人类消费的物质限制，即人类的经济活动范围存在着生态边界。现代可持续发展思想的产生源于工业革命后人类生存发展所需的环境和资源遭到日益严重的破坏，人类开始用驻足全球的眼光看待环境问题，并就人类前途的问题展开了大论战。从20世纪60年代《寂静的春天》开始，经过增长有无极限的争论，到1972年第一次召开联合国人类环境会议，人类对环境的问题日益关心。1981年美国世界观察研究所所长布朗先生的《建设一个可持续发展的社会》一书问世，1987年《我们共同的未来》的发表，都表明世界各国对可持续发展理论有了不断深入的研究。1992年6月，联合国环境与发展大会（UNCED）在巴西里约热内卢召开，大会通过了《21世纪议程》，更是高度凝聚了当代人对可持续发展理论认识深化的结晶。可持续发展的主要历程如下（钱易、唐孝炎，2000）。

1.1.1　萌芽阶段

20世纪中叶，随着环境污染的日益加重，特别是西方国家公害事件的不断发生，环境问题日益成为困扰人类生存和发展的一个突出问题。20世纪50年代末，美国海洋生物学家蕾切尔·卡逊在潜心研究美国使用杀虫剂产生的种种危害后，于1962年发表了环境保护科普著作《寂静的春天》。他向世人呼吁，我们长期以来一直行驶的这条发展道路容易使人错认为是一条舒适、平坦的超级公路，而实际上，在这条公路的终点却有灾难在等待着，这条路的另一个岔路——一条“很少有人走过的”岔路——为我们提供了最后唯一的机会以保住我们的地球。不过“这个岔路”究竟是什么样的道路，卡逊没有确切提出。但作为环境保护的先行者，卡逊的思想在世界范围内引发了人类对自身行为和观念的深入反思。

1968年，来自世界各国的几十位科学家、教育家和经济学家等聚会罗马，成立了一个非正式的国际协会——罗马俱乐部。它的工作目标是：研究和研讨人类面临的共同问题，使国际社会对人类面临的社会、经济、环境等诸多问题有更深入的了解，并在现有全部知识的基础上推动能扭转不利局面的新态度、新政策和新制度。

受俱乐部的委托，以麻省理工学院 D. 梅多斯为首的研究小组，对长期流行于西方的高增长理论进行了深入的研究，并于 1972 年提交了俱乐部成立后的第一份研究报告——《增长的极限》。报告深刻阐明了环境的重要性及资源与人口之间的基本关系。报告认为：由于世界人口增长、粮食生产、工业发展、资源消耗和环境污染这 5 项基本因素的运行方式是指数增长而非线性增长，如果目前人口和资本的快速增长模式继续下去，世界将会面临一场“灾难性的崩溃”。也就是说，地球的支撑力将会达到极限，经济增长将发生不可控制的衰退。因此，要避免因超越地球资源极限而导致世界崩溃的最好方法是限制增长。

《增长的极限》一发表，在国际社会特别是在学术界引起了强烈的反响。该报告因在促使人们密切关注人口、资源和环境问题的同时，引发了反增长的观点而遭受到尖锐的批评和责难，从而引起了一场激烈的、旷日持久的学术之争。一般认为，由于受种种局限，《增长的极限》的结论和观点存在十分明显的缺陷。但是，报告指出的地球潜伏着危机、发展面临着困境的警告无疑给人类开出了一副清醒剂，它的积极意义毋庸置疑。《增长的极限》曾一度成为当时环境运动的理论基础，有力地促进了全球的环境运动，其阐述的“合理的、持久的均衡发展”，为可持续发展思想的产生奠定了基础。

1.1.2　初步形成

1972 年，来自世界 113 个国家和地区的代表汇聚一堂，在斯德哥尔摩召开了联合国人类环境会议，共同研讨环境对人类的影响问题。这是人类第一次将环境问题纳入世界各国政府和国际政治的事务议程。大会通过的《人类环境宣言》宣布了 37 个共同观点和 26 项共同原则。作为探讨保护全球环境战略的第一次国际性会议，联合国人类环境大会的意义在于唤起了各国政府对环境污染问题的觉醒和关注。它向全球呼吁：现在，我们在决定世界各地的行动时，必须更加审慎地考虑它们对环境产生的后果，由于无知或不关心，我们可能会给地球环境造成巨大而无法挽回的损失，因此，保护和改善人类环境是关系到世界各国人民幸福和经济发展的重要问题，是世界人民的迫切希望和各国政府的艰巨责任，也是人类的紧迫目标，各国政府和人民必须为全体人民及后代的利益而做出共同努力。

尽管大会对环境问题的认识还不够，也尚未确定解决环境问题的具体途径，尤其是没能找出问题的根源和责任，但它正式吹响了人类共同向环境问题挑战的军号，使各国政府和公众的环境意识，无论在广度上还是在深度上都向前大大地迈进了一步。

1.1.3　正式形成

20 世纪 80 年代开始，联合国成立了以挪威首相布伦特兰夫人为主席的世界环境与发展委员会（WECO），以制定长期的环境对策，帮助国际社会确立更加有效的解决环境问题的途径和方法。经过 3 年多的深入研究和充分论证，该委员会于 1987 年向联合国大会提交了经过充分论证的研究报告——《我们共同的未来》。报告将注意力集中在人口、粮食、物种和遗传资源、能源、工业和人类居住等方面，在系统探讨人类面临的一系列重大经济、社会和环境问题后，正式提出了“可持续发展”的模式。

报告深刻指出，过去我们关心的是经济发展对生态环境带来的影响，而现在我们正迫切地感到生态压力对经济发展的重大制约。因此，我们需要有一条崭新的发展道路，这条道路不是一条只能在若干年内、在若干地方支持人类进步的道路，而是一条直到遥远未来都能支持全人类共同进步的道路——“可持续发展道路”。这实际上就是卡逊在《寂静的春天》里没能给出答案的“另一条岔路”。布伦特兰鲜明、创新的科学观点，把人从单纯考虑环境保护的角度引导到环境保护与人类发展相结合，体现了人类在可持续发展思想认识上的重要飞跃。

1992 年 6 月，联合国环境与发展大会（UNECD）在巴西里约热内卢召开，共有 183 个国家的代表团和 70 个国际组织的代表出席了会议，102 位国家元首或政府首脑到会讲话。此次会议上，可持续发展得到了世界最广泛和最高级别的政治承诺。会议通过了《里约环境与发展宣言》和《21 世纪议程》两个纲领性文件。前者提出了实现可持续发展的 27 条基本原则，主要目的在于保护地球永恒的活力和整体性，建立一种全新的、公平的“关于国家和公众行为的基本原则”，是开展全球环境与发展领域合作的框架性文件；后者则建立了 21 世纪世界各国在人类活动对环境产生影响的各个方面的行动规则，为保障人类共同的未来提供了一个全球性措施的战略框架，是世界范围内可持续发展在各个方面的行动计划。此外，各国政府代表签署了联合国《气候变化框架公约》等国际文件及有关国际公约。大会为人类走可持续发展之路做了总动员，为人类的可持续发展矗立了一座重要的里程碑。

1.2 可持续发展的发展

可持续发展作为内涵极为丰富的一种全新的发展观念和模式，不同的研究者有不同的理解和认识，其具体的理论和内涵仍处在不断发展的过程中，但其核心是正确处理人与人、人与自然环境之间的关系，以实现人类社会的永续发展。

1.2.1 可持续发展对经济的影响

长期以来，人类在享受工业文明的丰富物质成果的同时，也经历了由此而来的生态灾难和环境危机。人们对自然的无节制的索取和浪费，才导致了资源的枯竭和环境的恶化。人类采取的不可持续生产方式，造成了人与自然环境的关系的不协调，以致出现了资源环境与经济发展的矛盾。解决这一矛盾的根本途径是改变人类自身的行为方式。

改变不可持续发展的生产方式，就是要解决经济发展与自然环境之间的矛盾。面对矛盾冲突的现实，既不能逃避也不能幻想以矛盾的一方来吃掉另一方，解决矛盾冲突的现实方法是创造一种适合矛盾运动的新模式。在环境与经济、保护与发展的矛盾中，不顾经济一直牺牲经济增长来进行单纯的保护并不难，反之不顾环境并以牺牲环境这样的方式解决矛盾冲突也不难，但唯一可行的是保护已增长的绿色经济形势，是有利于环境、资源的发展，是以保护为基础的发展。可持续发展思想是协作发展观，实质上是在承认并直接面对环境与经济、保护与发展的尖锐矛盾基础上的一种妥协，是权衡利弊的解决办法。可持续发展的思想要求既要保护环境又要经济发展，是使矛盾双方在一定区间内权衡与妥协。

既然可持续发展是一种权衡和妥协的战略，那么重要的是在实践中寻找一种双方协调发展的模式，通过这一模式把可持续发展实现为现实的经济。绿色经济就是这样的一种模式，它协调了环境与经济的矛盾，实现可持续发展的要求，因而成为可持续发展的微观基础。

可持续发展一词源于生态学，在国际文献中最早出现于 1980 年由国际自然同盟

(IUCN)制定发布的《世界自然保护大纲》，随着可持续发展的理论的逐步完善，不同学科从各自的角度对可持续发展进行了不同的阐述，但至今尚未形成比较一致的定义和公认的理论模式。

目前，在国际上认同度较高的“可持续发展”的概念为：“既满足当代人的需求，又不对后代人满足其需要的能力构成危害的发展”（WECD《我们共同的未来》）。其中“持续”意即“持续下去”或“保持继续提高”，对资源与环境而言，则应该理解为使自然资源能够永远为人类所利用，不至于引起过度消耗而影响后代人的生活与生产。“发展”则是一个很广泛的概念，它不仅体现为经济的增长、国民生产总值的提高、人民生活水平的改善，还体现在文学、艺术、科学、技术的昌盛，道德水平的提高，社会秩序的和谐，国民素质的改进等方面，发展既要有量的增长，还要有质的提高。

1.2.2 可持续发展更深一步进展

可持续发展的概念鲜明地表达了两个观点：一是人类要发展，尤其是发展中国家要发展；二是发展要有限度，不能危及后代人的发展能力。这既是对传统发展模式的反思和否定，也是对可持续发展模式旳理性设计。

可持续发展始终贯穿着“人与自然的和谐、人与人的和谐”这两大主线并由此出发，去进一步探寻人类活动的理性规则、人与自然的协同进化、人类需求的自控能力、发展轨迹的时空耦合、社会约束的自律程度，以及人类活动的整体效益准则和普遍认同的道德规范等，通过平衡、自制、优化、协调，最终达到人与自然之间的协同以及人与人之间的公正。这项计划的实施是以自然为物质基础，以经济为牵引，以社会为组织力量，以技术为支撑体系，以环境为约束条件。所以，可持续发展不仅仅是单一的生态、社会或经济问题，还是三者相互影响、互相作用的结果。只是一般来说，经济学家往往强调保持和提高人类生活水平，生态学家呼吁人们重视生态系统的适应性及其功能的保持，社会学家则是将他们的注意力更多地集中于社会和文化的多样性。

实施可持续发展战略是一项综合的系统工程，从目前国际社会所做的努力来看，其途径大致有4条：第一，制定可持续发展的指标体系，研究如何将资源和环境纳入国民经济核算体系，使人们能够更加直接地从可持续发展的角度，对包括经济在内的各种活动进行评价；第二，制定条约或宣言，使保护环境和资源的有关措施成为国际社会的共同行为准则，并形成明确的行动计划和纲领；第三，建立、健全环境管理系统，促进企业的生产活动和居民的消费活动向减轻环境负荷的方向转变；第四，有关国际组织和开发援助机构都将环境保护和可持续发展能力建设作为提供开发援助的重点。

1.2.3 可持续发展的实施

实现全球的可持续发展需要各国的全面合作与坚持执行。中国作为全球最大的发展中国家和较多的石油和碳汇消费国，对可持续发展战略和碳达峰、碳中和给予了高度的重视和实践上的实施。在联合国环境与发展大会之后，中国政府坚定地履行了自己的承诺和减排计划，在各种会议、以各种形式表达了中国走可持续发展之路和碳减排的决心和信心，并将可持续发展和生态文明建设战略与科教兴国战略一并确立为中国的两大基本发展战略，从社会经济发展的综合决策到具体实施过程都融入了可持续发展和碳减排的理念，通过法制建设、行政管理、经济措施、科学研究、环境教育、公众参与等多种途径推进可持续发展进程。

经过近三十年的努力和近年来的碳达峰计划，我国实施可持续发展取得了非常明显的成就。

（1）经济发展方面　国民经济持续、快速、健康发展，综合国力明显增强，人民物质生活水平和生活质量有了较大幅度的提高，经济增长模式正在由粗放型向集约型转变，经济结构逐步优化。2018 年，我国进出口总额达到 4.6 万亿美元，成为世界第一贸易大国，2020 年，我国经济在疫情大考下实现 2.3% 的增长，国内生产总值突破 100 万亿元，同时，我国吸引外国直接投资 1630 亿美元，跃居世界第一。

（2）社会发展方面　人口增长过快的势头得到遏制，科技教育事业取得积极进展，社会保障体系建设、消除贫困、防灾减灾、医疗卫生、缩小地区发展差距等方面都取得了明显成效，贫困在大规模的基础上得到消除。

（3）生态建设、环境保护和资源合理开发利用方面　国家用于生态建设、环境治理的投入明显增加，能源消费结构逐步优化，重点江河湖泊水域的水污染综合治理得到加强，大气污染防治有所突破，资源综合利用水平明显提高，通过开展退耕还林、还湖、还草等工作，生态环境的恢复与重建取得成效。

（4）可持续发展能力建设方面　各地区、各部门已将可持续发展战略纳入了各级各类规划和计划之中，全民可持续发展意识有了明显提高，与可持续发展相关的法律法规相继出台并正在得到不断完善和落实，碳达峰、碳中和都在落实之中。

看到我国取得巨大进步的同时，也要看到我国在实施可持续发展战略方面仍面临着很多的矛盾与问题。制约我国可持续发展的突出矛盾主要是：经济快速增长与资源消耗过大、生态环境破坏之间的矛盾，经济发展水平的迅速提高与社会发展相对滞后之间的矛盾，地区之间经济社会发展不平衡的矛盾，人口与资源短缺的矛盾，一些现行政策和法规与实施可持续发展战略的实际需求之间的矛盾等。亟待解决的问题主要是：人口综合素质急需提高，人口持续老龄化和年轻人口的不足，社会保障体系需要进一步完善，扩大城乡就业，经济结构继续调整，继续完善市场经济运行机制，提高能源结构中清洁能源的比重，强化基础设施建设，提高国民经济信息化程度，优化自然资源开发利用中与减少浪费现象，环境保护需要进一步加强，有效控制生态环境恶化的趋势，强华资源管理和环境保护立法与实施。

随着经济全球化的不断发展，国际社会对可持续发展与共同发展的认识不断深化，行动步伐有所加快。充分发挥社会主义市场经济体制的优越性与先进性，进一步发挥政府在组织、协调可持续发展战略中的作用，正确处理好经济全球化与可持续发展的关系，利用 2002 年联合国可持续发展世界首脑会议成功召开的机会，进一步积极参与国际合作，维护国家的根本利益，保障我国的国家经济安全和生态环境安全，促进我国可持续发展战略的顺利实施。

1.2.4　我国的可持续发展

我国实施可持续发展战略的指导思想是：坚持以人为本，以人与自然和谐为主线，以经济发展为核心，以提高人民群众生活质量为根本出发点，以科技和体制创新为突破口，坚持不懈地全面推进经济社会与人口、资源和生态环境的协调，不断提高我国的综合国力和竞争力，为实现第三步战略目标奠定坚实的基础。

我国21世纪初可持续发展的总体目标是：可持续发展能力不断增强，经济结构调整取得显著成效，人口总量得到有效控制，生态环境明显改善，资源利用率显著提高，促进人与自然的和谐，推动整个社会走上生产发展、生活富裕、生态良好的文明发展道路。

通过国民经济结构战略性调整，完成从“高消耗、高污染、低效益”向“低消耗、低污染、高效益”转变，促进产业结构优化升级，减轻资源环境压力，改变区域发展不平衡，缩小城乡差别。

大力推进扶贫开发，改善贫困地区的基本生产、生活条件，加强基础设施建设，改善生态环境，改变贫困地区经济、社会、文化的落后状况，提高贫困人口的生活质量和综合素质，巩固扶贫成果，尽快使尚未脱贫的农村人口解决温饱问题，并逐步过上小康生活。2020年底，我国完成贫困人口全部脱贫、贫困县全部摘帽的任务。

严格控制人口增长，全面提高人口素质，建立完善的优生优育体系和社会保障体系，基本实现人人享有社会保障的目标；社会就业比较充分；公共服务水平大幅度提高；防灾减灾能力全面提高，灾害损失明显降低。加强职业技能培训，提高劳动者素质，建立健全国家职业资格证书制度。

合理开发和集约高效利用资源，不断提高资源承载能力，建成资源可持续利用的保障体系和重要资源战略储备安全体系。全国大部分地区环境质量明显改善，基本遏制生态恶化的趋势，重点地区的生态功能和生物多样性得到基本恢复，农田污染状况得到根本改善。在2018年发布《关于积极推进大规模国土绿化行动的意见》中，明确了国土绿化时间表、路线图。到2020年，森林覆盖率达到23.4%，森林蓄积量达到165亿m^3，每公顷森林蓄积量达到95m^3，村庄绿化率达到30%，草原综合植被覆盖率达到56%，新增沙化土地治理面积1000万公顷；到2035年，国土生态安全骨架基本形成，生态服务功能和生态承载能力明显提升，生态状况根本好转；到2050年，生态文明全面提升，实现人与自然和谐共生。

形成健全的可持续发展法律、法规体系；完善可持续发展的信息共享和决策咨询服务体系；全面提高政府的科学决策和综合协调能力；大幅度提高社会公众参与可持续发展的程度；参与国际社会可持续发展领域合作的能力明显提高。

“可持续发展”也称“持续发展”。1987年挪威首相布伦特兰夫人在她任主席的联合国世界环境与发展委员会的报告《我们共同的未来》中，把可持续发展定义为“既满足当代人的需要，又不对后代人满足其需要的能力构成危害的发展”，这一定义得到广泛的接受，并在1992年联合国环境与发展大会上取得共识。我国有的学者对这一定义做了如下补充：可持续发展是“不断提高人群生活质量和环境承载能力的、满足当代人需求又不损害子孙后代满足其需求能力的、满足一个地区或一个国家需求又未损害别的地区或国家人群满足其需求能力的发展”。还有从“三维结构复合系统”出发定义可持续发展的。美国世界观察研究所所长莱斯特.R. 布朗教授则认为，“持续发展是一种具有经济含义的生态概念——一个持续社会的经济和社会体制的结构，应是自然资源和生命系统能够持续维持的结构。”

可持续发展综合国力是指一个国家在可持续发展理论下具有可持续性的综合国力。可持续发展综合国力是一个国家的经济发展能力、科技创新能力、社会发展能力、政府调控能力、生态系统服务能力等各方面的综合体现。

从可持续发展意义上考察一个国家的综合国力，不仅需要分析当前该国所拥有的政治、经济、社会方面的能力，而且需要研究支撑该国经济社会发展的生态系统服务能力的变化趋势。关于可持续发展综合国力的研究，是以可持续发展战略理念、条件、机制和准则为依据，全方位考察和分析可持续发展综合国力各构成要素在国家间的对比关系及对综合国力的影响，系统分析和评价综合国力及各分力水平，对比分析并找出不足，同时提出相应对策和实施方案，以期不断提升综合国力，达到国家可持续发展的总体战略目标。

站在可持续发展的高度，用可持续发展的理论去衡量综合国力，使综合国力竞争统一于可持续发展的宏观框架内，从而适应社会、经济、自然协同发展的需要，就必须从观念、作用、评价标准等方面对综合国力进行全面的再认识。可持续发展综合国力的价值准则是国家在保持其生态系统可持续性的基础上，推动包括社会效益和生态效益在内的广义综合国力的不断提升，实现国家可持续发展的过程。显然，可持续发展综合国力的内涵决定了在提升可持续发展综合国力的过程中，科技创新是关键手段，生态系统的可持续性是基础，经济系统的健康发展是条件，社会系统的持续进步是保障。

当代资源和生态环境问题日益突出，向人类提出了严峻的挑战。这些问题既对科技、经济、社会发展提出了更高目标，也使日益受到人们重视的综合国力研究达到前所未有的难度。在目前情况下，任何一个国家要增强本国的综合国力，都无法回避科技、经济、资源、生态环境同社会的协调与整合。因而详细考察这些要素在综合国力系统中的功能行为及相互适应机制，进而为国家制定和实施可持续发展战略决策提供理论支撑，就显得尤为迫切和尤为重要。

随着社会知识化、科技信息化和经济全球化的不断推进，人类世界将进入可持续发展综合国力激烈竞争的时代。谁在可持续发展综合国力上占据优势，谁便能为自身的生存与发展奠定更为牢靠的基础与保障，创造更大的时空与机遇。可持续发展综合国力将成为争取未来国际地位的重要基础和为人类发展做出重要贡献的主要标志之一。在这样的重要历史时刻，我们需要把握决定可持续发展综合国力竞争的关键，需要清楚自身的地位和处境、优势和不足，需要检验已有的同时制定新的竞争和发展战略，以实现可持续发展综合国力的迅速提升的总体战略目标。

世界未来学会主席、美国社会学家爱德华·科尼什曾说过，就社会变革的角度而言，1800—1850 年可称为迅速变革的时期；从 1950 年开始，我们这个星球出现了一个彻底变革的时期；而 20 世纪 70 年代以来，变革的速度进一步加快，可称作“痉挛性变革时期”。社会及人的能力的迅速发展，确实使人类在控制自然方面取得了辉煌的成就：在宏观领域，人类制造的宇宙探测器已经飞出了太阳系，在微观领域，我们已经深入到原子核内部的研究，并把成果应用于解决能源问题和武器制造上。我们坚信：只要坚持这样发展下去，生活就会越来越美好，前途就会越来越光明。

1.2.5　可持续发展对人类的影响

20 世纪六七十年代以来，人类对已取得的进步产生了种种疑虑，人们越来越感到，西方近代工业文明的发展模式和道路是不可持续的。我们迫切地需要对过去走过的发展道路重新进行评价和反思。我们面对的不仅仅是经济问题，还需要在价值观、文化和文明的方式等方面进行更广泛、更深刻的变革，寻求一种可持续发展的道路。

之所以对自身的发展产生疑虑，主要是因为传统的发展模式给人类带来了各种困境和危机，并已开始危及人类的生存。

目前人类面临的危机和问题主要有以下几种：

（1）资源危机　工业文明依赖的主要是非再生资源（如金属矿、煤、石油、天然气等）。据估计，地球上（已探明的）矿物资源储量，长则还可使用一二百年，少则几十年。水资源匮乏也已十分严重。地球上97.5%的水是咸水，只有2.5%的水是可直接利用的淡水。而且这些水的分布极不均匀。发展中国家大多是缺水国家。我国70%以上城市日缺水1000多万t，约有3亿亩耕地遭受干旱威胁。常年使用地下水，造成水位每年下降2m。

（2）土地沙化日益严重　由于森林被大量砍伐，草场遭到严重破坏，世界沙漠和沙漠化面积已达4700多万平方公里，占陆地面积的30%，还在以每年600万公顷的速度扩大着。

（3）环境污染日益严重　环境污染包括大气污染、水污染、噪声污染、固体污染、农药污染、核污染等。工业化大量燃烧煤、石油，再加上森林大量减少，二氧化碳大量增加，造成了温室效应。其后果就是气候反常，影响工农业生产和人类生活。过去100年地球平均温度上升0.3～0.6℃，海平面上升10～15cm。工业革命之后CO_2浓度增加28%。科学家预测，若不采取任何措施，到2100年时，地表温度将增加1～3.5℃，海平面将上升15～95cm。

（4）物种灭绝和森林面积大量减少　热带雨林被大量砍伐和焚烧，每年减少约4200英亩，按这个速度，到2030年将消失殆尽。据估计，地球表面最初有67亿公顷森林，陆地60%的面积由森林覆盖，到80年代已下降到26.4亿公顷。丛林减少使得地球上每天有50～100种生物灭绝，其中大多数我们连名字都不知道。

当代发生的各种危机，都是工业急剧扩张和对自然大肆掠夺造成的。传统的西方工业文明的发展道路，是一种以摧毁人类的基本生存条件为代价获得经济增长的道路。人类已走到十字路口，面临着生存还是死亡的选择。正是在这种背景下，人类选择了可持续发展的道路。

可持续发展战略的目的，是要使社会具有可持续发展能力，使人类在地球上世世代代能够生活下去。人与环境的和谐共存，是可持续发展的基本模式。自然系统是一个生命支持系统。如果它失去稳定，一切生物（包括人类）都不能生存。自然资源的可持续利用，是实现可持续发展的基本条件。因此，对资源的节约，就成为可持续发展的一个基本要求。它要求在生产和经济活动中对非再生资源的开发和使用要有节制，对可再生资源的开发速度也应保持在它的再生速率的限度以内。应通过提高资源的利用效率来解决经济增长的问题。

1.3　可持续发展与伦理学

发展伦理学是针对当代人类社会发展中出现的新问题提出来的。这些新问题就是当代人类面对的各种困境和危机。发展伦理学力图为解决这些新问题提供价值论和伦理的原则和规范。要解决这些新问题，就必须涉及下面两个方面的研究：一是对造成这些问题的传统的发展模式和道路进行价值论的评价和反思，探索造成这些问题的价值论上的根源；二是要对新的发展模式（可持续发展模式）进行伦理规范。这些就是发展伦理学的研究对象。一个成熟的发展模式，要达到永远保持其合理性，不仅要有动力学的机制，而且应当具有自我评价、自我约束、自我反省、自我规范的机制。近代西方工业文明的发展模式就是一种只有动力机制而没有自我约束、自我评价机制的发展模式。正如美国学者威利斯·哈曼博士所说，“我们唯一最严重的危机主要是工业社会意义上的危机。我们在解决‘如何’一类问题方面相当成功”“但与此同时，我们却对‘为什么’这种具有价值含义的问题，越来越变得糊涂起来，越来越多的人意识到谁也不明白什么是值得做的。我们的发展速度越来越快，但我们却迷失了方向”。因此，对“发展的终极目的（价值）”问题的探寻，就成了发展伦理学的首要的核心问题。

近代工业文明形成的发展道路追求的无非是两个目的：一是获取尽量多的物质财富，并拼命地把它消耗掉；二是，在技术发展上，追求尽量用外部自然力代替人力，代替人的天然器官的活动（用汽车代替脚，用机器代替人手的劳动，用药物代替身体的抗病机能等）。我们再往下追问：这种发展值得吗？这时我们就接触到了“终极价值”问题。这也是传统发展观和发展模式造成当代困境和危机的症结所在。

通过对发展的终极价值的追问，可以看出，人类面临的各种危机，实质是传统的发展模式的意义（价值）危机。我们不得不反思这样一个问题：这种发展对人类的健康生存和可持续发展来说值得吗？通过分析可以看到：人类的健康生存和可持续发展，是发展伦理的终极尺度。它包括以下重要的命题：

第一，“全人类利益高于一切”。当代科学技术和市场经济的发展，缩小了人与人之间的距离。地球就像一个村庄（地球村）。全人类都坐在一条船上在风浪中航行，每个人的不轨行为都可能影响到人类的生存。因此，发展伦理学要求个人利益、民族利益、国家利益这些局部利益要服从人类利益。应当以人类的生存利益为尺度，对自己的不正当的欲望进行节制。

第二，“生存利益高于一切”。自然生态环境系统是人类生命的支持系统，能否保持自然生态环境系统的稳定平衡，是关系到人类能否可持续生存的问题。因此，保持生态系统的稳定平衡，是人类一切行为的最高的、绝对限度。人类对自然界的改造活动，应当限制在能够保持生态环境的稳定平衡的限度以内。对可再生的生物资源的开发，应当限制在生物资源的自我繁殖和生长的速率的限度以内；生产活动对环境的污染，也应保持在生态系统的自我修复能力的限度内。

第三，“在满足当代人需要的同时，不能侵犯后代人的生存和发展权利”，这是人类生存与发展的可持续性原则。我们的地球不仅是现代人的，还是后代人的。我们不仅不能侵犯其他人的权利，更不能侵犯后代人的权利。

这三个命题，是伦理学三个基本价值原则和伦理原则，它对发展中的全部伦理关系都起着决定作用。这里只能举几个例子做一点简要说明。

1）公平与效率问题是当代社会发展面对的一个尖锐问题。它的解决，应当有伦理上的根据。邓小平同志提出的让一部分人先富起来的方针，就涉及发展伦理问题。首先，我们必须打破平均主义的分配原则，只有如此，才能提高生产效率。因此，允许分配上的差别并不等于不公平。公平概念不等于“利益均等”。但是，这种差别不能无限扩大。差别保持在一定限度是公平的。但是，如果差别超过一定限度，使大部分人都不能从发展中获得好处，公平就转化为不公平。因此，邓小平同志又提出，我们的目的是走共同富裕之路，这才是我们最终的价值取向。

2）关于发展付出的代价问题，这其中也需要伦理根据。首先，为了全局利益、全人类利益和后代人的利益，局部的、暂时的代价的付出，是符合可持续发展伦理原则的。但是，为了局部的、眼前的利益而牺牲人类整体的生存利益、牺牲后代人的生存利益，则是违反伦理原则的。

3）发达国家和发展中国家的关系问题中也体现着可持续性发展的伦理原则。1991 年 6 月的《北京宣言》指出："发达国家对全球环境的恶化负有主要责任。工业革命以来，发达国家以不能持久的生产和消费方式过度消耗世界的自然资源，对全球的环境造成损害，发展中国家受害更为严重。"因此，他们有责任和义务帮助发展中国家摆脱贫困和保护环境。此外，发达国家与发展中国家之间的交往也应当遵循平等、公平和正义的伦理原则解决一切争端。这应当也是发展伦理学的问题。建立合理的国际政治、经济新秩序的依据，应当是发展伦理学的公平、平等和正义原则。

4）"浪费不可再生的稀有资源是不道德的行为，不管这些资源属于谁所有"。这应当成为发展伦理学的一个重要伦理原则。由于这些不可再生的稀有资源的合理使用直接关系到全人类的和我们后代的生存，因此我们必须超越传统的所有权观念，不能认为这些资源在我们国土上就可以随便挥霍，也不能认为这些财产归我们所有，我们就可以随便浪费。"我们中每个人使用的能量越多，身后的所有生命的可得能量就越少。这样，道德上的最高要求便是尽量地减少能量耗费"。

5）当代科学技术的高度发展，也需要对其评价和规范。这也是发展伦理学的重要内容。当技术发展到能够毁灭地球因而能够毁灭人类自身时，我们就应当坚持这样一个伦理原则，即"我们能够（有能力）做的，并不一定是应当做的"。因此，对于人类的每一个科学发现及其在技术上的应用，都应当首先进行评价和规范，使其在不伤害人类生存和发展的条件下得到利用。技术伦理，也是发展伦理学的重要组成部分。

可持续发展战略已成为当今应用范围非常广的一个概念，不仅在经济、社会、环境等方面运用，而且在教育、生活、艺术等方面也经常运用。为适应这种变化，其含义也需作重新表述。联合国世界环境与发展委员会的定义基本确切，但将其定位于处理"当代人"与"后代人"之间的利益关系却有些偏狭，因在"当代人""后代人"之内也存在着可否持续发展的问题，并非仅在"当代人"和"后代人"之间存在该问题，而这一定义显然不能涵盖"当代人""后代人"之内的利益处理问题。在人们的潜意识里，只要是持续不停顿的发展都可以叫作持续发展，可持续发展的概念实际上解决的是当前利益与未来利益、近期利益与长远利益的关系问题，因此，我们以为，可持续发展这一概念可重新表述为："既顾及当前利益、近期利益，又顾及未来利益与长远利益，当前、近期的发展不仅不损害未来、长远的发展，而且为其提供有利条件的发展"。

【阅读材料】

寂静的春天（节选）

从前，在美国中部有一个城镇，这里的一切生物看来与其周围环境生活得很和谐。这个城镇坐落在像棋盘般排列整齐的繁荣的农场中央，其周围是庄稼地，小山下果园成林。

春天，繁花像白色的云朵点缀在绿色的原野上；秋天，透过松林的屏风，橡树、枫树和白桦闪射出火焰般的彩色光辉，狐狸在小山上叫着，小鹿静悄悄地穿过了笼罩着秋天晨雾的原野。

沿着小路生长的月桂树、荚蒾和赤杨树，以及巨大的羊齿植物和野花在一年的大部分时间里都使旅行者感到目悦神怡。即使在冬天，道路两旁也是美丽的地方，那儿有无数小鸟飞来，在出露于雪层之上的浆果和干草的穗头上啄食。郊外事实上正以其鸟类的丰富多彩而驰名，当迁徙的候鸟在整个春天和秋天蜂拥而至的时候，人们都长途跋涉地来这里观看它们。有些人来小溪边捕鱼，这些洁净又清凉的小溪从山中流出，形成了绿荫掩映的生活着鳟鱼的池塘。野外一直是这个样子，直到许多年前的有一天，第一批居民来到这儿建房舍、挖井筑仓，情况才发生了变化。

从那时起，一个奇怪的阴影遮盖了这个地区，一切都开始变化。一些不祥的预兆降临到村落里：神秘莫测的疾病袭击了成群的小鸡；牛羊病倒和死亡。到处是死神的幽灵。农夫们述说着他们家庭的多病。城里的医生也愈来愈为他们病人中出现的新病感到困惑莫解。不仅在成人中，孩子中也出现了一些突然的、不可解释的死亡现象，这些孩子在玩耍时突然倒下了，并在几小时内死去。

一种奇怪的寂静笼罩了这个地方。比如说，鸟儿都到哪儿去了呢？许多人谈论着它们，感到迷惑和不安。果园后鸟儿寻食的地方冷落了。在一些地方仅能见到的几只鸟儿也气息奄奄，它们战栗得很厉害，飞不起来。这是一个没有声息的春天。这儿的清晨曾经荡漾着乌鸦、鸫鸟、鸽子、樫鸟、鹪鹩的合唱以及其他鸟鸣的音浪；而现在一切声音都没有了，只有一片寂静覆盖着田野、树林和沼泽地。

农场里的母鸡在孵窝，但却没有小鸡破壳而出。农夫们抱怨着他们无法再养猪了——新生的猪仔很小，小猪病后也只能活几天。苹果树花要开了，但在花丛中没有蜜蜂嗡嗡飞来，所以苹果花没有得到授粉，也不会有果实。

曾经一度是多么引人的小路两旁，现在排列着仿佛火灾劫后的、焦黄的、枯萎的植物。被生命抛弃了的这些地方也是寂静一片。甚至小溪也失去了生命，钓鱼的人不再来访问它，因为所有的鱼已死亡。

在屋檐下的雨水管中，在房顶的瓦片之间，一种白色的粉粒还在露出稍许斑痕。在几星期之前，这些白色粉粒像雪花一样降落到屋顶、草坪、田地和小河上。

不是魔法，也不是敌人的活动使这个受损害的世界的生命无法复生，而是人们自己使自己受害。

上述的这个城镇是虚设的，但在美国和世界其他地方都很容易地找到上千个这种城镇的翻版。我知道并没有一个村庄经受过如我所描述的全部灾祸；但其中每一种灾难实际上已在某些地方发生，并且确实有许多村庄已经蒙受了大量的不幸。在人们的忽视中，一个狰狞的幽灵已向我们袭来，这个想象中的悲剧可能会很容易地变成一个我们大家都将知道的活生生的现实。

是什么东西使得美国无以数计的城镇的春天之音沉寂下来了呢？

——资料来源：蕾切尔·卡逊，《寂静的春天》。

思考题

1. 可持续发展的形成经历了哪几个阶段？
2. 何为可持续发展？
3. 查阅相关资料，简述我国可持续发展的实施成果。
4. 可持续发展伦理包括哪几方面？

推荐读物

1. 李永峰，潘欣语，张永娟．环境伦理学教程［M］．哈尔滨：哈尔滨工业大学出版社，2003.
2. 章海荣．生态伦理与生态美学［M］．上海：复旦大学出版社，2005.

参考文献

［1］李永峰，潘欣语，张永娟．环境伦理学教程［M］．哈尔滨：哈尔滨工业大学出版社，2011.
［2］李静江．企业绿色经营：可持续发展必由之路［M］．北京：清华大学出版社，2006.
［3］周敬宣．可持续发展与生态文明［M］．北京：化学工业出版社，2009.
［4］朱永杰．可持续发展的管理与政策研究［M］．北京：中国林业出版社，2005.
［5］李文华．中国当代生态学研究：可持续发展生态学卷［M］．北京：科学出版社，2013.
［6］牛文元．可持续发展理论的内涵认知——纪念联合国里约环发大会20周年［J］．中国人口·资源与环境，2012，22（5）：9-14.

第2章

可持续发展的基本原理

■2.1 可持续发展基础理论研究

2.1.1 关于可持续发展的形态与特征认识

可持续发展是既满足当代人的需求，又不对后代人满足其需求的能力构成危害的发展。它们是一个密不可分的系统，既要达到发展经济的目的，又要保护好人类赖以生存的大气、淡水、海洋、土地和森林等自然资源和环境，使子孙后代能够永续发展和安居乐业。可持续发展与环境保护既有联系，又不等同。环境保护是可持续发展的重要方面。可持续发展的核心是发展，但要求在严格控制人口、提高人口素质和保护环境、资源永续利用的前提下进行经济和社会的发展。发展是可持续发展的前提；人是可持续发展的中心体；可持续长久的发展才是真正的发展。由于可持续发展涉及自然、环境、社会、经济、科技、政治等诸多方面，所以研究者所站的角度不同，对可持续发展所做的定义也就不同。大致归纳如下：侧重自然方面的定义；侧重于社会方面的定义；侧重于经济方面的定义；侧重于科技方面的定义。综合性定义为：所谓可持续发展，就是既要考虑当前发展的需要，又要考虑未来发展的需要，不要以牺牲后代人的利益为代价来满足当代人的利益。

可持续发展的定义和战略主要包括四个方面的含义：第一，走向国家和国际平等；第二，要有一种支援性的国际经济环境；第三，维护、合理使用并提高自然资源基础；第四，在发展计划和政策中纳入对环境的关注和考虑。

可持续发展的第一种理论包含三方面含义：一是人类与自然界共同进化的思想；二是世代伦理思想；三是效率与共同目标的兼容。这些观点支持可持续发展的目标是恢复经济增长，改善增长质量，满足人类基本需要，确保稳定的人口水平，保护和加强资源基础，改善技术发展的方向，协调经济与生态的关系。

可持续发展的第二种理论包含生态持续、经济持续和社会持续，它们之间互相作用不可分割。认为可持续发展的特征是鼓励经济增长；以保护自然为基础，与资源环境的承载能力相协调；以改善和提高生活水平为目的，与社会进步相适应，并认为发展是指人类财富的增长和生活水平的提高。

可持续发展的第三种理论认为可持续发展就是可持续的经济发展，是确保在无损于生态环境的条件下，实现经济的持续增长，促进经济社会全面发展，从而提高发展质量，不断增长综合国力和生态环境承载能力，来满足日益增长的物质文化需求，又为后代人创造可持续发展的基本条件的经济发展过程。

可持续发展的第四种理论认为可持续发展经济内涵是指在保护地球自然系统基础上的经济持续发展。在开发自然资源的同时保护自然资源的潜在能力，满足后代发展的需求。

可持续发展的第五种理论认为传统可持续发展的概念具有不确定性，而是一种无代价的经济发展。据此将可持续发展定义为："以政府为主体，建立人类经济发展与自然环境相协调的发展制度安排和政策机制，通过对当代人行为的激励与约束，降低经济发展成本，实现代内公平与代际公平的结合，实现经济发展成本的最小化。既满足当代人的需求，又不对后代人对其满足的需要构成危害，既满足一个国家的和地区的发展需求，又不会对其他国家和地区的发展构成过于严重的威胁。"

可持续发展的第六种理论认为可持续发展是经济发展的可持续性和生态可持续性的统一。认为可持续发展是寻求最佳的生态系统，以支持生态系统的完整性和人类愿望的实现，使人类的生存环境得以延续。

2.1.2 可持续发展要素

可持续发展包含两个基本要素或两个关键组成部分："需要" 和对需要的 "限制"。满足需要，首先是要满足贫困人民的基本需要。对需要的限制主要是指对未来环境需要的能力构成危害的限制，这种能力一旦被突破，必将危及支持地球生命的自然系统如大气、水体、土壤和生物。决定两个要素的关键性因素是：收入再分配以保证不会为了短期存在需要而被迫耗尽自然资源；降低主要是穷人对遭受自然灾害和农产品价格暴跌等损害的脆弱性；普遍提供可持续生存的基本条件，如卫生、教育、水和新鲜空气，保护和满足社会最脆弱人群的基本需要，为全体人民，特别是为贫困人民提供发展的平等机会和选择自由。

2.2 可持续发展的理论体系

（1）可持续发展的管理体系　实现可持续发展需要有一个非常有效的管理体系。历史与现实表明，环境与发展不协调的许多问题是由于决策与管理的不当造成的。因此，提高决策与管理能力就构成了可持续发展能力建设的重要内容。可持续发展管理体系要求培养高素质的决策人员与管理人员，综合运用规划、法制、行政、经济等手段，建立和完善可持续发展的组织结构，形成综合决策与协调管理的机制。

（2）可持续发展的法制体系　与可持续发展有关的立法是可持续发展战略具体化、法制化的途径，与可持续发展有关的立法的实施是可持续发展战略付诸实现的重要保障。因此，建立可持续发展的法制体系是可持续发展能力建设的重要方面。可持续发展要求通过法制体系的建立与实施，实现自然资源的合理利用，使生态破坏与环境污染得到控制，保障经济、社会、生态的可持续发展。

（3）可持续发展的科技体系　科学技术是可持续发展的主要基础之一。没有较高水平

的科学技术支持，可持续发展的目标就不能实现。科学技术对可持续发展的作用是多方面的。它可以有效地为可持续发展的决策提供依据与手段，促进可持续发展管理水平的提高，加深人类对人与自然关系的理解，扩大自然资源的可供给范围，提高资源利用效率和经济效益，提供保护生态环境和控制环境污染的有效手段。

（4）可持续发展的教育体系　可持续发展要求人们有高度的知识水平，明白人的活动对自然和社会的长远影响与后果，要求人们有高度的道德水平，认识自己对子孙后代的崇高责任，自觉地为人类社会的长远利益而牺牲一些眼前利益和局部利益。这就需要在可持续发展的能力建设中大力发展符合可持续发展精神的教育事业。可持续发展的教育体系应该不仅使人们获得可持续发展的科学知识，也使人们具备可持续发展的道德水平。这种教育既包括学校教育这种主要形式，也包括广泛的潜移默化的社会教育。

（5）可持续发展的公众参与　公众参与是实现可持续发展的必要保证，因此也是可持续发展能力建设的主要方面。这是因为可持续发展的目标和行动，必须依靠社会公众和社会团体最大限度的认同、支持和参与。公众、团体和组织的参与方式和参与程度，将决定可持续发展目标实现的进程。公众对可持续发展的参与应该是全面的。公众和社会团体不但要参与有关环境与发展的决策，特别是那些可能影响到生活和工作的决策，而且需要参与对决策执行过程的监督。

■2.3　可持续发展的目标

2015 年 9 月 25 日，联合国可持续发展峰会在纽约总部召开，联合国 193 个成员国在峰会上正式通过 17 个可持续发展目标。可持续发展目标旨在从 2015—2030 年间以综合方式彻底解决社会、经济和环境三个维度的发展问题，转向可持续发展道路。这 17 个可持续发展目标如下：

1）在世界各地消除一切形式的贫困。

2）消除饥饿，实现粮食安全、改善营养和促进可持续农业。

3）确保健康的生活方式，促进各年龄段人群的福祉。

4）确保包容、公平性的优质教育，促进全民享有终身学习机会。

5）实现性别平等，为所有妇女、女童赋权。

6）确保为所有人提供和可持续管理水及环境卫生。

7）确保人人获得可负担、可靠和可持续的现代能源。

8）促进持久、包容、可持续的经济增长，实现充分和生产性就业，确保人人有体面工作。

9）建设有风险抵御能力的基础设施，促进具有包容性的可持续产业化，并推动创新。

10）减少国家内部和国家之间的不平等。

11）建设具有包容、安全、有风险抵御能力和可持续的城市及人类住区。

12）确保可持续消费和生产模式。

13）采取紧急行动应对气候变化及其影响。

14）保护和可持续利用海洋及海洋资源以促进可持续发展。

15）保护、恢复和促进可持续利用陆地生态系统、可持续森林管理、防治荒漠化、制止和扭转土地退化现象、遏制生物多样性的丧失。

16）促进有利于可持续发展的和平和包容性社会，为所有人提供诉诸司法的机会，在各层级建立有效、负责和包容性机构。

17）加强执行手段、重振可持续发展全球伙伴关系。

2.4 可持续发展的原则

可持续发展的三大原则：公平性原则、持续性原则和共同性原则。可持续发展是一种机会、利益均等的发展。它既包括同代内区域间的均衡发展，即一个地区的发展不应以损害其他地区的发展为代价；也包括代际间的均衡发展，即既满足当代人的需要，又不损害后代的发展能力。该原则认为人类各代都处在同一生存空间，他们对这一空间中的自然资源和社会财富拥有同等享用权，他们应该拥有同等的生存权。因此，可持续发展把消除贫困作为重要问题提了出来，要予以优先解决，要给各国、各地区的人、世世代代的人以平等的发展权。

人类经济和社会的发展不能超越资源和环境的承载能力。在满足需要的同时必须有限制因素，即在“发展”的概念中还包含着制约因素，因此，在满足人类需要的过程中，必然有限制因素的存在。主要限制因素有人口数量、环境、资源，以及技术状况和社会组织对环境满足眼前和将来需要能力施加的限制。最主要的限制因素是人类赖以生存的物质基础——自然资源与环境。因此，持续性原则的核心是人类的经济和社会发展不能超越资源与环境的承载能力，从而真正将人类的当前利益与长远利益有机结合。各国可持续发展的模式虽然不同，但公平性和持续性原则是共同的。地球的整体性和相互依存性决定全球必须联合起来，认知我们的家园。

可持续发展是超越文化与历史的障碍来看待全球问题的。它所讨论的问题是关系到全人类的问题，所要达到的目标是全人类的共同目标。虽然国情不同，实现可持续发展的具体模式不可能是唯一的，但是无论富国还是贫国，公平性原则、协调性原则、持续性原则是共同的，各个国家要实现可持续发展都需要适当调整其国内和国际政策。只有全人类共同努力，才能实现可持续发展的总目标，从而将人类的局部利益与整体利益结合起来。

实施可持续发展战略，有利于促进生态效益、经济效益和社会效益的统一；有利于促进经济增长方式由粗放型向集约型转变，使经济发展与人口、资源、环境相协调；有利于国民经济持续、稳定、健康发展，提高人民的生活水平和质量；从注重眼前利益、局部利益的发展转向长期利益、整体利益的发展，从物质资源推动型的发展转向非物质资源或信息资源（科技与知识）推动型的发展；我国人口多、自然资源短缺、经济基础和科技水平落后，只有控制人口、节约资源、保护环境，才能实现社会和经济的良性循环，使各方面的发展能够持续有后劲。

【阅读材料】

可持续发展定量研究简介

随着人们对可持续发展认识和研究的不断深入，自20世纪90年代以来，国内可持续发展的定量研究得到了科学界的广泛关注，并成为科学家们研究的热门领域。在国内，可

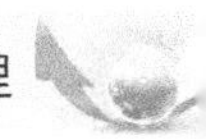

持续发展的定量研究在不同尺度上展开，主要涉及自然和社会经济领域，学者们运用各种方法及学科之间的交叉运用，拓展了可持续发展定量研究的指标体系，丰富了可持续发展定量研究理论体系的内涵。在不断探索改进中，许多定量研究可持续发展的指标体系得到了完善与升级，延展了其深度与广度，也使得这些方法模型及指标体系得到了推广与认可。对众多的定量研究区域可持续发展的方法与指标体系研究发现，运用统计学原理与指标体系定量分析某一区域或国家的可持续发展状态及其动态变化过程、趋势得到了广泛的接受，是一种科学有效的研究途径。21 世纪以来我国学者更加重视可持续发展的评估工作，中国科学院可持续发展研究组依据我国国情建立了适合我国区域可持续发展的定量评价指标体系“中国可持续发展指标体系”，推动了我国定量研究区域可持续发展的浪潮，2005 年后，运用生态足迹理论模型、能值分析等生态学方法定量分析区域可持续发展的范例越来越多，定量研究区域可持续发展已成为新的研究热点，其定量研究结论所提供的决策指导也越来越受到政府和科学界的重视。国内定量研究区域可持续发展的方法大致可以分为四类，分别为生态学方法、社会经济方法、系统学方法及新方法四类，这四类定量分析方法相互渗透、相互交叉、相互融合。

——资料来源：李永峰等《可持续发展定量研究》，2012。

思考题

1. 可持续发展方法的形态与特征是什么？
2. 可持续经济发展的基本要素是什么？
3. 可持续发展的理论体系有哪些？
4. 查阅相关文献，了解联合国的可持续发展目标。
5. 可持续性发展的原则是什么？

推荐读物

1. 李永峰，乔丽娜．中国可持续发展概论［M］．哈尔滨：哈尔滨工业大学出版社，2012.
2. 侯俊琳．2013 中国可持续发展战略报告［R］．中国科学院可持续发展战略研究组，2013.

参考文献

［1］夏光．通向持续发展的道路［J］．中国国情国力，1994（6）：7-9.
［2］FREEMAN Ⅲ A M. The measurement of environmental and resource values：theory and methods［M］. Washington DC：RFF Press，1993.
［3］邱东，宋旭光．可持续发展层次论［J］．经济研究，1999（2）：64-70.
［4］任保平．制度安排与可持续发展［J］．陕西师范大学学报，2000，29（3）：86-91.
［5］牛文元．中国可持续发展的理论与实践［J］．中国科学院院刊，2012，27（3）：280-289.

第3章

我国的可持续发展

■3.1　我国可持续发展进程

我国人口众多，人均资源相对不足，就业压力大，生态环境突出，因此，对可持续发展问题非常重视。据联合国统计，我国已完成或基本完成大部分联合国千年发展目标，在减少贫困和婴儿死亡率，提高医疗卫生、教育、妇幼保健、就业水平等方面表现突出。发展才是硬道理。这句话放到全球大舞台上也非常贴切。可持续发展是世界的唯一选择。

1991年，我国发起并召开了“发展中国家环境与发展部长会议”，发表了《北京宣言》。

1992年6月，在里约热内卢世界首脑会议上，中国政府庄严签署了环境与发展宣言。

1994年3月25日，国务院通过了《中国21世纪议程》（简称《议程》）。《议程》共20章，可归纳为总体可持续发展、人口和社会可持续发展、经济可持续发展、资源合理利用、环境保护5个组成部分，70多个行动方案领域。该《议程》是世界上首部国家级可持续发展战略。它的编制成功，不但反映了我国自身发展的内在需求，而且表明了我国政府积极履行国际承诺、率先为全人类的共同事业做贡献的姿态与决心。

1994年7月，来自20多个国家、13个联合国机构、20多个外国有影响力企业的170多位代表在北京聚会，制订了“中国21世纪议程优先项目计划”，用实际行动推进可持续发展战略的实施。

1995年9月，党的十四届五中全会通过的《中共中央关于制定国民经济和社会发展“九五”计划和2010年远景目标的建议》明确提出：“经济增长方式从粗放型向集约型转变”，并在全会闭幕式上强调：“在现代化建设中，必须把实现可持续发展作为一个重大战略。要把控制人口、节约资源、保护环境放到重要位置，使人口增长与社会生产力的发展相适应，使经济建设与资源、环境相协调，实现良性循环。”正式把可持续发展作为我国的重大发展战略提了出来。此后中央的许多重要会议都对可持续发展战略做了进一步肯定，使之成为我国长期坚持的重大发展战略。

党的十五大报告指出：“我国是人口众多、资源相对不足的国家，在现代化建设中必须实施可持续发展战略。坚持计划生育和保护环境的基本国策，正确处理经济发展同人口、资源、环境的关系。资源开发和节约并举，把节约放在首位，提高资源利用效率。统筹规划国

土资源开发和整治，严格执行土地、水、森林、矿产、海洋等资源管理和保护的法律。实施资源有偿使用制度。加强对环境污染的治理，植树种草，搞好水土保持，防治荒漠化，改善生态环境。控制人口增长，提高人口素质，重视人口老龄化问题。”

1998 年 10 月党的十五届三中全会通过的《中共中央关于农业和农村工作若干重大问题的决定》指出：“实现农业可持续发展，必须加强以水利为重点的基础设施建设和林业建设，严格保护耕地、森林植被和水资源，防治水土流失、土地荒漠化和环境污染，改善生产条件，保护生态环境。”

2000 年 11 月党的十五届五中全会通过的《中共中央关于制定国民经济和社会发展第十个五年计划的建议》指出：“实施可持续发展战略，是关系中华民族生存和发展的长远大计。”

2002 年党的十六大把“可持续发展能力不断增强，生态环境得到改善，资源利用效率显著提高，促进人与自然的和谐，推动整个社会走上生产发展、生活富裕、生态良好的文明发展道路”作为全面建设小康社会的目标之一。可持续发展是以保护自然资源环境为基础，以激励经济发展为条件，以改善和提高人类生活质量为目标的发展理论和战略。它是一种新的发展观、道德观和文明观。

2012 年 11 月，党的十八大从新的历史起点出发，做出“大力推进生态文明建设”的战略决策，从 10 个方面绘出生态文明建设的宏伟蓝图。十八大报告不仅在第一、第二、第三部分分别论述了生态文明建设的重大成就、重要地位、重要目标，而且在第八部分全面深刻论述了生态文明建设的各方面内容，从而完整描绘了今后相当长一个时期我国生态文明建设的宏伟蓝图。报告中指出：“建设生态文明，是关系人民福祉、关乎民族未来的长远大计。面对资源约束趋紧、环境污染严重、生态系统退化的严峻形势，必须树立尊重自然、顺应自然、保护自然的生态文明理念，把生态文明建设放在突出地位，融入经济建设、政治建设、文化建设、社会建设各方面和全过程，努力建设美丽中国，实现中华民族永续发展”。

2013 年 9 月 12 日，《大气污染防治行动计划》由国务院正式发布。《大气污染防治行动计划》提出，经过五年努力，全国空气质量总体改善，重污染天气较大幅度减少；京津冀、长三角、珠三角等区域空气质量明显好转。力争再用五年或更长时间，逐步消除重污染天气，全国空气质量明显改善。

2013 年 11 月，党的十八届三中全会提出：建设生态文明，必须建立系统完整的生态文明制度体系，用制度保护生态环境。要健全自然资源资产产权制度和用途管制制度，划定生态保护红线，实行资源有偿使用制度和生态补偿制度，改革生态环境保护管理体制。

2015 年 5 月 5 日，《中共中央国务院关于加快推进生态文明建设的意见》发布。

2015 年 9 月 11 日出台《生态文明体制改革总体方案》，着眼于理念方向，着力于基础性框架，明确提出构建自然资源资产产权制度、国土空间开发保护制度、空间规划体系、资源总量管理和全面节约制度、资源有偿使用和生态补偿制度、环境治理体系、环境治理和生态保护的市场体系、生态文明绩效评价考核和责任追究制度 8 个方面的制度体系，必将为加快推进我国生态文明建设打牢制度桩基，夯实体制基础。

2015 年 10 月，随着党的十八届五中全会的召开，增强生态文明建设首度被写入国家五年规划。

2017 年 10 月，党的十九大指出，加快生态文明体制改革，建设美丽中国，必须树立和践行绿水青山就是金山银山的理念，坚持节约资源和保护环境的基本国策，像对待生命一样对待生态环境，统筹山水林田湖草系统治理，实行最严格的生态环境保护制度，形成绿色发展方式和生活方式，坚定走生产发展、生活富裕、生态良好的文明发展道路，建设美丽中国，为人民创造良好生产生活环境，为全球生态安全做出贡献。“美丽”被写入强国目标，生态文明建设迈入新时代。

2018 年 3 月，建设“美丽中国”和生态文明写入宪法。2018 年 8 月 31 日，第十三届全国人大常委会第五次会议审议通过《土壤污染防治法》，标志着土壤污染防治制度体系基本建立。

2019 年 10 月，党的十九届四中全会提出，坚持和完善生态文明制度体系，促进人与自然和谐共生。

2020 年 10 月，党的十九届五中全会审议通过了《中共中央关于制定国民经济和社会发展第十四个五年规划和二〇三五年远景目标的建议》，提出我国生态文明建设新目标，明确要求建设人与自然和谐共生的现代化。

3.2 我国可持续发展的原则

1）持续发展，重视协调的原则。以经济建设为中心，在推进经济发展的过程中，促进人与自然的和谐，重视解决人口、资源和环境问题，坚持经济、社会与生态环境的持续协调发展。

2）科教兴国，不断创新的原则。充分发挥科技作为第一生产力和教育的先导性、全局性和基础性作用，加快科技创新步伐，大力发展各类教育，促进可持续发展战略与科教兴国战略的紧密结合。

3）政府调控，市场调节的原则。充分发挥政府、企业、社会组织和公众四方面的积极性，政府要加大投入，强化监管，发挥主导作用，提供良好的政策环境和公共服务，充分运用市场机制，调动企业、社会组织和公众参与可持续发展。

4）积极参与，广泛合作的原则。加强对外开放与国际合作，参与经济全球化，利用国际、国内两个市场和两种资源，在更大空间范围内推进可持续发展。

5）重点突破，全面推进的原则。统筹规划，突出重点，分步实施；集中人力、物力和财力，选择重点领域和重点区域，进行突破，在此基础上，全面推进可持续发展战略的实施。

3.3 可持续发展综合国力

可持续发展综合国力是指一个国家在可持续发展理论下具有可持续性的综合国力。可持续发展综合国力是一个国家的经济发展能力、科技创新能力、社会发展能力、政府调控能力、生态系统服务能力等各方面的综合体现。

从可持续发展意义上，考察一个国家的综合国力，不仅需要分析当前该国所拥有的政治、经济、社会方面的能力，而且需要研究支撑该国经济社会发展的生态系统服务能力的变化趋势。

关于可持续发展综合国力的研究，是以可持续发展战略理念、条件、机制和准则为据，全方位考察和分析可持续发展综合国力各构成要素在国家间的对比关系及各要素对综合国力的影响，系统分析和评价综合国力及各分力水平，对比分析并找出不足，同时提出相应对策

和实施方案，以期不断提升综合国力，达到国家可持续发展的总体战略目标。

当前和今后一段时期，我国进一步深入推进可持续发展战略的总体思路。

一是把转变经济发展方式和对经济结构进行战略性调整作为推进经济可持续发展的重大决策。不仅要调整需求结构，更要把国民经济增长更多地建立在扩大内需的基础上；不仅要调整产业结构，要更好、更快地发展现代的制造业及第三产业，更重要的是要调整要素投入结构，使整个国民经济增长不再依赖物质要素的投入，而是转向依靠科技进步、劳动者素质的提高和管理的创新上来。

二是要把建立资源节约型和环境友好型社会作为推进可持续发展的重要着力点，要深入贯彻节约资源和保护环境这个基本国策，在全社会的各个系统推进有利于资源节约和环境保护的生产方式、生活方式和消费模式，促进经济社会发展与人口、资源和环境相协调。

三是要把保障和改善民生作为可持续发展的核心要求，可持续发展这个概念有一个非常重要的内涵叫作代内平等，它实际上讲的是人的平等、人的基本权利。可持续发展所有问题的核心是人的全面发展，所以我们要在围绕以民生为重点来加强社会建设，来推进公平、正义和平等。

四是要把科技创新作为推进可持续发展的不竭动力，实际上很多不可持续问题的根本解决要靠科技的突破、科技的创新。

五是要把深化体制改革和扩大对外开放和合作作为推进可持续发展的基本保障，要建立有利于资源节约和环境保护的体制和机制，特别是要深化资源要素价格改革，建立生态补偿机制，强化节能减排的责任制，保障人人享有良好环境的权利。

当代资源和生态环境问题日益突出，向人类提出了严峻的挑战。这些问题既对科技、经济、社会发展提出了更高目标，也使日益受到人们重视的综合国力研究达到前所未有的难度。在目前情况下，任何一个国家要增强本国的综合国力，都无法回避科技、经济、资源、生态环境与社会的协调和整合。因而详细考察这些要素在综合国力系统中的功能行为及相互适应机制，进而为国家制定和实施可持续发展战略决策提供理论支撑，就显得尤为迫切和重要。

当代发生的各种危机，都是人类自己造成的。传统的西方工业文明的发展道路，是一种以摧毁人类的基本生存条件为代价获得经济增长的道路。人类已走到十字路口，面临着生存还是死亡的选择。正是在这种背景下，人类选择了可持续发展的道路。

可持续发展战略的目的，是要使社会具有可持续发展能力，使人类在地球上能够世世代代生活下去。人与环境的和谐共存，是可持续发展的基本模式。自然系统是一个生命支持系统。如果它失去稳定，一切生物（包括人类）都不能生存。自然资源的可持续利用，是实现可持续发展的基本条件。因此，对资源的节约，就成为可持续发展的一个基本要求。它要求在生产和经济活动中对非再生资源的开发和使用要有节制，对可再生资源的开发速度也应保持在其再生速率的限度以内。应通过提高资源的利用效率来解决经济增长的问题。

一个成熟的发展模式，要永远保持其合理性，不仅要有动力学的机制，而且应当具有自我评价、自我约束、自我反省、自我规范的机制。只有如此，才能避免付出那些本可以避免付出的代价。近代西方工业文明的发展模式就是一种只有动力机制而没有自我约束、自我评价机制的发展模式。正如美国学者威利斯·哈曼博士所说，“我们唯一最严重的危机主要是工业社会意义上的危机。我们在解决‘如何’一类问题方面相当成功”，“但与此同时，我们却对‘为什么’这种具有价值含义的问题，越来越糊涂，越来越多的人意识到谁也不明白什么是值得做的。我们的发展速度越来越快，但我们却迷失了方向”。因此，对“发展的终极目的（价值）”问题的探寻，就成了发展伦理学首要的核心问题。

可持续发展战略已成为当今一个应用范围非常广的概念，不仅在经济、社会、环境等方面运用，而且在教育、生活、艺术等方面也经常运用。“既顾及当前利益、近期利益，又顾及未来利益与长远利益，当前、近期的发展不仅不损害未来、长远的发展，而且为其提供有利条件的发展”。

【阅读材料】

环境商会：多种途径鼓励环保企业走出去

全国工商联环境服务业商会2014年3月2日呼吁实行绿色援助计划、设立财政专项资金或基金支持环保国际化、提供绿色金融优惠政策等多项措施，多种途径鼓励环保企业走出去。

全国“两会”召开前夕，全国工商联环境服务业商会秘书长骆建华对《第一财经日报》表示，由环境商会起草的多份建议，将作为全国工商联的团体提案提交即将召开的全国政协十二届二次会议。

国际化是必然选择

骆建华介绍，“十五”以来，我国节能环保产业快速发展。据环保部测算，2011年我国环保产业的从业机构约为2.4万家，上市环保公司约400家，年营业收入约3万亿，2004—2010年营业收入的年均复合增长率达到30%。

“十二五”期间，我国将培育和发展战略性新兴产业提升到转变经济发展方式与产业结构调整的重要高度，节能环保产业被列为七大战略性新兴产业之首，国内节能环保产业投资预计将达3.1万亿元，在发展战略性新兴产业和国内经济转型及产业结构调整的大背景下，环保产业将进入高速增长阶段。

骆建华对记者说，目前，国外环保企业均实施全球发展战略，大型环境集团已通过参股或控股进入全球多个国家的环保市场。据欧盟统计，2010年全球环境服务业产值达到6400亿美元，全球环保产业总产值达到2.3万亿美元。

环境商会的分析显示，随着城镇化的推进，国内大中城市环保设施建设逐渐趋于饱和。近10年来，国家对环境污染治理投入大量资金，进一步加快了城市环境基础设施建设。

截至2013年9月底，全国设市城市、县累计建成城镇污水处理厂3501座，污水处理能力约1.47亿m^3/日，比2012年底新增污水处理厂161座，新增处理能力约450万m^3/日。2012年，全国城镇污水处理厂平均运行负荷率达到82.5%。2010年全国城市生活垃圾无害化率达到77.9%，规划到2015年县县具有无害化处理能力，无害化处理率达到80%以上。未来国内环保产业增长点将由工程建设转向环境设施运营服务。

“我国已有的环境产品及工程建设能力亟须开拓新的市场，环保产业国际化将成为一种必然选择。”骆建华说。我国环保企业要实现跨越式发展，就必须要参与全球经济竞争，实施国际化发展战略，在目前国际分工格局尚未完全形成的情况下，推动环境技术及产品走向国际平台，利用技术、管理和成本等综合优势抢占国际环保市场的制高点，开拓市场以实现跨国经营。

环境商会给记者提供的资料显示，当前，我国环保技术逐步向国际先进水平靠拢，炉排炉垃圾焚烧技术已实现国产化，超滤膜水处理技术位居领先，在污水处理、再生水利用、海水淡化、污泥处置、垃圾焚烧及烟气脱硫脱硝等方面，积累了丰富的建设运营经验，拥有了门类齐全、具有自主知识产权的技术装备，培育了一批拥有自主品牌、掌握核心技术、市场竞争力强的环保龙头企业。

目前，北京桑德环境、北控水务、福建龙净、杭州新世纪等骨干环保企业，已获得了多个海外环保项目订单，开拓了东南亚、南亚、中东、非洲、南美等多个国家市场，为我国环保企业走出去积累了宝贵经验。

市政环境基础设施前期投入资金普遍较大，运营权作为长期回收成本和获取稳定收益的保障，一般都优先给予投资建设方，其他企业很难在后期介入。因此，能否快速抢占处于起步和发展阶段的目标市场，决定着未来我国环保产业的规模和全球竞争力。

完善走出去优惠政策

但骆建华同时表示，国内环保企业实施国际化发展还存在不少问题。“首先是国外政治经济法律制度、环保行业标准及服务对象需求不同，工程项目履约过程面临较大风险。”骆建华介绍，美欧等发达国家污染物排放标准普遍严于我国，而一些发展中国家的环境标准缺失，或执行不同于国内的环境质量、环境技术和环境污染物排放标准，这意味着项目设计和施工阶段要根据当地环境要求提供定制化解决方案，按照国际咨询工程师联合会（FIDIC）的勘察、设计、施工、监理、货物采购合同条款执行。

骆建华介绍，海外国家更倾向采用工程项目融资管理模式开展环保项目，除了BOT模式外，集成投融资及运营服务全过程的PPP、PFI等模式更被广泛接受和采用。而国内企业多以DB、DBO、EPC等承发包管理模式参与环保工程建设，延伸至投融资前端还需要金融资本实力和项目综合管理能力的大幅提升。

此外，目前我国在金融财税等方面支持力度较小。在国际环保市场上占据主导地位的多是美国、日本、加拿大和欧洲等国家的环境公司。这些国家在拓展国际市场初期给予企业不同程度的税收抵免、投融资担保、津贴或补助等直接或间接优惠，以减少企业前期投入风险，但我国已实施的相关优惠政策还较少。

环境商会起草的《关于通过多种途径鼓励环保企业走出去的提案》建议，通过与中东、非洲、南美等产油国建立能源—环境战略联盟，实施绿色援助贷款或赠款和工程援助，支持其建设环境公共设施。

“安排对外援助时优先考虑节能环保项目，重点推动环境基础设施建设，由国内大型环保企业主导建设和运营，提供相应的技术服务和配套的国产产品设备。”骆建华说。此外，还可以设立财政专项资金或基金支持环保国际化。运用贷款贴息、以奖代补、设立海外环保投资基金、并购资金、亏损准备金等多种方式，按一定比例补贴海外环保项目。设立海外环保项目先期投入补贴资金，对先期市场开拓费用，按一定比例进行项目补贴。

环境商会建议，结合国家投融资体制改革，设立海外环保投资担保机制，针对资质较好的节能环保企业加大信用担保机构的支持力度，探索适合环保企业的内保外贷、境外资产抵押、境外消费信贷等多种抵押贷款方式。

在境外资本运作方面，环境商会建议，适当降低境内环保企业到境外上市的门槛，简化并规范环保企业境外上市的审批流程，并加强对已在境外上市企业的监管。鼓励环保企业与不同资本类型、不同业务范围的企业强强联合，抱团出海，进行境外投资，合作、并购、参股国内外先进环保研发和设备制造企业，整合战略资源，促进产业升级，尤其在技术开发上加大力度，增强企业核心竞争力。

"还应完善环保企业境外税收抵免适用范围，避免双重征税。"骆建华认为，政府与鼓励投资国家签订协定时，设立税收抵免和享受当地税收优惠政策条款，保障国内环保企业享受到东道国当地的税收优惠政策。参照国内高新技术企业优惠标准和研发费用加计扣除政策，制定环保企业国际化发展税收优惠政策，降低境外红利抵免限额税率。

——资料来源：网易财经，http：//money.163.com/14/0302/13/9MB8JRCS00252G50.html#from = keyscan.

思考题

1. 简述我国可持续发展理念产生和建立的过程。
2. 我国可持续发展面临的挑战有哪些？
3. 什么是可持续发展综合国力？如何提高？

推荐读物

1. 李克强作的政府工作报告（摘登）［N］. 人民日报，2018-03-06（002）.

2. 赵景柱，徐亚骏，肖寒，等. 基于可持续发展综合国力的生态系统服务评价研究——13 个国家生态系统服务价值的测算［J］. 系统工程理论与实践，2003（1）：121-127.

3. MOTA R P, DOMINGOS T. Assessment of the theory of comprehensive national accounting with data for Portugal［J］. Ecological Economics，2013，95.

4. 张达，何春阳，邬建国，等. 京津冀地区可持续发展的主要资源和环境限制性要素评价——基于景观可持续科学概念框架［J］. 地球科学进展，2015，30（10）：1151-1161.

参考文献

［1］世界环境与发展委员会. 我们共同的未来［M］. 国家环保局外事办公室，译. 北京：世界知识出版社，1989.
［2］解振华. 中国环境执法全书［M］. 北京：红旗出版社，1997.

第2篇 经济可持续发展

第4章 经济与可持续发展

■4.1 可持续经济发展的特征及构建

4.1.1 可持续经济发展的核心

1. 可持续经济发展的指导思想

我国实施可持续发展战略的指导思想是：坚持以人为本，以人与自然和谐为主线，以经济发展为核心，以提高人民群众生活质量为根本出发点，以科技和体制创新为突破口，坚持不懈地全面推进经济社会与人口、资源和生态环境的协调，不断提高我国的综合国力和竞争力，为实现第三步战略目标奠定坚实的基础。

2. 可持续经济发展的基本原则

可持续经济发展的基本价值原则：第一，全人类利益高于一切；第二，生存利益高于一切；第三，在满足当代人需要的同时，不能侵犯后代人的生存和发展权利，这是人类生存与发展的可持续性原则。

3. 坚持以经济建设为中心

树立和落实科学发展观，必须始终把经济建设放在中心位置，聚精会神搞建设，一心一意谋发展。生产力的发展是人类社会发展的最终决定力量。社会主义现代化必须建立在发达的生产力基础上。坚持以经济建设为中心，必须以高度的责任感和紧迫感，抓住机遇加快经济发展，保持平稳较快的经济发展势头。

我们强调加快经济发展，并不是单纯追求国内生产总值（GDP）增长。国内生产总值不能全面反映经济增长的质量和结构，不能全面反映人们实际享有的社会福利水平。要以科学精神、科学态度和科学的思想方法看待国内生产总值，防止任何片面性和绝对化。

4.1.2 可持续经济发展的意义

对目前国内可持续经济发展来说，有必要应用经济学方法考察各种持续发展途径的特点、局限及其实践含义，在此基础上探讨持续发展的市场调控机理及其政策含义，以实现符合效率原则的环境持续。可持续经济发展的研究对象主要不是研究“生态—经济—社会”

三维复合系统的矛盾及其运动和发展规律；而是以此为范围在三维复合系统的总体上着重研究可持续发展经济系统的矛盾运动和发展规律，即从可持续发展系统的总体上揭示可持续发展经济系统的结构、功能及其诸要素之间的矛盾运动和可持续发展的规律性。

在加快工业化进程的同时，积极推动城市化战略。对于中国而言，加快城市化进程是经济增长的重要途径。从国际经验看，经济现代化的过程就是工业化和城市化的过程，这两个过程相互依存，工业化要以城市化为基础，城市化则要靠工业化来推动。城市化进程之所以能够创造需求，主要源于两个方面：一是城市化会创造出增加就业的生产性投资，增加公共品的基础设施投资和房地产投资；二是城市化会引发更多的消费需求；相对而言，城市居民的消费能力要比农村居民的消费能力强得多，城市人口比重的提升就会带来消费总量的扩张。

可持续发展的目标是“建立可持续发展的经济体系、社会体系和保持与之相适应的可持续利用的资源与环境基础”，即同时建立可持续发展的经济系统、社会系统和生态系统。人类在建立可持续发展的社会系统和生态系统的过程中，也有很多问题需要从经济学角度来解决。因此，人们除了建立狭义的可持续发展经济学理论体系外，还应建立一个广义的可持续发展经济学理论体系，这是实现可持续发展战略的需要。

贯彻落实科学发展观，大力推进社会主义经济、政治、文化、社会的全面发展，要努力做到“五个统筹”，即统筹城乡发展、统筹区域发展、统筹经济社会发展、统筹人与自然和谐发展、统筹国内发展和对外开放，使各方面的发展相适应，各个发展环节相协调。“五个统筹”是总结我国社会主义建设的历史经验特别是改革开放以来的新鲜经验、适应新形势新任务提出来的。“五个统筹”深刻体现了全面协调可持续发展的内在要求，是贯彻落实科学发展观的切入点和现实途径。坚持“五个统筹”，必须在大力推进经济发展的同时，兼顾经济社会各个方面的发展要求，实现经济社会各构成要素的良性互动，在统筹协调中求发展，以发展促进更好的统筹协调，推动经济发展和社会全面进步。

从经济学角度研究，可持续经济发展包括以下几方面内容：

1）研究可持续发展经济学的基本原理、基本概念和基本范畴。

2）研究生态经济社会复合系统的结构、功能和运行状态。

3）分别研究形成生态经济社会复合系统的经济条件、经济关系和经济机制。

4）研究使生态经济社会复合系统由不可持续发展向可持续发展状态过渡过程中，以及维持系统处于可持续发展状态所具备的运行条件、运行秩序及运行规则。

5）对生态经济社会复合系统由不可持续发展向可持续发展状态转变及维持可持续发展状态运行产生的综合效益及其成本收益状况进行分析和综合评价，并建立可持续发展经济指标体系。

6）在对可持续发展的经济系统的运行规律进行系统探索的同时，对社会系统和生态系统实现可持续发展所需的经济条件、经济关系和经济机制也进行系统研究。

在我国人口基数大、人均资源少、经济和科技发展水平比较落后的条件下实现可持续发展，主要是在保持经济快速增长的同时，依靠科技进步和提高劳动者素质，不断改善发展质量，提倡适度消费和清洁生产，控制环境污染，改善生态环境，保持资源基础，建立“低消耗、高收益、低污染、高效益”的良性循环发展模式。即经济发展不但要有量的扩张，也要有质的改善。

以改革和创新为动力，促进经济结构调整和产业升级后危机时代中国经济要保持持续增长，必须从根本上解决结构性问题，促进经济的平衡增长。一是调整需求结构，大力扩大内需尤其是消费需求。在政策取向上，将合理把握社会投资总量规模，保持一定的投资增长水平；积极培育新的消费热点，将现有的鼓励消费政策长期化。二是调整区域发展结构，促进区域经济协调发展。进一步健全区域间产业梯度转移机制以及区域间的经济利益协调机制，为产业区域转移搭建良好的公共服务平台。三是调整产业结构，加大科技创新力度，培育和形成一批在全球范围具有国际竞争力的产业，不断提高中国在全球价值链和全球分工体系中的地位。

可持续发展经济学的总体任务是从经济学角度研究建立可持续发展的经济系统、社会系统和生态系统的客观规律性，为实现经济、社会和生态的可持续发展提供理论依据。可持续发展经济学主要是在生态经济学等学科的基础上继承和发展起来的，它的发展又要广泛地汲取人口、资源和环境经济学各类分支学科及发展经济学等学科的养分。

可持续经济发展是一种合理的经济发展形态。通过实施可持续经济发展战略，使社会经济得以形成可持续经济发展模式。在这种模式下，它正确地在经济圈、社会圈、生物圈的不同层次中力求达到经济、社会、生态三个子系统相互协调和可持续发展，使生产、消费、流通都符合可持续经济发展要求，在产业发展上建立生态农业和生态工业，在区域发展上建立农村与城市的经济可持续发展模式。其本质是现代生态经济发展模式。可持续经济发展是研究生态经济社会复合系统由不可持续发展向可持续发展状态转变，及维持其可持续发展动态平衡运行所需的经济条件、经济机制及其综合效益。

4.1.3 关于可持续经济发展的理论指导

21世纪的中国经济发展面临着信息化和生态化的挑战，因此，走可持续发展之路是中国21世纪发展战略的必然选择。从理论上来看，可持续经济发展是一个新的学术增长点，需要不断加深对中国可持续发展经济学的基本理论和中国可持续发展实践问题的研究。近年来，我国经济学术界和实际工作部门在可持续发展经济学基础理论方面取得了重要进展，但总体而言，基础理论的研究比较薄弱，研究的层次仍然停留在政治宣传、逻辑思维辩证的角度，在基础理论方面原创性的研究仍然很少，因此，加强可持续经济发展的基础理论研究仍是今后努力的方向。

可持续经济发展有两个基本假设，第一个是在对经济学中具有完全理性的经济人假设进行必要修正的基础上设定的；第二个是关于自然资源和人力资源，尤其是智力资源稀缺性的假设。

增强把握全面协调可持续经济发展要求的辩证思维能力，一是要正确认识和处理当前发展和长远发展的关系，二是要正确认识和处理局部利益和全局利益的关系，三是要正确认识和处理发展的平衡和不平衡的关系，四是要正确认识和处理政府和市场的关系。既要充分发挥市场在资源配置中的决定性作用，以增强经济的活力和效率；同时又要充分发挥政府宏观管理和调控的作用，注重克服市场的缺陷和不足，解决市场不能解决的问题。处理好经济社会发展中的各种关系，必须坚持一切从实际出发，坚持唯物辩证法，因地制宜，因时制宜，及时研究和解决改革发展中出现的新情况新问题，牢牢把握经济建设这个中心，促进经济社会全面协调可持续发展。

可持续经济发展能从理论指导上影响和改变人类资源配置的方向。资源配置是指“经济中的各种资源（包括人力、物力、财力）在各种不同的使用方向间的分配”。可持续发展经济学对经济中的各种资源的配置方向的指导作用在于，它要使各种资源在各种不同使用方向间的分配中贯彻可持续发展原则，既建立可持续发展的经济系统，又建立可持续发展的社会系统和生态系统。这同传统经济学在论述资源配置时只重视各种资源在各种不同的经济使用方向间的分配的着眼点是有明显区别的。

可持续经济发展能从理论指导上影响和改变人类资源配置的预期目标。人类的任何配置资源活动都在其进行前有预期的目标，并在其进行过程中和之后产生相应的后果。过去，传统经济学往往把资源配置片面地理解为是对生产要素资源的配置，所以资源配置的预期目标主要着眼于经济效益和效率，并未把生态效益和社会效益放在其预期目标之中。这是传统经济学导致经济社会运行经常处于不可持续状态的根本原因。可持续经济发展就要对传统经济学在这方面存在的问题加以剖析，并从理论上阐明有利于持续发展的资源配置的预期目标体系，即把同步提高经济效益、社会效益和生态效益作为其预期目标。这样就能从理论上影响和改变人类资源配置的预期目标，使资源配置的后果有利于经济社会和生态的协调和可持续发展。

可持续经济发展能从理论指导上影响和改变人类资源配置的内在机制。可持续经济发展作为理论经济学，在研究人类按照可持续发展原则进行资源配置、建立符合可持续发展要求的生态经济社会复合大系统的基本规律时，必然要研究其制度创新问题。这必然涉及进行资源配置时如何按照可持续发展的要求建立新的内在运行机制的问题。从而不仅丰富和发展了经济学的资源配置机制理论，并对指导实际工作起到巨大促进作用，即从理论上影响和改变着人类资源配置的内在机制。

■4.2　可持续发展的生态经济模式

4.2.1　生态经济模式

要实现可持续发展，就必须改变传统的经济与环境二元化的经济模式，建立一种把二者内在统一起来的生态经济模式。

1. 生产过程的生态化

在生产过程中，建立一种无废料、少废料的封闭循环技术系统。传统的生产流程是“原料—产品—废料”模式。这里追求的只是产品，但进入生产过程与产品无关的原料都作为废料排放到环境中。而生态模式的生产中，废料成为另一生产过程的原料而得到循环利用。封闭循环技术系统既节约资源，又减少了污染，在对生物资源的开发中，应当是“养鸡生蛋”而不应该是“杀鸡取蛋”。

2. 经济运行模式的生态化

应当运用经济的机制刺激和鼓励节约资源和环境保护，把节约资源和环境保护因素作为经济过程的一个内在因素包含在经济机制之中。为此，第一，应当重视社会能量转换的相对效率，并使它成为评价经济行为的重要指标之一。新经济学应当依据净能量消耗来测定生产过程的效率，把利润同能量消耗联系起来。第二，应该把“自然价值”纳入经济价值之中，

形成一种“经济—生态”价值的统一体。在这里，资源的“天然价值”应当作为重要参考数打入产品的成本。资源价值应遵循“物以稀为贵”的原则。随着某些资源的减少，资源的天然价值就会越高，使用这些资源制造的产品的价格也就应当越高。这种经济机制能够抑制对有限资源的浪费。第三，应当建立一种抑制污染环境的经济机制。应当看到清洁、美丽的适合人类生存的环境本身就具有一种“环境价值”。为此，应当把破坏环境的活动看成产生“负价值”的活动而予以经济上的惩罚。例如，汽车的成本中不仅应当包括资源的自然价值、原料的价值、劳动力价值，还应当包括汽车生产过程中对环境的破坏的负价值和汽车在消费中对环境的污染（排放的尾气造成的大气污染）、汽车在消费中可能出现的交通事故造成的危害等负价值计入汽车的成本当中，由生产者和消费者共同承担。这样，就会对损害环境的经济行为形成一种抑制效应。

3. 消费方式的生态化

传统的消费方式是一种非生态的消费方式。传统经济模式中生产并不是为了满足人的健康生存需要，而是为了获得更大的利润。因此，生产不断创造出新消费品，通过广告宣传造成不断变化的消费时尚，诱使消费者接受。大量的生产要求大量消费，因此，挥霍浪费型的非生态化生产造成了一种挥霍浪费型消费方式。这种消费方式追求的不是朴素而是华美，不是实质而是形式，不是内在而是外表。这种消费方式的反生态性质主要表现在以下方面：第一，它追求一种所谓“用毕即弃”的消费方式。大量一次性用品的出现，不仅浪费了自然资源，而且污染了环境。仅以一次性筷子为例：我国每年出口到日本的一次性筷子达200亿双，折合木材达40亿m^3，国内的消费也不低于这个数目。因此林业专家警告说：“长此下去，将祸及我们的子孙后代”。我们的许多消费品都是在还能够使用时就被抛弃，因为它已落后于消费时尚。在服装消费上表现得最为突出。第二，在消费中追求所谓“深加工”产品，也是违反生态原理，特别是违反热力学第二定律（熵定律）的。所谓“深加工”产品，只是追求形式上的翻新。对原料每加工一次，就有部分能量流失。在食品多次加工中，不仅浪费了能量，而且由于各种化学添加剂的加入，对人的健康造成了威胁。有些深加工产品属于不同能量层次的转化，浪费的能量就更多。如用谷物喂牲畜，把植物蛋白转化成动物蛋白，浪费的能量更多。“这种因食用靠粮食喂养的牲畜所造成的能量损失如下，家禽70%，牛90%”。同时，过量食用高脂肪食物还会危害人的健康。据现在的估计，自然的长寿年龄在90岁左右，但是多数美国人至少少活了20年，造成这些早亡的主要原因是滥用食物，其中高脂肪是男性癌症患者中40%和女性癌症患者中的60%的主要致病因素。

总之，近代西方工业文明的发展模式是一种非持续性的发展模式。要实现可持续发展，就必须在发展和发展模式上有一个革命性变革。当然，在全球经济趋向于一体化的今天，要彻底解决这个问题，并不是一个国家、一朝一夕可以做到的。当代人类面临的困难是全球性的，因此，只有通过全人类的长期共同努力才能做到。

4.2.2　可持续经济发展的基本竞争模型

经济学的基本竞争模型是在激励与信息，价格、产权和利润等基础上建立的。为了使市场经济有效地运行，厂商和个人都必须获得信息并有对现有信息做出反应的激励。市场经济通过价格、产权和利润提供信息和激励。价格提供关于不同商品相对稀缺性的信息，对利润的渴望驱使厂商对价格的信息做出回应，他们通过使用稀缺资源最少的办法生产市场上最稀

缺的商品来增大自己的利润。同样，理性的消费者对个人经济利益的追求诱导他们对价格做出回应，他们只买价格合理的商品。在价格、产权和利润的激励下，基本竞争模型中理性的、追求效用最大化的消费者和理性的、追求利润最大化的厂商投身到存在价格接受行为的竞争市场，演出了亿万次引人入胜的博弈。

在可持续经济发展对经济学基本假设修正的基础上，应考虑到当自然资源和人力资源的产品和服务进入市场时，它们也是稀缺的商品，为满足消费者的需要，也应与其他商品一样，受到来自价格、产权和利润的激励。

可持续经济发展的基本假设与基本竞争模型，要求人类在发展经济时要以保护环境和促进社会和谐、稳定和进步为前提，在进行环境保护、生态建设和社会建设时要遵循市场经济规律的要求，构建与完善有利于实现可持续发展的市场经济体制，充分利用市场经济体制保护环境和促进社会进步的积极作用，尽最大可能限制与克服其消极作用。依照可持续发展经济管理理论构建的经济系统，是能够促进自然、经济、社会复合生态系统沿着良性循环的轨道持续演进的系统。就这个意义而言，可以称之为可持续经济发展系统，简称可持续经济系统。这种竞争模型不仅是理论问题，也涉及现实问题，特别是涉及自然资源与人力资源的产权、估价等问题，有明确的政策含义，对促进可持续经济发展有重要的现实意义。

■4.3　关于我国经济发展的反思

可持续发展是人类对工业文明进程进行反思的结果，是人类为了克服一系列环境、经济和社会问题，特别是全球性的环境污染和广泛的生态破坏，以及它们之间关系失衡做出的理性选择。经济发展、社会发展和环境保护是可持续发展相互依赖互为加强的组成部分。

改革开放以来，我国创造了经济持续高增长的奇迹，2017 年我国经济总量占全球总量的 15% 左右，稳居世界第二位。但是纵观我们的发展思路，高增长总体上主要依靠要素投入、低成本竞争和市场外延扩张的粗放型增长，可持续发展能力不足。反思主要包括以下两方面：

（1）发展方式的反思　经济增长主要依靠要素投入。第一，我国的体制转轨使人口流动活络，劳动力的充分供给使工资水平缺乏弹性，劳动力的低成本得以持续，进而为经济增长贡献了“人口红利”。第二，高储蓄率和低利率政策使资本成本长期维持在低水平，个别年份甚至是负的实际利率，银行呆坏账的冲销和“债转股”还使企业可以不必偿还本金。第三，只反映开发成本的能源和资源价格长期偏低，加之低污染成本，共同构成了生产要素的低成本竞争优势。主要以低成本要素投入为支撑的粗放型增长必然引发过度投资，进而形成通货膨胀与通货紧缩的交替往复和循环。

（2）可持续发展能力的反思　主要因为经济发展是一个持续“投入—产出”过程。因此，在一定的管理和技术水平条件下，物质资源拥有量及其持续供给能力，是决定经济能否持续增长的关键。由于国内资源的稀缺性制约，经济过热和消费结构升级导致扩张型经济增长，必然使我国经济对国际资源的依赖程度迅速提高。

4.3.1　可持续经济发展的内涵

1）突出发展的主题。发展与经济增长有根本区别，发展是集社会、科技、文化、环境

等多项因素于一体的完整现象，是人类共同的和普遍的权利，发达国家和发展中国家都享有平等的不容剥夺的发展权利。

2）发展的可持续性。人类的经济和社会的发展不能超越资源和环境的承载能力。

3）人与人关系的公平性。当代人在发展与消费时应努力做到使后代人有同样的发展机会，同一代人中一部分人的发展不应当损害另一部分人的利益。

4）人与自然的协调共生。人类必须建立新的道德观念和价值标准，学会尊重自然、师法自然、保护自然，与之和谐相处。我国的科学发展观把社会的全面协调发展和可持续发展结合起来，以经济社会全面协调可持续发展为基本要求，指出要促进人与自然的和谐，实现经济发展和人口、资源、环境相协调，坚持走生产发展、生活富裕、生态良好的文明发展道路，保证一代接一代地永续发展。从忽略环境保护受到自然界惩罚，到最终选择可持续发展，是人类文明进化的一次历史性重大转折。

4.3.2 可持续经济发展的意义

可持续经济发展的产生由于是全世界经济社会进入可持续发展时代的需要，所以该学科必定是21世纪指导人类经济社会活动的主流经济学科之一。这就决定了可持续发展经济学是一门边缘性、综合性的理论经济学科，它广泛地吸收了政治经济学、生产力经济学、生态经济学、发展经济学、宏观经济学、微观经济学等学科，特别是生态经济学的理论营养，又与这些学科有一定的区别。可持续发展经济学能作为理论经济学科的根本之点在于，它不是从局部和微观上，而是从整体和宏观上来探索如何使资源配置的机制从传统发展模式转移到有利于可持续发展模式全面推进的系统规律的学科。也就是说，其理论体系的建立和应用，将从根本上影响和改变人类资源配置的方向、预期目标和内在机制。所以可持续发展经济学必然属于抽象化程度较高的理论经济学科，而不属于应用经济学科。

可持续经济发展研究的系统客体是生态经济社会复合系统，而不仅仅是被简化理解的可持续经济发展系统。生态经济社会复合系统在其自身的矛盾运动中，可以表现为多种形态，用可持续发展的标准来衡量，可基本分为不可持续发展状态、向可持续发展过渡的起飞状态、具有初步可持续发展水平和能力的状态、具有较高可持续发展水平和能力的状态这样四种状态。生态经济社会复合系统要实现由不可持续发展状态向可持续发展状态的转变需要具备相应的经济条件、经济关系和经济机制，这需要可持续经济发展理论来回答。生态经济社会复合系统要维持系统已形成的可持续发展动态平衡的状态，需要相应的生产力条件、生产关系条件和上层建筑条件，这也要求可持续经济发展理论来回答。当生态经济社会复合系统处于上述四种不同状态时，都要产生一定的综合效益，这种综合效益有些是人们可预期的，有些是人们没有预期的，但由于它能从相对应的角度反映系统的可持续发展水平，所以也应该由可持续经济发展理论来回答。由于处于可持续发展动态平衡状态的生态经济社会复合系统是由同时处于可持续发展状态的经济系统、社会系统和生态系统复合而成的，而后两类子系统要由不可持续状态过渡到可持续发展状态，同经济系统一样都需要具备一定的经济条件、经济关系和经济机制。

当人类走到能否可持续存在与发展的十字路口，面临生死存亡的紧要抉择时，才如梦方醒地察觉到清洁空气、干净的水和其他能源与自然资源并不是能够无限免费提供的，它们也都是稀缺的资源。正如斯蒂格利茨在解释稀缺性时所说的：“不存在免费午餐。若想多得一些这种东西，就必须放弃其他什么东西。稀缺性乃是生活的基本事实。”如果为了扩大生产而向自然索取所需的更多生产资料和生活资料，必须在总预算支出中减少用于生产钢铁、计算机和食品等方面的支出，转而投向保护环境及恢复与培育受到破坏的生态系统。因为自然资源的稀缺性乃是生活中的基本事实。

我国经济可持续发展的形势严峻。未来的一段时期，全球会出现流动性相对充裕的情况。我国经济发展的前景看好，但是也必须看到，在国际金融危机之后，随着国际经济格局的改变，我国面临发展的同时也面临着更加严峻的形势。

我国经济可持续发展的“内忧”和“外患”。从国内来看，我国经济可持续发展面临着巨大风险。第一个风险来自资产价值的巨幅变动，无论是上升还是下降。如果中国房地产价格再提升 20% ~30%，便会激发更多的社会矛盾。相反，如果股票和房地产价格下降 20% ~30%，很多企业和个人都将出现“资产负债表”的问题。第二个风险是通货膨胀的压力。如果出现某些影响农副产品生产的因素，在流动性非常充足的背景下，很可能会演变为农副产品价格迅速上涨，进而直接演变为通货膨胀。从国际方面来看，实现我国经济可持续发展也是困难重重：一是原材料和能源价格迅速飙升有可能带来的供应链局部中断。尤其是在日本震后重建和世界局部战争频发的大环境下。二是区域性风险。我国企业走出去的步伐，在很大程度上已经远远超出了预想和估计。这么多经济布局在海外，一旦出现区域性冲突，政治影响、社会影响、经济影响都会非常大。

【阅读材料】

加快实现碳排放达峰，推动经济高质量发展

做好碳达峰、碳中和工作，是中央经济工作会议确定的2021年八项重点任务之一。“十四五”是实现我国碳排放达峰的关键期，也是推动经济高质量发展和生态环境质量持续改善的攻坚期，必须按照中央的要求和部署，加快制定并落实国家碳排放达峰行动方案，作为降碳减污总抓手和“牛鼻子”，实现碳达峰与经济高质量发展、构建新发展格局、深入打好污染防治攻坚战高度协调统一。

碳达峰是指某个地区或行业年度二氧化碳排放量达到历史最高值，然后经历平台期进入持续下降的过程，是二氧化碳排放量由增转降的历史拐点，标志着碳排放与经济发展实现脱钩，达峰目标包括达峰年份和峰值。碳中和是指某个地区在一定时间内（一般指一年）人为活动直接和间接排放的二氧化碳，与其通过植树造林等吸收的二氧化碳相互抵消，实现二氧化碳“净零排放”。碳达峰与碳中和紧密相连，前者是后者的基础和前提，达峰时间的早晚和峰值的高低直接影响碳中和实现的时长和实现的难度；而后者是对前者的紧约束，要求达峰行动方案必须要在实现碳中和的引领下制定。

1. 提高思想认识，以尽早达峰争取战略主动

在调研中发现，不少地方认为2030年前还可以继续大幅提高化石能源使用量，甚至还在“高碳”的轨道上谋划“十四五”发展规划，攀登碳排放“新高峰”，达到“新高峰”后再考虑下降，没有认识到碳中和对各地发展的倒逼要求。

对标欧盟在20世纪90年代二氧化碳排放达到45亿t的峰值、美国在2007年达到59

亿 t 左右的峰值，预测中国二氧化碳排放峰值将达到 106 亿 t 左右，是欧盟的 2.4 倍，美国的 1.8 倍；按照欧盟 21 世纪中叶实现碳中和目标，其碳达峰至碳中和历经 60 年，而我国从碳达峰到碳中和仅有 30 年。我国面临着比发达国家时间更紧、幅度更大的减排要求。“十四五”新建的高碳项目，其排放将延续到 2050 年前后，给实现 2060 年碳中和目标带来巨大压力，还会压缩未来 20 年至 30 年低碳技术的发展空间。因此，各地和行业主管部门要把落实碳达峰工作作为重要政治任务，把应对气候变化作为推动实现高质量发展的重要抓手，研究部署“十四五”规划方案。

2. 从地方和行业两手发力，确保落实碳达峰国家自主贡献

地方是落实国家碳达峰任务的责任主体，要加快制定达峰方案，开展达峰行动。我国幅员辽阔，不同地区在发展阶段、经济实力、资源禀赋等方面有较大差距，应坚持共同而有区别的责任原则，在国家层面加强统筹协调，提出不同区域分阶段达峰路线图，明确各地达峰时限和重点任务。“十四五”期间，经济发展水平高、绿色发展基础好、生态文明创建积极性高的地区应争当“领头羊”，率先实现碳达峰。北京、上海、天津等直辖市，国家生态文明试验区、美丽中国创建示范区以及京津冀、长三角、粤港澳大湾区等应该积极主动作为，率先提出并实现碳达峰。各地应以制订碳排放达峰行动方案为契机，结合地方发展特点，统筹推动产业结构、能源结构、交通结构等调整，促进低碳生产、低碳建筑、低碳生活，打造零碳排放示范工程，开展碳达峰和空气质量达标协同管理，以低碳环保引领推动高质量发展。

作为“世界工厂”，工业是我国二氧化碳排放的主要领域，占全国总排放量的 80% 左右，因此实现重点行业尽早达峰并快速跨过平台期是保证全国 2030 年前达峰的关键。“十四五”期间要明确重点行业达峰目标，提出行业碳排放标杆引领、标准约束、增量控制等多措并举的手段机制，开展低碳技术项目库建设。在产业结构调整目录中，应增加碳排放控制要求，研究制定高碳产业名录。推动产品碳标签和碳足迹标准体系建设，推进产业链和供应链低碳化。交通和建筑也是二氧化碳排放的重要领域。针对交通领域，要制订实施以道路、航空运输等为重点的绿色低碳交通行动计划，尽早实现交通领域碳达峰；在建筑领域，要大力推广绿色建筑，加大既有建筑节能改造。

3. 加快能源结构转型，建立清洁低碳能源体系

二氧化碳排放主要来自化石能源消费，因此，碳达峰和碳中和的关键是实施能源消费和能源生产革命，持之以恒减少化石能源消费。对于我国而言，煤炭是化石能源消费的主体，煤炭燃烧产生的二氧化碳占我国二氧化碳排放总量的 70% 以上，因此近期能源结构转型的重点在于严格控制煤炭消费。各地应制定“十四五”及中长期煤炭消费总量控制目标，确定减煤路线图，保持全国煤炭消费占比持续快速降低，大气污染防治重点区域要继续加大煤炭总量下降力度。按照集中利用、提高效率的原则，近期煤炭削减重点要加大民用散煤、燃煤锅炉、工业炉窑等用煤替代，大力实施终端能源电气化。

大力加强非化石能源发展，2025 年全国非化石能源在一次能源消费中的比例应不低于 20%。东部地区“十四五”期间新增电力主要由区域内非化石能源发电和区域外输电满足。加快特高压输电发展，显著提高中西部地区可再生能源消纳能力。

4. 发挥市场和政府作用，构建现代气候治理体系

要充分发挥市场配置资源的决定性作用，通过价格、财税、交易等手段，引导低碳生产生活行为。以气候投融资和全国碳市场建设为主要抓手，助推碳达峰方案实施。强化财政资金引导作用，扩大气候投融资渠道，在重点行业的原辅料、燃料、生产工艺、产品等环节实施价格调控激励政策，对低碳产品在税收方面给予激励。开展全国碳市场建设和配额有偿分配制度建设，将国家核证自愿减排量纳入全国碳市场。改革环境保护税，研究制订碳税融入环境保护税方案。鼓励探索开展碳普惠工作，激发小微企业、家庭和个人低碳行为和绿色消费理念。

进一步强化政府在碳达峰行动中的主体责任。把二氧化碳排放控制纳入中央生态环境保护督察、党政领导综合考核内容等，加强过程评估和考核问责。

5. 加大科技支撑力度，推进技术研发和工程示范

科学技术的发展是推进低碳技术应用和低碳经济发展的重要基础。在全球应对气候变化要求不断提高的大背景下，抢占低碳科技高地将是未来一段时间赢得发展先机的重要基础，因此应当将低碳科技作为国家战略科技力量的重要组成部分，大力推动。建议国家提出低碳科技发展战略，强化低碳科技研发和推广，设立低碳科技重点专项，针对低碳能源、低碳产品、低碳技术、前沿性适应气候变化技术、碳排放控制管理等开展科技创新。加强科技落地和难点问题攻关，汇聚跨部门科研团队开展重点地区和重点行业碳排放驱动因素、影响机制、减排措施、管控技术等科技攻坚。采用产学研相结合的模式推进技术创新成果转化成示范应用。

——资料来源：王金南、严刚，加快实现碳排放达峰，推动经济高质量发展，经济日报，2021/1/4。

思考题

1. 经济发展是一门研究什么内容的科学？
2. 怎样做到可持续发展？
3. 可持续经济发展的特征是什么？
4. 怎样理解可持续发展的意义？
5. 发展中国家应该采取哪些经济发展政策？

推荐读物

1. 李永峰，乔丽娜．中国可持续发展概论［M］．哈尔滨：哈尔滨工业大学出版社，2012.
2. 侯俊琳．2013 中国可持续发展战略报告［R］．中国科学院可持续发展战略研究组，2013.

参考文献

［1］夏光．环境经济学在中国的发展与展望［J］．环境科学动态，1998（3）：22-26.

[2] 夏光．通向可持续发展之路［J］．中国国情国力，1994（6）：7-9.
[3] FREEMAN Ⅲ A M. The measurement of environmental and resource values：theory and methods［M］，Washington DC：RRF Press，1993.
[4] 沈濡洪．论环境的经济手段［J］．经济研究，1997（10）：54-61.
[5] 邱东，宋旭光．可持续发展层次论［J］，经济研究，1999（2）：64-71.
[6] 任保平．制度安排与可持续发展［J］．陕西师范大学学报，2000，29（3）：86-91.
[7] 斯蒂格利茨．经济学［M］．2版．梁小民，等译．北京：中国人民大学出版社，2000.
[8] 马传栋．可持续发展经济学［M］．济南：山东人民出版社，2000.
[9] 潘家华．持续发展实现途径的经济学分析［M］．北京：中国人民大学出版社，1994.
[10] 刘思华．可持续发展经济学［M］．武汉：湖北人民出版社，1997.

第5章

循环经济与可持续发展

■ 5.1 循环经济产生的时代背景

5.1.1 人类共同面临资源环境与经济增长的矛盾

资源和环境是人类赖以生存的根基，也是人类经济发展的基础。千百年来，人类认为自然界有取之不尽、用之不竭的资源，一直想方设法地从大自然中获取资源，千方百计从资源中获得财富。在现代科学技术和人类生存需要的双重驱动下，在近百年里，地球上的人口增长、资源消耗、经济规模呈现出指数增长的趋势，而这种快速的经济增长是以资源快速消耗为基础的。

因此，全球经济的快速发展，不仅引发了资源短缺，还带来了环境污染和生态破坏。图 5-1 所示为地球生态系统与人类经济系统交互带来的矛盾。

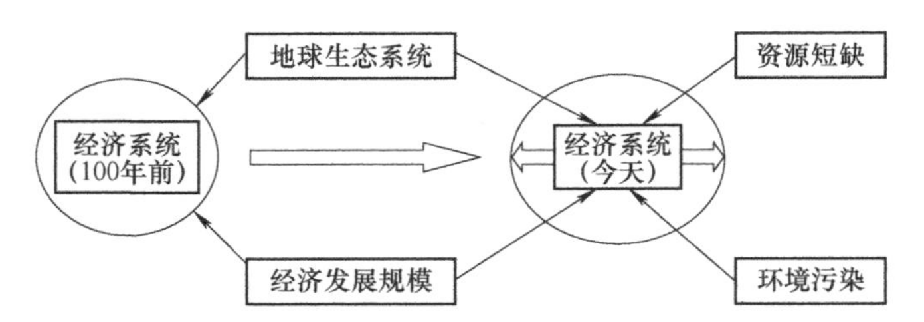

图 5-1 地球生态系统与人类经济系统交互所带来的矛盾

5.1.2 传统的工业文明和发展模式受到挑战

人类在享受工业文明带来的成果和财富的同时，也深深感受到了人类赖以生存的自然资源与生态环境正面临着巨大挑战。全球资源环境与经济增长的尖锐矛盾仅仅是一种表面现象，深层次原因是传统的工业文明和发展模式的缺陷。

1. 传统工业文明：对自然资源进行无限制的掠夺

传统工业文明之初，由于受生产力水平和科技发展水平的限制，人们一直坚信自然界有取之不尽、用之不竭的资源，唯一不足的是人类索取自然资源的能力有限。随着科技进步和

生产力水平的不断提高，人类对自然资源的利用，逐渐由农业社会利用动植物等可再生资源，转向工业社会利用石油、煤炭、天然气、铁、铝等不可再生资源。传统工业文明不断追求物质财富无限增长，导致人们持续对自然资源进行大规模的掠夺开采。这种高增长、高消耗、高投入、高排放、高污染的发展方式，使得传统工业文明渐渐陷入了不能自拔的危机之中。

2. 传统工业模式：对生态环境先污染，再治理

传统经济本质上是将自然资源变成产品，产品变成废物的过程，是以反向增长的环境代价来实现经济上的短期增长的，对资源的利用是粗放型、一次性的。传统经济没有从经济运行机制和传统经济流程的缺陷上揭示产生环境污染和生态破坏的本质，也没有从经济和生产的源头上寻找问题的症结。因此，“边生产，边污染，边治理”“先生产，后污染，再治理”成为当时的一种普遍现象。

3. 传统工业流程：开环式、单程型的线性经济

众所周知，传统的工业文明范式是一种“资源—产品污染—排放”的单程型线性经济模式，其显著的特征是“两高一低”（资源的高消耗、污染物的高排放、物质和能量的低利用）。同时，传统工业采用低利用率的工艺进行加工生产，导致大量“无使用价值的污染物”产生，并将其大量地排放到自然环境中。图5-2所示为传统经济流程。

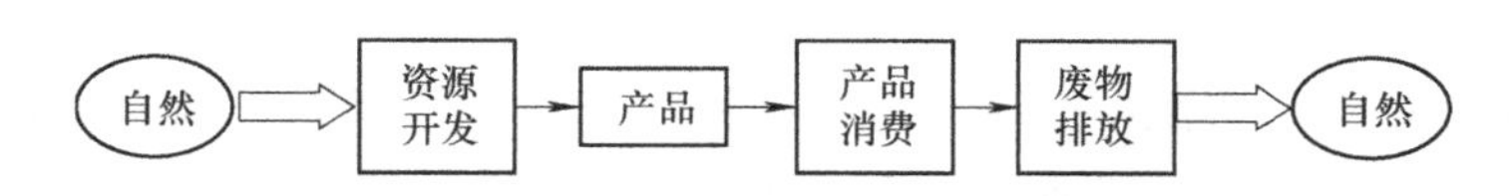

图5-2 传统经济流程

4. 两个有限性：自然资源和环境容量

（1）自然资源有限性　地球上的自然资源是有限的，尤其是不可再生资源在总量上更是有限的。有限的资源不能满足经济无限增长及人类对物质财富的无限需求。据有关专家统计，与人类关系密切的自然资源中，可以连续利用的时间分别为：石油50～60年，煤炭280～340年，天然气60～80年。其他矿产资源，特别是金属矿产，少则几十年，多则数百年，也将消耗殆尽。

我国的资源总量和人均资源严重不足。在资源总量方面，现已查明的石油含量仅占世界的1.8%，天然气占0.7%，铜矿不足5%，铁矿石不足9%，铝土矿不足2%。在人均资源量方面，我国人均矿产资源约为世界平均水平的1/2，人均森林资源约为1/5，人均耕地、草地资源约为1/3，人均水资源约为1/4，人均能源占有量约为1/7，其中人均石油占有量仅约为1/10。

（2）环境容量的有限性　自然界在太阳提供的能量中，昼夜交替，四季循环，生命繁衍，万物生长。自然界的生态环境对人类文明进程有一种承载能力和包容能力。自然环境可以通过大气、水流的扩散和氧化作用及微生物的分解作用，将污染物转化为无害物。然而，随着人类活动范围的快速拓展，无休止地对自然资源进行摄取，无节制地向自然环境排放废弃物，使得局部环境恶化开始达到或超越生态阈值。自然环境受到永久性损害，并直接危及人类自身的生存条件，人类才开始意识到自然生态环境的承载能力和包容能力是有限的，自然界的自净能力也是有限的。

5.2 循环经济的内涵

5.2.1 循环经济的含义

循环经济是一种以资源的高效利用和循环利用为核心，以减量化、再利用、资源化为原则，以低投入、低消耗、低排放和高效率为基本特征，符合可持续发展理念的经济发展模式。循环经济是一种全新的经济观，是一种“资源—产品—再利用”的闭环型非线性经济模式，如图 5-3 所示为循环经济流程。

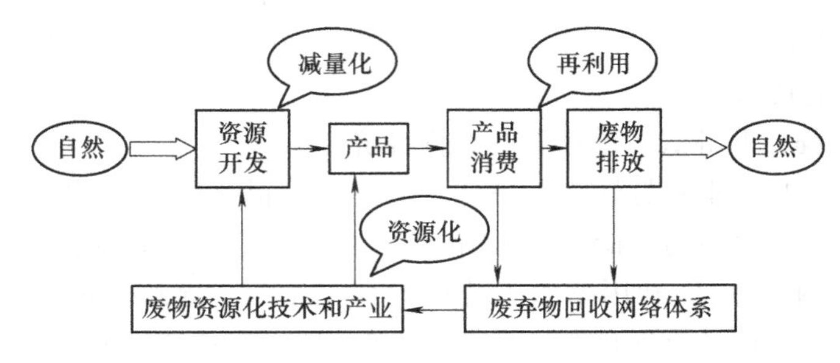

图 5-3 循环经济流程

传统经济是一种由“资源—产品—污染排放”构成的物质单向流动的经济。在这种经济中，人们以越来越高的强度把地球上的物质和能源开发出来，而在生产加工和消费过程中又把污染和废物大量地排放到环境中去，对资源的利用常常是粗放型和一次性的，通过把资源持续不断地变成废物来实现经济的数量型增长，导致了许多自然资源的短缺与枯竭，并酿成了灾难性的环境污染后果。不同的是，循环经济倡导的是一种建立在物质不断循环利用基础上的经济发展模式，它要求把经济活动按照自然生态系统的模式，组织成一个“资源—产品—再生资源”的物质反复循环流动的过程，使得整个经济系统及生产和消费的过程基本上不产生或者只产生很少的废物。只有放错了地方的资源，而没有真正的废物，其特征是自然资源的低投入、高利用和废物的低排放，从根本上消解长期以来环境与发展之间的尖锐冲突。

5.2.2 循环经济的理论基础

循环经济的理论基础应当说是生态经济理论。生态经济学是以生态学原理为基础，经济学原理为主导，以人类经济活动为中心，运用系统工程方法，从最广泛的范围研究生态和经济的结合，从整体上去研究生态系统和生产力系统的相互影响、相互制约和相互作用，揭示自然和社会之间的本质联系和作用规律，改变生产和消费方式，高效合理利用一切可用资源。简而言之，生态经济就是一种尊重生态原理和经济规律的经济。它要求把人类经济社会发展与其依托的生态环境作为一个统一体，经济社会发展一定要遵循生态学理论。生态经济强调的就是要把经济系统与生态系统的多种组成要素联系起来进行综合考察与实施，要求经济社会与生态发展全面协调，达到生态经济的最优目标。

循环经济与生态经济既有紧密联系，又各有其特点。从本质上讲循环经济就是生态经

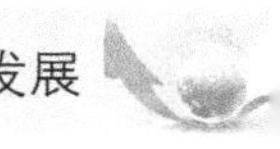

济，就是运用生态经济规律来指导经济活动，也可以说它是一种绿色经济。生态经济强调的核心是经济与生态的协调，注重经济系统与生态系统的有机结合，强调宏观经济发展模式的转变；循环经济侧重于整个社会物质循环应用，强调的是循环和生态效率，资源被多次重复利用，并注重在生产、流通、消费全过程的资源节约。生态经济与循环经济本质上是一致的，都是要使经济活动生态化，都是要坚持可持续发展。

5.2.3　循环经济的“3R”原则

循环经济的核心理念是“物质循环使用，能量梯级利用，减少环境污染”，而这些理念都集中体现在“3R”原则上，即“Reduce（减量化）、Reuse（再利用）、Recycle（资源化）”。

（1）减量化原则　减量化原则是循环经济最核心的原则，实现生产和消费过程中资源消耗减量化和废弃物排放减量化，也是建设环境友好型和资源节约型社会的基本原则。减量化一方面要求企业在生产中实现产品体积小型化和重量轻型化，避免过度包装等；另一方面要求把废弃物回收和再资源化，减少或减轻对生态环境的污染。

（2）再利用原则　延长产品使用寿命和服务时间，最大可能地增加产品的使用方式和次数，防止物品过早被废弃。人们将可利用的或可维修的物品返回消费市场体系供别人使用。

（3）资源化原则　通过把社会消费领域的废弃物进行回收利用和再资源化，使经济流程闭合和循环，一方面减少污染环境的废弃物数量，另一方面可获得更多的再生资源，从而使那些不可再生的自然资源的消耗有所减少，实现经济的可持续发展。

5.2.4　发展循环经济的战略意义

1. 发展循环经济是落实科学发展观的具体体现

循环经济不仅充分体现了可持续发展理念，也体现了走“科技含量高、经济效益好、资源消耗低、环境污染少、人力资源优势得到充分发挥”的新型工业化道路的思想。循环经济是统筹人与自然关系的最佳方式，是促进生态、经济、社会三位一体协调发展的基本手段。由此可见，发展循环经济是落实科学发展观的具体体现。

2. 发展循环经济是经济增长方式变革的客观要求

目前，我国经济发展仍然以粗放型和外延型为主。传统的经济增长方式主要是以市场需要为导向，以利益最大化为驱动力，不计环境成本和资源代价，大量消耗自然资源，大量排放各类废弃物，大面积污染生态环境。循环经济是以最小的资源代价谋求经济社会的最大发展，同时致力于以最小的经济社会成本来保护资源与环境。因此，循环经济是一条科技先导型、清洁生产型、资源节约型、生态保护型的经济发展之路。

3. 发展循环经济是实现产业结构升级和调整的重大举措

为保障我国经济的持续、稳定增长，应该以循环经济的理念对产业结构升级和调整的目标指向进行重新梳理，明确产业结构优化和调整的方向：经济循环化、工业共生化、产业生态化、生活清洁化、资源再生化及废弃物减量化。

4. 发展循环经济是引导科技进步和科技创新的行动指南

循环经济是一个集知识密集、技术密集、劳动密集和资本密集为一体的新经济发展模式。发展循环经济必须有强大的科技支撑体系，不论是企业清洁生产，还是工业园的生态化改造；不论是资源的生态化利用，还是废弃物的再生化处理，都离不开科技进步和科技创新。因此，大力发展循环经济对科技资源的整合、科技进步的方向、科技布局的调整和科技创新的重点都会产生深刻影响。

5. 发展循环经济是实现小康社会和文明社会的必由之路

循环经济不仅能促进传统的生产方式变革，也能促进社会公众的生活方式发生很大变革。发展循环经济的一个重要内容是不仅要求政府和企业积极参与，更需要社会公众的积极参与。因为社会公众是社会物质资源和产品的直接消费主体和废弃物的排放主体，每一个人都在循环经济和循环社会建设中扮演着角色和承担着责任，这是社会文明与进步的直接反映。

5.3 循环经济的主要模式

按循环经济实施层面的不同，可将循环经济分为三种模式：企业层面上的小循环，即推行清洁生产，减少产品和服务中的物料和能源的使用量，实现污染物排放的最小化；区域层面上的中循环，就是按照工业生态学的原理，形成或建立企业间有共生关系的生态工业园区，使得资源和能量充分利用；社会层面上的大循环，即通过废旧物资的再生利用，实现物质和能量的循环。

5.3.1 循环型企业

1. 循环型企业的含义

企业的循环经济，即在企业层次上根据生态效率的理念，推行清洁生产，减少产品和服务中物料和能源的使用量，实现污染物排放最小化。要求企业做到：减少产品和服务的物料使用量，减少产品和服务的能源使用量，减少有害物质的排放，提高物质的循环使用能力，最大限度可持续地利用再生资源，提高产品的耐用性，提高产品与服务强度。

2. 循环型企业的循环系统

企业的循环经济是一个复杂的系统，它要求企业在产品设计中运用资源最佳利用、能源消耗最小和防止污染原则进行设计；在生产过程中，应该采用清洁生产技术和污染治理技术；对废品和废料进行再利用和资源化利用。循环型企业的循环系统如图 5-4 所示。

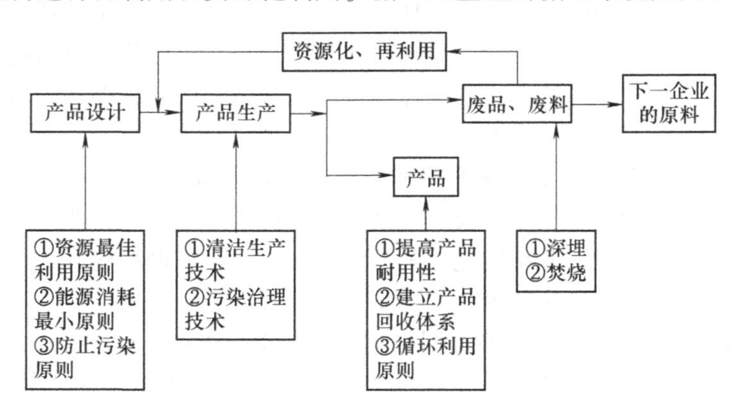

图 5-4 循环型企业的循环系统

3. 促进企业循环经济发展的基本措施

促进企业循环经济的发展，既要改变传统的消费观念，形成循环型的绿色消费观；又要创新体制，完善运行机制，形成促使企业自觉发展循环经济的外部环境；更要从战略高度出发，自觉进行绿色设计，节约资源，提高资源利用效率，减少废弃物排放。

（1）企业责任　循环经济必将是未来经济发展的方向和模式，企业应该按照循环经济理念，开展绿色设计，合理配置资源，实现企业发展和循环经济发展的双赢。首先，企业应该加强企业技术创新，制定有助于企业循环经济发展的战略，提高企业发展循环经济的自生能力。其次，实施有助于企业发展循环经济的管理，树立循环经济理念，培育绿色企业文化，完善管理制度，建立绿色管理体系。最后，企业按照循环经济理念生产和营销产品：在生产过程中，实行清洁生产，减少原料投入，提高资源利用率，减少环境污染；按照对环境破坏性最小化原则实行绿色包装；以循环经济理论为指导，实行绿色营销。

（2）消费者参与　在市场经济条件下，企业为了多出售产品，实现个别价值转化为社会价值，就必须根据消费者的消费意愿，调整投资方向和生产行为，生产出符合消费者需求的产品和服务。因此，消费者的选择具有间接配置资源的作用，促进企业循环经济的发展，就需要消费者树立绿色的消费观和价值观。在生活中，消费者的以下行为和选择能够推动企业循环经济的发展：优先选择绿色产品，从产品的主要功能出发，选择那些能满足基本需求的产品，拒绝消费过分包装和在添加性功能上投资过多的商品和服务；选择耐用性产品而不是一次性产品。

（3）政府作用　在企业循环经济的发展中，政府为企业发展循环经济提供一个良好的外部环境，是企业发展循环经济的基础保障。

1）制定相关法制法规，明确企业在产品设计、生产、包装、营销以及产品处置等方面应该承担的义务和权利，加强和改进监管。

2）重构国民经济成本—价格体系，让价格真正反映资源稀缺程度，降低废弃物资源化成本，提高废弃物排放成本，使企业减少废弃物排放。

3）运用经济手段，建立激励机制。企业是循环经济实施的最终主体，政府可以运用多种经济手段，改变企业决策的客观经济环境，从而促使企业按照循环经济理念决策。

4）完善管理，规范企业的生产和经营行为。政府可以通过制定各行业资源和能源消耗标准；积极开展企业清洁生产审核和环境标志认证；建立完善的废旧物品回收利用体系，促使企业循环经济的发展。

5）加大宣传力度，鼓励社会公众积极参与。通过教育培训等多种形式，宣传普及循环经济理念，提倡绿色生产方式和绿色消费方式。

5.3.2　循环型产业园区

循环型产业园区处于企业循环与社会循环的衔接部位，它一方面包括小循环，另一方面又衔接大循环，在循环经济发展中起着承上启下的作用，是循环经济的关键环节和重要组成部分。

1. 产业园区的含义

产业园区，是指各级各类生产要素相对集中，实行集约型经营的产业开发区域，如生态工业园、经济技术开发区、高新技术产业开发区等。

生态产业园区是指依据工业生态学原理和系统工程理论，将特定区域中多种具有不同生产目的的产业，按照物质循环、生物和产业共生原理组织起来，模拟自然生态系统中的生物链关系，在园区内构建纵向闭合产业循环链，横向耦合产业循环链或区域整合产业链。它是一种新型的产业组织形态，是一种生态产业的聚集场所。

2. 产业园区发展循环经济的基本内容

（1）产业园区循环经济的层次　产业园区循环经济包括三个层次：第一层次是在产品的生产层次中推行清洁生产，全程防控污染，使污染排放最小化；第二层次是在产业的内部层次中实现相互交换，互利互惠，使废弃物排放最小化；第三层次是在产业的各层次间相互交换废弃物，使废弃物重新得以资源化利用。总之，在产业园区内，应努力使一个企业的废物成为另一个企业的原料，并通过企业间能量及水等资源梯级利用，来实现物质闭路循环和能量多级利用，实现物质能量流的闭合式循环。

（2）生态产业链的构建　产业园区的生态产业链是通过废物交换、要素耦合、循环利用和产业生态链等方式形成网状的密切联系、相互依存、协同作用的生态产业体系。各产业部门之间，在质上为相互依存、相互制约的关系，在量上是按一定比例组成的有机体。各系统内分别有产品产出，各系统之间通过中间产品和废弃物的相互交换来衔接，从而形成一个比较完整和闭合的生态产业网络，其资源得到最佳配置、废弃物得到有效利用、环境污染减少至最低水平。

（3）生态技术支撑体系　运用循环经济的理念，对产业园区可持续发展系统的物流和能流进行分析，确定生态产业园区建立过程中所需的生态技术，然后借助现代高新技术、生态无害化技术、关键的资源回收利用技术、循环物质性能稳定技术、闭路循环技术及清洁生产技术等进行研究，提高这些生态技术的可行性和经济效益，并以这些技术为支撑，构建发展循环经济的相关法规、保障体系和优惠政策等。

3. 产业园区的循环系统

产业园区循环经济是一个复杂的循环系统，它在产业园区是如何构成的呢？下面通过广西贵港生态工业（制糖）示范园区的总体结构来具体说明（图5-5）。

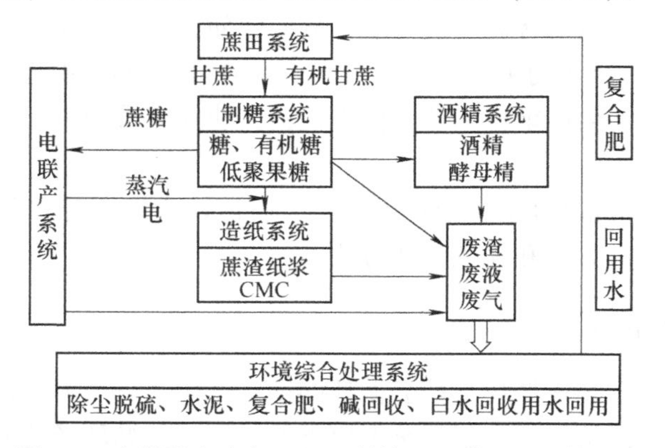

图5-5　贵港国家生态工业（制糖）示范园区总体结构

2001年，广西贵港制糖集团挂上了我国第一块生态工业示范园区的牌子。根据贵港国家生态工业园区建设规划，贵港国家生态工业示范园区由蔗田、酒精、制糖、造纸、热电联产、环境综合处理6个系统组成，各系统内分别有产品产出，各系统之间通过中间产品和废

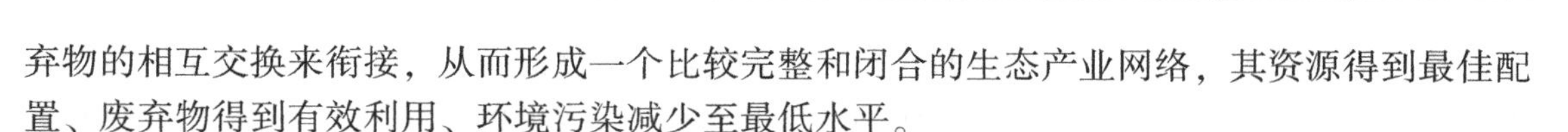

弃物的相互交换来衔接，从而形成一个比较完整和闭合的生态产业网络，其资源得到最佳配置、废弃物得到有效利用、环境污染减少至最低水平。

目前，该园区已形成了以甘蔗制糖为核心，“甘蔗—制糖—废糖蜜制酒精—酒精废液制复合肥”，以及“甘蔗—制糖—蔗渣笺纸—制浆黑液碱回收”等工业生态链。此外，还形成了“制糖滤泥—制水泥”“造纸中段废水—锅炉除尘、脱硫、冲灰”“碱回收白泥—制轻质碳酸钙”等多条副线工业生态链。这些工业生态链相互利用废弃物作为自己的原材料，既节约了资源，又把污染物消除在工艺流程中，如图5-5所示。

（1）甘蔗园　现代甘蔗园是园区循环系统的出发点，它输入水分、肥料、空气和阳光，输出制糖和造纸用的甘蔗。同时，酒精厂生产的专用复合肥和热电厂的部分煤灰则用作蔗田肥料。

（2）水　制糖厂是水循环回收利用潜力较大的企业，通过采用干湿分离、清浊分流等措施，制糖工艺回收的冷凝水、凝结水可以进行回用。

（3）固体废物　制糖厂炼制车间产生的滤泥和造纸制浆产生的白泥均可用于生产水泥，造纸制浆产生的白泥可用于生产轻质碳酸钙，改造传统碳酸法工艺设备产生的浮渣可以用来生产复合肥，热电厂产生的煤灰用作污水处理的吸附剂，污水处理产生的污泥可用作蔗田肥料等。

4. 促进产业园区循环经济发展的对策

以产业园区为依托发展循环经济，是一个涉及自然、经济、社会等各方面的复杂系统工程。

（1）把循环经济纳入产业园区的决策和管理体系中　加大力度推进循环经济，力争把循环经济作为产业园区的中长期发展战略加以推进，并使其融入产业园区经济发展、社会进步及环境建设的各个领域，在产业园区经济发展、城市规划建设及重大项目建设上努力体现循环经济的思想。

（2）让政府成为产业园区循环经济发展的重要促进者　产业园区循环经济发展不仅仅是园区本身的事，也是全社会的事，政府应该通过提供风险资金和基础设施来鼓励循环经济产业园区的发展。目前，我国尚处于发展循环经济的起步阶段，中央、地方和园区三方合作共建是一个非常好的模式，因此，政府应作为循环经济产业园区建设的重要促进者和投资者。

（3）形成促进循环经济产业园区发展的激励体系　在产业园区内应该积极运用经济杠杆，提高对资源的综合利用，使废弃物减量化、资源化和无害化并非易事，使区内资源得到梯次开发和实现良性循环流动，降低园区企业参与循环经济发展和环境治理的成本，促进园区循环经济的发展。其经济手段有：积极开拓多渠道、多元化、多形式的投融资途径；提供贷款、经费和补贴等优惠政策；在税收方面给予优惠；建立生产者责任延伸制度和消费者付费制度等。

（4）推进技术的进步和创新　科学技术是循环经济的主轴，是循环经济发展的支撑。因此，必须积极推进技术进步与创新，对产业进行技术改造，加大企业技术的研发力度，支持和鼓励企业发展清洁生产技术、回收处理技术和能量梯级利用技术等，以形成企业为主体、市场为导向，产学研相结合的技术创新体系。

（5）促进产业园区循环经济发展所需人才资源开发　资源及其废弃物的循环使用和再

生利用，靠的是智力投入和科技进步。园区中物质循环的实现首先是靠智力资源的开发，以及人力资源潜能的充分改制，人力资源的良性循环和物质资源的良性循环互动，既是循环经济发展的要求，也是循环经济发展的不懈努力。

5.3.3 循环型社会

社会层面的循环经济，就是整个国家和全社会按照循环经济的要求，通过建立资源循环型社会来实现农业、工业、城市、农村的各个领域的物质循环。

1. 循环型社会的含义

循环型社会就是将生态化和人性化作为社会创建的宗旨，从设计、消费和管理上始终贯彻绿色理念，达到既保护环境，又有益于人们的身心健康，而且与城市经济和社会环境的可持续发展相协调。

循环型社会是一个环境友好型社会，其最主要的特征就是按照生态规律来确定人类活动的方式。循环型社会是一个人与自然、人与人之间全面和谐的社会。从本质上讲，环境问题虽然是人与自然的和谐问题，但其实质上还是人与人之间的社会关系和谐问题。循环型社会是一个公众广泛参与的社会：循环型社会的形成和发展，需要的不仅是政府自上而下的推动和引导，更重要的是需要在全社会自下而上培养自然资源和生态环境的忧患意识和真正形成“发展循环经济、建设资源节约型社会”的广泛共识，并把这种意识与共识付诸到日常的行为中去。

2. 循环型社会的创建

创建“循环型社会”，就是建设资源节约型社会和建设资源回收利用的社区系统。具体包括以下几部分内容：

（1）社区能源　积极使用液化气、管道煤气等清洁能源。推广新型能源，大力提倡使用太阳能。在建筑设计上，应尽可能采用自然采光的设计，减少电力照明设备的使用。

（2）社区消费　倡导一种可持续的消费理念，从环境与发展相协调的角度来发展绿色消费模式。积极宣传、推广带有“绿色商标”的绿色产品；积极倡导绿色包装，积极倡导开展节水、节电、节气等活动，反对铺张浪费。

（3）垃圾分类回收　建立社区范围内的生活废弃物资源回收系统，包括塑料、纸张、旧电器、电池、旧家具、生活垃圾等。回收要求做到分类，要把资源回收和物业管理、社区建设、社区服务和再就业有机结合起来，构建资源充分有效回收的社区系统。

3. 促进循环型社会发展的对策

循环经济是一种新型的、先进的经济形态，是集经济、环境和社会为一体的系统工程。要全面推动循环经济的发展，使整个社会成为循环型社会，需要政府、科技界、企业以及社会公众的共同努力。

（1）加强宣传教育，增强全社会的环境意识、节约意识和资源意识　充分利用广播、电视、报刊、网络等宣传舆论工具广泛深入持久地宣传循环经济，使全社会充分认识循环经济在树立和落实科学发展观中的重要作用，以提高公众的环保意识、节约意识和资源意识。同时，在宣传教育活动中，积极发放介绍垃圾处理的知识和再生利用常识的小册子，鼓励人们积极参与到废旧资源回收和垃圾减量的工作中去。

（2）推行社会循环经济发展的绿色技术支撑　众所周知，科学技术是第一生产力，因

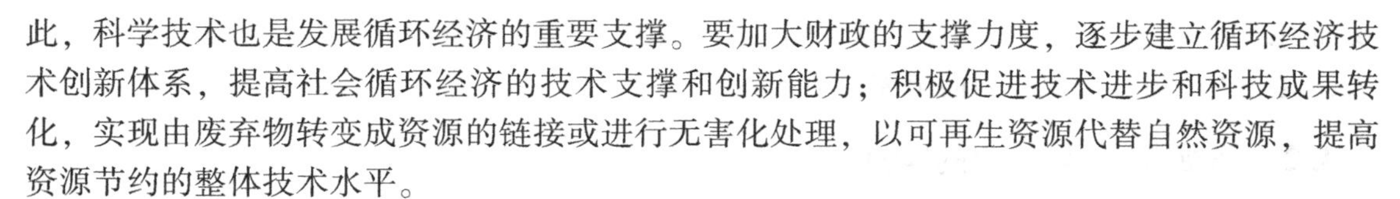

此，科学技术也是发展循环经济的重要支撑。要加大财政的支撑力度，逐步建立循环经济技术创新体系，提高社会循环经济的技术支撑和创新能力；积极促进技术进步和科技成果转化，实现由废弃物转变成资源的链接或进行无害化处理，以可再生资源代替自然资源，提高资源节约的整体技术水平。

（3）建立促进循环经济发展的激励约束机制　建立完善的循环经济法律法规是促进循环经济发展的基本保障，政府要制定和颁布一系列法律、法规和政策，对整个社会的行为活动进行规范，促进生产者和消费者有足够的内在动机抑制废弃物的产生，并且在废弃物产生后对它们进行重复利用。积极实行有奖有惩的财政、税收等经济政策，利用经济杠杆抑制对环境不利的现象。

（4）大力发展循环产业，充分利用开发再生资源　我国废旧物资回收利用及再生资源化的总体水平还不高，二次资源利用率仅相当于世界先进水平的30%左右，大量的废纸、废家电和电子产品、废有色金属等，没有实现高效利用和循环利用。因此，要在社会层面上促进循环经济的发展，关键是建立一个废弃物分类、回收、加工利用体系，积极发展循环产业，加强对废弃物的综合利用，充分开发利用再生资源，延伸产业链。

■ 5.4　资源节约型社会的构建

资源节约型社会是指在生产、流通、消费等领域，通过采取经济、法律和行政等综合性措施，提高资源利用效率，以最少的资源消耗获得最大的经济和社会收益，保障经济社会可持续发展。建设资源节约型社会，其目的在于追求更少资源消耗、更低环境污染、更大经济和社会效益，实现可持续发展。

其中的“节约”具有双重含义：其一，是相对浪费而言的节约；其二，是要求在经济运行中对资源、能源需求实行减量化，即在生产和消费过程中，用尽可能少的资源、能源（或用可再生资源），创造相同的财富甚至更多的财富，最大限度地充分回收利用各种废弃物。这种节约要求彻底转变现行的经济增长方式，进行深刻的技术革新，真正推动经济社会的全面进步。

5.4.1　构建资源节约型社会的必要性

1. 构建资源节约型社会是由资源的有限性决定的

我国是一个人口众多、人均资源相对贫乏的国家。从资源拥有量来看，虽然我国资源总量不少，但人均资源相对贫乏，资源紧缺状况将长期存在。要缓解资源约束的矛盾，就必须树立和落实科学发展观，充分考虑资源承载能力，建设资源节约型社会，实现可持续发展。

2. 建立资源节约型社会是我国实现现代化的必然选择

我国社会主义制度是建立在社会生产力不发达的基础上的，要缩短与发达国家的差距，实现现代化，必须长期坚持艰苦奋斗、勤俭节约。而建立资源节约型社会，是长期坚持艰苦奋斗、勤俭节约的必然选择。

3. 节约资源是人类社会发展的永恒主题

人的需求的无限性与资源的有限性之间的矛盾是人类生存的永恒矛盾。古人说“天育物有时，地生财有限，而人之欲无极。以有时有限奉无极之欲，而法制不生其间，则必物暴殄而财乏用矣”，可见，古人就已认识到人的需求的无限性与资源有限性这一矛盾。到了今天，这一矛盾更加突出，因而更需要节约资源。

5.4.2 资源节约型社会的构成

建设资源节约型社会，要求在社会各个领域、各个层面重点开展节能、节水、节材和资源综合利用，其中以下列五大领域为主：

1. 资源节约型农业

构建资源节约型农业的目标，是通过“三节”（节地、节水、节粮）实现“三增”（增收、增产、增效），促进农业可持续发展。要大力推广灌溉节水技术，如渠水防渗漏技术、点灌技术、喷灌技术等，以实现农业节水的目的。

2. 资源节约型工业

构建资源节约型工业体系，加快调整产品结构、产业结构和资源消费结构，是建立资源节约型工业的重要途径。明确限制类和淘汰类产业项目，促进有利于资源节约的产业项目发展；淘汰技术水平低、消耗大、污染严重的产业，积极发展资源节约型经济；大力发展循环经济，推行清洁生产；积极建设生态工业园区，合理布局，促进产业链的有效衔接。

3. 资源节约型服务业

随着产业结构的不断调整，服务业在国民经济中所占的比重越来越大。建设资源节约型服务业，重点应该关注物流业和宾馆业。对于物流行业，要淘汰高油耗的运输工具，提高物流业效率，鼓励小排量、省油型私家小汽车。在宾馆行业，应该降低单位面积能耗水平，减少“一次性用品”的用量水平。构建提倡适度消费、勤俭节约型生活服务体系。

4. 资源节约型城市

城市是整个社会有机体的活力细胞，城市资源节约化的实现对于建设资源节约型社会具有重大的意义。构建资源节约型城市，就要大力发展城市公共交通系统，尽量减少私家车的使用；创建节能型小区和住宅，加快绿色住宅设计，普及太阳能热水器和住宅隔热墙体材料，简化一次装修，提倡统一装修；推进城市固体废弃物的回收和再资源化水平，提高社区中水回用水平。

5. 资源节约型政府

在资源节约型社会的创建过程中，政府的引导作用不可或缺，而政府机构本身的资源节约情况，将直接影响到相关政策的有效程度。根据调查，政府机构人均用水量、耗能量和用电量分别是居民人均量的数倍，所以，政府在资源利用方面浪费较为严重，在政府机构开展资源节约潜力很大。可以通过随手关灯、关各类办公设备电源，控制办公室空调温度，使用再生纸、倡导无纸化办公等措施，达到资源节约的目标。还要建立政府能源消耗责任制，尽快建立一套细致、严格的“绿色采购”制度，将节水、节电、节能等设备产品纳入政府采购目录，并制定统一的政府机构能源消耗标准。

5.4.3 构建资源节约型社会的途径

根据我国资源紧缺的基本国情，建设资源节约型社会，必须选择一条与发达国家不同的资源组合方式，即非传统的现代化道路，其关键在于促进资源的节约，降低资源的消耗，杜绝资源的浪费，提高资源的利用率、生产率和单位资源的人口承载力，以缓解资源的供需

矛盾。

1）要将节约资源提升到基本国策的高度来认识，把建立资源节约型社会的目标纳入国家经济社会发展规划之中，将“控制人口，节约资源，保护环境”共同作为我国的基本国策，并在实践中推进这一基本国策。不仅要把建立资源节约型社会这一目标，纳入国家经济社会发展规划之中，而且要以此为依据建立综合反映社会进步、经济发展、资源利用、环境保护等体现科学发展观、政绩观的指标体系，构建“绿色经济”考核指标体系，实现“政绩指标”与“绿色指标”的统一，彻底改变片面追求GDP增长的行为。

2）牢固树立以人为本的科学发展观，改变透支资源求发展的方式。要着眼于充分调动大众的主动性、积极性和创造性，着眼于满足大众的需要和促进人的全面发展。按照科学发展观，必须把资源保护和节约放在首位，充分考虑资源承载能力，辩证地认识资源和经济发展的关系。要加大合理开发资源的力度，努力提高有效供给水平；要着力抓好节水、节能、节材工作，实现开源与节流的统一。

3）通过经济杠杆推动节约资源，倡导符合可持续发展理念的循环经济模式和绿色消费方式，实现经济社会与资源环境的协调发展，改变“高投入、高消耗、高排放、低效益、不协调、难循环”的粗放型经济增长方式，逐步建立资源节约型国民经济体系。尽快建立以节能、节材为中心的资源节约型工业生产体系，通过技术进步改造传统产业和推动结构升级。对高能耗、高物耗、高污染的初级产品出口加以控制，按照新型工业化道路的要求，推进国民经济和社会信息化，促进产业结构优化升级。如在交通、能源、金融等行业大力推进信息化，力争用信息技术降低对能源的消耗。

4）必须采取法律、经济和行政等综合手段，促进资源的有序、高效开发和利用。要在资源开采、加工、运输、消费等环节建立全过程和全面节约的管理制度，要完善和健全《节能法》《可再生能源法》，并加大实施力度，推动可再生能源的发展。政府要进行制度设计，建立能源、资源审计制度，与现行的环境评价制度共同构成社会性管理的新框架。

总之，建设资源节约型社会，是我国人口、资源、环境与经济社会可持续发展的客观需要，也是全面建设小康社会的战略选择，具有重大的现实意义和深远的历史意义。

【阅读材料】

明确方向、突出重点，促进循环经济健康持续发展

近日，经国务院同意，国家发展改革委印发了《关于“十四五”循环经济发展规划》（发改环资〔2021〕969号，以下简称《规划》），在分析“十三五”循环经济发展成效、“十四五”面临形势基础上，提出了循环经济发展的总体要求，规划部署了重点任务、重点工程和行动，政策措施和组织实施，是“十四五”我国发展循环经济、部署相关工作的重要依据。

一、发展循环经济是生态文明建设的内在要求

立足新发展阶段、贯彻新发展理念、构建新发展格局，是我国推动循环经济发展的大背景。发展循环经济，对于保障国家资源安全、实现碳达峰、碳中和，促进生态文明建设意义重大。

是资源节约和环境保护的重要方式。西方国家工业化经历了“先污染后治理”“末端治理”过程。实践证明，“末端治理”是费而不惠的措施，只有采取源头预防、过程控制、末端治理结合的措施，才能从根本上解决环境污染问题。循环经济一头连着资源，一头连着生态环境保护。发展循环经济不仅可以变废为宝、化害为利，提高资源利用效率，还能有效改善环境质量，发展形成资源节约型、环境质量型、气候友好型的生产生活方式，有一举多得之效。

是高质量发展的内在要求。建设生态文明、推动绿色低碳循环发展，不仅可以满足人民日益增长的优美生态环境需要，而且可以推动实现更高质量、更有效率、更加公平、更可持续、更为安全的发展。《规划》指出，大力发展循环经济，要坚持重点突破、问题导向、市场主导、创新驱动原则，构建资源循环型产业体系和废旧物资利用体系。这是提升资源利用效率、保障国家资源安全的重要举措，是推动碳达峰、碳中和目标实现，加快生态文明建设、实现经济社会可持续发展的必然选择。

是建设现代化经济体系的重要保障。现代化经济体系是建设社会主义现代化强国的物质基础；把“饭碗端在自己的手上”，必须实现农业现代化，处理利用好秸秆等农林业废弃物，形成农业循环经济发展模式；以工业现代化为支撑，推动制造业迈上绿色低碳、创新引领、智能制造、智慧物流、专利和知识产权等价值链高端，培育新增长点、形成增长新动能；以产业生态化和生态产业化为主体的生态经济为基础，以供给侧结构性改革为主线，不断优化经济结构、转换增长动力，构建起以绿色低碳循环发展的经济体系为内涵特征的现代经济体系。

是实现碳达峰、碳中和的重要路径。2020 年 9 月 22 日，习近平主席在第七十五届联合国大会一般性辩论上宣布我国“30－60”目标，得到国际社会广泛赞扬和积极响应。大力发展循环经济可以减少开采原材料、原材料初加工、产品废弃环节和重新生产带来的能源消耗和温室气体排放，是实现碳达峰、碳中和的重要路径。2020 年 12 月，欧盟发布新的循环经济行动计划，要求将循环经济理念贯穿到产品设计、生产和消费全过程，以提高资源效率。艾伦·麦克阿瑟基金会的研究还表明，循环经济可降低 45% 的二氧化碳排放。

二、突出重点，不断提高资源利用效率

《规划》部署了三大重点任务、十一项重点工程与行动，构成“十四五”期间推动循环经济发展的工作重点。

《规划》针对工业、社会生活、农业领域提出了三项重点任务，从产品绿色设计、重点行业清洁生产、园区循环化发展、资源综合利用、城市废弃物协同处置等方面进行部署，以形成资源高效利用的循环型产业发展格局；对完善废旧物资回收网络、提高再生资源加工利用水平、规范二手商品市场发展、促进再制造产业高质量发展等方面提出了要求，以构建废旧物资循环利用体系，建设资源循环型社会；通过推动农林废弃物资源化利用、废旧农用物资回收利用和循环型农业发展等，以促进农业循环经济发展，形成循环型农业生产方式。

《规划》还提出了重点工程和行动，包括选择 60 个城市开展废旧物资循环利用体系建设；对具备条件的省级以上园区 2025 年全部实施循环化改造；建设大宗固废综合利用

基地、工业资源综合利用基地、建筑垃圾资源化利用示范城市各50个；突破一批绿色循环构建共性技术和重大装备；形成10个左右再制造产业集聚区；开展废弃电器电子产品回收利用提质、汽车使用全生命周期管理推进、塑料污染全链条治理专项、快递包装绿色转型推进和废旧动力电池循环利用等行动。

《规划》提出了主要目标，通过重点任务、重点工程与行动的实施，到2025年，主要资源产出率比2020年提高20%，单位GDP能源消耗、用水量比2020年分别降低13.5%、16%左右，农作物秸秆综合利用率保持在86%以上，大宗固废和建筑垃圾综合利用率达到60%，资源循环利用产业产值达到5万亿。

三、引导循环经济健康持续发展

我国推进循环经济的发展已历经三个“五年计划”，既取得了明显进展，也存在一些问题。《规划》突出问题导向，对于引导“十四五”循环经济的健康持续发展具有重要意义。

一是以市场为导向。为避免“循环不经济”问题，《规划》强调了以市场为导向的原则，强调发挥市场配置资源的决定性作用，充分激发市场主体参与循环经济的积极性，增强循环经济发展的内生动力。

二是坚持创新驱动。随着我国经济进入高质量发展阶段，再生资源产品要重视加大创新投入，提升产品的科技含量和附加值，使循环经济的金子“招牌”变得更亮。《规划》提出要大力推进创新发展，加强科技创新、机制创新和模式创新，强化创新对循环经济的引领作用。

三是加强政策保障。《规划》提出，“十四五”期间要健全循环经济法律法规，完善循环经济标准体系，完善循环经济统计评价体系，优化统计核算方法，鼓励开展第三方评价；用好现有资金渠道，加强对循环经济重大工程、重点项目和能力建设的支持，加大政府采购力度，采购资源再生产品，鼓励金融机构加大对循环经济领域重大工程的投融资力度；加强行业监管，使循环经济相关行业得到规范发展。

四是压实责任。《规划》提出，国家发展改革委将加强统筹协调，充分发挥循环经济工作部际联席会议机制作用，切实推进《规划》实施；各相关部门应统筹，加强集成，按照职能分工抓好重点任务落实，并与节能、节水、垃圾分类、“无废城市”建设等相关工作做好衔接，发挥协同效应。

——资料来源：周宏春，明确方向、突出重点 促进循环经济健康持续发展——《“十四五”循环经济发展规划》解读之五，国家发展改革委官方百家号，2021.7.10。

思考题

1. 循环经济的产生具有怎样的时代背景？
2. 什么是循环经济？发展循环经济的重要意义有哪些？
3. 循环经济的主要模式有哪些？
4. 简述构建资源节约型社会的必要性和途径。

推荐读物

1. 程发良，孙成访．环境保护与可持续发展［M］．北京：清华大学出版社，2009.
2. 曲向荣．环境保护与可持续发展［M］．北京：清华大学出版社，2010.

参考文献

[1] 程发良，孙成访．环境保护与可持续发展［M］．北京：清华大学出版社，2009.
[2] 周敬宣．环境与可持续发展［M］．武汉：华中科技大学出版社，2007.
[3] 伊武军．资源、环境与可持续发展［M］．北京：海洋出版社，2001.
[4] 曲向荣．环境保护与可持续发展［M］．北京：清华大学出版社，2010.
[5] 徐新华，吴忠标，陈红．环境保护与可持续发展［M］．北京：化学工业出版社，2000.
[6] 诸大建．从可持续发展到循环型经济［J］．世界环境，2000（3）：6-12.
[7] 黄洵，黄民生．基于能值分析的城市可持续发展水平与经济增长关系研究——以泉州市为例［J］．地理科学进展，2015，34（1）：38-47.

第6章

绿色GDP与绿色消费

■6.1 绿色 GDP 的提出

6.1.1 国内生产总值的局限性

GDP 这个总量指标好比一把尺子、一面镜子，衡量着所有国家与地区的经济表现，这是三百多年来诸多经济学家、统计学家共同努力得出的成果。20 世纪 50 年代国内生产总值初步成型，后于 1968 年和 1993 年在联合国的主持下，对国内生产总值统计上的技术缺陷进行了两次重大修改。但是现行的国内生产总值核算体系仍然存在缺陷，这些缺陷表现在：GDP 不能反映经济发展对资源与环境造成的负面影响；GDP 不能非常准确地反映一个国家财富的变化；GDP 不能反映某些重要的非市场经济活动；GDP 不能全面地反映人们的福利状况。GDP 最主要的局限性是在实现可持续发展战略方面的缺陷。

现今人们已经清楚地认识到，经济产出总量增加的过程，必然是自然资源消耗增加的过程，也是环境污染和生态破坏的过程。国内生产总值反映了经济的发展状况，但是没有反映经济发展对环境与资源的影响，也就是说，它仅仅侧重于反映经济增长的数量，而在衡量经济总量的质量方面有较大缺陷。因为环境污染和生态破坏也增加国内生产总值，而现行的国内生产总值核算体系不考虑人类经济活动的外部经济性，由于没有将环境和生态因素纳入其中，在经济发展中看不出环境和生态的成本有多大，使得国内生产总值核算体系不能全面反映国家真实的经济情况。GDP 是单纯的经济增长概念，它只反映国民经济收入总量，但不统计环境污染和生态破坏产生的经济损失，所以不能合理地反映经济增长的状况。

美国著名经济学家萨缪尔森（Paul A. Samuelson）提出纯经济福利（净经济福利）的概念，他认为福利更多地取决于消费而不是生产，纯经济福利是在国内生产总值的基础上，减去对福利有副作用的项目，如生态破坏、环境污染及都市化等的影响；同时萨缪尔森认为纯经济福利还要减去那些不能对福利做出贡献而没有计入的项目，再要加上闲暇的价值等。据有关资料显示：印度尼西亚 1971 年到 1984 年 GDP 增长率为 7.1%，除去木材减少、石油耗损、水土流失后，年均增长率只有 4%；日本 1973 年 GDP 增长率为 8.5%，扣除污染费只有 5.8% 的增长率；澳大利亚 1950—1996 年 GDP 增长率只有官方公布的 70%。

中国的环境欠账也是很严重的。据有关资料分析，整个20世纪90年代中国国内生产总值GDP中至少有3%～7%的部分是以牺牲自身生存环境（自然资源和环境）取得的，属“虚值”，或者说“环境欠账”。如果按年均GDP增长率为9.8%计，20世纪90年代中约4～6个百分点是以牺牲自身生存环境换取的，这些损失仅仅代表20世纪90年代“绿色GDP”与GDP的差额，而没有包含中国长期的累积性损失。

国内生产总值统计存在着一系列明显的缺陷，这些缺陷已被深刻地认识到了。但是由于多种原因，国内生产总值核算体系还没有得到修正，这方面的研究工作还在积极进行，并且在不断深入。

6.1.2 绿色GDP的含义

20世纪中叶，随着环境保护运动的不断发展和可持续观念的逐渐兴起，一些经济学家和统计学家尝试将环境要素纳入国民经济核算体系，以发展新的国民经济核算体系，即绿色GDP。

绿色GDP（也可缩写为GGDP)，即绿色国内生产总值，是对GDP指标进行有关调整后的、用以衡量一个国家财富的总量核算指标。简单地讲，绿色GDP就是从现行统计的GDP中扣除环境成本（包括环境污染、自然资源退化等因素引起的经济损失成本)，得出的较为真实的国民财富总量。绿色GDP是一个国家或地区在考虑自然资源与环境因素之后统计出的经济活动的最终成果，它是在国内生产总值（GDP）的基础之上计算出来的。

所以，绿色GDP指的是在不减少现有资本资产水平的前提下，一个国家或一个地区所有常住单位在一定时期生产的全部最终产品和劳务的价值总额，或者说是在不减少现有资本资产水平的前提下，所有常住单位的增加值之和。这里的资本资产是指自然资本资产，如森林、矿产、土地等自然资源，水、大气等环境资源。

绿色GDP不仅能反映经济的增长水平，而且能反映经济增长与环境保护和谐统一的程度，可以很好地表达和反映可持续发展的思想和要求。一般来讲，绿色GDP占GDP的比重越高，表明国民经济增长的正面效应越高，负面效应越低。

目前，许多国家都在研究绿色GDP，有一些国家已开始试行绿色GDP。早在1981年挪威首次公布并出版了“自然资源核算”数据报告和刊物；美国也于1992年开始从事自然资源卫星核算方面的工作；荷兰建立和发表了以实物单位编制的1989—1991年每年包括环境核算的国民经济核算矩阵。他们都对传统的国民经济体系进行了修正，从GDP中扣除了自然资源耗减价值与环境污染损失价值。但是迄今为止，全世界还没有一套公认的绿色GDP核算模式，也没有一个国家以政府的名义发布绿色GDP结果。

6.1.3 绿色GDP意义

提出绿色GDP的意义在于，通过核算过程和对结果中有关数据、信息的分析，为综合环境与经济决策提供参考依据，推动粗放型增长模式向高利用率、低消耗、低排放的集约型模式转变。

绿色GDP核算的实际应用意义主要表现为：第一，绿色GDP是人们在经济活动中处理经济增长、资源利用和环境保护三者关系的一个比较综合、全面的指标，具有引导社会经济良性发展的导向作用；第二，通过绿色GDP核算，可以了解资源消耗、环境污染和生态破

坏的“高强度区”在哪些地区、哪些部门，据此制定有针对性的科学政策，促进地方经济、部门经济的可持续发展；第三，绿色 GDP 核算为环保投资规模的确定提供了科学依据；第四，根据绿色 GDP，可以为区域发展定位、产业污染控制、产业结构调整和环境保护治理提供政策建议；第五，通过核算结果，可以分析出环境污染对人类生活和生命健康的危害程度，从而制定出“以人为本”的环境保护政策。

6.1.4　绿色 GDP 的核算

目前绿色 GDP 核算还有相当大的困难，存在许多重大难题。要提供一个比较科学的公认的绿色 GDP 数据还相当困难，这方面的工作是艰巨的、复杂的。

1. 技术障碍

绿色 GDP 核算还存在许多重大的技术难题。一是自然资产的产权界定及市场定价较为困难。许多自然资产同时具有生产性和非生产性资产的属性，如何界定自然资产产权并为其合理定价，一直是绿色 GDP 核算研究领域的主要难点，也是绿色国民经济核算不能取得实质性进展的重要原因。二是环境成本的计量比较难处理。环境成本是指某一主体在其可持续发展过程中，因进行经济活动或其他活动而造成的资源耗减成本、环境降级成本，以及为管理其活动对环境造成的影响而支出的防治成本总和。环境成本计量是绿色 GDP 核算的基础，但确定环境成本的概念比较容易，而实现环境成本的计量却是困难的。三是市场定价较为困难。绿色 GDP 与 GDP 不太一样，GDP 有一个客观标准，即市场交易标准，所有的交易都有市场公认的价格，买卖双方认可的价格是客观存在的，但绿色 GDP 对资源耗费的估计没有标准，不同的人得出的结论不同。

2. 观念障碍

实施绿色 GDP 核算必然对基于传统核算的发展理念形成巨大冲击，在把资源消耗、环境破坏成本全部计入到发展成本后，绿色 GDP 的核算结果有可能从根本上改变一个地区社会经济发展的评价结论。一些过分依赖资源和环境的不可持续发展的真实状况将会暴露出来，其结果与人们的传统认识可能形成巨大反差。在追求短期效益和直接经济效益理念的现实社会中，绿色 GDP 核算蕴含的以人为本、协调统筹、可持续发展的理念要得到全社会的普遍认同和接受，还需要一个相当长的过程。

3. 体制障碍

实施绿色 GDP 核算意味着政绩观和干部考核体系需要进行重大转变，扣除资源和环境成本会导致传统 GDP 统计结果的调整，这可能是一些政府部门或领导干部不愿意见到的事实，因而实施过程中遇到各种各样的阻力是可以预见的。强调政绩导致传统 GDP 统计中呈现出种种体制性弊端和缺陷，绿色 GDP 核算会遭遇相当大的障碍，但这是相关政府部门应当考虑的关键问题。

4. 组织障碍

绿色 GDP 核算与传统 GDP 核算的最大区别在于一些与资源管理和环境保护有关的政府部门要切实参与到具体的统计与核算过程中，这就需要对传统的统计与核算组织框架进行根本性的改造。只有围绕绿色 GDP 核算工作形成有效的衔接机制、组织架构和运作程序，才能够确保核算工作结果准确、可靠、迅速。虽然我国已开始针对绿色 GDP 核算试点工作，但针对绿色 GDP 核算需求进行相关的组织架构建设还没有真正开始。

6.1.5 绿色GDP的局限与扩展

绿色GDP概念的提出是非常重要的，但并不是绿色GDP可以解决可持续发展的所有问题。因为绿色GDP只反映了经济与环境之间的部分影响，而没有反映经济与社会、环境与社会之间的相互影响，所以绿色GDP只是可持续发展的指标之一。

英国的一个智囊组织提出了一个新的国内发展指标MDP（Measure of Domestic Progress），用来衡量一个国家和地区在经济、社会和环境等多方面的协调发展。MDP比GDP和绿色GDP考虑的因素更多，如能源消耗、政府投资、环境污染、犯罪率等因素。MDP能更好地反映人们在生活质量方面的发展，因为它考虑了经济增长带来的社会和环境成本，以及一些不拿报酬的工作，如家务劳动和义工等。

一些学者提出了实现三个GDP的协调增长，即经济GDP、绿色GDP和人文GDP。实现三个GDP的协调增长，就是要树立全新的发展观，用经济GDP来衡量经济的增长，用绿色GDP来衡量社会的可持续发展，用人文GDP来衡量人的自身健康和全面发展。人文GDP是为了保障人的全面发展而投入财富的增长指标，包括医疗卫生、文化教育、体育娱乐等方面。人文GDP是经济GDP和绿色GDP的保证，是科学发展观的重要内容之一。推进三个GDP的协调增长，才能树立既重增长，也重发展的思维模式，促进自然、经济、人文社会的协调发展。

由此可见，理想的GDP应是在不减少现有资本资产水平的前提下，一国或一个地区所有常住单位在一定时期生产的全部最终产品和劳务的价值总额。这里，资本资产是非常广义的，它不但包括人造资本资产，如建筑物、机器设备及运输工具等；也包括人力资本资产，如知识和技术等；还包括自然资本资产，如森林、土地、矿产、水及大气等；以及社会资本资产，如社会制度、经济体制、民俗、文化等。

此外，在国际上又出现了另一个标准，叫GNH（Gross National Happiness），即国民幸福总值。近年来国际学术界的多项研究表明，很多东西不能用GDP衡量，这其中就包括幸福。一般来说，经济增长确实能够给人民带来幸福感，但两者之间的关系非常复杂，绝不是简单的正相关关系。在经济发展水平很低的情况下，收入增加能相应带来一定的快乐。但是，人均GDP达到一定水平（3000～5000美元）后，快乐效应就开始递减。一方面，收入提高，期望值也在提高，幸福感在一定程度上被抵消；另一方面，像环保这样的公共物品，由于环境污染的负外部性、环境保护的正外部性、环境资源的公共性等特征，环境资源的配置往往存在“市场失灵”。若由个人选择，几乎人人都选择赚更多钱、多进行消费，从而导致更多污染，结果谁都变得不快乐了。在经济得到一定的发展之后，如果不走全面、协调、可持续的发展道路，那么，GDP虽然在增长，但由于没有兼顾社会公平，人们的痛苦指数也在增长。GNH最早是由不丹国王日热米·辛耶·旺查克提出的。GNH由四个方面组成：政府善治、文化发展、经济增长和环境保护。任何政策的变革都不能破坏这四个方面的平衡。如果经济增长能够产生正面的效果，对稳定性和其他三方面的影响减至最小，那么，这样的经济增长是应受到鼓励的。实际上，GNH在鼓励人们重新思考在国民生活中什么才是真正重要的。一个国家的成功与否是根据其生产和消费的能力来判断，还是根据国民的生活质量来判断，如果说GDP体现的是以物质为本、以生产为本的话，那么GNH体现的就是以人为本。

在"十一五"期间，我国全国人大财经委在调研全新的政府评价体系——福祉指数，这也是"十二五"规划调研的一个重要课题。所谓福祉，也就是幸福、利益、福利。福祉在很大程度上只是一种感受，所以"福祉指数"里面主观指标多达15项，希望这一设置能够对客观情况和主观情况都有所反映。调研中的福祉指数包括居民生活、社会环境、生态环境、公共服务共四个方面，其中涵盖健康状况、安全感、收入与消费、收入分配、环境治理、环境满意度、政府治理（政府廉洁、司法公正等）、医疗卫生、义务教育、社会保障、公共设施等44项指标。福祉指数与一些地方政府单纯追求GDP增长相比，显然增加了"民生"的分量，尤其更关注各个居民个体的感受。

■6.2 绿色GDP的计算

6.2.1 绿色GDP的计算类别

根据资源耗减成本中的不同资源构成要素和环境退化成本中的不同环境构成要素，在实际核算过程中，就形成了不同内容资源耗减成本和环境退化成本，并由此形成了反映不同内容、不同层次的绿色GDP结构：以环境防护成本进行扣减得到"经环境防护调整的绿色GDP"；以资源耗减成本进行扣减得到"经资源耗减调整的绿色GDP"；以环境退化成本进行扣减得到"经环境退化调整的绿色GDP"。环境成本是环境防护成本和环境退化成本之和，环境防护成本是维护环境而实际发生的成本，环境退化成本体现在环境保护之外应该发生的虚拟成本。

1. 绿色GDP结构

绿色 $\text{GDP} = \text{绿色 GDP}_{\text{资源}} + \text{绿色 GDP}_{\text{环境}}$

$\text{绿色 GDP}_{\text{环境}} = \text{绿色 GDP}_{\text{环境保护}} + \text{绿色 GDP}_{\text{生态建设}}$

$\text{绿色 GDP}_{\text{资源}} = \text{绿色 GDP}_{\text{土地}} + \text{绿色 GDP}_{\text{森林}} + \text{绿色 GDP}_{\text{矿产}} + \text{绿色 GDP}_{\text{水}} + \text{绿色 GDP}_{\text{海洋}}$

2. 绿色GDP总值与绿色GDP净值

绿色GDP总值 = 国内净产值(NDP) – 自然资源损耗 – 环境资源损耗(环境污染损失)

式中，国内净产值(NDP) = GDP – 固定资产折旧。

绿色GDP净值$_1$(EDP_1) = 国内净产值(NDP) – 资源实际耗减成本 – 环境实际退化成本

绿色GDP净值$_2$(EDP_2) = EDP_1 – 折旧性资源耗减虚拟成本 – 环境退化虚拟成本 = 国内净产值(NDP) – 资源环境实际成本 – 资源环境虚拟成本

式中，绿色GDP净值（EDP，Environmental Domestic Product）为国内生态产值。

由此可见，绿色GDP核算在GDP核算的基础上，主要是从GDP中扣除了自然资源耗减价值与环境退化（污染）损失价值后的价值，所以计算绿色CDP的关键是估算资源的损耗和环境污染的损失。

6.2.2 绿色GDP的计算方法

在国民经济核算基础上，得到绿色国内生产总值的计算公式：

绿色GDP = 国内生产总值(GDP) – 固定资产折旧 – 自然资源损耗 – 环境资源损耗(环境污染损失)

更广义地说，绿色 GDP 不但应扣除自然资源耗减价值与环境退化（污染损失价值），还应扣除预防支出、恢复支出及调整费用，即

绿色 GDP = GDP - 固定资产折旧 - 自然资源损耗价值 - 环境污染损失价值 -（预防支出 + 恢复支出 + 非优化调整费用）

绿色 CDP 核算是在 GDP 核算的基础上，通过相应的调整得到的。这种调整包括：扣除当期自然资源耗减和环境退化货币价值的估计，当期环境损害预防费用支出（预防支出），当期资源环境恢复费用支出（恢复支出），当期由于非优化利用资源而进行调整计算的部分。绿色 GDP 不仅能够反映经济增长水平，而且能够体现出经济增长与自然保护和谐统一程度。绿色 GDP 占 GDP 比重越高，表明国民经济增长对自然的负面效应越低，经济增长与自然保护和谐度越高，反之亦然。而人均绿色 GDP 更体现了以人为本的经济增长与自然保护和谐统一程度。

绿色 GDP 的计算公式也可以表示为：

绿色 GDP = GDP - 生产中使用的非生产自然资产

式中，生产中使用的非生产自然资产 = 经济资产中非生产自然资产耗减 + 环境中非生产自然资产降级。

自然资产是指所有者由于在一定时期内对其具有所有权，能有效使用、持有或处置，并可以从中获得经济利益的经济资源。自然资产分为生产性自然资产和非生产性自然资产，其中，所有权已经界定，所有者能够有效控制并可从中获得预期经济收益的自然资源称为生产性自然资产。非生产性自然资产指不属于任何具体单位，或即使属于某个具体的单位但不在其有效控制下，或不经过生产活动也具有经济价值的自然资产。具体来说，非生产性自然资产是指未经过生产活动的具有经济价值的资产，如水体、原始森林、土地、地下矿藏等。同时那些能在可预见的将来获得经济利益的，不经过生产过程的自然资源，如空气、公海海域资源、非培育生物中的不能为人类所控制的野生动植物，以及在可预见的将来不具有商业开发价值的地下矿藏等，这些都不能视为经济资产，而是属于非经济资产的自然资源。

自然资源耗减是指在人类生产活动过程中，使用和消费的自然资源，使自然资源减少，也就是自然资产耗减。

环境降级是指环境质量恶化引起的经济损失，环境降级包括水污染、空气污染、噪声污染、废弃物污染等。

■ 6.3 绿色消费

6.3.1 绿色消费的兴起

自工业革命以来，人们长期坚持和追求“高消耗、高污染、高消费”的非持续发展模式，到了 20 世纪后半叶，随着人口剧增和经济发展，逐渐超越人类赖以生存的资源基础所能承载的极限。生态恶化、环境污染、资源匮乏、气候异常和灾害频发，由此，产生了一系列人类生存的危机。此时，人类认识到，应当实行“低消耗、低污染、适度消费”的可持续发展模式。绿色消费的概念就此兴起了，它提倡一种以简朴、方便和健康为目标的生活方式，这种生活方式，既有益于人类自身和社会的健康发展，又有益于自然生态保护，是人类

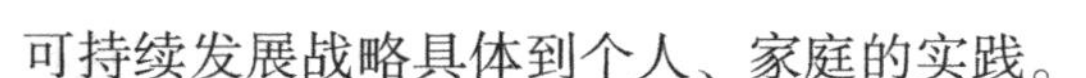

可持续发展战略具体到个人、家庭的实践。

简单来讲，绿色消费就是消费时既注意对自身健康是否有益，又要有利于环境保护，有利于生态平衡。所以，现在塑料包装已很难进入国际市场，一次性用品的消费也不再时髦，大吃大喝更会遭到谴责。许多国家都颁布行政命令，要求政府购买的写字纸和复印纸含有至少20%的再生纸成分。

6.3.2 绿色消费的特征

1. 绿色消费是一种生态化消费方式

绿色消费是一种更充分更高质量的新消费方式，人们不再为消费而消费，为虚荣而消费，在这种消费观的指导下人们渴望回归自然、返璞归真，在绿色消费方式条件下，生态观念深入人心，绿色环保产品受到广泛青睐。消费经济学认为，人们的消费需要不仅包括物质需要和精神文化需要，还包括生态需要在内，而生态需要对人的生存和发展，对满足人的消费需要，都具有极大的重要性。发展绿色消费正是满足人们生态需要极其重要的内容。生态需要得到满足，正如马克思所说，反映“人的复归”，是人与自然之间、人与人之间的矛盾的真正解决，体现了可持续发展的社会大趋势。

2. 绿色消费是一种适度性消费方式

绿色消费主张人的生活形态由高消费、高刺激，重返简单朴素。这里重返“简单朴素”并非与过去“生存型”的农业社会的消费方式一样，而是主张适度消费的一种表述。适度消费包含着不可分割的两个方面：从人类个体角度上说，适度消费原则不脱离人的正常需要，除此之外的无意义消费和有害消费，即对人类健康生存无益甚至有害的消费应该尽量避免；从人类总体角度上说，绿色消费提倡适度消费原则要求人类把消费需要的水平控制在自然资源和地球承载能力范围之内。以“人的健康生存”为下限，以“资源和地球的承载能力”为上限，两者共同构成适度消费的“度”。

3. 绿色消费是一种理性消费方式

首先，绿色消费的主体是具有环保意识、绿色意识的绿色消费者。绿色消费者不仅对当今社会资源短缺、能源匮乏、物种灭绝、生态破坏、环境污染等情况有一个明确的认识，而且能正确认识人在自然界中的地位和作用、自然生态对人类的影响，从而科学地认识人与自然的关系。其次，绿色消费者能够认识到绿色消费的客体是对环境无害或少害的绿色产品或劳务，绿色产品或劳务是渗入了生态文明新观念的产品或劳务，它是经过国家有关部门严格审查的符合特定环境保护要求的、质量合格的产品。对于绿色消费者来说，他们会倾向于选择绿色产品和劳务。最后，绿色消费者能够深刻体会到绿色消费的结果是对自己、对他人、对社会、对环境的无害或少害，在绿色消费过程中从主体、观念、客体到结果都把环境保护放到优先考虑的战略地位，时时处处关注对环境的影响和作用，这最终也可以收到预期的效果，实现生态、经济、社会的协调发展。

4. 绿色消费是一种健康型消费方式

绿色消费要求消费者消费什么、消费多少，必须出于实际需要，并且有利于人的身心健康。在消费过程中，要反对美味佳肴动则满盘满桌，暴饮暴食，吃不了就随意倒掉，既浪费资源又破坏营养平衡，导致各种富贵病流行等诸如此类的行为。绿色消费还主张人们尽可能地向大自然开放，改善和扩大亲近、接触自然的范围和机会。闲暇时间，要多出去散步、爬山、游泳、旅游，享受阳光、清风、秀水等，欣赏大自然幽雅、和谐与美妙的神韵。在这样一种自由、积极的状态下，人们不仅能够更有效地恢复精力和体能，忘却内心的忧愁和烦恼，还能陶冶情操，培养审美能力。

6.3.3 绿色消费意义

绿色消费已成为世界的大趋势。很多国家的绿色消费发展很快，根据联合国统计署提供的数字，早在1999年，全球绿色消费总量已达3000亿美元。欧共体的一项调查显示，德国82%的消费者和荷兰67%的消费者在超市购物时，会考虑环保问题。在欧洲市场上，40%的人更喜欢购置绿色商品。在美国，有77%的人表示，企业的绿色形象会影响他们的购置欲望。77%的日本消费者愿意购买符合环保要求的商品。

在我国，绿色消费虽然起步较晚，但发展劲头也并不弱。《2017绿色食品统计年报》显示，截至2017年12月10日，全国已有10895家企业开发出绿色食品25746种，国内年销售额突破4034亿元，出口创汇达25.45亿美元。

构建绿色消费的意义主要有以下几种：

（1）有利于促进可持续发展　建构绿色消费模式，可以促进经济的持续发展。建构绿色消费，通过消费结构的优化和升级，进而促进产业结构的优化和升级，推动经济的增长，形成新的经济增长点，形成生产和消费的良性循环；构建绿色消费模式，一定程度上可以使不可再生资源和自然物种得以保存；科技的进步，促使生产者放弃高能耗、粗放型的生产经营模式，努力节约资源，推动清洁生产，采取措施对资源及废弃物进行回收利用，提高资源的利用率和开发价值，减少对环境的污染。

（2）提高生命质量，促进人的全面发展　绿色消费作为人的价值观念和生活方式的根本变革，不仅可以满足人的生理需要，保障人的身体健康，而且可以满足人的心理需要，增进人的身心健康，满足人的自由、全面发展的需要。一方面，绿色消费倡导适度的物质消费，同时鼓励精神生活的丰富和满足。它要求克服传统高消费只追求物质享受、忽视精神享受造成的人的价值和精神的扭曲，使人达到物质消费和精神消费的和谐统一，有利于人的自由、全面发展。另一方面，绿色消费不仅倡导消费对自己健康生存有利的绿色产品，同时也要求不对别人和后代造成不利的影响，有利于人的思想道德素质的提高，从而有利于人的精神境界的全面提升，因而有利于人的自由、全面发展。

（3）有利于实现社会文明的进步　在人类社会发展史上，人类主要经历了原始的采集与狩猎文明、农业文明和工业文明三种文明形态。在一定意义上讲，工业化的成就是以资源的牺牲和环境的破坏为代价换取的。时代呼唤人与自然和谐发展、共存共荣的新文明——生态文明。生态文明是指人们在改造客观物质世界的同时，不断克服改造过程中的负面效应，积极改善和优化人与自然、人与人的关系。建设健康的生态运行机制和良好的生态环境所取得的物质、精神、制度成果的总和，是社会文明在人类赖以生存的环境领域的扩展和延伸，是社会文明的生态表现。

绿色消费所倡导的消费观念、消费结构、消费行为和消费方式适应了文明形态演进的历史要求，为生态文明奠定了坚实的根基，因而可以促进人类社会的文明进步。

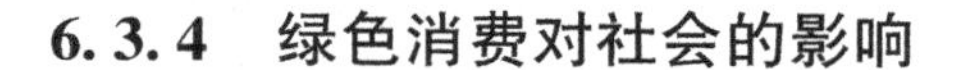

6.3.4　绿色消费对社会的影响

1. 绿色消费是人类生活方式的更新

过去，人们以占有大量高档商品和奢侈品为荣耀，这种奢侈的生活远远超出了合理的需要。现在，人们的消费观念和消费方式起了很大变化，越来越多的人，抛弃过度消费，抵制恶性消费，以返璞归真的心理追求“简朴、小型化”的生活。这种生活就是按生态保护的要求，以满足基本需要为目标。在这种观念的指导下，人们不再以大量消耗资源、能源求得生活上的舒适，而是在求得舒适的基础上，力求最大限度地节约资源和能源。

西方绿色消费者提出：不购买污染环境的产品，包括过多包装，用后会变成污染物，生产时会制造污染，或者使用时会造成浪费或污染的产品；不购买经过多重转售或代理的产品，因为当产品辗转到达使用者手中时，除了价钱昂贵外，在运输方面也会耗用大量能源，间接影响环境；减少购买由发展中国家人民承担原材料供应及生产工序的产品，因为生产这些产品不仅破坏了发展中国家人民的居住区及其周围的自然环境，同时也破坏了全球资源。

1999年，世界地球日（4月22日），中华环保基金会向全国发出了“绿色志愿者行动”倡议书，提出了中国绿色消费的观念和行动纲领：

1）节约资源，减少污染。如节水、节纸、节能、节电、多用节能灯，外出时尽量骑自行车或乘公共汽车，减少尾气排放等。

2）绿色消费，环保选购。选择那些低污染低消耗的绿色产品，像无磷洗衣粉、生态洗涤剂、环保电池、绿色食品，以扶植绿色市场，支持发展绿色技术。

3）重复使用，多次利用。尽量自备购物包，自备餐具，尽量少用一次性制品。

4）垃圾分类，循环回收。在生活中尽量地分类回收，如废纸、废塑料、废电池等，使它们重新变成资源。

5）救助物种，保护自然。拒绝食用野生动物和使用野生动物制品，并且制止偷猎和买卖野生动物的行为。

2. 绿色消费引导绿色市场出现

随着绿色消费、绿色产业浪潮在发达国家乃至全世界的兴起，也出现了一种新的经济发展趋势：绿色消费引导绿色市场的出现。正由于此，出现了绿色食品、生态时装、绿色冰箱和空调、绿色汽车、生态房屋、生态列车、生态旅游等，这些“绿色”“生态”称谓的兴起，显示出人们“绿色消费”的需求。这种消费需求引导一个新的市场方向，加速绿色产品渗透市场和占领市场，并逐步形成一种新的市场——“绿色市场”。绿色市场的竞争，反过来又引导绿色产品的生产。

现代绿色技术，为绿色产品和绿色市场的不断扩大提供物质技术支持，满足了人们对绿色产品不断高涨的需求。

3. 绿色消费推动企业的经济转变

环境保护不是作为一种包袱被企业接受，而是作为企业发展的目标主动实现，这正在形成新的经济发展趋势。这不仅是来自企业自身的经济动力，即通过减少废料来提高资源利用率，削减经营开支，避免环境污染导致的高额开支；更重要的是来自“绿色市场”的压力。在“绿色消费”的浪潮中，绿色产品颇受消费者青睐。适应这种形势，让自己的产品具有更广大的用户，企业家把生产绿色产品作为企业发展方向。从产品设计，原材料选择、购买和使用，产品生产和产品包装，到产品使用后回收，在所有生产环节都要考虑对环境安全有利，才可以让自己的产品贴上“绿色标志”。同时提高生产过程中物质和能量的利用率，减少废弃物排放，达到节约开支和提高企业的生产效率，从而增加产品在世界市场的竞争力。正是在激烈的市场竞争中，有些厂家提高产品的环保标准，成为推广销售量的优胜因素；有些公司以绿色环保来改变公司的形象，结果大受消费者欢迎。

环境保护问题从经济压力变为企业“经济转变”的契机。美国可口可乐公司、壳牌石油公司、道氏化学公司等，都把环境保护列为公司发展战略，由公司总裁直接过问环境保护问题，或者聘请专职“环境经理”和“生态经理”，使生产朝“绿化”的方向发展。

在我国，家电、食品行业等领域，不少企业也在研究、开发和采用绿色技术。随着我国经济增长方式的“两个根本转变”展开和深化，企业的“绿化”步伐将不断加快。

【阅读材料】

可持续的消费模式

消费模式在可持续发展中起着举足轻重的作用，传统的消费模式在把自然资源转化为产品和货币以满足人们提高生活质量的需求时，把用过的物品当作废物抛弃。这种模式本质上是一种耗竭性消费，不仅造成资源的浪费，而且会带来自然景观的破坏和环境的污染，使生产和消费不具有可持续性。可持续消费模式应做到以下几点：

1）节约型消费。这里的“节约”是主张适度消费，反对奢侈和浪费。它与经济不发达时期的“节约型”消费不同。后者生活水平低，缺乏生活情趣，而且需耗费更多的时间和资源，因此在本质上并不节约。合理的节约型消费是在基本不降低消费本身的质量的条件下，排除由于非经济因素造成的多余的、不适当的消费。可持续发展的节约型消费以明智的、理性的消费观为指导。

2）共同富裕型消费。这种消费模式追求的是贫富差距最小。这就要求在消费的供给上尽量面向广大公众，多种层次兼顾，这样才有可能在创造更多社会总福利时，减少资源耗费，从根本上保证消费的可持续性。

3）文明、科学型消费。消费者选择的产品应该考虑产品从生产原料到生产条件和过程不产生或尽量不产生污染，尽可能地节约和综合利用资源，不破坏生态环境。产品使用中不带来污染或造成环境其他形式的破坏，报废后尽可能得到回收再利用，无法再利用也不应造成环境的持久性破坏。这里指的产品既包括物质性产品，也包括服务性产品。消费引导生产，促进经济发展，提倡“绿色消费”是可持续发展中非常重要的一环。

——资料来源：姚志勇，《环境经济学》，中国发展出版社，2002.

思考题

1. 名词解释：环境人口容量、环境承载力评价、环境指标体系、GDP、GNP、GGDP、绿色消费。
2. 环境指标体系的制定需要遵循哪些原则？怎样对环境指标体系进行分类？
3. GDP有什么作用？存在哪些缺陷或者局限性？

4. 绿色 GDP 的提出具有什么意义？绿色 GDP 核算存在哪些困难？
5. 绿色消费具有哪些特征？普及绿色消费观念具有哪些意义？谈谈自己在生活中怎样进行绿色消费。
6. 通过本章学习，谈谈你是怎样理解“绿色”观念与可持续发展之间的联系的。

推荐读物

1. 国家环境保护总局，国家统计局．中国绿色国民经济核算研究报告 2004（公众版）[R]．2006.
2. 沈满洪．绿色制度创新论 [M]．北京：中国环境科学出版社，2005.

参考文献

[1] 国家环境保护总局，国家统计局．中国绿色国民经济核算研究报告 2004（公众版）[R]．2006.
[2] 蒋志华．我国绿色 GDP 核算存在的问题及其对策 [J]．现代财经．2005，25（7）：47-52.
[3] 沈满洪．绿色制度创新论 [M]．北京：中国环境科学出版社，2005.
[4] 廖明球．国民经济核算中绿色 GDP 测算探讨 [J]．统计研究，2000（6）：18-21.
[5] 王树林，李静江．绿色 GDP 国民经济核算体系改革大趋势 [M]．北京：东方出版社，2001.
[6] 彭涛，吴文良．绿色 GDP 核算——低碳发展背景下的再研究与再讨论 [J]．中国人口·资源与环境，2010，20（12）：81-86.
[7] 劳可夫．消费者创新性对绿色消费行为的影响机制研究 [J]．南开管理评论，2013，16（4）：106-113.

第7章 环境经济手段

■7.1 环境税

7.1.1 税收概述

税收是国家为满足社会公众需要，由政府按照法律规定，强制地、无偿地参与社会剩余产品价值分配，以取得财政收入的一种规范形式。税收是一项重要的宏观经济调控手段，其主要功能是组织收入和经济调节。

税收具有的特点：税收是政府行使行政权力所进行的强制性征收；税收是将社会资源的一部分从私人部门转移到公共部门，以获得政府履行其职能所需的经费；税收通过整体偿还的方式使个体受益，即纳税人从公共服务中享受利益，得到一般性的补偿。

1992年9月，中国共产党第十四次全国代表大会确定了我国经济体制改革的目标是建立社会主义市场经济体制，按照社会主义市场经济体制的要求，遵循统一税法、公平税负、简化税制、合理分权、理顺分配关系、保证财政收入的指导思想，我国进行了新的税制改革。截至1997年底，我国实施的新税制由7类29个税种组成。

（1）流转税类　流转税类通常是在生产、流通或者服务领域中，按照纳税人取得的销售收入、营业收入或者进出口货物的价格（数量）征收的，包括消费税、增值税、营业税和关税。

（2）所得税类　所得税类是按照生产、经营者取得的利润或者个人取得的收入征收的，包括个人所得税、企业所得税、外商投资企业所得税。

（3）资源税类　资源税类是对从事资源开发或者使用城镇土地者征收的，包括资源税、耕地占用税和城镇土地使用税。

（4）财产税类　财产税类是对各类财产征收的，包括房产税、城市房地产税和遗产税（目前尚没有立法开征）。

（5）特定目的税类　特定目的税类是为了达到特定的目的，对特定对象进行调节而设置的，包括城市建设税、固定资产投资方向调节税（目前暂停征收）、车辆购置税、土地增值税、燃油税、社会保障税（目前没有立法开征）等7种。

（6）行为税类 行为税类是对特定的行为征收的，包括车船使用税、车船使用牌照税、契税、印花税、证券交易税（目前没有立法开征）、屠宰税和筵席税等8种。

（7）农业税类 农业税类是对取得农业收入或者牧业收入的企业、单位和个人征收的，包括农业税（含农业特产税）和牧业税2种。

根据国务院关于实行分税制财政管理体制的规定，我国的税收收入分为三部分：一是中央政府的固定收入，包括关税、消费税、车辆购置税、船舶吨税和海关代征的增值税；二是地方政府的固定收入，包括城镇土地使用税、城市房地产税、土地增值税、房产税、遗产税、耕地占用税、固定资产投资方向调节税、车船使用税、车船使用牌照税、契税、屠宰税、农业税、牧业税及其地方附加税；三是中央政府与地方政府共享税，包括增值税（不包括海关代征的部分）、企业所得税、营业税、个人所得税、外商投资企业和外国企业所得税、资源税、城市维护建设税、印花税、燃油税、证券交易税。

7.1.2 环境税

7.1.2.1 环境税概念

按照经济学家庇古的福利经济学理论，政府可以通过征税的办法迫使生产者实现外部效应的内部化。当生产者在生产过程中产生一种外部社会成本时，政府应该对其征税，而且该税收等于生产者生产每一连续单位的产品对环境造成的损害，以使其产生的外部效应内部化。

税收是一项重要的宏观经济调控手段，税收政策在环境保护工作中也可以发挥重要的作用。在增加宏观调控、保护环境的职能后，就形成了“环境税”（绿色税收）的概念。根据国际上对环境税的界定，我国与环境相关的税种主要有消费税、资源税和车船税，同时在其他一些税种中也制定有与环境保护相关的一些税收政策规定，如增值税、企业所得税、关税等。

2010年3月，我国环境税开征方案上报国务院，环保部、财政部和税务总局等相关部门已开始研究具体实施细则。我国环境税工作的推进主要包括以下三个方面：

1）对现有税收政策进行绿色化改进，通过税制的一些优惠规定鼓励环境保护行为，如增值税、消费税和所得税中的税收减免、加速折旧等规定；消除不利于环境的税收优惠和补贴，如按照国务院关于限制“两高一资”（高污染、高能耗、资源性）产品出口的原则，取消或降低这类产品的出口退税（率）。

2）研究融入型环境税改革方案。将环境因素融入现有税种，比如在消费税中增加污染产品税目、提高资源税税率，考虑资源生产和消费过程中生态破坏和环境污染损失因素，如研究适合征收进出口关税、降低或者取消高污染产品的出口退税名录等。

3）研究独立型的环境税方案。即在税收体系中引进新的环境税税种，逐步设置一般环境税、污染排放税、污染产品税等环境税税目，用来调节生产和消费行为。

2011年，国务院开始在全国范围内逐步推广环境税费改革。

2014年，新修订的号称“史上最严环境保护法”的《环境保护法》第43条第2款规定：“依照法律规定征收环境保护税的，不再征收排污费。”自此，环境保护税在实定法层面上得以初步确立。环境税在实定法层面的真正确立当属《环境保护税法》的制定。2014年，财政部会同环境保护部、国家税务总局形成了《中华人民共和国环境保护税法》（草案稿）并报送国务院。

2015年，国务院全文公布《中华人民共和国环境保护税法（征求意见稿）》及说明，以征求社会各界意见。同年，环境保护税法与增值税法、资源税法、房地产税法、关税法、船舶吨税法、耕地占用税法7部税收法律被纳入了“十二届全国人大常委会立法规划”，并且环境保护税法被置于首位，可见对于环境保护税法立法之迫切。

2016年，环境保护税法由全国人大常委会经过两次审议予以通过，并确定于2018年1月1日起开始实施。2017年12月30日，《中华人民共和国环境保护税法实施条例》公布，并于2018年1月1日起旅行。从此我国环境保护领域“费改税”的税收改革目标得以完全实现，步入了环境保护税收“有法可依”的阶段，同时也解决了环境保护税“由谁来征、对谁来征、哪些要征”的问题，即环境保护税实现了征收主体法定、征收种类法定、征收要素法定和征收程序法定的税收法定基本原则。

7.1.2.2　环境税的数理模型

美国经济学家范里安（Varian H. R）在他的著作《微观经济学：现代观点》中以上游的钢厂和下游的渔场为例，构建了如下的环境税数理模型。

1. 假设条件

假设企业A生产某一数量的钢S，同时产生一定数量的污染物X倒入到一条河流中。企业B为一个位于河流下游的渔场，因而受到了企业A排出的污染物的不利影响。

假设企业A的成本函数由$C_S(S,X)$给出，其中S是其生产钢的数量，X是钢的生产过程中产生的污染物的数量。

假设企业B的成本函数由$C_F(F,X)$给出，其中F表示鱼的产量，X表示污染物的数量。

企业A不加治理地排放污染物，使得钢的生产成本大幅度下降。而污染物排入河中，却使得鱼的生产成本增加。所以，企业B生产一定数量鱼的成本，取决于企业A排放的污染物的数量。

2. 最优化问题

钢厂A的利润最大化模型　$$\max_{S,X} P_S S - C_S(S,X) \tag{7-1}$$

渔场B的利润最大化模型　$$\max_{F,X} P_F F - C_F(F,X) \tag{7-2}$$

表示利润最大化的条件，对钢厂而言是利润函数对钢产量的一阶导数为零，利润函数对污染产出的一阶导数等于零，即

$$\begin{cases} \mathrm{d}[P_S S - C_S(S,X)]/\mathrm{d}S = 0 \\ \mathrm{d}[P_S S - C_S(S,X)]/\mathrm{d}X = 0 \end{cases}$$

$$\Rightarrow \begin{cases} P_S = \mathrm{d}C_S(S,X)/\mathrm{d}S \\ 0 = \mathrm{d}C_S(S,X)/\mathrm{d}X \end{cases} \tag{7-3}$$

表示利润最大化的条件，对渔场来说是鱼的利润函数对鱼的产量的一阶导数等于零，即

$$\mathrm{d}[P_F F - C_F(F,X)]/\mathrm{d}F = 0$$

$$\Rightarrow P_F = \mathrm{d}[C_F(F,X)]/\mathrm{d}F \tag{7-4}$$

以上条件可以说明，在利润最大化点上，增加每种物品产量的价格，应该等于它的边际成本。对于钢厂来说，污染也是它的一种产品，但根据上面的分析，企业的污染成本为一常数，而且为零。因此，确定使利润达到最大化的污染供给量的条件说明，在新增单位的污染成本为零时，污染还会继续产生。钢厂在计算利润最大化时，只考虑了产钢的成本，而未计入污染治理的成本，所以，这样一来，就产生了钢厂的外部不经济性。随着污染增加而增加

的渔场成本就是钢厂生产的一部分社会成本。

3. 税率的确定

使钢厂减少污染排放的一种有效的办法就是对其征收税金。假设对钢厂排放的每单位污染征收 t 数量的税金，这样，钢厂的利润最大化问题就变成

$$\max_{S,X} P_S S - C_S(S,X) - tX$$

这个问题的利润最大化条件将是

$$\begin{cases} P_S - \mathrm{d}C_S(S,X)/\mathrm{d}S = 0 \\ -\mathrm{d}C_S(S,X)/\mathrm{d}X - t = 0 \end{cases}$$

结合上面的分析可以得出

$$t = \mathrm{d}[C_S(S,X)]/\mathrm{d}X \tag{7-5}$$

7.1.2.3　环境税的效应分析

环境税的实施对不同经济主体（如生产者、消费者和政府）的经济效果影响是不同的，具体分析如下：

1. 环境税效应分析的基本模型

如图7-1所示的几何模型，横轴代表的是某种产品的市场需求量，纵轴表示其价格。假如对代表性生产者征收的税 t 等于它造成的边际损害成本MEC，则对于整个行业的征税额就是所有生产者单位产品征税额的总额。征税使得行业的供给曲线由 S 移动到 S'。产品出售到市场后，税收由生产者和消费者共同分担。

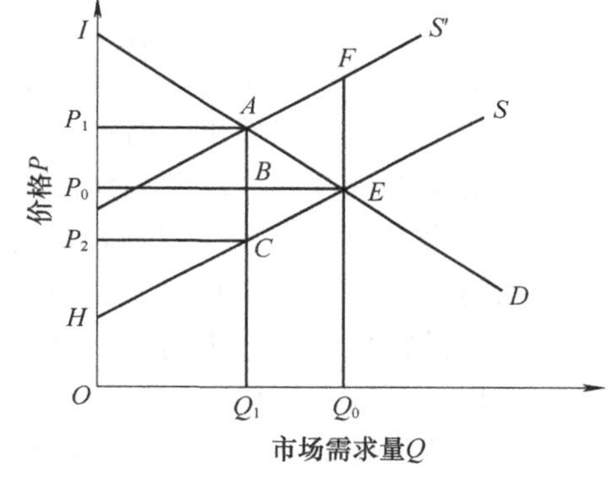

图7-1　环境税的效应分析

2. 环境税收手段对不同经济主体的效应分析

为了分析税收手段对不同经济主体的效应，需要使用消费者剩余和生产者剩余这两个概念。

（1）对生产者的影响　征税前生产者剩余是价格线 $P=P_0$ 以下、供给曲线 S 以上的三角形面积，即 $\triangle P_0EH$ 的面积 $S_{\triangle P_0EH}$。征税之后，产品的总产量由原来的 Q_0 下降到了 Q_1，生产者剩余为 $\triangle P_2CH$ 的面积 $S_{\triangle P_2CH}$，则生产者剩余的增量为梯形 P_0P_2CE 的面积。这个梯形面积包括两个部分：一是矩形 P_0P_2CB 的面积 $S_{\square P_0P_2CB}$，这是生产者对政府税收的贡献；二是 $\triangle BCE$ 的面积 $S_{\triangle BCE}$，这是生产者为减少有污染产品产出的损失。这里用 $\triangle PS$ 表示生产者剩余的增量，那么就有

$$\triangle PS = -(S_{\square P_0P_2CB} + S_{\triangle BCE}) \tag{7-6}$$

（2）对消费者的影响　征税前消费者剩余是价格线 $P=P_0$ 以上、需求曲线 D 以下的三角形面积，即 $\triangle P_0EI$ 的面积 $S_{\triangle P_0EI}$。征税以后，产品的总产量由原来的 Q_0 下降到 Q_1，消费者剩余为 $\triangle P_1AI$ 的面积 $S_{\triangle P_1AI}$，则消费者剩余的增量为梯形 P_0P_1AE 的面积。这个梯形面积包括两个部分：第一是矩形 P_0P_1AB 的面积 $S_{\square P_0P_2AB}$，这是消费者对政府税收的贡献；第二是 $\triangle ABE$ 的面积 $S_{\triangle ABE}$，这是消费者为减少有污染的产出付出的代价。这里用 $\triangle CS$ 表示消费者剩余的增量，则

$$\triangle CS = -(S_{\square P_0P_2AB} + S_{\triangle ABE}) \tag{7-7}$$

生产者和消费者负担税额比重的大小主要取决于需求曲线和供给曲线价格弹性的大小。

如果供给曲线一定，有污染的产品的需求曲线越富有弹性，生产者承担的税额比重越大；需求曲线越缺乏弹性，则消费者承担的税额比重越大。如果需求曲线一定，有污染的产品的供给越富有弹性，消费者承担的税额比重越大；供给曲线缺乏弹性，则生产者承担的税额比重越大。

（3）对政府的影响　通过强制性的税收手段，政府从中获得了税收，其数量是矩形 P_1P_2CA 的面积 $S_{\square P_1P_2CA}$。其中，矩形 P_0P_2CB 是来自生产者剩余的损失，梯形 P_0P_1AE 是来自消费者剩余的损失。

（4）对环境的影响　因为征税税率是按照单位产品造成的社会损失来计算的，即每减少一个单位的产出，就可以带来相当于 t 的环境收益。征税使得产量从 Q_0 减少到 Q_1，则环境收益就等于菱形 $AFEC$ 的面积，而且恰好为△AEC 面积 $S_{\triangle AEC}$ 的 2 倍。

（5）对整个社会净收益的影响　以上四个方面的总和即税收手段对整个社会的净收益，以△WS 来代表社会净收益，则

$$\begin{aligned}\triangle WS &= S_{\square P_1P_2CA} + 2S_{\triangle AEC} - (S_{\square P_0P_2CB} + S_{\triangle BEC}) - (S_{\square P_1P_2AE} + S_{\triangle ABE}) \\ &= 2S_{\triangle AEC} - (S_{\triangle BEC} + S_{\triangle ABE}) \\ &= S_{\triangle AEC}\end{aligned} \tag{7-8}$$

△AEC 的面积就是对产生外部不经济性的企业实施征税的社会净收益。

由以上分析可以看出，对产生污染的企业征收环境税，不仅可以使社会获得正的净效益，还能兼顾到有污染产品和无污染产品的社会公平性。如果对无污染的产品也进行征税，那么从社会净效益来看，其表现就是一种损失，损失的数量是△AEC 的面积。主要原因在于：对有污染产品征税和对无污染产品征税得到的社会净收益中存在着环境收益的差异。对有污染产品征税可以产生两个△AEC 面积的环境收益，对无污染产品征税则不会产生环境收益。所以，征收环境税，不仅可以使效率得到提高，而且可以促进社会公平，既保证了无污染产品的价格优势，又使有污染产品的生产者和消费者共同来分担税收，间接地刺激他们选择生产或消费“环境友好”的产品。

7.1.2.4　环境税的作用

（1）有利于调节环境污染行为，减少污染物排放量　征收环境税，使得企业承担环境污染产生的外部成本，把环境污染的外部不经济性内部化，将环境核算纳入企业的经济核算。企业若不对其造成的环境污染进行治理，随着环境污染程度的不断加重，企业将要缴纳越来越多的环境税，企业的成本也随之增加，在价格不变的情况下，企业的利润则会相对减少，为了获得最大利润，企业必须采取措施治理污染，减少污染物的排放量。在这种情况下，企业的利润函数中不仅包括产量和价格这两个自变量，而且包括环境污染和治理情况内容的自变量。这样将更有利于促使企业在生产决策中做出“环境友好”的选择。

（2）有利于资源优化配置　通过征收环境税，使造成环境污染或资源消耗者承担其排放污染量或资源补偿等量的税收，从而矫正市场机制的缺陷，使资源得到优化配置，保障社会福利最大化。

（3）为环境资源的永续利用提供资金保障　通过征收环境税，一方面可以调节环境污染和资源消费的行为；另一方面征收的环境税可以用于环境保护的各项公益项目，从而为环境综合治理和资源永续利用提供及时、充足、稳定的资金保障。

7.1.2.5　环境税的实践

目前，我国与环境有关的税种包括资源税、消费税、车船使用税和车辆购置税、城市维

护建设税、城镇土地使用税和耕地占用税等。近些年来，我国增加了对部分造成环境污染的产品实行提高税率的税收惩罚措施，而对环保产品实行税收优惠，同时还开展了资源税的征收工作。我国与环境有关的税收手段见表7-1。

表7-1 我国与环境有关的税收

税种	内容	环境效果
资源税	原油、天然气、煤炭、其他非金属矿原矿、黑金属矿原矿和有色金属矿原矿	对资源的合理开发利用有一定的促进效果
消费税	烟、酒、汽油、柴油、汽车轮胎、摩托车、高档手表、游艇、木制一次性筷子、实木地板等	环境效果不明显
车船使用税	机动船、乘人汽车、载货汽车、摩托车	环境效果不明显
城市建设维护税	按市区、县城、城镇分别征收	增加了环境保护投入
城镇土地使用税和耕地占用税	对大城市、中等城市、小城市、县城等按占用面积分别征收	有利于城镇土地、耕地的合理利用
差别税收	利用“三废”为主要原料进行生产，减免企业所得税； 对煤矸石、粉煤灰等废渣生产建材产品，免征增值税； 对油母岩炼油、垃圾发电实行增值税即征即退； 煤矸石和煤系伴生油母页岩发电、风力发电增值税减半； 废旧物资回收经营免征增值税； 低污染排放小轿车、越野车和小客车减征30%的消费税； 对自来水厂收取的污水处理费，免征增值税	环境效果良好

我国于1984年10月1日起征收资源税，其主要目的是调节资源开发者之间的级差收益，使资源开发者能在大体平等的条件下竞争，同时促使开发者能够合理开发和节约使用资源。我国部分资源税税目、税额见表7-2。

表7-2 我国部分资源税税目、税额

税目	税额	税目	税额
原油	8～30元/t	黑色金属矿原矿	2～30元/t
天然气	2～15元/km^3	有色金属矿原矿	0.4～30元/t
煤炭	0.3～5元/t	固体盐	10～60元/t
其他非金属矿原矿	0.5～20元/t（m^3）	液体盐	2～10元/t

虽然我国已经开始征收资源税，但是，我国的资源税制度还很不完善，突出表现在资源税征收项目不全，目前仍没有对水资源、草原资源、森林资源、海洋渔业资源等生物资源征收资源税。

除了资源税，我国目前还征收一些与环境相关的税种，如消费税、城市建设维护税、城镇土地使用税和耕地占用税、固定资产投资方向调节税、车船使用税等。这些税种的设置目的并不是保护环境，但为保护环境和削减污染提供了一定的经济刺激和资金。

有关研究资料显示，我国的环境税及与环境相关的税收呈现逐年上升的趋势，其税收额占总税收的8%左右，占GDP的0.8%～0.9%。

随着环境问题的日益突出，政府对环境保护的重视，环保投资需求的增加及公众环保意

识的增强，中央和地方政府越来越重视利用环境税来进行环境行为的调控。财政部世行贷款研究项目（中国税制改革研究）专门对我国开征环境税进行研究。原国家环保总局计划利用环境税的刺激作用来控制环境污染，增加环保投入。为了解决严重的大气污染问题，北京市财政局专门就利用环境税筹集资金的可行性进行了立项，对开征环境税进行全面系统的研究。1999 年 10 月，中国环境科学研究院向财政部、国家税务总局和北京市财政局分别提交了有关建立环境税的政策研究报告，提出了环境税的两个实施方案。一个方案是建立广义的环境税，依据“受益者付费”原则，对公民征收广义的环境税。例如，在现行的城市建设与维护税的基础上加征一个环境税，或者在商品最终销售环节加征环境税。另一个方案是对污染产品进行征税。目前我国对排污者征收排污费，但对污染产品却没有相应的收费或课税。正在考虑的污染产品税有含磷洗涤剂差别税、包装产品税、散装水泥特别税和高硫煤污染税等。

7.1.2.6 环境税的发展

利用税收手段保护环境是市场经济体制的必然要求。在新形势下，我国环境税的发展，应主要做好以下几个方面的工作：

1. 完善资源税

完善资源税主要包括以下内容：

1）扩大资源税的征收范围。应该将我国资源税的征收范围扩大至土地、森林、草原、动植物、矿产、海洋、滩涂、地热、大气、水资源等领域。

2）适当提高资源税税率。我国的资源税实行的是定额税率，为了合理利用环境资源，应适当提高资源税的定额税率。

3）实行资源税从价和从量相结合的计征方式。

2. 实行差别税收

扩大我国差别税收的应用范围，提高税收差别的幅度，尤其是对“两高一资”的产品实行严格的税收政策。

3. 对一些危害环境的产品征收消费税

通过征收消费税，启用价格杠杆引导公众消费，从而抑制对环境有危害产品的消费水平，同时鼓励和引导公众树立健康的消费方式。对在生产或使用过程中产生严重污染或生态破坏的产品、行为征收消费税，如对一次性塑料餐具、煤炭、塑料袋、汞镉电池等产品征收消费税或消费附加税。

4. 开征环境税

环境税可分为排污税和产品税。我国学者王金南在 2005 年 10 月召开的“环境税收与公共财政国际研讨会”上指出，独立性的环境税包括一般环境税、直接污染税和污染产品税。其中，一般环境税是基于收入的环境税，其目的是筹集环境保护资金，它根据“受益者付费原则”对所有环境保护的受益者进行征税；直接污染税则以“污染者付费”为征收原则，计税依据是污染物排放量，如开征氮氧化物、二氧化硫、碳税、噪声税等的污染税。污染产品税则是以“使用者付费”为原则对煤炭、燃油等污染产品来征收税费，可细化为燃料环境税、特种产品污染税等。

我国的环境税政策应当采取先旧后新、先易后难、先融后力的策略，即首先消除不利于环境保护的补贴和税收优惠，再次实施融入型环境税方案对现有税制进行绿色化的改革，最后研究实施独立型的环境税。

2009 年 1 月 1 日，我国正式实施成品油税费政策，即将汽油消费税提高到 1 元/L，柴油消费税提高至 0.7 元/L，其他成品油消费税每单位税额相应提高，同时也取消了原来在成品油价外征收的公路养路费、公路运输管理费等六项费用。成品油税费改革对推进我国税收体制绿色化进程和引导消费导向具有重要意义。成品油税制改革实施后，柴油、汽油等成品油消费税将实行从量定额计征，这意味着征税额仅与用油量的多少有关。这促使消费者改变汽车消费观念，购买节油汽车，推动汽车行业的产业结构升级，促进新能源和新技术的应用，推进新能源汽车的产业化发展。

2009 年 1 月 5 日，财政部部长谢旭人在全国财政工作会议上明确表示，2009 年将适当扩大资源税的征收范围，实行从价和从量相结合的计征方式，改变部分应税品目的计税依据。同时完善消费税制度，将部分对环境造成严重污染、大量消耗资源的产品纳入征收范围。

2018 年 1 月 1 日，《中华人民共和国环境保护税法》及《中华人民共和国环境保护税法实施条例》施行。

关于环境税政策，国外许多国家进行了一些有益的尝试。

丹麦于 1992 年对工业部门征收 CO_2 税，并从 1996 年起，提高了这项税收。此外，在 1993 年通过了一项重要的税收改革方案，在降低劳动力税份额的同时，提高自然资源和污染的税收，新的环境税收将逐步提高到 120 亿丹麦马克，主要是汽油税和能源税。

挪威于 1994 年成立了绿色税收委员会，其主要任务是改革现有税收制度。自 1992 年开始征收 CO_2 税，该项税收收入排在工业部门缴纳税费的前列。

瑞典自 1974 年起就实施了能源税，1991 年又增加了 CO_2 税，同时对能源征收增值税。在环境税中增设了 NO_x 和 SO_2 税。重新分配的税收总额相当于 GDP 的 6%。对杀虫剂、化肥、饮料罐和废电池等也征税。此外，自 1989 年开始，对国内空中运输征收 HC 和 NO_x 税。

意大利实行“塑料袋课税法”，规定使用每只塑料袋须支付 8 美分的税，即商店每卖出一只价值 50 里拉的塑料袋，要缴纳 100 里拉的税，但对“可被生物降解”的塑料袋免征。自 1988 年采用这项政策后，意大利塑料袋的消费立即降低了 20% ~30%。

荷兰于 1995 年成立了绿色委员会，其任务是为实施绿色税收制度提出建议。该委员会成立后首先对现行的税收制度进行了评价，尤其是交通部门的税收，并提出改革建议，如降低私人车辆的燃料税收。其次对自 1980 年起实施的 CO_2 税进行了评估，建议提高环境税尤其是能源税，降低对环境有利的投资税收。

■7.2 排污收费制度

排污收费是目前在国内外环境管理工作中采用的一种主要的经济手段，它的内容已扩大到环境的诸多要素方面，如气、水、固体废弃物、噪声等污染的控制。排污收费对促进我国污染治理，控制环境恶化，提高环境保护技术水平发挥着一定的作用。

7.2.1 《中华人民共和国环境保护税法》相关规定

1. 总则

为了保护和改善环境，减少污染物排放，推进生态文明建设，制定《中华人民共和国环境保护税法》。在中华人民共和国领域和中华人民共和国管辖的其他海域，直接向环境排放应税污染物的企业事业单位和其他生产经营者为环境保护税的纳税人，应当依照该法规定缴纳环境保护税。《中华人民共和国环境保护税法》所称应税污染物，是指该法所附《环境保护税税目税额表》（见表 7-3）、《应税污染物和当量值表》（见表 7-4 ~ 表 7-7）规定的大气污染物、水污染物、固体废物和噪声。

表 7-3　环境保护税税目税额

税目		计税单位	税额	备注
大气污染物		每污染当量	1.2 ~ 12 元	
水污染物		每污染当量	1.4 ~ 14 元	
固定废物	煤矸石	每吨	5 元	
	尾矿	每吨	15 元	
	危险废物	每吨	1000 元	
	冶炼渣、粉煤灰、炉渣、其他固体废物（含半固态、液态废物）	每吨	25 元	
噪声	工业噪声	超标 1 ~ 3 分贝	350 元/月	1. 一个单位边界上有多处噪声超标，根据最高一处超标声级计算应纳税额；当沿边界长度超过 100m 有两处以上噪声超标，按照两个单位计算应纳税额； 2. 一个单位有不同地点作业场所的，应当分别计算应纳税额，合并计征； 3. 昼、夜均超标的环境噪声，昼、夜分别计算应纳税额，累计计征； 4. 声源一个月内超标不足 15 天的，减半计算应纳税额； 5. 夜间频繁突发和夜间偶然突发厂界超标噪声，按等效声级和峰值噪声两种指标中超标分贝值高的一项计算应纳税额
		超标 4 ~ 6 分贝	700 元/月	
		超标 7 ~ 9 分贝	1400 元/月	
		超标 10 ~ 12 分贝	2800 元/月	
		超标 13 ~ 15 分贝	5600 元/月	
		超标 16 分贝以上	11200 元/月	

表 7-4　应税污染物和当量值（第一、二类水污染物）

污染物		污染当量值/kg	备注	污染物		污染当量值/kg	备注
第一类水污染物	1. 总汞	0.0005		第二类水污染物	11. 悬浮物（SS）	4	
	2. 总镉	0.005			12. 生化需氧量（BOD_5）	0.5	同一排放口中的化学需氧量、生化需氧量和总有机碳，只征收一项
	3. 总铬	0.04					
	4. 六价铬	0.02			13. 化学需氧量（CODcr）	1	
	5. 总砷	0.02					
	6. 总铅	0.025			14. 总有机碳（TOC）	0.49	
	7. 总镍	0.025					
	8. 苯并（a）芘	0.0000003			15. 石油类	0.1	
	9. 总铍	0.01			16. 动植物油	0.16	
	10. 总银	0.02			17. 挥发酚	0.08	

（续）

	污染物	污染当量值/kg	备注		污染物	污染当量值/kg	备注
第二类水污染物	18. 总氰化物	0.05		第二类水污染物	39. 可吸附有机卤化物（AOX）（以 Cl 计）	0.25	
	19. 硫化物	0.125			40. 四氯化碳	0.04	
	20. 氨氮	0.8			41. 三氯乙烯	0.04	
	21. 氟化物	0.5			42. 四氯乙烯	0.04	
	22. 甲醛	0.125			43. 苯	0.02	
	23. 苯胺类	0.2			44. 甲苯	0.02	
	24. 硝基苯类	0.2			45. 乙苯	0.02	
	25. 阴离子表面活性剂（LAS）	0.2			46. 邻—二甲苯	0.02	
	26. 总铜	0.1			47. 对—二甲苯	0.02	
	27. 总锌	0.2			48. 间—二甲苯	0.02	
	28. 总锰	0.2			49. 氯苯	0.02	
	29. 彩色显影剂（CD-2）	0.2			50. 邻二氯苯	0.02	
	30. 总磷	0.25			51. 对二氯苯	0.02	
	31. 单质磷（以 P 计）	0.05			52. 对硝基氯苯	0.02	
	32. 有机磷农药（以 P 计）	0.05			53. 2，4—二硝基氯苯	0.02	
					54. 苯酚	0.02	
	33. 乐果	0.05			55. 间—甲酚	0.02	
	34. 甲基对硫磷	0.05			56. 2，4—二氯酚	0.02	
	35. 马拉硫磷	0.05			57. 2，4，6—三氯酚	0.02	
	36. 对硫磷	0.05			58. 邻苯二甲酸二丁酯	0.02	
	37. 五氯酚及五氯酚钠（以五氯酚计）	0.25			59. 邻苯二甲酸二辛酯	0.02	
					60. 丙烯腈	0.125	
	38. 三氯甲烷	0.04			61. 总硒	0.02	

表 7-5 应税污染物和当量值（pH 值、色度、大肠菌群数、余氯量水污染物）

污染物		污染当量值	备注
1. pH 值	1. 0—1，13—14 2. 1—2，12—13 3. 2—3，11—12 4. 3—4，10—11 5. 4—5，9—10 6. 5—6	0.06 吨污水 0.125 吨污水 0.25 吨污水 0.5 吨污水 1 吨污水 5 吨污水	pH 值 5 ~ 6 指大于等于 5，小于 6；pH 值 9 ~ 10 指大于 9，小于等于 10，其余类推

（续）

污　染　物	污染当量值	备　　注
2. 色度	5 吨水·倍	
3. 大肠菌群数（超标）	3.3 吨污水	大肠菌群数和余氯量只征收一项
4. 余氯量（用氯消毒的医院废水）	3.3 吨污水	

表 7-6　应税污染物和当量值（禽畜养殖业、小型企业和第三产业水污染物）

类　　型		污染当量值	备　　注
禽畜养殖场	1. 牛	0.1 头	仅对存栏规模大于 50 头牛、500 头猪、5000 羽鸡鸭等的禽畜养殖场征收
	2. 猪	1 头	
	3. 鸡、鸭等家禽	30 羽	

注：本表仅适用于计算无法进行实际监测或者物料衡算的禽畜养殖业、小型企业和第三产业等小型排污者的水污染物污染当量数。

表 7-7　应税污染物和当量值（大气污染物）

污　染　物	污染当量值/kg	污　染　物	污染当量值/kg
1. 二氧化硫	0.95	23. 二甲苯	0.27
2. 氮氧化物	0.95	24. 苯并（a）芘	0.000002
3. 一氧化碳	16.7	25. 甲醛	0.09
4. 氯气	0.34	26. 乙醛	0.45
5. 氯化氢	10.75	27. 丙烯醛	0.06
6. 氟化物	0.87	28. 甲醇	0.67
7. 氰化氢	0.005	29. 酚类	0.35
8. 硫酸雾	0.6	30. 沥青烟	0.19
9. 铬酸雾	0.0007	31. 苯胺类	0.21
10. 汞及其化合物	0.0001	32. 氯苯类	0.72
11. 一般性粉尘	4	33. 硝基苯	0.17
12. 石棉尘	0.53	34. 丙烯腈	0.22
13. 玻璃棉尘	2.13	35. 氯乙烯	0.55
14. 碳黑尘	0.59	36. 光气	0.04
15. 铅及其化合物	0.02	37. 硫化氢	0.29
16. 镉及其化合物	0.03	38. 氨	9.09
17. 铍及其化合物	0.0004	39. 三甲胺	0.32
18. 镍及其化合物	0.13	40. 甲硫醇	0.04
19. 锡及其化合物	0.27	41. 甲硫醚	0.28
20. 烟尘	2.18	42. 二甲二硫	0.28
21. 苯	0.05	43. 苯乙烯	25
22. 甲苯	0.18	44. 二硫化碳	20

有下列情形之一的，不属于直接向环境排放污染物，不缴纳相应污染物的环境保护税：①企业事业单位和其他生产经营者向依法设立的污水集中处理、生活垃圾集中处理场所排放应税污染物的；②企业事业单位和其他生产经营者在符合国家和地方环境保护标准的设施、

场所贮存或者处置固体废物的。

依法设立的城乡污水集中处理、生活垃圾集中处理场所超过国家和地方规定的排放标准向环境排放应税污染物的，应当缴纳环境保护税。企业事业单位和其他生产经营者贮存或者处置固体废物不符合国家和地方环境保护标准的，应当缴纳环境保护税。

环境保护税的税目、税额，依照《环境保护税税目税额表》执行。应税大气污染物和水污染物的具体适用税额的确定和调整，由省、自治区、直辖市人民政府统筹考虑本地区环境承载能力、污染物排放现状和经济社会生态发展目标要求，在《环境保护税税目税额表》规定的税额幅度内提出，报同级人民代表大会常务委员会决定，并报全国人民代表大会常务委员会和国务院备案。

2. 计税依据和应纳税额

应税污染物的计税依据，按照下列方法确定：①应税大气污染物按照污染物排放量折合的污染当量数确定；②应税水污染物按照污染物排放量折合的污染当量数确定；③应税固体废物按照固体废物的排放量确定；④应税噪声按照超过国家规定标准的分贝数确定。应税大气污染物、水污染物的污染当量数，以该污染物的排放量除以该污染物的污染当量值计算。每种应税大气污染物、水污染物的具体污染当量值，依照《应税污染物和当量值表》执行。

每一排放口或者没有排放口的应税大气污染物，按照污染当量数从大到小排序，对前三项污染物征收环境保护税。每一排放口的应税水污染物，按照《应税污染物和当量值表》，区分第一类水污染物和其他类水污染物，按照污染当量数从大到小排序，对第一类水污染物按照前五项征收环境保护税，对其他类水污染物按照前三项征收环境保护税。省、自治区、直辖市人民政府根据本地区污染物减排的特殊需要，可以增加同一排放口征收环境保护税的应税污染物项目数，报同级人民代表大会常务委员会决定，并报全国人民代表大会常务委员会和国务院备案。

应税大气污染物、水污染物、固体废物的排放量和噪声的分贝数，按照下列方法和顺序计算：①纳税人安装使用符合国家规定和监测规范的污染物自动监测设备的，按照污染物自动监测数据计算；②纳税人未安装使用污染物自动监测设备的，按照监测机构出具的符合国家有关规定和监测规范的监测数据计算；③因排放污染物种类多等原因不具备监测条件的，按照国务院环境保护主管部门规定的排污系数、物料衡算方法计算；④不能按照本条第一项至第三项规定的方法计算的，按照省、自治区、直辖市人民政府环境保护主管部门规定的抽样测算的方法核定计算。

环境保护税应纳税额按照下列方法计算：①应税大气污染物的应纳税额为污染当量数乘以具体适用税额；②应税水污染物的应纳税额为污染当量数乘以具体适用税额；③应税固体废物的应纳税额为固体废物排放量乘以具体适用税额；④应税噪声的应纳税额为超过国家规定标准的分贝数对应的具体适用税额。

3. 税收减免

下列情形，暂予免征环境保护税：①农业生产（不包括规模化养殖）排放应税污染物的；②机动车、铁路机车、非道路移动机械、船舶和航空器等流动污染源排放应税污染物的；③依法设立的城乡污水集中处理、生活垃圾集中处理场所排放相应应税污染物，不超过国家和地方规定的排放标准的；④纳税人综合利用的固体废物，符合国家和地方环境保护标准的；⑤国务院批准免税的其他情形。第⑤项免税规定，由国务院报全国人民代表大会常务委员会备案。

纳税人排放应税大气污染物或者水污染物的浓度值低于国家和地方规定的污染物排放标准30%的，减按75%征收环境保护税。纳税人排放应税大气污染物或者水污染物的浓度值低于国家和地方规定的污染物排放标准50%的，减按50%征收环境保护税。

4. 征收管理

环境保护税由税务机关依照《中华人民共和国税收征收管理法》和《中华人民共和国保护税法》的有关规定征收管理。环境保护主管部门依照《中华人民共和国保护税法》法和有关环境保护法律法规的规定负责对污染物的监测管理。县级以上地方人民政府应当建立税务机关、环境保护主管部门和其他相关单位分工协作工作机制，加强环境保护税征收管理，保障税款及时足额入库。

环境保护主管部门和税务机关应当建立涉税信息共享平台和工作配合机制。环境保护主管部门应当将排污单位的排污许可、污染物排放数据、环境违法和受行政处罚情况等环境保护相关信息，定期交送税务机关。税务机关应当将纳税人的纳税申报、税款入库、减免税额、欠缴税款以及风险疑点等环境保护税涉税信息，定期交送环境保护主管部门。

纳税义务发生时间为纳税人排放应税污染物的当日。纳税人应当向应税污染物排放地的税务机关申报缴纳环境保护税。环境保护税按月计算，按季申报缴纳。不能按固定期限计算缴纳的，可以按次申报缴纳。纳税人申报缴纳时，应当向税务机关报送所排放应税污染物的种类、数量，大气污染物、水污染物的浓度值，以及税务机关根据实际需要要求纳税人报送的其他纳税资料。纳税人按季申报缴纳的，应当自季度终了之日起十五日内，向税务机关办理纳税申报并缴纳税款。纳税人按次申报缴纳的，应当自纳税义务发生之日起十五日内，向税务机关办理纳税申报并缴纳税款。纳税人应当依法如实办理纳税申报，对申报的真实性和完整性承担责任。

税务机关应当将纳税人的纳税申报数据资料与环境保护主管部门交送的相关数据资料进行比对。税务机关发现纳税人的纳税申报数据资料异常或者纳税人未按照规定期限办理纳税申报的，可以提请环境保护主管部门进行复核，环境保护主管部门应当自收到税务机关的数据资料之日起十五日内向税务机关出具复核意见。税务机关应当按照环境保护主管部门复核的数据资料调整纳税人的应纳税额。

依照上述环境保护税应纳税计算方法第④条规定核定计算污染物排放量的，由税务机关会同环境保护主管部门核定污染物排放种类、数量和应纳税额。

纳税人从事海洋工程向中华人民共和国管辖海域排放应税大气污染物、水污染物或者固体废物，申报缴纳环境保护税的具体办法，由国务院税务主管部门会同国务院海洋主管部门规定。

纳税人和税务机关、环境保护主管部门及其工作人员违反本法规定的，依照《中华人民共和国税收征收管理法》《中华人民共和国环境保护法》和有关法律法规的规定追究法律责任。各级人民政府应当鼓励纳税人加大环境保护建设投入，对纳税人用于污染物自动监测设备的投资予以资金和政策支持。

5. 附则

该法下列用语的含义：

1）污染当量，是指根据污染物或者污染排放活动对环境的有害程度以及处理的技术经

济性，衡量不同污染物对环境污染的综合性指标或者计量单位。同一介质相同污染当量的不同污染物，其污染程度基本相当。

2）排污系数，是指在正常技术经济和管理条件下，生产单位产品所应排放的污染物量的统计平均值。

3）物料衡算，是指根据物质质量守恒原理对生产过程中使用的原料、生产的产品和产生的废物等进行测算的一种方法。

直接向环境排放应税污染物的企业事业单位和其他生产经营者，除依照该法规定缴纳环境保护税外，应当对所造成的损害依法承担责任。

自该法施行之日起，依照该法规定征收环境保护税，不再征收排污费。

7.2.2 《中华人民共和国环境保护税法实施条例》相关规定

《中华人民共和国环境保护税法实施条例》是根据《中华人民共和国环境保护税法》（以下简称环境保护税法）制定的，自2018年1月1日起施行，2003年1月2日国务院公布的《排污费征收使用管理条例》同时废止。

1. 总则

环境保护税法所附《环境保护税税目税额表》所称其他固体废物的具体范围，依照环境保护税法规定的程序确定。

环境保护税法规定的城乡污水集中处理场所，是指为社会公众提供生活污水处理服务的场所，不包括为工业园区、开发区等工业聚集区域内的企业事业单位和其他生产经营者提供污水处理服务的场所，以及企业事业单位和其他生产经营者自建自用的污水处理场所。

达到省级人民政府确定的规模标准并且有污染物排放口的畜禽养殖场，应当依法缴纳环境保护税；依法对畜禽养殖废弃物进行综合利用和无害化处理的，不属于直接向环境排放污染物，不缴纳环境保护税。

2. 计税依据

应税固体废物的计税依据，按照固体废物的排放量确定。固体废物的排放量为当期应税固体废物的产生量减去当期应税固体废物的贮存量、处置量、综合利用量的余额。固体废物的贮存量、处置量，是指在符合国家和地方环境保护标准的设施、场所贮存或者处置的固体废物数量；固体废物的综合利用量，是指按照国务院发展改革、工业和信息化主管部门关于资源综合利用要求以及国家和地方环境保护标准进行综合利用的固体废物数量。

纳税人有下列情形之一的，以其当期应税固体废物的产生量作为固体废物的排放量：非法倾倒应税固体废物；进行虚假纳税申报。

应税大气污染物、水污染物的计税依据，按照污染物排放量折合的污染当量数确定。纳税人有下列情形之一的，以其当期应税大气污染物、水污染物的产生量作为污染物的排放量：①未依法安装使用污染物自动监测设备或者未将污染物自动监测设备与环境保护主管部门的监控设备联网；②损毁或者擅自移动、改变污染物自动监测设备；③篡改、伪造污染物监测数据；④通过暗管、渗井、渗坑、灌注或者稀释排放以及不正常运行防治污染设施等方式违法排放应税污染物；⑤进行虚假纳税申报。

从两个以上排放口排放应税污染物的，对每一排放口排放的应税污染物分别计算征收环境保护税；纳税人持有排污许可证的，其污染物排放口按照排污许可证载明的污染物排放口确定。

属于环境保护税法规定情形的纳税人，自行对污染物进行监测所获取的监测数据，符合国家有关规定和监测规范的，视同环境保护税法规定的监测机构出具的监测数据。

3. 税收减免

环境保护税法所称应税大气污染物或者水污染物的浓度值，是指纳税人安装使用的污染物自动监测设备当月自动监测的应税大气污染物浓度值的小时平均值再平均所得数值或者应税水污染物浓度值的日平均值再平均所得数值，或者监测机构当月监测的应税大气污染物、水污染物浓度值的平均值。依照环境保护税法减征环境保护税的，应税大气污染物浓度值的小时平均值或者应税水污染物浓度值的日平均值，以及监测机构当月每次监测的应税大气污染物、水污染物的浓度值，均不得超过国家和地方规定的污染物排放标准。

依照环境保护税法的规定减征环境保护税的，应当对每一排放口排放的不同应税污染物分别计算。

4. 征收管理

税务机关依法履行环境保护税纳税申报受理、涉税信息比对、组织税款入库等职责。环境保护主管部门依法负责应税污染物监测管理，制定和完善污染物监测规范。

县级以上地方人民政府应当加强对环境保护税征收管理工作的领导，及时协调、解决环境保护税征收管理工作中的重大问题。

国务院税务、环境保护主管部门制定涉税信息共享平台技术标准以及数据采集、存储、传输、查询和使用规范。

环境保护主管部门应当通过涉税信息共享平台向税务机关交送在环境保护监督管理中获取的下列信息：①排污单位的名称、统一社会信用代码以及污染物排放口、排放污染物种类等基本信息；②排污单位的污染物排放数据（包括污染物排放量以及大气污染物、水污染物的浓度值等数据）；③排污单位环境违法和受行政处罚情况；④对税务机关提请复核的纳税人的纳税申报数据资料异常或者纳税人未按照规定期限办理纳税申报的复核意见；⑤与税务机关商定交送的其他信息。

税务机关应当通过涉税信息共享平台向环境保护主管部门交送下列环境保护税涉税信息：①纳税人基本信息；②纳税申报信息；③税款入库、减免税额、欠缴税款以及风险疑点等信息；④纳税人涉税违法和受行政处罚情况；⑤纳税人的纳税申报数据资料异常或者纳税人未按照规定期限办理纳税申报的信息；⑥与环境保护主管部门商定交送的其他信息。

环境保护税法所称应税污染物排放地是指：①应税大气污染物、水污染物排放口所在地；②应税固体废物产生地；③应税噪声产生地。

纳税人跨区域排放应税污染物，税务机关对税收征收管辖有争议的，由争议各方按照有利于征收管理的原则协商解决；不能协商一致的，报请共同的上级税务机关决定。

税务机关应当依据环境保护主管部门交送的排污单位信息进行纳税人识别。在环境保护主管部门交送的排污单位信息中没有对应信息的纳税人，由税务机关在纳税人首次办理环境保护税纳税申报时进行纳税人识别，并将相关信息交送环境保护主管部门。

环境保护主管部门发现纳税人申报的应税污染物排放信息或者适用的排污系数、物料衡算方法有误的，应当通知税务机关处理。

纳税人申报的污染物排放数据与环境保护主管部门交送的相关数据不一致的，按照环境保护主管部门交送的数据确定应税污染物的计税依据。

环境保护税法所称纳税人的纳税申报数据资料异常，包括但不限于下列情形：①纳税人当期申报的应税污染物排放量与上一年同期相比明显偏低，且无正当理由；②纳税人单位产品污染物排放量与同类型纳税人相比明显偏低，且无正当理由。

税务机关、环境保护主管部门应当无偿为纳税人提供与缴纳环境保护税有关的辅导、培训和咨询服务。

税务机关依法实施环境保护税的税务检查，环境保护主管部门予以配合。

纳税人应当按照税收征收管理的有关规定，妥善保管应税污染物监测和管理的有关资料。

7.2.3　排污收费的理论基础

排污收费的理论基础主要是环境资源价值理论和经济外部性理论。1972 年 5 月，OECD 提出了“污染者负担”原则，排污收费就是在这一原则的基础上形成并发展起来的一种有效的经济手段。

长期以来，人们对水、空气等公共环境资源的使用完全没有考虑支付任何费用，也没有任何使用者主动限制自己使用这些免费的环境资源或改善资源状态。然而，在这种情况下，资源使用者获得的“内部经济性”是以免费使用这些环境资源为基础的。而因使用公共资源造成的“外部不经济性”则强加给社会来承担。使用经济手段解决这一问题，需要建立污染损害的补偿机制。征收在一定程度上体现了环境资源的价值，并且通过这种补偿作用可以使环境资源的使用者改变排污行为，有效地利用越来越稀缺的环境资源。政府可以通过调节补偿费用，让生产者或消费者在抉择自身利益的时候，将环境资源的费用考虑进去，从而使环境问题的外部不经济性内部化。

1. 排污费与最优污染水平

排污费对污染物排放量的影响，如图 7-2 所示。

在图 7-2 中，MEC 代表边际外部成本，MNPB 代表边际私人纯收益，这两条曲线相交于 E 点，在与 E 点对应的污染物排放 Q_E 水平下，边际私人纯收益与边际外部成本相等，所以，Q_E 就是最优污染水平。

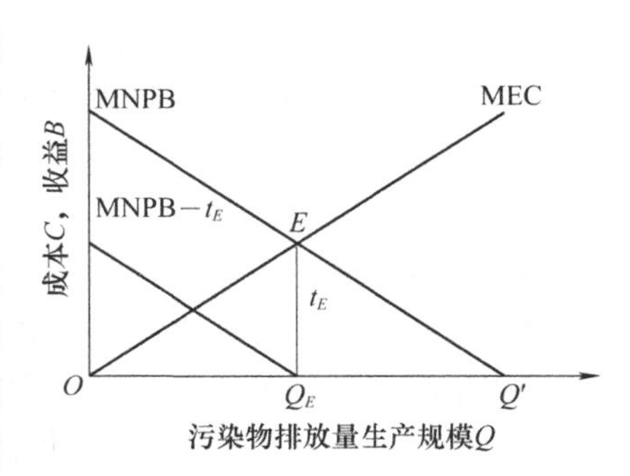

图 7-2　排污费与最优污染水平

生产者为了追求最大限度的私人纯利益，希望将生产规模扩大到 MNPB 线与横轴的交点 Q' 处。如果政府向排污的生产者征收一定数额的排污费，生产者私人的纯收益就会减少一部分，MNPB 线的位置、形状及它与横轴的交点也会发生变化。假定政府根据生产者的污染物排放量，对每一单位排放量征收特定数额 t 的排污费，使得 MNPB 线向左平移到 MNPB-t_E 线位置，与横轴恰好相交于 Q_E 点。这就说明，在政府的控制及生产者追求利益最大化的条件下，最有效率的情况是将生产规模和污染物的排放量控制在最优污染水平上。

在实际中，对最优污染水平和达到最优污染水平时的边际私人纯收益的估计都会存在误差，有时误差还相当大。但只要排污费的征收有助于使污染物排放接近最优污染水平，征收排污费就是可取的。

2. 排污费与污染治理成本

图 7-2 有一个隐含的前提，就是当政府征收排污费时，生产者只能在缴纳排污费和缩小生产规模这两种方案中进行选择。但事实上，在考虑自身经济利益的情况下，生产者还可能购买和使用污染物处理设施，在扩大生产规模的同时将污染物的排放量控制在最优污染水平，这也是政府征收排污费的目的之一。所以，当政府征收排污费时，生产者就有三种选择：缴纳排污费、减产或者追加投资购买和使用污染物处理设备。生产者面对这三种可能性的最优选择，可以用图 7-3 表示。

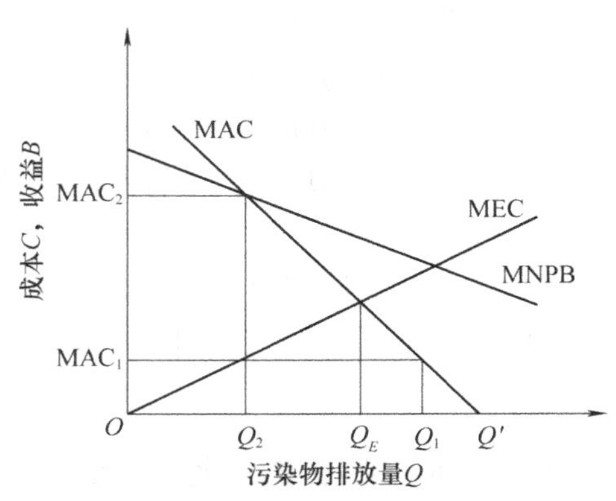

图 7-3　三种可能性存在时的生产者决策

在图 7-3 中，横轴 Q 代表污染物的排放量；MEC 线代表边际外部成本曲线；MNPB 线代表生产者没有安装环保设备，其污染物排放量随生产规模的扩大而同比例增加的条件下，生产者的边际私人纯收益曲线；MAC 代表污染治理的边际成本曲线；MAC_1 和 MAC_2 代表污染物排放量为 Q_1 和 Q_2 条件下的边际治理成本。

因为存在通过治理污染来减少污染物排放的可能性，生产者的决策和排污费的征收标准都会发生一些变化。若政府对某一特定污染物排放量的排污费征收标准既高于生产者的边际私人纯收益，又高于其边际治理成本时，生产者就可能做出减产或购买并且安装环保设备的选择。在图 7-3 中 Q_2 点的右侧，生产者的边际私人纯收益高于边际治理成本，在这一区间，生产者在利润最大化的促使下会治理污染，而不是缩小生产规模；而在原点 O 到 Q_2 这一区间，生产者的边际治理成本高于边际私人纯收益，从自身经济利益考虑，生产者却宁愿选择减产。因此，在原点 O 到 Q_2 之间，MNPB 可以看作减少产量是减少污染的唯一途径的治理成本曲线。

当存在购买和安装环保设备的第三种选择时，最优污染水平及排污费的征收标准，就应该根据 MEC 和 MAC 两条曲线的交点来决定。从图 7-3 中可以看出，当污染物的排放量低于 Q_E 时，生产者支付的边际治理成本高于社会为此付出的边际外部成本。由于生产者支付的边际治理成本也是社会总成本中的一部分，所以此时对社会来说，不治理比治理有利；当污染物的排放量高于 Q_E 时，生产者支付的边际治理成本低于社会为此付出的边际外部成本，此时对社会来说，治理比不治理更有利。为了防止生产者为追求最大限度的利润而将污染物的排放量增加到超过 Q_E 的程度，从而损害全社会的利益，根据 Q_E 对应的边际外部成本来确定排污费的征收标准，可以促使生产者从自身利益考虑，将污染物排放量控制在 Q_E 的水平上。

与根据 MNPB 线与 MEC 线的交点来确定排污费的征收标准相比，根据 MAC 线和 MEC 线的交点来确定排污费的征收标准有一个很显著的优点。私人纯收益属于生产者的营业秘密，政府在这方面掌握的信息远远少于生产者；而从事生产和安装环保设备的生产者乐于向社会公布有关设备的性能和经济效益等方面的资料。所以，这样就大大减少了政府和生产者在掌握信息方面的差距，从而减小了非对称信息对政府制定有关排污收费标准决策时的误差，使得决策更具可操作性。

7.2.4 排污收费制度的产生和发展

1. 国外排污收费制度的形成

排污收费制度最早源于工业发达国家。1904 年德国在鲁尔河流域就实施了废水排放收费。日本大阪市于 1940 年开始对下水道用户征收排水费，以解决污水处理厂的运行管理费用，1969 年开始规定污水处理所需费用全部由排放污水的用户承担。此外，英国、法国和荷兰等国也在 20 世纪 60 年代制定了相关的排污收费办法，并取得了不同程度的效果。而作为一项完整的制度，排污收费大约于 20 世纪 70 年代基本形成。当时发达国家的经济不景气，传统强制性手段的实施也遇到诸多困难，促使政府必须做出环境政策的转变，即把经济手段作为强制手段的一种补充或组合手段，在利用经济手段为财政提供资金需求的同时，对企业提供更强的经济刺激和技术革新方面的影响。

1972 年 OECD 提出了"污染者负担原则"（PPP 原则）。在 1985 年 OECD 在发表的《未来环境资源的宣言》中提出将"污染者负担原则"与管制手段相结合，更有效地使用经济手段，使污染控制具有更强的灵活性、更高的效率。

在 PPP 原则指导下，OECD 成员在环境管理中逐步采用了一系列经济手段，主要有押金制度、环境收费、排污交易等。排污收费则是采用最早、运用最广泛的一种经济手段。国外部分国家的污染收费情况见表 7-8—表 7-11。

表 7-8 国外部分国家水污染收费概况

国　家	收费目的	起始年份	收费对象	收费范围
德国	RR，I	1904	公司，居民	全国
日本	RR，I	1940	公司，居民	大阪
法国	RR	1969	公司，居民	全国
荷兰	RR	1972	公司，居民	全国
英国	RR，I	1974	公司，居民	全国
意大利	I	1976	公司	全国
美国	I	1978	公司，居民	威斯康星州

表 7-9 国外部分国家大气污染收费概况

国　家	收费目的	起始年份	收费对象	污染物	收费范围
波兰	I	1967	企业	TSP，SO_2	全国
挪威	RR	1971	石油消费者	SO_2	全国
荷兰	RR	1981	汽油	SO_2	已终止
芬兰	RR	1981	石油消费者	SO_2	全国
德国	I	1973	企业	113 种	不详
日本	I	1973	企业	SO_2	全国
法国	RR	1985	企业	SO_2	全国

表 7-10　国外部分国家固体废弃物收费概况

国　　家	收费目的	起始年份	收费对象	收费范围
日本	I	1973	公司	全国
比利时	I	1981	废弃物处理公司	全国
澳大利亚	I	不详	公司，居民	部分州
美国	RR，I	1983	废弃物经营者	>20 个州
丹麦	I	1987	公司，居民	全国

表 7-11　国外部分国家噪声收费概况

国　　家	收费目的	起始年份	收费对象	收费范围
法国	RR	1973/1984	航空公司	已终止
英国	I	1975	航空公司	全国
日本	RR	1975	航空公司	全国
德国	RR	1976	航空公司	全国
荷兰	RR	1979	企业，航空公司	不详
瑞士	RR，I	1980	航空公司	全国
美国	I	不详	航空公司	全国

注：表 7-8—表 7-11 中 I 代表刺激污染治理，RR 代表筹措资金。

2. 我国排污收费制度的建立和实施

我国排污收费制度的建立和实施大体上经历了四个阶段。

（1）排污收费制度的提出和试行阶段（1979—1981）　1978 年 10 月 31 日，中共中央批转了国务院环境保护领导小组《环境保护工作汇报要点》，第一次明确提出了在我国实行“排放污染物收费制度”，由环境保护部门会同有关部门制定具体收费办法。同时，一些地区也着手组织制定地方征收排污费管理方法，并开始了征收排污费的最初尝试。1979 年 9 月，第五届全国人民代表大会常务委员会第十一次会议原则通过了《中华人民共和国环境保护法（试行）》，明确规定：“超过国家规定的标准排放污染物，要按照排放污染物的数量和浓度，根据规定收取排污费”，从法律上确立了我国的排污收费制度，标志着我国排污收费制度的初步建立。

1979 年 9 月，江苏省苏州市率先对 15 个企业开展了征收排污费的试点工作。1980 年河北省、辽宁省、山西省、济南市、杭州市、淄博市开始征收排污费的试点工作。到 1981 年底，除西藏、青海外，全国其他各省、直辖市、自治区都开展了排污收费制度的试点工作。

（2）排污收费制度的建立和实施阶段（1982—1987）　1982 年 2 月，国务院发布了《征收排污费暂行办法》（国发〔1982〕21 号文件），标志着排污收费制度在我国正式建立。该办法对征收排污费的对象、目的、收费政策、收费标准、排污费管理、排污费使用等内容做了详细的规定。《征收排污费暂行办法》实施一年后，全国除西藏自治区外，各省、自治区、直辖市均根据《征收排污费暂行办法》制定了地方实施办法或细则。自此，排污收费制度在全国范围内普遍实行。

为了配合《征收排污费暂行办法》的实施，1984 年财政部、建设部联合发布《征收超标排污费财务管理和会计核算办法》，对排污费资金预算管理、预算科目和收支结算及会计核算办法进行了统一。在同年5月，国务院《关于加强环境保护工作的决定》重申：排污费的80%可以用作重点污染治理的补助资金，其余环境保护补助资金应主要用于地区的综合性污染防治和环境监测站的仪器购置，还可以用于业务活动等费用。到1987年，全国年排污收费额已达到14.3亿元。

（3）排污收费制度的发展完善阶段（1988—2017） 1988年7月，国务院发布《污染源治理专项基金有偿使用暂行办法》，将我国排污费的无偿使用改为有偿使用，即“拨改贷”。

1991年6月国家物价局、国家环保总局、财政部发布《超标污水排污费征收标准》，取代了《征收排污费暂行办法》中的废水排污费征收标准，提高了污水超标排污费收费标准。其中，水污染超标排污费增加了10个收费因子，总体收费水平高了25.5%。与此同时，还颁布了《超标环境噪声收费标准》，统一了我国的噪声超标排污费收费标准。

1992年9月，国家环保总局、国家物价局、财政部、国务院经贸办发布《关于开展征收工业燃煤二氧化硫排污费试点工作的通知》，决定对两省（贵州、广东）九市（重庆、宜昌、宜宾、南宁、贵州、桂林、杭州、青岛、长沙）的工业燃煤征收二氧化硫排污费。1998年4月，财政部、国家环保总局、国家发展计划委员会、国家经贸委发布了《关于在酸雨控制区和二氧化硫污染控制区开展征收二氧化硫排污费扩大试点的通知》，将二氧化硫排污费的征收范围由两省九市扩大到“两控区”。

1994年6月，世界银行环境技术援助项目《中国排污收费制度设计及其实施研究》（国家环保局主持，中国环境科学研究院组织实施）启动，于1997年11月完成。其主要研究成果是建立了我国的总量收费理论体系和实施方案。1998年5月，国家环保总局、国家发展计划委员会、财政部联合发文《关于在杭州等三城市实施总量排污收费试点的通知》规定，从1998年7月1日起，杭州市、郑州市、吉林市开始进行总量收费的试点工作。

1994年10月，国家环保局提出了如下排污收费制度改革的总体思路：

1）排污收费的政策改革。主要实现四个转变：由超标收费向排污收费转变；由单一浓度收费向浓度与总量相结合的转变；由单因子收费向多因子收费转变；由静态收费向动态收费转变。

2）排污收费标准的改革。主要要体现三个原则：按照补偿对环境损害的原则；略高于治理成本的原则；排放同质等量污染物等价收费的原则。

3）排污费资金使用改革。主要体现在两个方面：一是排污费资金有偿使用的改革；二是改变单纯用行政办法管理排污费资金的做法。

4）加强环境监理队伍的建设。

经过多年的改革和发展，排污收费的法律、政策、法规、制度和执行体系基本形成。在法律方面，《中华人民共和国环境保护法》及5部环境保护单行法律对此均做出了明确的规定。2003年1月国务院颁布了《排污费征收使用管理条例》，并在12项有关行政法规中做了补充规定，标志着我国的排污收费制度进入到一个新的发展阶段。各省、市、区还制定了50多项地方法规和规章。在标准方面，对废气、废水、废渣、噪声和放射性元素五大类113个污染因子制定了排污收费标准，各省、市、区还制定了数十项地方补充标准，形成了排污收费的标准体系。在管理方面，对排污申报、核准、排污费计征、财务管理、预决算管理、监督管理及考核制度等做了明确规定，建立了较为完整的工作程序。到2008年底，全国累

计征收排污费 1420.09 亿元。

（4）环境保护税实施阶段（2018 年至今） 2018 年 1 月 1 日，《排污费征收使用管理条例》废止，《中华人民共和国环境保护税法》《中华人民共和国环境保护税法实施条例》施行，按环境保护税对污染物排放进行征税。

7.2.5 排污收费制度的作用

排污收费制度是环境保护工作中非常有效的一种经济手段，在改善环境质量、促进企业的污染治理、筹集环保资金等方面起到了十分重要的作用。

1. 有利于提高降低污染的经济刺激性

通过征收排污费，给排污者施加了一定的经济刺激，这将促使排污者积极治理污染，如图 7-4 所示。

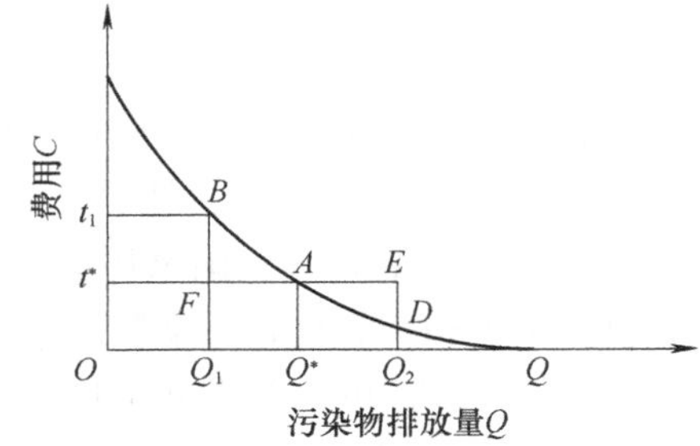

图 7-4 排污费的作用

在图 7-4 中，曲线代表排污者的边际污染治理费用。进行污染治理的目的就是在达到环境和经济目标前提下，使污染治理的费用与缴纳排污费用之和最小。图中的 t^* 为最优的排污收费标准，Q^* 是与之对应的污染物排放量。此时，排污者缴纳的排污费（矩形 Ot^*AQ^* 的面积）与污染治理费用（AQ^*Q 所围图形的面积）之和最小。

从图 7-4 中还可以看出，排污收费的标准越高，其刺激污染者降低污染排放水平的作用就越大。若把排污收费标准从 t^* 提高到 t_1，则对于同一污染源，污染排放量会降低到 Q_1。一定的排污收费标准会刺激排污者去实施一个最优的污染治理水平。治理水平过高或过低，都将使排污者支付的环境费用增加。与最优治理水平 Q^* 相比，当治理水平过高，即 $Q_1 < Q^*$ 时，排污者要多支付的费用为 *ABF* 所围图形的面积；当治理水平过低，即 $Q_2 > Q^*$ 时，排污者要多支付的费用为 *ADE* 所围图形的面积。

2. 有利于提高经济有效性

相对于执行统一的排污标准，排污收费能以较少的费用达到排污标准，如图 7-5 所示。

假定某一产品的生产企业只有三家，图中 MAC_1、MAC_2、MAC_3 分别代表这三家企业生产这种产品的边际治理成本。由于这三家企业在污染治理中采用了不同的控制技术，所以三家企业的 MAC 不同。对于同样的污染控制量如 Q_1，三家企业支付成本的情况是：企业 1 为 *A*，企业 2 为 *B*，企业 3 为 *D*，那么成本大小排列为 $A > B > D$。为了简化分析，假定政府的削减目标是 $3Q_2$，并假设线段 $Q_1Q_2 = Q_2Q_3$，且 $Q_1 + Q_2 + Q_3 = 3Q_2$。

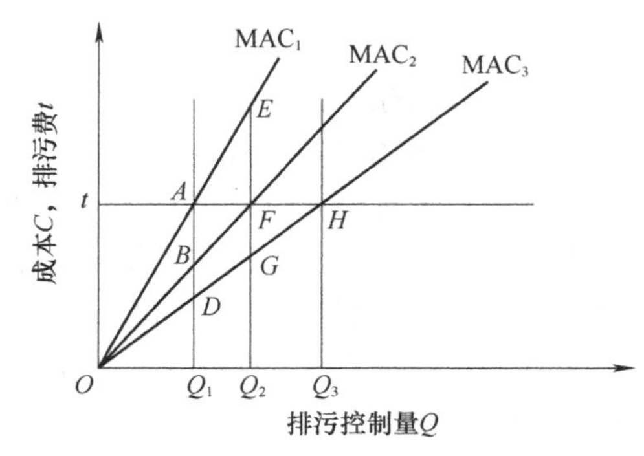

图 7-5 排污费与统一的排污标准的比较

从图 7-5 可以看出，企业 1 的控制成本最高，控制量最少；企业 3 的治理成本最低，控制量最多；企业 2 的治理成本和控制量均居中。如果政府制订一个统一的环境标准，强制所有的企业分别削减相当于 Q_2 的污染物排放量，三家企业的边际治理成本将分别达到 *E*、*F*、*G*。但如果政府通过设定排污费 *t* 来达到污染物削减目标 $3Q_2$，则三家企业将

会根据各自的治理费用，在缴纳排污费与自行治理污染之间进行权衡，根据总成本最小化原则，选择不同的污染控制水平。例如，对企业1来说，污染控制量从零增加到 Q_1，治理污染要比缴费便宜，而当污染控制量超过 Q_1 时，缴纳排污费则比较合算。为了比较统一执行标准和收费情况下的总成本，就需要计算 MAC 曲线以下的面积。

执行排污收费：总治理成本 $= S_{\triangle OAQ_1} + S_{\triangle OFQ_2} + S_{\triangle OHQ_3}$

执行排污标准：总治理成本 $= S_{\triangle OEQ_2} + S_{\triangle OFQ_2} + S_{\triangle OGQ_2}$

两者之差：$S_{\triangle OEQ_2} + S_{\triangle OFQ_2} + S_{\triangle OGQ_2} - S_{\triangle OAQ_1} + S_{\triangle OFQ_2} + S_{\triangle OHQ_3} = S_{梯形Q_1AEQ_2} - S_{梯形Q_2GHQ_3}$ （7-9）

因为 $S_{梯形Q_1AEQ_2} > S_{梯形Q_2GHQ_3}$，所以达到同样的排污控制量，排污收费比单纯执行排污标准的成本要低。

3. 有利于筹集环保资金，促进污染治理

排污收费的另一项功能是筹集环保资金。我国从20世纪70年代末开始实施排污收费制度，截至2008年底，累计征收排污费1420.09亿元。

根据2003年7月1日施行的《排污费征收使用管理条例》和《排污费资金收缴使用管理办法》的规定，征收的排污费用于以下四类污染防治项目的拨款补助和贷款贴息：区域性污染防治项目，重点污染源防治项目，污染防治新技术、新工艺的推广应用项目及国务院规定的其他污染防治项目。

4. 有利于提高污染控制技术和污染治理水平

实行排污标准时，政府必须首先确认企业的排污超过了标准，然后才能采取相应的措施。只要排污没有超过标准，生产者就不会被责令缴纳罚款，所以生产者也就没有寻找低成本污染治理技术的必要，有时甚至为了达标排放，生产者会采取稀释的手段，既浪费了资源，又加重了污染程度。而实行排污收费时，只要政府实行根据污染企业的污染物排放量或生产规模来征收的办法，即使企业的排污没有超过标准，企业也必须缴纳一定数量的排污费，那么在这种经济刺激下，企业就必须不断寻找低成本的污染治理技术。

如图7-6所示，假设 MAC_1 是排污者现有的边际治理成本曲线。假定设置的排污收费标准为 t_1 水平，那么根据排污收费的刺激作用，排污者会把排污水平从最大排污量 W_m 降低到污染治理成本与缴纳排污费相当的水平，即图中的 W_1。此时，排污者既承担了污染控制的费用，其值等于 AW_1W_m 所围图形的面积，又承担了排污费，其值等于 Ot_1AW_1 所围图形的面积。所以，排污者承担的总费用为 Ot_1AW_m 所围图形的面积。

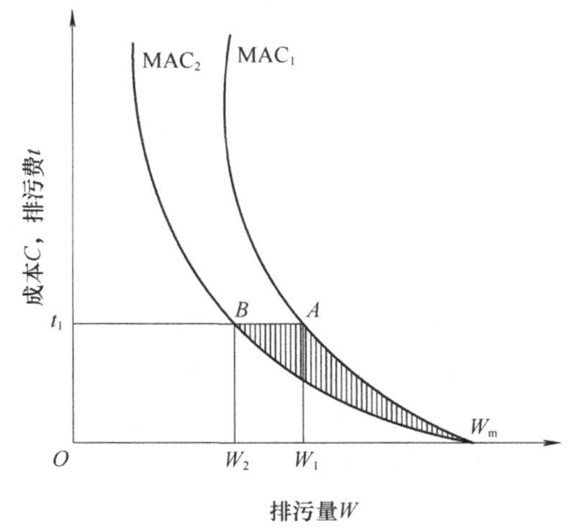

图7-6　排污收费与污染控制技术革新

7.3　排污权交易

排污权交易也称为“买卖许可证制度”，是一项重要的环境管理的经济手段。排污权交易通过为排污者确立排污权（这种权利通常以排污许可证的形式表现），建立排污权市场，利用价格机制引导排污者的决策，实现污染治理责任及相应的环境容量的高效率配置。

7.3.1 排污权交易的理论基础

排污权交易的思想来源于“科斯定理”。科斯定理表达了这样的一种思想：只要市场交易成本为零，无论初始产权配置是怎样的状态，通过交易总可以达到资源的最优化配置。科斯定理在环境问题上最典型的应用就是排污权交易。

“排污权”这个概念是美国经济学家戴尔斯（John Dales）在1968年提出的。戴尔斯认为，外部性的存在导致了市场机制的失效，造成了生态破坏和环境污染的问题。单独依靠政府干预，或者单独依靠市场机制，都不能起到令人满意的作用，必须将两者结合起来才能有效地解决外部性，把污染控制在令人满意的水平。政府可以在专家的帮助下，把污染物分割成一些标准单位，然后在市场上公开标价出售一定数量的“排污权”。购买者购买一份“排污权”则被允许排放一个单位的废物。一定区域出售“排污权”的总量要以充分保证区域环境质量能够被人们接受为限。如果一时不能达到，可以将“排污权”数量的出售逐年减少，直到达到为止。在出售“排污权”的过程中，政府不仅允许污染者购买，如果受害者或者潜在受害者遭受了或预期将要遭受高于排污权价格的损害，为防止污染，政府也允许他们竞购“排污权”。此外，一些环保社团可以购买“排污权”来保证环境质量高于政府规定的标准。政府则可以用出售“排污权”得到的收入来改善环境质量。政府有效地运用其对环境这一商品的产权，使市场机制在环境资源的配置和外部性内部化的问题上发挥了最佳作用。

排污权交易的主要思想是：在满足环境质量要求的前提下，建立合法的污染物排放权利即排污权，并允许这种权利像商品那样被卖出和买入，以此来控制污染物的排放。

排污权交易的实施包括以下几个要点：

（1）“排污权”的出售总量要受到环境容量的限制　一定区域到底能出售多少“排污权”要建立在环境监测部门和环境保护部门认真研究和论证的基础之上。最大限度不能超过环境容量，最佳数量是使公众感到满意。

（2）“排污权”的初次交易发生在政府与各经济主体之间　这里的经济主体可以是排污企业，也可以是投资者，甚至还可以是环境保护组织。排污企业购买污染权的动机是，在技术水平保持不变和保护生态环境的前提下，维持原来产品的生产。投资者购买污染权的动机是，希望通过污染权现期价格与未来价格之间的差价来牟取利润。环保组织购买污染权则是为了保证环境质量的不断改善和提高。

（3）“排污权”将来的交易可能发生在更广泛的领域　“排污权”的多次交易可以发生在排污企业之间，有的企业因生产规模扩大了，需要拥有更多的排污权，而有的企业通过技术创新使排污权尚有剩余，只要两企业之间的交易使双方都能够获利，排污权交易就会发生；“排污权”的多次交易可以发生在排污企业与环保组织之间，随着经济发展和生活水平的提高，环保组织认为环境质量也应有相应水平的提高，因而出资竞购排污权，从而迫使污染企业减少污染排放；“排污权”的多次交易可以发生在污染企业和投资者之间，投资者意识到污染权是一种稀缺资源，在买进卖出中可以获利；“排污权”的多次交易也可以发生在政府和各经济主体之间，随着环境质量要求的日益提高及政府财力的不断增强，政府可以回购一些排污权，以进一步减少污染的排放量。

由以上分析可见，排污权交易是让市场机制发挥基础作用，各经济主体共同参与，政府参与调节的一种有效运行机制。

7.3.2　排污权交易的效应分析

1. 宏观效应

通过排污权交易产生的宏观效应如图 7-7 所示。

在图 7-7 中，S 曲线和 D 曲线分别代表排污权供给曲线和需求曲线；MAC 曲线和 MEC 曲线分别代表边际治理成本和边际外部成本。

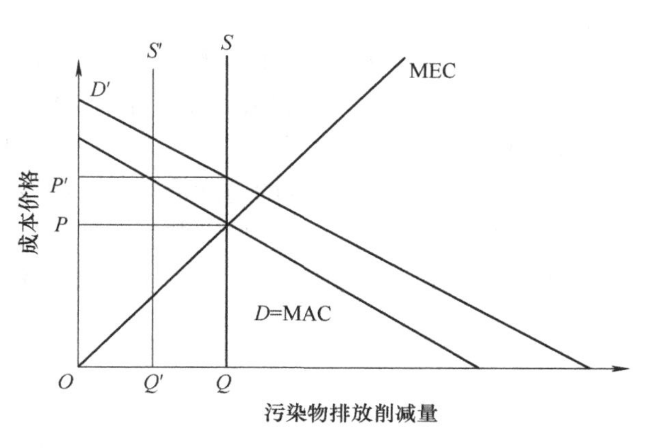

图 7-7　排污权交易宏观效应

从图 7-7 就可以看出排污权供给曲线和需求曲线的特点：由于政府发放排污许可证的目的是保护环境而非盈利，所以排污权的总供给曲线 S 是一条垂直于横轴的直线，表示排污许可证的发放数量不会随着价格的变化而变化。由于污染者对排污权的需求取决于其边际治理成本，那么，就可以将图中的边际治理成本曲线 MAC 看成排污权的总需求曲线 D。

当市场主体发生变化时，通过市场调节作用可以使排污权的总供求重新达到平衡。污染源的破产，使得排污权市场的需求量减少，需求曲线左移，排污权市场价格下降，其他排污者则将多购买排污权，少削减污染物的排放量，在保证总排放量不变的前提之下，尽量减少过度治理，节省了控制环境质量的总费用。新的污染源加入将使得排污权的市场需求增加，需求曲线 D 向右移到 D'，总供给曲线保持不变，因而每单位排污权的市场价格就上升至 P'。如果新排污者的经济效益高，边际治理成本低，只需购买少量排污权就可以使其生产规模达到合理水平并赢利，那么该排污者就会以 P' 的价格购买排污权，而那些感到不合算的排污者则不会购买。显然，这对于优化资源配置是很有利的。

2. 微观效应

假设每个污染源都有一定的排污初始授权（q_i^0），则所有污染源初始授权的总和在数量上等于或小于允许的排污总量。假设第 i 个污染源未进行任何污染治理时的污染排放量为 $\overline{Q}_i$，选择的治理水平为 l_i，根据企业追求的费用最小化原则，就可以建立该污染源决策的目标函数

$$(C_{\mathrm{T}i})_{\min} = C_i(l_i)_{\min} + P(\overline{Q}_i - l_i - q_i^0) \tag{7-10}$$

式中，$C_{\mathrm{T}i}(l_i)_{\min}$ 为最小治理成本；P 为污染源要得到一个排污权愿意支付的价格，或是以这个价格将一个排污权出售给其他污染源。

令 $\mathrm{d}C_{\mathrm{T}i}/\mathrm{d}l_i = 0$，得到第 i 个污染源目标函数的解为

$$\frac{\mathrm{d}C_i(l_i)}{\mathrm{d}l_i} - P = 0 \tag{7-11}$$

该公式表明，只有当排污权的市场价格与企业的边际治理成本相等时，企业的费用才会

最小化。在企业自身利益的驱动之下，排污权交易市场将自动产生这样的排污权价格，该价格等于企业的边际治理费用。市场交易的最终结果是污染源通过调节污染治理水平，达到所有企业的边际治理费用都相等，并等于排污权的市场价格，从而满足有效控制污染的边际条件，以最低治理费用完成了环境质量目标。

一般情况下企业控制污染的费用差别很大。在排污权交易市场中，那些治理污染费用最低的企业，会选择通过治理减少排污，然后卖出多余的排污权而受益。而对另一些企业来说，只要购买排污权比安装治理设施划算，他们就会选择购买排污权以维持原有的生产规模。只要治理责任费用效果的分配没有达到最佳程度，那么交易的机会总是存在的。

通过排污权交易产生的微观效应如图 7-8 所示。图中 $\Delta_1+\Delta_2=\Delta_3$。分析时假设：

1）整个市场由污染源甲、乙、丙构成，交易只在三者之间进行。

2）污染源甲、乙、丙的边际治理成本曲线分别为 MAC_1、MAC_2、MAC_3。

3）根据环境质量标准，要求共削减排污量为 $3Q$，政府按等量原则将排污权初始分配给三个污染源。削减任务使得甲、乙、丙三家排污单位持有的排污许可证比他们现有的污染排放量减少了 Q。

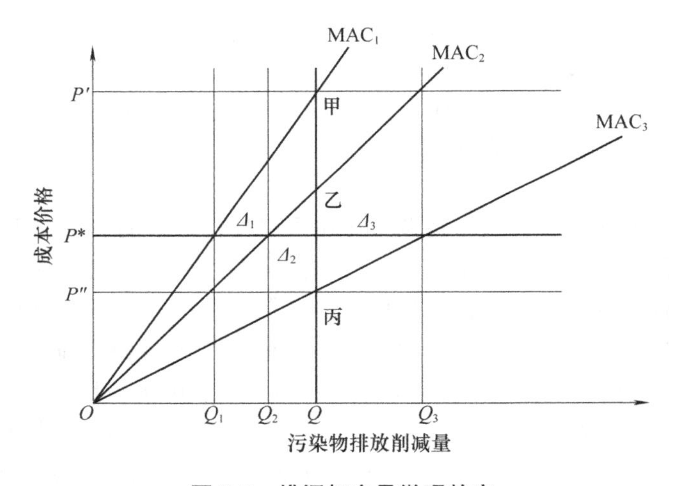

图 7-8　排污权交易微观效应

情况一：排污权的市场价格是 P'，由于 P' 高于乙、丙两个企业将污染物排放量削减 Q 时的边际治理成本，因而乙、丙两企业都愿意少排污多治理，从而出售一定的排污权获益。但价格 P' 相当于甲企业将污染物排放量削减 Q 时的边际治理成本，对甲来说，既然现有的排污许可证只要求它削减 Q 数量的污染物排放量，而这一部分污染物的边际治理成本又低于 P'，所以，甲企业就没有必要去购买更多的排污权。这样一来，市场中就只有卖方而没有买方，排污交易就无法进行了。

情况二：排污权的市场价格是 P''，由于 P 低于甲、乙两个企业将污染物排放量削减 Q 时的边际治理成本，因而甲、乙两企业都愿意购买一定数量的排污权。但价格 P'' 相当于丙企业将污染物排放量削减 Q 数量时的边际治理成本，对于丙企业来说，进一步削减自己的污染物排放量，并将相应的排污权以价格 P'' 出售是不合算的，因此丙企业不会出售排污权。这样一来，市场中就只有买方而没有卖方，排污交易也无法进行。

情况三：排污权的市场价格是 P^*，由于 P^* 低于甲、乙两企业将污染物排放削减量分别

从 Q_1、Q_2进一步增加的边际治理成本，所以对两家企业来说，将污染物排放削减量从 Q 减少到 Q_1、Q_2，并从市场上购买 Δ_1、Δ_2数量的排污权是有利可图的；对于丙企业，P^*相当于将污染物排放量削减到 Q_3数量时的边际治理成本（$Q_3>Q$），所以丙企业愿意出售 Δ_3，数量的排污权。由于 $\Delta_1+\Delta_2=\Delta_3$，排污权供求平衡，交易得以进行。

而排污权交易市场最常见的情况是，排污权的市场价格位于 P'、P^*或 P^*、P''之间，这时排污权的买方和卖方都会存在，但排污权市场需求量 $\Delta_1+\Delta_2$小于或大于 Δ_3，则排污权的市场价格将下降或上升直至达到 P^*。

对图 7-8 的分析很容易看出排污权市场价格的产生过程，同时还证明了前面导出的一个重要结论：只有在所有污染源的边际治理成本相等的情况下，减少指定排污量的社会总费用才会最小化。

7.3.3　排污权交易的特点

排污权交易是运用市场机制控制污染的有效手段，与环境标准和排污收费相比，排污权交易具有如下的特点：

1. 有利于污染治理的成本最小化

排污权交易充分发挥市场机制这只“看不见的手”的调节作用，使价格信号在生态建设和环境保护中发挥基础性的作用，以实现对环境容量资源的合理利用。在政府没有增加排污权的供给，总的环境状况没有恶化的前提之下，企业比较各自的边际治理成本和排污权的市场价格的大小来决定是卖出排污权，还是买进排污权。对于企业来讲，也可以通过排污权价格的变动对产品的价格及生产成本做出及时的反应。排污权交易的结果是使全社会总的污染治理成本最小化，也使各经济主体的利益达到最大化。

2. 有利于政府的宏观调控

通过实施排污权交易，有利于政府进行宏观调控。主要体现在三个方面：一是有利于政府调控污染物的排放总量，政府可以通过买入或卖出排污权来控制一定区域内污染物排放总量；二是必要时可以通过增发或回购排污权来调节排污权的价格；三是可以减少政府在制定、调整环境标准方面的投入。

如图 7-9 所示，当新的排污者进入交易市场，将会使排污权的需求曲线从 D_0移到 D_1'。为了保证环境质量，政府不会增加排污权总量，排污权供给曲线仍为 S_0，此时，排污权供小于求，它的价格从 P_0上升到 P_2。新的排污者或购买排污权，或安装使用污染处理设备控制污染，成本最小化仍能够得以实现。如果政府认为由于新排污者的进入，有必要增加排污权总量，就可以发放更多的排污权，排污权供给曲线右移至 S_2。此时排污权供大于求，价格下降到 P_1。如果政府认为需要严格控制排污总量，那么他们也可以进入市场买进若干的排污权，使市场中可供交易的排污权总量减少，供给曲线左移至 S_1，排污权价格上升到 P_3。那么这样一来，政府就可以通过市场操作来调节排污权的价格，从而影响各经济主体的行为。

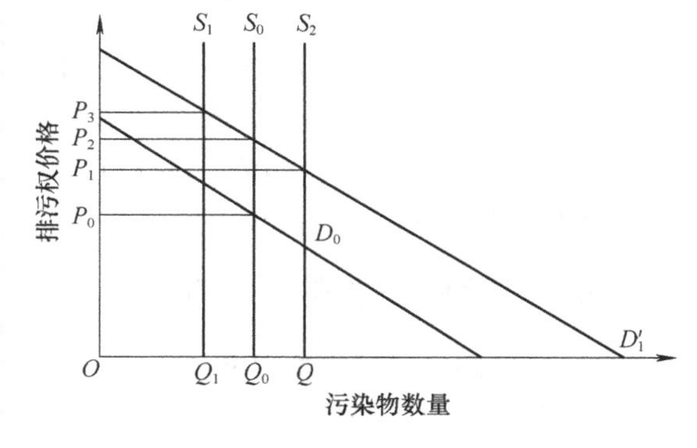

图 7-9　排污权的供求变化与其价格关系

3. 具有更好的有效性、公平性和灵活性

排污权交易面临的任务是在一定区域最大污染负荷已确定的情况下，如何在现在或将来的污染者之间合理有效地进行排污总量的分配，即要考虑该分配系统的有效性和公平性。排污权交易的实施使得在分配允许排放量时，不能有效去除污染的企业可以获得更大的环境容量，而能够较经济地去除污染的企业可以将其拥有的剩余排污权出售给污染处理费用高的企业，以卖方多处理来补偿买方少处理，从而使区域的污染治理更加经济有效。此外，排污权交易直接控制的是污染物的排放总量而非价格，当经济增长或污染治理技术提高时，排污权的价格会按市场机制自动调节到所需水平，具有很大的灵活性。

4. 有利于促进企业的技术进步，有利于优化资源配置

排污权交易提供给排污企业一种机会，即通过技术改革、工艺创新来减少污染物的排放量，将剩余的排污权拿到市场上交易，或储存起来以备今后企业发展使用。而那些经济效益差、技术水平低、边际成本高的排污企业自然会被市场淘汰。所以，排污权交易是一种有效的激励机制，能够促使排污企业积极地进行技术改革，采用先进工艺来减少污染物的排放量。

5. 有利于非排污者的参与

绝大多数环境管理经济手段的运作过程通常是政府与排污企业发生某种关系，而其他经济主体则难以介入。排污权交易则允许环保组织和公众参与到排污权交易市场中，从他们的利益出发，买入排污权，但不排污也不卖出，从而表明他们希望提高环境标准的意愿。

7.3.4 排污权交易的实施条件

（1）技术条件　实施排污权交易还需要有相应的技术手段的支持，如如何来计算和确定环境容量和排污权总量，如何在遵守“污染者负担”原则的前提下，合理地分配排污权等。

（2）法律保障　市场经济是法制经济，运用市场机制基础调控作用的排污权交易制度，其有效的实施，必须有一个强有力的法律结构保障，使得这一经济手段具有法律权威，并通过法律结构来定义一系列产权，从而允许排污权的交易。

（3）有效的监督管理　进行有效的排污监督管理是实施排污权交易的必备条件。首先，政府必须对排污者的排污行为进行有效的监督和管理。其次，政府必须对公务人员的行为进行有效的监督管理。最后，政府必须建立并实施有效的制约机制，防止人为因素对交易市场产生不良影响。

（4）完善的市场条件　只有具有竞争性的市场，存在大量潜在的排污许可证的买者和卖者，才能使排污许可证交易正常运行。另外，由于排污权的价格由市场决定，且从长远角度来看其价格呈现出上升趋势，那这样一来，就存在着炒卖排污许可证，甚至有可能出现垄断排污权市场牟取暴利的现象。

7.3.5 排污权交易在国外的实践

7.3.5.1 美国的排污权交易政策

美国的排污权交易从20世纪70年代就开始了，在美国排污许可证主要包括：空气污染许可证、汽油铅含量许可证及向水体排放污染物的许可证。1990年通过的《清洁空气法》

修正案允许进行排污权交易，并逐步建立起包括气泡政策、容量节余政策、补偿政策和银行政策为核心内容的排污权交易政策体系，并由排放削减信用（Emission Reduction Credit，ERC）来连接。排放削减信用是指，如果污染源将其排放量控制在法定排放量以下，排污单位就可以向负责污染控制的官方管理机构申请将其超额治理的排放量证明作为排污减排信用，且减排信用必须是可以实施的、长期削减的、可以定量计算的。在整个交易过程中，排污削减信用是用来在各污染源之间进行交易的“货币”，而气泡、银行储存、补偿和容量节余则是决定这些“货币”如何使用。

1. 气泡政策（Bubble Policy）

气泡概念最早是在美国国家环保局（EPA）1975 年 12 月颁布的《新固定污染源的执行标准》中提出的。该标准指出，如果不增加总排污量，可同意改建厂不执行新的污染源标准。1979 年 12 月制定了“气泡政策”并开始试点执行，用于达标区和未达标区的老污染源。“气泡政策”就是把一个多污染源的工厂当作一个“气泡”，只要该“气泡”向外界排出的污染物总量符合政府按照环境要求计算出的排污量，并且保持不变，不危害周围的大气质量，则允许“气泡”内各个污染源自行调整，即在减少某些污染源排放量的同时，增加另一些污染源的排放。

这一政策具有两大优点：第一，能使工厂以最经济的代价来达到最佳的有效净化程度。有资料显示，1986 年以前 EPA 批准了 89 个“气泡”，这些“气泡”的污染控制费用比传统的方法节约了 3 亿美元。据对钢铁工业、电子工业和化学工业的初步分析表明，污染防治费用可分别节省 5% ~15% 和 33%。第二，可以充分发挥工厂的积极性和创造性，促使工厂研究新的污染控制技术来节省资金和发展生产。

2. 排污银行（Banking）

1979 年 EPA 通过了排污银行计划。按照这一计划，各污染源可存入某一时期富余的排污权，以便在将来合适的时间出售或使用。EPA 授权了不少于 24 家银行受理排污权储存业务，一些银行规定排污权的储存只有 5 年的有效期。这些银行大多提供登记服务以帮助排污权的购买者和销售者进行交易。

3. 补偿政策（Offset Policy）

为了解决新污染源和老污源的扩建问题，1976 年 12 月 EPA 颁布了《排污补偿解释规则》，创立了补偿政策，即如果新污染源安装了污染控制设备，达到了最低可达到的排放率标准，并通过该地区其他污染源的超额削减（比该污染源规定削减的量削减更多的排污量）来补偿新污染源排放量的增加，那么就允许新污染源的发展。这项政策在 1977 年的《清洁空气法》修正案中得到了法律认可。补偿政策允许新建或扩建污染源在未达标地区投产运营，条件是他们要向现有的污染源购买足够的排污权。通过这项政策，满足了经济发展的要求，同时又保证了空气环境质量的达标进程。

4. 容量节余政策（Netting Policy）

容量节余政策是排污交易政策中最后一个组成部分，1980 年开始在 PSD（Prevention of Significant Deterioration）地区和未达标地区启用。这项政策允许污染源在能够证明其厂区排污量没有明显增加的前提下进行改建和扩建，以避免污染源承担通常更严格的污染治理责任。容量节余政策是排污权交易政策中应用最广泛的一项。

1982 年，美国联邦环保局将气泡、银行、补偿和容量节余政策合同为统一的“排污权交易政策”，允许在美国各州建立“排污权交易系统”，在这个交易系统中，同类工业部门和同一区域中各工业部门可进行排污削减信用的交易。在1986年12月的“排污权交易政策总结报告”中，美国联邦环保局阐述了SO_2、NO_x颗粒物、CO和消耗臭氧层物质等污染物的减排信用交易。在实践过程中，尽管管理措施在许多方面还做不到费用效果良好，但排污权交易已经成为美国空气污染控制政策的一个组成部分。

此外，在补偿政策的启示下，美国政府开始利用许可证交易来促进汽油中铅的淘汰。1982年环保局给各炼油厂发放了一定量的“铅权”，允许这些企业在过渡期内使用一定数量的铅，其中提前完成淘汰任务的企业就可以将自己富余的“铅权”出售给其他的炼油厂，另外一些企业买到“铅权”后，就可以用来达到淘汰限期的要求。在1985年，美国政府还建立了“铅”银行制度，全美有超过半数的炼油厂都参与了这项交易，到1987年12月，美国完成了铅淘汰计划。

1990年美国国会通过的《清洁空气法》修正案中，提出了“酸雨计划”，确定了2010年美国SO_2年排放量在1980年水平上削减1000万t的目标。为了实现这个目标，计划分两个阶段在电力行业实施排放总量控制和交易政策。整个交易体系由确定参加单位、初始分配许可、再分配许可（许可证交易）和审核调整许可四个部分构成。SO_2许可是整个交易计划的核心。许可的总量是有限的，并将逐渐削减以达到1000万t的削减量。许可被分配给参加计划的电厂，然后可以进行自由交易。该计划最大的特点就是建立了交易市场，并允许任何人购买，所以，该计划是真正意义上的市场导向的环境经济手段。交易政策确定后，1994年交易次数为215起，1997年增加到了1430起，到2001年底，交易次数已经超过了1.78万次，涉及1.33亿份许可证交易量，其中760万份许可的交易发生在经济组织内部，5700万份交易是在不同经济组织之间进行的。交易成本非常低，每吨SO_2的交易成本还不足2美元，相当于交易价格的1%左右。SO_2许可交易政策使削减计划产生了积极的影响，电力企业的排放显著低于计划要求的水平。同时，SO_2许可交易政策产生了显著的社会经济效应，在那些年的交易过程中，交易价格最高为212美元，约为预计削减成本的1/5。此外，SO_2许可交易政策降低了环境管理的费用，计划实施过程中，管理成本大约每年为1200万美元，折合削减每吨SO_2的管理费用为1.5美元。

7.3.5.2 其他国家排污权交易实践

加拿大没有正式的可交易许可证制度，但在酸雨和CFC控制计划中含有相关内容。安大略省的电力公用事业公司在其发电站之间可以转让排污量。此外，安大略省允许SO_2和NO_x排放的转让。

澳大利亚的新南威尔士、维克多及南澳洲加入了由Murray-Darling流域委员会执行的Murray-Darling流域盐化和排水战略。对进入河流系统的盐水进行管理或改善整个流域的管理工程，可产生“盐信用”。这些信用可以在各州之间进行转让。

在新加坡，为了实行消耗臭氧层物质消费许可证的交易，引入了一套完整的拍卖机制。每个季度，全国的消耗臭氧层物质配额要在进口商和用户之间分配，其中的一半以消费历史记录为基础进行分配，另一半以拍卖方式分配。进口商和用户必须登记参加一个不公开标底的投标过程，每家买主标明各自想要购买的消耗臭氧层物质的数量和愿意为此支付的价格，然后按照投标价对消耗臭氧层物质配额进行定价，并制订各标的底价，作为各种消耗臭氧层物质的配额价格。

7.3.6 排污权交易在中国的实践

我国于1987年开始试行水污染物总量控制，1990年试行大气污染物总量控制。根据总量控制的要求，环保部门给排污单位颁发排污许可证，排污单位必须按排污许可证的要求排放。随着经济的不断发展，排污单位及其排污情况会不停地发生变化，对排污许可证的需求相应发生变化。在这种情况下，我国逐步开始试行排污权交易。

7.3.6.1 我国排污权交易的产生及发展

我国污染物排放许可证制度的试点工作于1988年开始。首先考虑控制的就是水污染物。1988年3月20日，国家环境保护局发布《水污染物排放许可证管理暂行办法》，该办法第四章第二十一条规定："水污染排放总量控制指标，可以在本地区的排污单位间互相调剂"；1988年6月，国家环保总局确定在北京、上海、天津、沈阳、徐州、常州等18个城市（县）进行水污染物排放许可证的试点工作。

我国最早试行排污权交易制度的是上海市，上海市于1985年对黄浦江上游水污染物的排放试行有偿转让制度。

1989年4月28日，"第三次全国环境保护会议"提出了污染物排放许可证制度。

1989年9月，在河南安阳市召开的"第二次全国水污染防治工作会议"提出，要在全国范围内推行实施水污染物的排放许可证制度。

1990年，国家环保总局开始选择试行排放大气污染物许可证制度的城市。1991年4月试点工作正式开始，国家环保总局在16个城市进行了排放大气污染物许可证制度的试点。1993年，国家环境保护局又在6个城市（包头、开远、太原、柳州、平顶山和贵阳）开展了大气排污交易的试点工作。1994年，国家环保总局宣布排污许可证的试点阶段工作结束，同时开始在所有城市推行排污许可证制度。截至1994年，发放大气污染物排放许可证的试点城市总共有16个，持证企事业单位有987家，控制排放源达到6646个。发放水污染物排放许可证的试点城市240个，共向12247家企业发放了13447个水污染排放许可证。到1996年，全国地级以上城市普遍实行了水污染物排放许可证制度，共向42412家企业发放了41720个排污许可证。

1995年7月，在国家环保总局关于国家环境保护"九五"计划和2010年远景目标汇报会的《会议纪要》中，对总量控制提出了明确要求："要研究实行全国环境污染物排放总量控制的办法，2000年全国污染物排放总量不超过1995年的水平，实行总量控制，逐步减少污染物排放总量，将各类污染物排放总量控制指标分解落实到各省、自治区，直辖市。"在实施总量控制和排污许可证制度的过程中，排污许可证交易就成为一项有效的总量控制计划达标的环境管理的经济手段。

从1997年开始，北京环境与发展研究会和美国环境保护协会合作开展了排污权交易研究项目，以本溪和南通为例，开展城市的排污权交易研究，着重对排污监测计量、排污权交易立法和交易管理等进行了研究。2001年9月，亚洲开发银行和山西省政府启动了"SO_2排污权交易机制"项目，以太原市为例，共26家大型企业参与，在国内首次制定了比较完整的SO_2排污许可交易方案。2002年3月1日，环境环保总局下发了《关于开展"推动中国二氧化硫排放总量控制及排污交易政策实施的研究项目"示范工作的通知》，在山西、山东、河南、上海、江苏、天津、柳州共7省市，开展二氧化硫排放总量控制及排污权交易试点工作。

随着世界经济的增长，煤炭、石油、天然气等化石能源的大量使用与排放，造成温室气体过度排放，对生态环境造成日趋严重的危害，经济与生态环境的协调、可持续发展已成为世界经济发展的重要议题。我国在“十三五”规划中首次将“绿色”纳入经济发展理念，在党的十九大报告中更是强调“加快建立绿色生产和消费的法律制度和政策导向，建立健全绿色低碳循环发展的经济体系”。为减少温室气体排放，构建绿色低碳循环经济，七个区域碳排放交易市场已试点多年，筹备建立全国统一的碳交易市场的方案于2017年11月报请国务院批准，全国碳排放交易体系也于2017年12月19日启动，全国碳排放权交易市场于2021年6月底启动运营。建设全国碳排放权交易市场是贯彻党的十九大精神，落实党中央、国务院的重大决策部署，践行创新、协调、绿色、开放、共享的新发展理念的重大举措，是利用市场机制控制和减少温室气体排放的一项重大创新实践，对我国生态文明建设和实现绿色低碳发展将起到积极的推动作用。国家应对气候变化战略研究和国际合作中心、国家发改委能源研究所等建模分析表明，到2030年，在实施碳定价（63元/t）的情况下，碳排放将比常规情景减少27.49%。碳市场的发展将增加传统产业碳排放成本，促使其不断通过技术进步和节能投资降低碳排放，同时鼓励支持节能环保产业、清洁生产产业、清洁能源产业发展，增强其竞争优势，引导相关行业企业转型升级，构建清洁低碳、安全高效的生态文明体系。

7.3.6.2 我国排污权的交易方式

从交易双方的关系看，排污许可证的交易方式有以下几种类型：

（1）点源与点源间的排污权交易　点源间的排污权交易是指排污指标富余的排污单位将一部分排污指标有偿转让给需要排污指标的排污单位。这是我国排污权交易的一种主要方式，如上海市1985年进行的关于黄浦江上游水污染排放许可的有偿转让试点均发生在排污企业之间。2002年，江苏省太仓环保发电有限公司需扩建2×300MW发电供热机组，以每年170万元的费用，向采取脱硫工艺后SO_2排放配额有富余的南京下关电厂购买了2003—2005年每年1700t的SO_2排污权。

（2）点源与面源间的排污权补偿　点源与面源间的排污权交易是指某一排污单位（点源）与某一区域（面源）之间进行的排污交易，如平顶山矿务局拟新建55t焦化厂和1200kW的热电厂，为获得排污许可，通过给当地居民供煤气、集中供热，以减少区域（面源）大气污染物的排放量来实现这一目的。

（3）点源与环保部门间的排污权交易　点源与环保部门间的排污权交易是排污权交易的一种特殊形式，即排污单位向环保部门购买所需的排污许可证的措施。1997—1998年，天津市拟建两个电厂，但已没有污染物排放指标，两电厂分别拿出1200万元向政府购买排污权，所缴款额用于城市综合治理。

7.3.6.3 我国排污权交易程序

（1）初始排污权分配　按照总量控制计划，将排污许可证指标分配给辖区内的各个排污单位，排污单位必须按照许可证的要求排放污染物。

（2）申请　申请是指排污许可证交易的出让方与购买方向环保部门提交排污许可证交易申请书，申请书中需填写的内容包括购买（出让）排污指标的数量、种类、交易时间、地点等。

（3）审核　排污权交易必须经环保部门审核后才能进行。环保部门的审核主要包括以下几方面的内容：

1）对排污权出让方的审核。主要审核出让方是否有富余的排污许可证指标。富余的排污许可证指标是通过清洁生产、污染治理、产品（业）结构调整等措施获得的，且必须是持久、可定量和可实施的。

2）对排污许可证购买方的审核。主要审核购买方是否具备购买排污许可证指标的条件。一般来说，排污许可证购买方应符合国家产业政策和环境保护法律、政策的要求；否则，环保部门就不能同意其购买排污许可证指标。

3）对交易双方的审核。审核时应注意，一方面许可证指标不能过分集中，如对一个城市的大气污染物总量控制而言，在进行大气污染物排污许可证指标交易时，应防止大气污染物排污许可证指标过分集中于城市的某一局部地区，以避免出现局部地区的严重大气污染。另一个方面，应对交易量进行审核，若交易双方处于同一功能区，一般可以进行等量交易；反之，则必须按排污交易系数核算交易后的排污许可证指标。

（4）协商　提出排污许可证交易的出让方与购买方就排污许可证交易的价格、数量、时间等具体内容进行协商，达成排污许可证交易协议。必要时，环保部门参与协商，可向交易双方提供有关排污许可证指标的供求信息、污染治理技术及成本信息等，供交易双方参考。

（5）发证　交易双方就排污许可证指标交易数量、价格等事项达成初步协议后，还需经过环保部门的审查，并重新核发排污许可证。

7.3.6.4　排污权交易的相关问题

1. 污染物的适用范围

从污染物的性质来看，一般适宜采用排污权交易的污染物主要是均匀混合吸收性污染物（在一定排放量内，相对其排放速率而言，自然环境对它们有足够大的吸收能力，污染物不随时间累积，在一定空间内可以均匀混合）和非均匀混合吸收性污染物。典型的均匀混合吸收污染物有 CO_2和消耗臭氧层物质（如 CFC）。这些污染物对环境的影响只与污染物的排放量有关，所以，排污权交易相对简单，交易的管理成本也较低。对于非均匀混合吸收性污染物，如悬浮颗粒物、SO_2、BOD 等，可以经过适当的设计将其视为均匀混合吸收性污染物。如悬浮颗粒物的污染受排放地点的影响，但如果适当地划定总量控制的区域，就可以在该区域内视悬浮颗粒物为均匀混合吸收性污染物。

从管理成本来看，适合交易的污染物应是污染物排放影响非常清楚、监测容易且数据可靠的。从交易市场来看，适合排污权交易控制的污染物必须是普遍的，有足够多的污染源可参与交易。从排污权交易的过程来看，适合采用排污权交易的污染物还受污染物环境质量标准控制形式的影响。

2. 排污权价格的确定

怎样确定排污权的交易价格，是目前排污许可证交易中存在的一个重要问题。根据经济学理论，在完全竞争的排污权交易市场上，排污权价格是由排污权供求均衡决定的。而目前排污权交易市场尚不成熟，还没有形成排污权的市场定价机制。上海市水污染物交易中提出了排污权价格的计算公式

$$P=(2G+5D)\cdot S\cdot A\cdot B \tag{7-12}$$

式中，P 为某一污染物的单位排污权交易价格；G 为削减单位某污染物所需投资数（基建投资＋设备投资，当地两年的平均数）；D 为削减单位某污染物所需运行费（当地两年的平均数）；A 为污染因子权重（当主要污染因子转让给非主要污染因子时，$A=1$；反之，$A=1.2$）；B 为功能区权重（当高功能区向低功能区转让时，$B=1$；反之，$B=1.2$）；S 为交易费用系数，包括环保部门提取的管理费用、转让方为发生交易而花费的费用。

从上述公式中可以看出，目前排污权的价格主要是由治理费用决定的，而在具体操作的时候，交易双方需要考虑各种因素，最终达到一个双方都满意的价格。但是这种由交易双方一事一议地协商排污权交易价格，往往不能反映排污权的供求状况，也就不能达到资源的最优配置。

3. 排污权许可证指标的分配方式

排污权的初始分配是实施排污权交易的基础，是一个必须首先妥善解决的问题。从经济学的角度看，初始排污权分配分为无偿分配和有偿分配两种方式。从国内外的实践情况来看，初始排污权分配主要以无偿分配为主。如美国的 SO_2 排污权的 97.2% 是无偿分配给排污单位的，余下的许可，在市场需求增加时将以每吨 1500 美元的价格出售。我国也主要是按照总量控制计划将排污权无偿分配给排污单位的。

初始排污权的无偿分配可能是公平的，也可能是不公平的。根据科斯定理，在产权明确，交易成本为零的前提下，初始产权的界定对社会总福利并不构成影响。

4. 交易资金的使用

在我国目前实施的一系列排污权交易中，环保部门都收取了一定额度的交易费用，如开远市的大气污染物排放交易，环保部门以评估费的形式收取了交费资金 5% ~10% 的交易费，上海水污染物排放交易过程中环保部门收取的交易费用体现在 S 值中，S 值中有 0.4% 作为环保部门的管理费。环保部门收取管理费有其合理性和实际性，但需要注意的是：政府对排污权交易进行收费，势必影响排污权的交易成本，从而影响排污权交易这种经济手段节约成本潜力的发挥；应加强政府管理，使其市场化、规范化，从而防止环保部门“以权谋私”，给排污权交易市场带来消极影响；应加强对环保部门收取交易费用的使用管理，这笔资金应用于企业的污染治理，或用于鼓励企业间排污权交易的实现。

5. 加强地方的相关立法

总量控制是我国环境管理的发展方向，排污权交易是实施总量控制的一项有效的经济手段。但由于我国总量控制和排污权交易提出的时间还比较短，实施经验尚不充分，国家级法律、法规尚不健全，限制了总量控制和排污权交易优越性的发挥。例如，总量控制指标的管理、指标的分配、执行情况的检查、排污交易的监督管理、对不执行者的处罚等都需要有科学的、权威的规定。因此，必须加强实施总量控制和排污权交易的地方性立法，不仅为地方实施总量控制奠定基础，也为国家制定相关法规提供经验。

■7.4　碳排放权交易

7.4.1　碳排放权交易的本质

全球碳排放及其气候变暖已对经济社会发展和人类身体健康甚至生存造成了巨大威胁。

根据美国国家航空航天局的数据分析，2016 年全球温度和北极海冰面积已打破多项纪录。全球气候变化会给人类带来难以估量的损失，会使人类付出巨大代价，控制碳排放刻不容缓的观念已被全球接受。1997 年，通过艰难的国际谈判，在日本京都举行的《联合国气候变化框架公约》第三次缔约方大会上通过了《京都议定书》，其中提出了碳排放权交易（又称碳配额交易或碳交易机制），用来帮助有关国家和地区完成数量化的温室气体减排目标。

碳排放权交易是以一种有效的方式控制碳排放的一种政策工具。这是因为碳排放具有外部性特征，而根据外部性理论，碳排放权交易的方式可将碳减排成本内部化。碳排放权交易是一种利用市场机制达到预防污染和实现碳减排目标的市场方法。碳排放权交易是政府将碳排放总量分配到各排放机构，并在一定法规下允许市场化交易，各排放主体按照市场规律做出对自己有利益的选择，在交易过程中追求自身利益最大化，从而推动全社会在既定碳排放总量空间下实现最大的产出效益。因为碳排放权交易体系具有以最低成本实现既定碳减排目标、激励低碳创新的特点，所以受到人们的密切关注，目前已成为全球气候治理的重要手段。在众多节能减排的政策中，碳排放权交易作为一种重要的制度创新，其本质应该包括三个关键要素，即推动二氧化碳减排，降低碳减排成本和推动低碳技术。

7.4.2 国际碳排放权交易

碳排放权交易是许多国家和地区控制碳排放总量的重要政策。自 2005 年启动碳排放权交易以来，欧盟排放交易体系（EUETS）成为全球最大的碳排放权交易市场，纳入交易的二氧化碳排放量占欧盟碳排放总量的 45%，涵盖了欧盟各个成员方和欧洲经济区的冰岛、列支敦士登和挪威等多个国家。同时，美国和加拿大多个州也是如此。在该市场框架下，加利福尼亚州碳排放权交易纳入交易的二氧化碳排放量占该州碳排放总量的 85%。澳大利亚、日本等国的碳排放权交易市场也正在形成和稳步发展中。不难发现，碳排放权交易作为控制温室气体排放的重要气候政策，已经得到世界主要国家的普遍认可。

EUETS 依据《欧盟 2003 年 87 号指令》成立于 2005 年 1 月 1 日，目前已进入第三阶段，其目的是将环境“成本化”，借助市场的力量将环境转化为一种有偿使用的生产要素，通过建立“欧盟排放配额”（European Union Allowance，EUA）交易市场，有效地配置环境资源，鼓励节能减排技术的发展，实现在气候环境受到保护下的企业经营成本最小化。EUETS 采取“总量交易”的体制确定纳入限排名单的企业根据一定标准免费获得 EUA，或者通过拍卖有偿获得 EUA，而实际排放低于所得配额的企业可以将其在碳排放权交易市场出售，超过所得配额的企业则必须购买 EUA，否则会遭受严厉的惩罚。目前，EUETS 覆盖的国家或地区、行业与企业范围逐渐扩大，配额分配过程中拍卖的比例逐渐提高，免费配额的分配方式也从历史排放法（又叫祖父法）过渡到基准线法，体现出 EUETS 管理体制的不断成熟。

从国际上看，碳排放权交易主要采用“总量交易”机制实现控排，这不仅可以节约社会治理的总成本，而且鼓励技术先进者治污并获得治污红利，有利于环保技术和低碳技术的持续发展。总量上限设定有“自顶向下”和“自底向上”两种方式。其中“自顶向下”方式依据社会总体或行业层面的碳排放控制目标确定碳排放配额总量；而“自底向上”方式按照相应的分配规则确定纳入控排主体的碳排放配额数量，所有控排主体的碳排放配额的总和即总量上限。两种机制互为参照，欧盟和美国加利福尼亚州的碳交易体系主要采用“自顶向下”的总量上限设定方式，即在碳排放配额总量上限设定的基础上，调整覆盖主体的配额。

在实际运行过程中，碳减排总量目标宽松和碳配额过剩是碳排放权交易实践中存在的现实问题。碳配额过剩往往会导致碳排放权市场交易活跃度和流动性不足，以及碳排放权交易制度刺激碳减排和推动技术创新的没有增加反而减弱。历史实际的运行数据表明，欧盟碳排放权交易运行以来一直存在总量目标宽松导致碳配额过剩的问题；同时，美国的情况也是如此，初始阶段的二氧化硫排污权交易、东北部十个州的碳排放权交易都出现过碳配额过剩的情况。解决这些问题需要建立坚实的数据基础和科学的预测方法，还需要政府采取灵活措施，根据减排状况和市场行情对总量目标与碳配额进行动态调整。

7.4.3 中国碳排放权交易

碳排放权交易已成为中国控制温室气体排放的国家战略，市场体系建设稳步推进。中国作为全球最大的碳排放国，2017 年的碳排放量占全球碳排放总量的 27.6%，在国际气候谈判中承受着巨大的政治压力和社会压力。同时，中国长期粗放式的发展给经济社会带来了巨大的资源压力和环境压力。基于国际和国内的双重严峻挑战，控制碳排放已对我国调整产业结构与能源结构形成倒逼机制，推动我国经济社会转向低碳发展。在此背景下，我国提出建立碳排放权交易体系，试图以市场机制推动节能减排和应对气候变化。

中国碳排放权交易试点实施取得了显著进展。2011 年，中国政府选择北京、天津、上海、广东、深圳、湖北、重庆 7 省市开展碳排放交易试点工作。截至 2020 年 8 月底，碳市场配额累计成交量 4.06 亿 t，累计成交额达 92.8 亿元人民币。7 个试点地区在利用市场机制应对气候、控制温室气体排放上采取了实质行动，创新了制度和体制，推动了我国在基础设施建设、制度建设、市场建设等方面的发展，为中国碳排放权交易市场机制设计和构建提供了重要基础。

国家碳排放权交易市场建设大致可以分为三个阶段：第一阶段是 2014—2016 年，属于前期准备阶段；第二阶段是 2016—2019 年，属于全国碳排放权交易市场正式启动阶段；第三阶段是 2019 年以后，属于全国碳排放权交易市场快速运转阶段。2020 年 12 月 25 日，《碳排放交易管理办法（试行）》由生态环境部审议通过，并于 2021 年 2 月 1 日起施行。全国碳排放权交易市场于 2021 年 6 月底启动运营，全国碳排放权交易市场也将逐步走向成熟，在温室气体减排中发挥核心作用。

7.4.4 碳排放权交易可持续发展的关键需求

碳排放权交易市场的构建和运行机制设计是一个庞大的系统工程。由于它是一个新兴的政策市场，全世界对相关方面的建设都在探索当中，可以利用的经验比较稀缺，特别是在数据基础、法律体系、长远布局等方面需求迫切。

首先，构建可靠的温室气体排放统计和数据基础，为科学制定碳交易体系总量上限和合理的碳配额分配提供支撑。真实准确的温室气体排放数据是市场参与者对碳排放权交易市场合理预期的依据，也是设定总量上限和配额分配的依据，对构建碳排放权交易体系至关重要。现有实践表明，统计温室气体排放量面临着量化目标存在较大不确定性、核算精度不高等难题，这是因为温室气体排放受到多种因素影响，加上不可预期的天气变化和经济周期等因素，使得设定总量上限目标的难度增大。目前，我国在温室气体排放监测报告和管理能

力方面缺乏精确的计量设施来支撑监测报告体系的可靠运行，也缺乏系统的规范、制度和专业人才等，迫切需要我国政府从政策扶植、制度设计和市场监管等方面推动温室气体排放数据统计能力的提升与管理体系的完善。

其次，构建完善的法律体系是碳排放权交易市场运行的根本保障。碳排放权是一种特殊的用益物权，兼具私益性和公共品性质，因此需要从法律上明确市场参与各方的权利和义务，使碳排放权交易有法可依。EUETS 的经验表明，碳排放权交易的成功实施离不开健全的法制环境和规范完善的市场经济体制。中国碳排放权交易市场刚刚起步，对于碳排放权交易，国家层面的立法目前仍不具备系统推进的基础和条件，迫切需要进一步构建碳排放权交易法律体系，并注重前后连贯、层次分明、内外协调，尤其是要与全球碳排放权交易市场的新形势、新变化、新发展相适应。

最后，国际碳排放权交易市场、区域碳排放权交易市场的连接可能成为未来世界各国碳排放权交易市场发展的主要方向，很有必要从长计议，做好顶层设计。全球性跨区域碳排放权交易市场是全球气候治理的有效方式，国际社会已经开始从区域层面和产业层面为建立全球碳排放权交易市场做出了努力。实际上，EUETS 在这方面积累了较为丰富的经验。EUETS 不只是进行 EUA 的交易，还与全球的碳减排体系具有紧密联系。在《京都议定书》中，对《联合国气候变化框架公约》附件一国家（发达国家群体）规定了具有法律约束力的量化减排目标，同时在第 6 条、第 12 条和第 17 条分别规定了“联合履约”（Joint Implementation，JI）、“清洁发展机制”（Clean Development Mechanism，CDM）、“排放权交易”（Emission Trading，ET）三种协助发达国家履行减排义务，同时也鼓励发展中国家采取自愿性减排行动的灵活机制。依照《京都议定书》的设定，CDM 引导发达国家和发展中国家合作开展减排项目，实现的减排量经认证后获得核证减排量（Certified Emission Reduction，CER），可用于冲抵发达国家合作方的排放；JI 机制则规范了发达国家之间基于减排项目的合作，以及减排成果的认定、转让与使用，其所使用的减排单位为“排放减量单位（Emission Reduction Unit，ERU）；ET 与 CDM 和 JI 基于项目的机制不同，以 EUETS 为代表的碳排放配额交易市场以 EUA 作为交易标的，由政府主管部门设定配额总量，并通过一定的方法向排放设施或企业分配，控排企业根据自身实际排放情况选择投资减排或在碳市场购入配额，以实现自身的减排任务。除了直接交易 EUA，CER 和 ERU 也可以在一定比例限制下被等同于 EUA 在 EUETS 市场进行交易。

从长远来看，我国应该为跨区域碳排放权交易市场的建设做好顶层设计，积极准备。此外，全国碳排放权交易市场的发展还面临市场环境和内部机制的双重挑战。主要包括：经济持续增长存在不确定性，可监测、可报告和可核查（Measurable，Reportable，Verifiable，MRV）机制不统一，碳排放配额宽松，碳市场流动性不强，控排企业能力不够，地方政府和央企支持力度不够，以及碳金融发展相对滞后等。

（1）经济持续增长存在不确定性　当前，我国经济发展呈现明显的“三期（经济增长速度换挡期、结构调整阵痛期、前期刺激政策消化期）叠加”特征，加之全球疫情流行，世界经济复苏举步维艰，使得我国经济发展的内外环境更加复杂，未来经济增长存在不确定性，加大了碳排放配额总量设定和配额分配的难度。因此，在碳排放权交易市场机制的设计过程中，不但需要对国内外宏观经济形势有清晰的预判，对控排企业盈利状况有充分的调研，还需要有完善的事后调整机制，及时纠偏，适应经济增长的不确定性。

（2）MRV 机制不统一　核查数据的准确性是碳市场中交易顺利的基石，如果不同核查机构之间、同一核查机构的不同核查人员之间对核查指南的理解、把握和执行参差不齐，就会导致核查标准的不统一，从而影响核查数据的准确性。因此，国家发展和改革委员会在全国 MRV 体系的建设过程中，需要建章立制，统筹考虑工作人员、方法、流程、审查、监督等，确保 MRV 标准统一，有效实施。

（3）碳排放配额宽松　EUETS 的运行历史经验表明，碳排放权交易市场往往具有内在配额偏松的倾向性，特别是基于历史法实行配额免费分配时，政府和企业、中央和地方政府博弈的结果往往是配额分配偏多，这对碳市场的发展是不利的。如果碳排放配额偏紧，按照《碳排放权交易管理暂行办法》，政府可以动用新增预留和政府预留进行市场调节，调节碳排放权交易市场的运行。

（4）碳排放权交易市场流动性不强　市场流动性是指在保持价格基本稳定的情况下，达成交易的速度，或者说是市场参与者以市场价格成交的可能性，是反映市场运行好坏的重要指标。如果碳排放权交易市场流动性不强，就不能通过供求的相互作用形成有效的价格信号，就无法引导和改变企业的低碳决策和投资行为，也就无法实现碳排放权交易市场以成本有效的方式节能减排这一根本目的。因此，在碳排放权交易政策设计中要注重增强市场流动性，在促使市场交易主体和交易规模不断扩大的同时，推动其市场影响并使其对碳减排的作用不断提升。

（5）地方政府和央企支持力度不够　全国碳排放权交易市场建设是一个全局性的工作，需地方政府积极支持与密切配合。为此，国家发展和改革委员会明确要求地方政府和央企加强组织保障。例如，要求各地方建立起由主管部门负责、多部门协同配合的工作机制；支持主管部门设立专职人员负责碳排放权交易工作，组织制订工作实施方案，细化任务分工，明确时间节点，协同落实和推进各项具体工作任务；要求各央企集团加强内部对碳排放管理工作的统筹协调和归口管理，明确统筹管理部门，理顺内部管理机制，建立集团的碳排放管理机制，制订企业参与全国碳排放权交易市场的工作方案。

（6）碳金融发展滞后　碳排放权交易市场的顺利交易离不开碳金融的支撑，当前我国金融机构中与碳排放权交易市场有关的交易产品、配套、低碳贷款和低碳融资机制等都还处于初级阶段，迫切需要完善提升。欧盟碳排放权交易市场的发展经验表明，低碳、绿色发展需要绿色金融保驾护航，政府主管部门在发展碳排放权交易市场的同时，还需认真统筹考虑，鼓励金融机构创新绿色金融服务，研究推进碳期权期货、绿色金融租赁、节能环保资产证券化，以及与碳资产相关的理财、信托和基金产品，节能减排收益权和碳排放权质押融资等。另外，需要鼓励保险机构推动绿色保险的创新，拓展绿色保险产品类型。完善发展的碳金融，有利于支持碳排放权交易市场持续健康发展。

■7.5　生态补偿政策

7.5.1　生态补偿的含义

目前，国内外对生态补偿还没有一个公认的定义，综合国内外学者的研究并结合我国的实际情况，生态补偿（Eco-compensation）是以保护和可持续利用生态系统服务为目的，以

经济手段为主来调节相关者利益关系的制度。对生态补偿的理解有广义和狭义之分。广义的生态补偿既包括对生态系统和自然资源保护获得效益的奖励或破坏生态系统和自然资源造成的损失的赔偿，也包括对造成环境污染者的收费。狭义的生态补偿主要指对生态系统和自然资源保护获得效益的奖励或破坏生态系统和自然资源造成的损失的赔偿。本节主要是对狭义的生态补偿进行阐述。

生态补偿应该包括以下主要内容：一是对生态系统本身保护（恢复）或破坏的成本进行补偿；二是通过经济手段将经济效益的外部性内部化；三是对个人或区域保护生态系统和环境的投入或放弃发展机会的损失而进行的经济补偿；四是对具有重大生态价值的区域或对象进行的保护性投入。生态补偿机制的建立是以内化外部成本为原则，对保护行为的外部经济性的补偿依据是保护者为改善生态服务功能付出的额外的保护与相关建设成本和为此而牺牲的发展机会成本；对破坏行为的外部不经济性的补偿依据是恢复生态服务功能的成本和因破坏行为造成的被补偿者发展机会成本的损失。

在我国的环境经济政策体系建立和完善过程中，必须建立生态补偿政策，以解决生态环境保护过程中资金投入问题、相关者的利益分配问题和生态破坏的损失赔偿问题，并最终形成一个有效的生态补偿机制，达到合理配置环境资源，有效刺激经济主体参与生态环境保护的目的。

7.5.2 生态补偿的理论基础

环境经济学、生态经济学与资源经济学理论，特别是生态环境价值论、外部性理论和公共物品理论等为生态补偿机制研究提供了理论基础。

（1）生态环境价值论　长期以来，资源无限、环境无价的观念根深蒂固地存在于人们的思维之中，也渗透在社会和经济活动的体制和政策中。随着生态环境破坏的加剧和生态系统服务功能的研究，人们更深刻地认识到了生态环境的价值，这些都成了反映生态系统市场价值、建立生态补偿机制的重要基础。生态系统服务功能指的是人类从生态系统获得的效益，生态系统除了为人类提供直接的产品，还提供其他各种效益，包括调节功能、供给功能、文化功能及支持功能等，而这些效益可能更为巨大。因此，人类在利用生态环境时应当支付一定的费用。

（2）外部性理论　外部性理论是生态经济学和环境经济学的基础理论之一，也是环境经济政策的重要理论依据。环境资源的生产和消费过程中产生的外部性，主要反映在两个方面，一是资源开发带来生态环境破坏时形成的外部成本；二是生态环境保护产生的外部效益。这些成本或效益没有在生产或经营活动中得到很好的体现，从而导致了破坏生态环境没有得到应有的惩罚，保护生态环境产生的生态效益被他人无偿享用，使得环境保护领域难以达到帕累托最优。制定生态补偿政策的核心目标，是实现经济活动外部性的内部化。具体地说，就是产生外部不经济性的行为人应当支付相应的补偿，而对产生外部效益的行为人应当从受益者那里得到相应的补偿。

（3）公共物品理论　自然生态系统及其提供的生态服务具有公共物品属性。纯粹的公共物品具有非排他性和消费上的非竞争性两个本质特征。这两个特性意味着公共物品如果由市场提供，每个消费者都不会自愿掏钱购买，而是等着他人购买而自己顺便享用它带来的利益，这就是“搭便车”的问题，这一问题则会导致公共物品的供给严重不足。生态环境由于其整体性、区域性和外部性等特征，其公共物品的基本属性很难改变，因此，需要从公共服务的角度进行有效的管理，强调主体责任、公平的管理原则和公共支出的支持。从生态环境保护方面，基于公平性的原则，人与人之间、区域之间应该享有平等的公共服务，享有平等的生态环境福利，这是制定区域生态补偿政策必须考虑的问题。

7.5.3 生态补偿机制建立的必要性

随着我国经济的快速发展，生态和环境问题已经成为经济社会发展的瓶颈。近些年来，党和政府高度重视生态文明建设，强调以人为本，全面、协调、可持续地发展，并采取了一系列加强生态保护和建设的政策措施，有力地推进了生态状况的改善。但是在实践过程中，在生态保护方面还存在着结构性的政策缺位，特别是有关生态建设的经济政策短缺。这种状况使得生态效益及相关的经济效益在保护者与受益者、破坏者与受害者之间不公平分配，导致了受益者无偿占有生态效益，保护者得不到应有的经济激励；破坏者未能承担破坏生态的责任和成本，受害者得不到应有的经济赔偿。这种生态保护与经济利益关系的扭曲，不仅使我国的生态保护面临很大困难，也影响了地区之间及利益相关者之间的和谐。建立生态补偿机制，有利于调整利益相关各方生态及其经济利益的分配关系，促进生态和环境保护，促进城乡间、地区间和群体间的公平性和社会的协调发展。

我国政府积极开展研究和试点，为生态补偿机制建立和政策设计提供理论依据，探索开展生态补偿的途径和措施。2005 年 12 月颁布的《国务院关于落实科学发展观加强环境保护的决定》、2006 年颁布的《中华人民共和国国民经济和社会发展第十一个五年规划纲要》都明确提出要尽快建立生态补偿机制。2012 年，党的十八大报告做出了“大力推进生态文明建设”的战略决策，2013 年 11 月，党的十八届三中全会提出“实行资源有偿使用制度和生态补偿制度”，2016 年 5 月，《国务院办公厅关于健全生态保护补偿机制的意见》提出“探索建立多元化生态保护补偿机制，逐步扩大补偿范围”，2017 年 10 月，党的十九大报告提出“建立市场化、多元化生态补偿机制”。

7.5.4 生态补偿政策的基本原则

（1）破坏者付费，保护者受益原则　破坏生态环境，会产生外部不经济性，破坏者应该支付相应的费用；保护生态环境，会产生外部经济性（外部效益），保护者应该得到相应的补偿。

（2）受益者补偿原则　生态环境资源的公共物品性，决定了生态建设与环境保护将使更多的人受益。如果对保护者不给予必要的补偿，就会产生公共物品供给严重不足的情况。因此，生态环境质量改善的受益者必须支付相应的费用，作为环境生态建设和环境保护者的补偿，使他们的环境保护效益转变为经济效益，以激励人们更好地保护环境。

（3）公平性原则　环境资源是大自然赐予人类的共有财富，所有人都有平等地利用环境资源的机会。公平性不仅包括代内公平，也包括代际公平。

（4）政府主导、市场推进原则　生态补偿涉及面很广，需要发挥政府和市场两方面的作用。政府在生态补偿中要发挥主导作用，如制定生态补偿政策、提供补偿资金、加强对生态补偿政策的监督管理等。在市场经济体制下，实施生态补偿还需要发挥市场的力量，通过市场的力量来推进生态补偿制度。

此外，由于生态补偿涉及面很广，生态补偿政策应该坚持先易后难、分步推进的原则。先进行单要素补偿和区域内部补偿，在此基础上逐步推广到多要素补偿和全国补偿，并注意在补偿机制的实施过程中，重视补偿地区的发展问题，重点放在提高补偿地区的人口素质、加强城市化建设、提升产业结构等方面，提高补偿资金的使用效率。

7.5.5 我国的生态补偿政策

7.5.5.1 我国生态补偿政策的发展

根据我国"谁开发，谁保护；谁破坏，谁付费；谁受益，谁补偿"的环境管理原则，我国在生态保护、恢复与建设工作中，针对生态补偿的理论和实践，进行了许多探索和试点工作。在我国生态保护与管理中，生态补偿具有四个层面上的含义：

1）对生态环境本身的补偿，如2001年颁发的《关于在西部大开发中加强建设项目环境保护管理的若干意见》（环发〔2001〕4号）规定，对重要生态用地要求"占一补一"。

2）对个人与区域保护生态或放弃发展机会的行为予以补偿。

3）生态补偿费的概念，即利用经济手段对破坏生态的行为予以控制，将经济活动的外部成本内部化。

4）对具有重大生态价值的区域或对象进行保护性投入等，包括重要类型（如森林）和重要区域（如西部）的生态补偿等。从20世纪80年代以来，我国进行了有关生态补偿的诸多实践，但总体而言，还存在生态补偿体制不顺、机制不完善、融资渠道单一和缺乏必要的法规政策支持等问题。

我国在"三北"及长江流域等防护林体系建设中，进行了生态补偿实践，但还没有明确的补偿政策；在实施天然林保护工程中，通过制定森林资源保护的法律、法规和林业可持续发展行动计划，实施天然林资源保护，并为生态补偿制定了标准；在"退耕还林还草工程"中，首次较为规范地提出了生态补偿政策，不仅涉及了明确的补偿标准和实施细则，还涉及验收的生态补偿监督机制；在耕地占用方面建立了补偿制度，从而有效地开展了土地资源的管理；通过制定草原法及配套法规，加强了草原资源的生态补偿；对自然保护区实施了生态补偿，从而提高了保护区建设规模与管理质量。

1998年通过的《森林修正案》中明确规定："国家建立森林生态效益补偿基金，用于提供生态效益的防护林和特种用途林的森林资源、林木的营造、抚育、保护和管理"；2000年1月国务院发布的《森林法实施条例》中明确规定："防护林、特种用途林的经营者，有获得森林生态效益补偿的权利"。2001年财政部、国家林业局决定开展森林生态效益补助资金试点工作，国家财政支出了10亿元，在11个省区的0.13亿hm^2重点防护林和特种用途林进行试点，支出了300亿元用于天然林保护、公益林建设、退耕还林补偿、防沙治沙工程。广东、福建和浙江等地方财政也进行了公益林的补偿试点。

2005年中国环境与发展国际合作委员会组建了中国生态补偿机制与政策课题组，旨在建立生态补偿的国家战略和重要领域的补偿政策。

2007年9月，国家环保总局公布《关于开展生态补偿试点工作的指导意见》，宣布将在自然保护区、重要生态功能区、矿产资源开发和流域水环境保护四个领域开展生态补偿试点。

2008年1月，江苏省正式实施《江苏省太湖流域环境资源区域补偿试点方案》，建立环境资源污染损害补偿机制，在江苏省太湖流域部分主要入湖河流及其上游支流开展试点。

2010年，国务院将制定《生态补偿条例》列入立法工作计划，国家发改委牵头，会同财政部等10部门组织起草《生态补偿条例》。2020年11月27日，国家发改委将《生态保护补偿条例（公开征求意见稿）》及起草说明向社会公开征求意见。

2016年5月，国务院办公厅《关于健全生态保护补偿机制的意见》发布。《意见》强调，要牢固树立创新、协调、绿色、开放、共享的发展理念，不断完善转移支付制度，探索建立多元化生态保护补偿机制，逐步扩大补偿范围，合理提高补偿标准，有效调动全社会参与生态环境保护的积极性，促进生态文明建设迈上新台阶。《意见》提出，按照权责统一、合理补偿，政府主导、社会参与，统筹兼顾、转型发展，试点先行、稳步实施的原则，着力落实森林、草原、湿地、荒漠、海洋、水流、耕地等重点领域生态保护补偿任务。到2020年，实现上述重点领域和禁止开发区域、重点生态功能区等重要区域生态保护补偿全覆盖，补偿水平与经济社会发展状况相适应，跨地区、跨流域补偿试点示范取得明显进展，多元化补偿机制初步建立，基本建立符合我国国情的生态保护补偿制度体系，促进形成绿色生产方式和生活方式。《意见》明确，将推进七个方面的体制机制创新。一是建立稳定投入机制，多渠道筹措资金，加大保护补偿力度。二是完善重点生态区域补偿机制，划定并严守生态保护红线，研究制定相关生态保护补偿政策。三是推进横向生态保护补偿，研究制定以地方补偿为主、中央财政给予支持的横向生态保护补偿机制办法。四是健全配套制度体系，以生态产品产出能力为基础，完善测算方法，加快建立生态保护补偿标准体系。五是创新政策协同机制，研究建立生态环境损害赔偿、生态产品市场交易与生态保护补偿协同推进生态环境保护的新机制。六是结合生态保护补偿推进精准脱贫，创新资金使用方式，开展贫困地区生态综合补偿试点，探索生态脱贫新路子。七是加快推进法治建设，不断推进生态保护补偿制度化和法制化。

7.5.5.2　我国实施生态补偿政策的方式

1. 国家财政补偿

财政政策是调控整个社会经济的重要手段，主要是通过经济利益的诱导改变区域和社会的发展方式。在我国当前的财政体制中，财政转移支付制度和专项基金对建立生态补偿机制具有重要作用。财政部制定的《2003年政府预算收支科目》中，与生态环境保护相关的支出项目约30项，其中具有显著生态补偿特色的支出项目，如沙漠化防治、退耕还林、治沙贷款贴息占支出项目的1/3。2004年浙江省提出《浙江省生态建设财政激励机制暂行办法》，将财政补贴、环境整治与保护补助、生态公益林补助和生态省建设目标责任考核奖励等政策作为主要激励手段。广东省编制的《广东省环境保护规划》将生态补偿作为促进协调发展的重要举措，并采取积极的财政政策，进行山区生态保护补偿。

专项基金是政府各部门开展生态补偿的重要形式，国土、水利、林业、农业、环保等部门制订和实施了一系列计划，建立专项资金，对有利于生态保护和建设的行为进行资金补贴和技术扶助，如生态公益林补偿、农村新能源建设、水土保持补贴和农田保护等。林业部门建立了森林生态效益补偿基金。

2. 国家重大生态建设工程支持

政府通过直接实施重大生态建设工程，不仅直接改变项目区的生态环境状况，而且对项目区的政府和民众提供资金、物资和技术的补偿，这是一种最直接的方式。当前我国政府主导实施的重大生态建设工程包括退耕还林（草）、退牧还草、天然林保护、“三北防护林”建设和京津风沙源治理等。这些项目主要投资来源是中央财政资金和国债资金。

3. 市场交易模式

水资源的质和量与区域生态环境保护状况有直接关系，通过水权交易不仅可以促进资源的优化配置，提高资源利用效率，而且有助于实现保护生态环境的目标，所以交易模式也是生态补偿的一种市场手段。浙江省东阳市与义乌市成功地开展了水资源使用权交易，经过协商，东阳市将横锦水库5000万m^3水资源的永久使用权通过交易转让给下游义乌市，这样一来，义乌市降低了获取水资源的成本，东阳市则获得比节水成本更高的经济效益。在宁夏回族自治区、内蒙古自治区也有类似的水资源交易的案例，上游灌溉区通过节水改造，将多余的水卖给下游的水电站使用。

4. 生态补偿费

通过经济手段将生态破坏的外部不经济性内部化，同时对个人或区域保护生态系统和环境的投入或放弃发展机会的损失进行一些经济补偿。如广东省向水电部门以每度电增收一厘钱作为对粤北山区农民进行山林保护的生态补偿金；广州市从1998年开始，每年投入数千万元用于生态公益林生态效益补偿，以流溪河流域水质保护作为试点，从生态保护成本的分担出发，建立了上下游的生态补偿机制，下游区域所在地政府每年要从地方财政总支出中安排一定数量的资金，用于补偿上游保护区在育林、造林、护林、涵养水源及产业转型中的费用；2008年江苏省太湖流域的环境资源污染损害补偿机制实施；2008年7月，常州、南京、无锡三个试点城市对在太湖流域交界面的污染物超标情况进行了补偿，共支付给下游城市24.3万元。

5. 建立“异地开发生态补偿实验区”

在浙江、广东等地的生态补偿实践中，还探索出了“异地开发”的生态补偿模式。为了避免上游地区发展工业造成严重的污染，并弥补上游经济发展的损失，浙江省金华市建立了“金磐扶贫经济开发区”，作为该市水源涵养区磐安县的生产用地，并在政策与基础设施方面给予支持。2003年，该区工业产值5亿元，实现利税5000万元，占磐安县财政收入的40%。

7.6　其他经济手段

7.6.1　绿色证券

在直接融资方面，我国提出了“绿色证券”政策。从企业的直接融资渠道方面对其生产决策和环境行为进行引导：针对“双高”企业采取包括资本市场初始准入限制、后续资金限制和惩罚性退市等内容的审核监管制度，凡没有严格执行环评和“三同时”制度、环保设施不配套、环境事故多、不能稳定达标排放、环境影响风险大的企业，在上市融资和上市后的再融资等环节进行严格限制，甚至可以使用“环保一票否决制”截断其资金链条；同时对环境友好型企业的上市融资提供各种便利条件。

近年来，我国在推行“绿色证券”政策方面进行了很多有益的尝试，例如，在2001年，国家环保总局发布了《关于做好上市公司环保情况核查工作的通知》，2003年出台了《关于对申请上市的企业和申请再融资的上市企业进行环境保护核查的通知》。2007年下半年，国家环保总局下发了《关于进一步规范重污染行业生产经营公司申请上市或再融资环境保护核查工作的通知》及《上市公司环境保护核查工作指南》，并对37家公司的上市情况进行了环保核查，对其中的10家存在严重违反环评和“三同时”制度、发生过重大污染事件、主要污染物不能稳定达标排放，以及核查过程中弄虚作假的公司，做出了不予通过或暂缓通过上市核查的决定，阻止了环保不达标企业通过股市募集资金数百亿元以上。

2008年1月9日，中国证券监督管理委员会发布了《关于重污染行业生产经营公司IPO申请申报文件的通知》，规定“重污染行业生产经营公司申请首次公开发行股票的，申请文件中应当提供国家环保总局的核查意见；未取得环保核查意见的，不受理申请”。2008年2月22日，国家环保总局正式发布了《关于加强上市公司环保监管工作的指导意见》，将以上市公司环保核查制度和环境信息披露制度为核心，遏制“双高”行业的过度扩张，防范资本风险，并促进上市公司持续改进环境。要求对从事火电、水泥、钢铁、电解铝行业以及跨省经营的“双高”行业（13类重污染行业）的公司申请首发上市或再融资的，必须根据国家环保总局的规定进行环保核查。据此，环保核查意见将作为证监会受理申请的必备条件之一。

2016年8月31日，中国人民银行等7部门印发《关于构建绿色金融体系的指导意见》，提出推动证券市场支持绿色投资：

1）完善绿色债券的相关规章制度，统一绿色债券界定标准。研究完善各类绿色债券发行的相关业务指引、自律性规则，明确发行绿色债券筹集的资金专门（或主要）用于绿色项目。加强部门间协调，建立和完善我国统一的绿色债券界定标准，明确发行绿色债券的信息披露要求和监管安排等。支持符合条件的机构发行绿色债券和相关产品，提高核准（备案）效率。

2）采取措施降低绿色债券的融资成本。支持地方和市场机构通过专业化的担保和增信机制支持绿色债券的发行，研究制定有助于降低绿色债券融资成本的其他措施。

3）研究探索绿色债券第三方评估和评级标准。规范第三方认证机构对绿色债券评估的质量要求。鼓励机构投资者在进行投资决策时参考绿色评估报告。鼓励信用评级机构在信用评级过程中专门评估发行人的绿色信用记录、募投项目绿色程度、环境成本对发行人及债项信用等级的影响，并在信用评级报告中进行单独披露。

4）积极支持符合条件的绿色企业上市融资和再融资。在符合发行上市相应法律法规、政策的前提下，积极支持符合条件的绿色企业按照法定程序发行上市。支持已上市绿色企业通过增发等方式进行再融资。

5）支持开发绿色债券指数、绿色股票指数以及相关产品。鼓励相关金融机构以绿色指数为基础开发公募、私募基金等绿色金融产品，满足投资者需要。

6）逐步建立和完善上市公司和发债企业强制性环境信息披露制度。对属于环境保护部门公布的重点排污单位的上市公司，研究制定并严格执行对主要污染物达标排放情况、企业环保设施建设和运行情况以及重大环境事件的具体信息披露要求。加大对伪造环境信息的上市公司和发债企业的惩罚力度。培育第三方专业机构为上市公司和发债企业提供环境信息披露服务的能力。鼓励第三方专业机构参与采集、研究和发布企业环境信息与分析报告。

7）引导各类机构投资者投资绿色金融产品。鼓励养老基金、保险资金等长期资金开展绿色投资，鼓励投资人发布绿色投资责任报告。提升机构投资者对所投资资产涉及的环境风险和碳排放的分析能力，就环境和气候因素对机构投资者（尤其是保险公司）的影响开展压力测试。

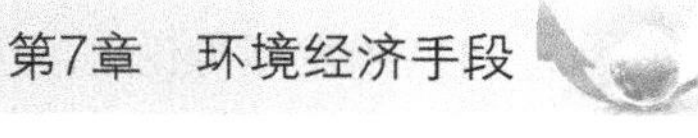

7.6.2 绿色保险

绿色保险也称为环境生态保险，是在市场经济条件下，进行环境风险管理的一项基本手段。其中以环境污染责任保险最具代表性，就是由保险公司对被保险人因投保责任范围内的污染环境行为而造成他人的人身伤害、财产损毁等民事损害赔偿责任提供保障的一种手段。

20 世纪 60—70 年代，美国、英国等一些经济发达国家的保险行业率先推出了环境污染责任保险，为企业提供了一种新的风险保障。在我国，随着社会主义市场经济体制的建立和环境保护方面法律的不断健全和完善，企业作为社会的法人，一旦造成环境污染，必然会因为民事损害而须依法承担经济赔偿责任。这就给如何维护受害者利益、促使企业依法赔偿且不会影响其生产发展提出了更高的要求。实行环境污染责任保险主要有三个方面的作用：为企业提供一种经济保障，有利于保障公民的合法权益，而且有利于促进企业加强环境管理。1991 年大连市率先推出了污染责任保险这项新业务。

2008 年 2 月 18 日，由国家环保总局和中国保险监督管理委员会联合制定的《关于环境污染责任保险工作的指导意见》（以下简称《意见》）明确提出，企业就可能发生的环境事故风险可在保险公司投保，如若发生污染事件，保险公司将对污染受害者进行赔偿。受害者得到赔偿，投保企业避免了破产，政府也减轻了财政负担。两部门对生产、经营、储存、运输、使用危险化学品企业，易发生污染事故的石油化工企业和危险废物处置企业这三类企业，特别是在近年来发生重大污染事故的企业和行业开展试点工作，其他类型的企业和行业也可自愿试行。试点区域包括浙江宁波、重庆、河南、江苏苏州等。

在操作层面上，环境污染责任险分四步实施：第一是确定环境污染责任保险的法律地位，在国家和各省市自治区环保法律法规中增加“环境污染责任保险”条款，条件成熟的时候还将出台“环境责任保险”专门法规；第二是明确现阶段环境污染责任保险的承保标的以突发、意外事故造成的环境污染直接损失为主；第三是环保部门、保险监管部门和保险机构各司其职，环保部门提出企业投保目录以及损害赔偿标准，保险公司开发环境责任险产品，合理确定责任范围，分类厘定费率，保险监管部门制定行业规范，进行市场监管；第四是环保部门与保险监管部门将建立环境事故勘查与责任认定机制、规范的理赔程序和信息公开制度，在条件完备时，需研究第三方进行责任认定的机制。

江苏、湖南、湖北、上海、宁波、沈阳等省市在此方面进行了积极的实践工作。湖南省在 2008 年推出了保险产品，确定了有色、化工、钢铁等 18 家重点企业，积极引导并组织保险机构主动上门说明，做好服务工作。湖南株洲某农药公司 2008 年 9 月初购买了平安公司环境责任保险产品，2008 年 9 月底发生了氯化氢泄漏事故，污染了附近村民的菜田。平安保险公司依据“污染事故”保险条款，及时向 120 多户村民赔偿损失，避免了矛盾纠纷，从而维护了社会稳定。

2013 年初，环境保护部与保监会联合出台了《关于开展环境污染强制责任保险试点工作的指导意见》，以指导各地在涉重金属企业和石油化工等高环境风险行业推进环境污染强制责任保险试点。

2015 年 1 月 1 日，我国正式实施的《环境保护法》增加了环境责任保险的原则性条款。2015 年 5 月，中共中央、国务院在《关于加快推进生态文明建设的意见》中，提出深化环境污染责任保险试点；2015 年 9 月，《生态文明体制改革总体方案》中要求在环境高风险领

域建立环境污染强制责任保险制度。

环境污染强制责任保险在我国的发展状况不太理想。据统计，2014 年全国范围内 22 个省份有超过 5000 家企业投保，而截止到 2015 年 12 月，仅剩下 4000 多家企业投保，并且其中大量企业没有续保意愿。从保费收入来看，环境污染责任保险年保费收入刚刚突破亿元大关，相对于我国 2.5 万亿的保费规模来说几乎可以忽略不计；与美国环境污染责任保险年保费多达 40 亿美元，我国的环境污染责任保险发展空间巨大。

《关于构建绿色金融体系的指导意见》提出，发展绿色保险：

1）在环境高风险领域建立环境污染强制责任保险制度。按程序推动制修订环境污染强制责任保险相关法律或行政法规，由环境保护部门会同保险监管机构发布实施性规章。选择环境风险较高、环境污染事件较为集中的领域，将相关企业纳入应当投保环境污染强制责任保险的范围。鼓励保险机构发挥在环境风险防范方面的积极作用，对企业开展“环保体检”，并将发现的环境风险隐患通报环境保护部门，为加强环境风险监督提供支持。完善环境损害鉴定评估程序和技术规范，指导保险公司加快定损和理赔进度，及时救济污染受害者、降低对环境的损害程度。

2）鼓励和支持保险机构创新绿色保险产品和服务。建立完善与气候变化相关的巨灾保险制度。鼓励保险机构研发环保技术装备保险、针对低碳环保类消费品的产品质量安全责任保险、船舶污染损害责任保险、森林保险和农牧业灾害保险等产品。积极推动保险机构参与养殖业环境污染风险管理，建立农业保险理赔与病死牲畜无害化处理联动机制。

3）鼓励和支持保险机构参与环境风险治理体系建设。鼓励保险机构充分发挥防灾减灾功能，积极利用互联网等先进技术，研究建立面向环境污染责任保险投保主体的环境风险监控和预警机制，实时开展风险监测，定期开展风险评估，及时提示风险隐患，高效开展保险理赔。鼓励保险机构充分发挥风险管理专业优势，开展面向企业和社会公众的环境风险管理知识普及工作。

2017 年 6 月，我国选择浙江、江西、广东、贵州、新疆五省（区）的部分地方，进行有侧重、有特色的绿色金融改革创新试验区建设，以推进环境污染强制责任险开展，引导保险资金进行绿色投资。

7.6.3 信贷政策

信贷政策是我国应用比较早的一类环境经济政策，也是一项非常重要的经济手段。这项政策在环境保护领域的应用途径主要是：根据环境保护以及可持续发展的要求，对不同的信贷对象实行不同的信贷政策，即对有利于环境保护和可持续发展的项目实行优惠的信贷政策，反之则实施严格的信贷政策。通过控制企业的间接融资渠道，达到促进企业积极开展环境保护的目的。

在 2007 年 7 月，人民银行、环境保护总局、银监会联合发布了《关于落实环保政策法规防范信贷风险的意见》（以下简称《意见》）。《意见》公布后，国家环保总局定期向中国人民银行征信系统报送企业环境违法信息，建设银行、工商银行、兴业银行等银行在审核企业贷款过程中实施了“环保一票否决”。江苏、浙江、黑龙江、河南、陕西、山西、青海、深圳、沈阳、宁波、西安等 20 多个省市的环保部门与所在地的金融监管机构，联合出台了有关绿色信贷的实施方案和具体细则。部分地区政府也推动了绿色信贷的实施。2007 年 7

月和11月中国银监会发布了《关于防范和控制耗能高污染行业贷款风险的通知》和《节能减排授信工作指导意见》，要求各银行业金融机构积极配合环保部门，认真执行国家控制“两高”项目的产业政策和准入条件，并根据借款项目对环境影响的程度大小，按A、B、C三类，实行分类管理。

在执行绿色信贷的过程中，我国一方面严格控制向“两高”等污染型企业的贷款，另一方面建立了“节能减排专项贷款”。如国家开发银行建立“节能减排专项贷款”，着重支持水污染治理工程、燃煤电厂二氧化硫治理工程等8个项目，环保贷款发放额年均增长35.6%。到2007年底，国家开发银行的15家分行支持的环保项目贷款达到了300亿元。2009年1月16日，中国节能投资公司与华夏银行在京签署了《银企合作协议》，由华夏银行向中国节能投资公司提供50亿元人民币意向性授信额度，主要用于中国节能并购节能环保项目。2009年上海浦东发展银行坚持对环保项目、节能重点工程、水污染治理工程、风力发电等节能减排项目提供积极的信贷支持。此外，浦发银行与国际金融公司合作，进行能源效率融资项目合作，并设立专项信贷额度10亿元，鼓励开展该类授信。同时，原国家环保总局向中国人民银行征信管理局提供了3万多条企业环境违法信息，以便商业银行据此采取停贷或限贷措施。

到2016年6月末，我国21家主要银行业金融机构的绿色信贷余额达到7.26万亿元，占各项贷款的9.0%。其中，节能环保、新能源、新能源等战略性新兴产业贷款余额1.69万亿元，节能环保项目和服务贷款余额5.57万亿元。

《关于构建绿色金融体系的指导意见》提出，大力发展绿色信贷：

1）构建支持绿色信贷的政策体系。完善绿色信贷统计制度，加强绿色信贷实施情况监测评价。探索通过再贷款和建立专业化担保机制等措施支持绿色信贷发展。对于绿色信贷支持的项目，可按规定申请财政贴息支持。探索将绿色信贷纳入宏观审慎评估框架，并将绿色信贷实施情况关键指标评价结果、银行绿色评价结果作为重要参考，纳入相关指标体系，形成支持绿色信贷等绿色业务的激励机制和抑制高污染、高能耗和产能过剩行业贷款的约束机制。

2）推动银行业自律组织逐步建立银行绿色评价机制。明确评价指标设计、评价工作的组织流程及评价结果的合理运用，通过银行绿色评价机制引导金融机构积极开展绿色金融业务，做好环境风险管理。对主要银行先行开展绿色信贷业绩评价，在取得经验的基础上，逐渐将绿色银行评价范围扩大至中小商业银行。

3）推动绿色信贷资产证券化。在总结前期绿色信贷资产证券化业务试点经验的基础上，通过进一步扩大参与机构范围，规范绿色信贷基础资产遴选，探索高效、低成本抵质押权变更登记方式，提升绿色信贷资产证券化市场流动性，加强相关信息披露管理等举措，推动绿色信贷资产证券化业务常态化发展。

4）研究明确贷款人环境法律责任。依据我国相关法律法规，借鉴环境法律责任相关国际经验，立足国情探索研究明确贷款人尽职免责要求和环境保护法律责任，适时提出相关立法建议。

5）支持和引导银行等金融机构建立符合绿色企业和项目特点的信贷管理制度，优化授信审批流程，在风险可控的前提下对绿色企业和项目加大支持力度，坚决取消不合理收费，降低绿色信贷成本。

6）支持银行和其他金融机构在开展信贷资产质量压力测试时，将环境和社会风险作为

重要的影响因素，并在资产配置和内部定价中予以充分考虑。鼓励银行和其他金融机构对环境高风险领域的贷款和资产风险敞口进行评估，定量分析风险敞口在未来各种情景下对金融机构可能带来的信用和市场风险。

7）将企业环境违法违规信息等企业环境信息纳入金融信用信息基础数据库，建立企业环境信息的共享机制，为金融机构的贷款和投资决策提供依据。

7.6.4 使用者收费

使用者收费是指为集中处理或共同治理排放污染物而支付费用。其收费的依据主要是污染物的处理量，收费费率根据其处理成本确定。使用者收费是 OECD 国家普遍采用的经济手段，主要用于城市固体废弃物和污水收集、处理方面。近些年来，随着我国城市污水和垃圾量迅猛增长，需要建设越来越多的污水集中处理厂和垃圾处理厂，使用者收费将成为我国解决城市污水集中处理和垃圾集中处理资金来源的一项重要的经济手段。

7.6.4.1 城市污水的处理费

对污水实行使用者收费一般是用来解决污水处理厂和泵站管网等的运行费。各国行使的收费方式和费率不尽相同，主要有以下两种方式。

（1）按水量收费　主要适用于生活污水。例如新加坡污水处理厂的建设由政府拨款，而日常运行费用则由收取下水费来获得。工业污水收费额 0.22 新元/m^3，生活污水 0.1 新元/m^3，每只抽水马桶收费 3 新元。美国纽约则把污水费用纳入自来水费中，水费为 2.51 美元/m^3，其中污水处理费为 1.51 美元/m^3。政府将征收的污水处理费的 40% 用于还贷，60% 用于污水处理厂的运行。

（2）按水质水量收费　综合考虑污水的体积和污染强度来确定不同类型污水的收费标准，一般针对工业污水采用。OECD 成员污水排放收费情况见表 7-12。

表 7-12　OECD 成员污水排放收费情况

国　家	收费计算	收费对象	国　家	收费计算	收费对象
澳大利亚	统一收费率	家庭、公司	意大利	体积 + 污染负荷	家庭、公司
比利时	统一收费率	家庭	荷兰	统一收费率	家庭、公司
加拿大	统一收费率 + 用水	家庭、公司	挪威	统一收费率	家庭、公司
丹麦	统一收费率 废水体积	家庭 公司	瑞典	统一收费率 + 用水	家庭、公司
芬兰	统一收费 + 用水 统一收费 + 污染负荷	家庭 公司	英国	用水体积 + 污染负荷	家庭、公司
法国	用水	家庭、公司	美国	统一收费率 + 污染负荷 统一收费率 + 用水	公司 家庭、公司
德国	废水体积	家庭、公司			

1997 年 6 月 4 日，我国财政部、国家计委、建设部和国家环保总局联合印发了《关于城市污水处理收费试点有关问题的通知》（财综字〔1997〕111 号），从 1997 年开始征收污水处理费，各地根据实际情况采取不同的收费标准。1999 年 9 月 6 日，建设部、国家计委、

国家环保总局联合发布了《关于加大污水处理费的征收力度，建立城市污水排放和集中处理良性运行机制的通知》（计价格〔1999〕1192号），明确规定在全国范围开征城市生活污水处理费。其主要内容包括：

1）在供水价格上加收污水处理费，建立城市污水排放和集中处理的良性运行机制。

2）污水处理费应按照补偿排污管网和污水处理设施的运行维护成本，并合理盈利的原则核定。

3）建立健全对污水处理费的征收管理和污水处理厂运行情况的监督制约机制。

4）切实做好征收污水处理费的各项工作。

2015年1月，国家发展改革委印发《关于制定和调整污水处理收费标准等有关问题的通知》，《通知》要求：2016年底前，设市城市污水处理收费标准原则上每吨应调整至居民不低于0.95元，非居民不低于1.4元，县城、重点建制镇原则上每吨应调整至居民不低于0.85元，非居民不低于1.2元；已经达到最低收费标准但尚未补偿成本并合理盈利的，应当结合污染防治形势等进一步提高污水处理收费标准；未征收污水处理费的市、县和重点建制镇，最迟应于2015年底前开征，并在3年内建成污水处理厂投入运行。

2018年7月，国家发展改革委发布《关于创新和完善促进绿色发展价格机制的意见》，《意见》要求：加快构建覆盖污水处理和污泥处置成本并合理盈利的价格机制，2020年底前实现城市污水处理费标准与污水处理服务费标准大体相当；推进污水处理服务费形成市场化；逐步实现城镇污水处理费基本覆盖服务费用。

7.6.4.2　城市垃圾的处理费

近年来，我国城市垃圾的产生量增长速度非常快，2008年我国城市生活垃圾产生量达到3.4亿t。城市垃圾的处理需要一定的费用，垃圾总量的不断增长，给政府带来越来越大的财政压力。根据污染者负担原则，所有产生垃圾者都应承担相应的费用。因此，对垃圾处理也应实行使用者收费，其费率根据收集成本确定。国内外对此项收费主要采取两种方式：一是根据废弃物的实际体积，采用统一的收费率收费，如瑞典、加拿大、荷兰等；二是根据废弃物的体积、类型收费，如芬兰、法国等。OECD成员的城市垃圾收费情况见表7-13。

表7-13　OECD成员城市垃圾收费情况

国　家	收费计算	收费对象	国　家	收费计算	收费对象
澳大利亚	统一收费率	家庭、公司	比利时	体积的统一收费率	家庭
意大利	居住面积	家庭	荷兰	统一收费率	家庭、公司
加拿大	统一收费率 统一收费率+超过限定体积	家庭 公司	丹麦	统一收费率 废弃物体积	家庭 公司
芬兰	废弃物体积 废弃物体积+类型+运输距离	公司	法国	居住面积（80%人口） 废弃物体积（5%人口）	家庭、公司 家庭、公司
挪威	统一收费率	家庭、公司	英国	统一收费率 废弃物体积	家庭 公司
瑞典	统一收费率（55%的市政当局） 收集组织（45%的市政当局）	家庭 公司			

目前，我国城市生活垃圾的处理问题非常突出，在部分地区和城市已造成了严重的环境问题和社会问题。根据我国的实际情况，可先实行按人收费，然后逐步过渡到按垃圾量收费。我国的一些城市已经开始征收生活垃圾处理费，如北京市从 1999 年 9 月开始征收生活垃圾处理费，收费标准为北京居民每户每月缴纳 3 元，外地人每人每月缴纳 2 元。为加快城市生活垃圾的处理，2002 年 6 月 7 日，财政部、建设部、国家计委、国家环保总局 4 部委发布了《关于实行城市生活垃圾处理收费制度促进垃圾处理产业化的通知》（计价格〔2002〕872 号），明确规定全面推行生活垃圾处理收费制度。其内容主要包括：

1）所有产生生活垃圾的国家机关、个体经营者、企事业单位（包括交通运输工具）、社会团体、城市居民和城市暂住人口等均应按规定缴纳生活垃圾处理费。

2）垃圾处理费收费标准应按补偿垃圾收集、运输和处理成本，合理盈利的原则核定。

3）生活垃圾处理费应按不同收费对象采取不同的计费方法，并按月计收。

4）改革垃圾处理运行机制，促进垃圾处理产业化。

2018 年 7 月，国家发展改革委发布《关于创新和完善促进绿色发展价格机制的意见》，要求：

1）建立健全城镇生活垃圾处理收费机制。按照补偿成本并合理盈利的原则，制定和调整城镇生活垃圾处理收费标准。2020 年底前，全国城市及建制镇全面建立生活垃圾处理收费制度。鼓励各地创新垃圾处理收费模式，提高收缴率。鼓励各地制定促进垃圾协同处理的综合性配套政策，支持水泥、有机肥等企业参与垃圾资源化利用。

2）完善城镇生活垃圾分类和减量化激励机制。积极推进城镇生活垃圾处理收费方式改革，对非居民用户推行垃圾计量收费，并实行分类垃圾与混合垃圾差别化收费等政策，提高混合垃圾收费标准；对具备条件的居民用户，实行计量收费和差别化收费，加快推进垃圾分类。鼓励城镇生活垃圾收集、运输、处理市场化运营，已经形成充分竞争的环节，实行双方协商定价。

3）探索建立农村垃圾处理收费制度。在已实行垃圾处理制度的农村地区，建立农村垃圾处理收费制度，综合考虑当地经济发展水平、农户承受能力、垃圾处理成本等因素，合理确定收费标准，促进乡村环境改善。

2021 年 5 月 13 日，国家发展改革委、住房和城乡建设部发布《“十四五”城镇生活垃圾分类和处理设施发展规划》，《规划》提出，到 2025 年底，全国生活垃圾分类收运能力达到 70 万 t/日左右，基本满足地级及以上城市生活垃圾分类收集、分类转运、分类处理需求；全国城镇生活垃圾焚烧处理能力达到 80 万 t/日左右，城市生活垃圾焚烧处理能力占比 65%左右；全国城市生活垃圾资源化利用率达到 60%左右。

7.6.5 产品收费

产品收费是指对那些在制造过程或消费过程中产生污染或需要处理的产品进行收费或课税。这种经济手段的功能主要是通过提高产品的价格来实现的，即通过提高产品的价格来减少这些产品的消费量。产品收费通常有以下几种：

1）直接针对某种产品收费。如 OECD 成员对农药、化肥、润滑油、包装材料、含 CFC 产品、轮胎、汽车电池等产品征收费用。

2）针对某些产品具有的某种危害特征收费。如根据汽油的含铅量、根据燃料的含碳量

和含硫量收费。

3）对“环境友好”产品实行负收费，即价格补贴，从而扩大这些产品的生产和消费。

4）最低限价。主要用于维持和改善某些具有潜在价值的废弃物的市场，以促进该废物不被倾倒而被再利用。如废纸回收可以显著减少焚烧和倾倒的家庭废弃物数量，但废纸市场通常不稳定，为维持这个市场，由政府规定最低限价。

自2008年6月1日起，我国开始实行塑料袋收费制度，对限制塑料袋的使用量和提高塑料袋的质量，具有积极的作用。

目前，国外产品收费的应用范围广泛，包括润滑油、不可回收容器、矿物燃料油、包装纸、电池、废旧家用电器等。

1. 润滑油收费

润滑油收费的目的是为废油收集和处理系统提供资金。各国在收费标准上差异很大。部分OECD成员润滑油产品收费情况可见表7-14。

表7-14 部分OECD成员润滑油产品收费情况

国　　家	收费水平/（ECU/t）	收费收入/（ECU/年）	收费效果
芬兰	29	300万	有利于废油的收集和处理
法国	6	400万	发动机废油回收了70%
意大利	3	200万	收集的废油由55000t增加到105000t
荷兰	6/1000L	100万	废油的收集和安全处置得到改善

注：ECU为欧洲货币单位。

2. 化肥收费

化肥收费的主要目的是筹资金，各国对化肥收费的费基、费率均不相同。部分OECD成员化肥收费情况见表7-15。

表7-15 部分OECD成员化肥收费情况

国　　家	费　　基	费　　率	占其价格的百分比/%	收入用途
奥地利	氮	ECU 0.31/kg		补偿、环境支出
	磷	ECU 0.18/kg		
	钾	ECU 0.091/kg		
芬兰	氮	ECU 0.41/kg	5～20	农业补贴、一般预算
	磷	ECU 0.27/kg		
挪威	氮	ECU 0.13/kg	19	一般预算
	磷	ECU 0.24/kg	11	
瑞典	氮	ECU 0.07/kg	10	补贴、环境支出
	磷	ECU 0.141/kg		

3. 电池收费

电池收费的主要目的是为电池的收集、处理和再循环筹集资金，各国电池收费的费基和费率各不相同。表7-16是部分OECD成员电池收费情况。

表 7-16　部分 OECD 成员电池收费情况

国　　家	费　　基	费　　率	收 入 用 途
加拿大区域	>2kg 的铅—酸电池	ECU 2. 8/kg	电池的再循环、环境、开支
丹麦	镍镉电池	ECU 0. 2/节	电池的收集、处理和再循环
	电池组	ECU 0. 9/每个	
葡萄牙	铅电池	ECU 1 ~ 5/节	电池的收集、处理和再循环
美国	>3kg 的铅电池	ECU 3. 8/kg	电池的收集、处理和再循环
	HgO_x 电池	ECU 2. 7/kg	
	镍镉电池	ECU 1. 5/kg	

4. 包装材料的收费

对包装材料进行收费，一方面可以减少此类材料产生的固体废物量；另一方面可以筹集处理资金。部分 OECD 成员包装材料收费情况见表 7-17。

表 7-17　部分 OECD 成员包装材料收费情况

国　　家	费　　基	费　　率	收 入 用 途
加拿大区域	不能再用的饮料容器		混合的
丹麦	玻璃和塑料容器 10 ~ 60cL 60 ~ 106cL 10 ~ 60cL	 ECU 0. 06 ECU 0. 18 ECU 0. 25	一般预算
	金属容器罐	ECU 0. 09	
	纸板及层压饮料包装 10 ~ 60cL 60 ~ 106cL >106cL	 ECU 0. 04 ECU 0. 08 ECU 0. 21	一般预算
	液体奶制品包装	ECU 0. 01	
芬兰	可处置的容器： 啤酒 软饮料（玻璃和金属） 软饮料（其他）	 ECU 0. 16/er ECU 0. 48/er ECU 0. 32/er	一般预算
挪威	不可回收的饮料容器： 啤酒 碳酸软饮料 葡萄酒和酒精	 ECU 0. 27 ECU 0. 05 ECU 0. 27	一般预算
葡萄牙	玻璃饮料器（30 ~ 100cL）	ECU 0. 05	一般预算
瑞典	饮料容器： 可回收的玻璃、铝容器 可处置容器（20 ~ 300cL）	 ECU 0. 01 ECU 0. 01 ~ 0. 03	
美国区域	产生废弃物的产品		一般预算

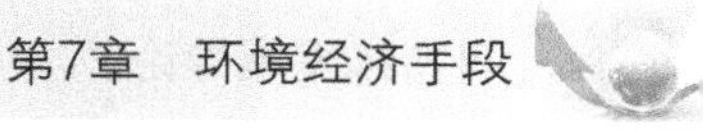

7.6.6　押金—退款制度

押金—退款制度是对可能引起污染的产品征收押金（收费），当产品废弃部分回到储存、处理或循环利用地点后退还押金的一种经济手段。采用押金—退款制度有利于资源的循环利用和废弃物数量的削减，并可以防止一些有毒有害物质（如废电池、杀虫剂等容器的残余物）进入环境。表7-18是部分OECD成员开展押金—退款制度的情况。

表7-18　部分OECD成员塑料饮料容器押金—退款制度情况

国　　家	制度内容	费　　率	占其价格百分比（%）	返还的百分比（%）
澳大利亚区域	PET瓶	ECU 0.02	2~4	62
奥地利	可回收利用容器	ECU 0.25	20	60~80
加拿大区域	塑料饮料容器	ECU 0.03~0.05		60
丹麦	PET瓶	ECU 0.20~0.55		80~90
芬兰	PET瓶>1cL	ECU 0.32	10~30	90~100
德国	不可再装的塑料瓶	ECU 0.22		
冰岛	塑料瓶	ECU 0.07	3~10	60~80
荷兰	PET瓶	ECU 0.35	30~50	90~100
瑞典	PET瓶	ECU 0.47	20	90~100
美国区域	啤酒和软饮料			72~90

由于生产者可以购买到廉价的包装材料，从成本的角度考虑，他们更倾向于使用一次性包装，使得押金—退款制度的使用范围受到限制，远不如税费手段应用广。但在一些特殊领域里，押金—退款制度的运用取得了很好的效果，如对饮料、容器、电池、含有害物质的包装物等。在部分OECD中，有16个国家实行玻璃瓶押金—退款制度，12个国家实行塑料饮料容器押金—退款制度，5个国家实行金属容器押金—退款制度，使得这些容器的返还率达到了60%以上，有的甚至高达90%。挪威从1978年起对汽车使用押金—退款制度，其目的在于削减废弃汽车的数量并鼓励汽车材料的重复利用，使得挪威90%~95%的废弃汽车被回收。

日本是循环利用固体废物较为成功的国家之一，其中押金—退款制度提供了相当大的刺激作用，仅在1989—1990年度，全国回收利用了50%的废纸、92%的酒瓶、43%的铝制易拉罐、45%的铁制易拉罐以及48%的玻璃瓶。其中对啤酒瓶实行押金—退款制度的操作过程为：啤酒生产者对每20瓶包装收取押金。1992年收取的押金额为300日元，其中100日元是啤酒瓶押金，剩下的200日元是包装箱押金。押金的收取顺序是啤酒生产者向批发商收取，批发商向零售商收取，最后由消费者支付。当所用包装和啤酒瓶被收集起来以后，按销售的每个步骤逐一返还。

我国台湾省于1989年建立了回收利用PET塑料瓶的押金—退款制度。在此制度下，PET塑料瓶工业界的成员组成了一个基金会，管理一个联合的循环利用基金，以资助塑料的收集与循环利用的成本。饮料销售后，塑料瓶的押金再去补充基金。这样一来，那些送回收集站的PET塑料瓶以2元新台币/瓶的金额进行补偿，塑料瓶送到工厂循环利用，收集者可以得到0.50元新台币/瓶的送瓶费。1992年，PET塑料瓶的回用率达到了80%。

从以上国内外押金—退款制度的应用效果来看，该制度是一种有效的经济刺激手段，具有广阔的应用前景。但这一制度在执行过程中应注意几个方面：

1）合理地设计押金的标准及退款手续，尽量使该制度简单易行。

2）押金—退款制度应与现有的产品销售和分送系统结合起来，以降低收还押金的管理成本。

3）押金—退款制度应与相关法律、法规及管理制度相协调。

4）押金—退款制度应以教育手段为基础，使公众自觉地参与到这一制度中，提高该制度的效率。

目前，我国的押金—退款制度尚不健全，在今后环境管理手段的研究领域中应加强对该制度的研究，尽快建立适合我国国情的押金—退款制度。

7.6.7 补贴

补贴是政府为实际潜在的污染者提供的财政刺激，主要用于鼓励污染削减或减轻污染对经济发展的影响。

补贴手段在OECD成员中（除澳大利亚和英国）被广泛使用。在大多数国家中，补贴通常采用直接拨款、优惠贷款和税收优惠等方式，其资金来源主要是环境方面的税收、费用、许可证和收费等，而不是普通的税收。在实际工作中，各个国家的补贴对象和补贴资金的来源有所不同。例如，意大利补贴固体废物的回收，并支持工业界致力于削减废物；法国提供补贴以鼓励工业减轻水污染，补贴制度基于贷款而不是拨款；德国实行补贴制度主要是为了促进其环境计划的实现和帮助可能因污染控制系统突然额外的资金需求而遇到困难的生产者，其资金来源于公众预算的税收；荷兰补贴其工业以促进工业企业对环境管理的服从，鼓励对污染控制设备的研究及安装等。

在我国，补贴这种手段经常被采用，主要应用于对污染治理项目的补贴、对生态建设项目的补贴、对环境科研的补贴、对清洁生产项目的补贴、对生产环境友好产品的补贴等。

7.6.8 绿色贸易

在西方国家设立绿色贸易壁垒对我国贸易进行挤压的形势下，我国的贸易政策必须做出相应的调整。即要改变单纯追求数量增长，而忽视资源约束和环境容量的发展模式，平衡好进出口贸易与国内外环保的利益关系，避免“产品大量出口、污染留在国内”的现象继续。

绿色贸易包含许多内容，目前我国重点抓两个方面：一个是限制“两高一资”产品的出口；另一个是我国对外投资企业的环境责任问题。2007年6月，国家环保总局规定并提出对50多种“双高产品”取消出口退税的建议，财政部和税务总局采纳了建议。2008年1月，国家环保总局再次发布无机盐、农药、涂料、电池、染料等6个行业140多种“双高”产品目录，涉及出口金额20多亿元，并提交各经济综合部门。2008年4月，商务部在发布的禁止加工贸易名录中，采纳了环境保护部提交的全部产品目录，并明确将“双高”产品作为控制商品出口的依据。2008年7月底，财政部、税务总局发布的取消出口退税的商品清单中，40个商品编码的商品中有26个是“双高”产品。在2008年8月，国务院关税税则委员会下发通知，决定自2008年8月20日起，对铝合金焦炭和煤炭出口关税税率进行提高。

在执行“绿色贸易”政策中，对不同类型的行业采取不同的绿色贸易措施，对于低污染行业，通过出口退税等政策措施鼓励出口，扩大行业投资规模，并设立“绿色”进口通道，鼓励行业产品进口。

【阅读材料】

河南排污权交易市场情况分析

截至去年11月底，河南省四个排污权交易试点市的排污权交易量已有1243笔，共11140.31万元。目前，河南省正进行排污技术和交易规范研究，积极筹备排污权有偿使用和交易在全省范围内实施。

排污权交易是指在一定区域内，在污染物排放总量不超过允许排放量的前提下，内部各污染源之间通过货币交换的方式相互调剂排污量，从而达到减少排污量、保护环境的目的。

河南省于2009年开始在洛阳、焦作、三门峡和平顶山四市开展了排污权交易试点，洛阳畔山水泥有限公司购买了1432.25万元生活污水的排污权，开启了河南省第一笔排污权交易。2012年10月，河南省被财政部、环保部和国家发改委三部委纳入排污权交易试点省。

四年来，河南省试点排污权交易制度取得了明显的效果。首先是提高了企业对环境资源价值的认知度，结束了“环境无价、无偿使用”的历史，为排污权交易全省推行奠定了良好的舆论氛围。其次是促进当地产业结构调整的作用开始显现，一些企业在谋划企业发展和实施建设项目时，已将排污权交易政策作为重要因素，将低污染的行业和项目作为重点投资方向，促进了污染减排和产业结构调整。

党的十八届三中全会提出，要建立系统完整的生态文明制度体系，实行资源有偿使用制度和生态补偿制度，推行排污权交易制度。这为河南省排污权交易早日在全省开展提供了政策支持。据悉，河南省正积极筹备排污权交易在全省开展。

目前，河南省正研究制订《河南省主要污染物排放权有偿使用和交易管理暂行办法》，并于近期提请省政府审议，办法出台后，排污权有偿使用和交易制度就将全面推行。排污权交易全省推行后，交易的污染因子将增加到四项，增加了氮氧化物和氨氮两项。

此外，河南省也正进行排污权交易的效益分析、交易价格等方面的课题研究，为排污权交易的后期评价工作做技术和理论准备。

——资料来源：河南排污权交易市场情况分析，河南日报，2014/2/6.

思考题

1. 名词解释：环境税、排污权交易、产品收费、补贴、押金—退款制度、生态补偿。
2. 试比较环境管理的经济手段与其他手段的效应。
3. 简述我国目前正在实施的环境保护税法的计税依据和税收减免政策。

4. 简述排污收费的理论基础和作用。

5. 简述排污权交易手段的理论基础和优点。

6. 我国排污权交易有哪些类型？

7. 查阅相关资料，简述我国碳排放权交易市场的发展，以及在碳中和、碳达峰背景下的作用。

8. 什么是生态补偿？查找相关资料，结合我国的相关政策，选择你熟悉的区域或省、市，说明在近年来的生态文明建设中，生态补偿机制所发挥的作用。

9. 绿色证券、绿色保险、绿色信贷等绿色金融手段在我国生态文明建设中具有重要作用，选择一种绿色金融手段，查阅相关资料，举例说明其作用。

推荐读物

1. 杨金田，葛察忠．环境税的新发展：中国与 OECD 比较［M］．北京：中国环境科学出版社，2000.
2. 中国环境保护总局．排污收费制度［M］．北京：中国环境科学出版社，2003.

参考文献

［1］杨金田，葛察忠．环境税的新发展：中国与 OECD 比较［M］．北京：中国环境科学出版社，2000.

［2］中国环境保护总局．排污收费制度［M］．北京：中国环境科学出版社，2003.

［3］吴健．排污权交易［M］．北京：中国人民大学出报社，2005.

［4］曹东，等．中国工业污染经济学［M］．北京：中国环境科学出版社，1999.

［5］马传栋．可持续发展经济学［M］．济南：山东人民出版社，2002.

［6］郑元，张天柱．从理论到实践的美国排污交易［J］．上海环境科学，2000，19（11）：505-507.

［7］毛晖，郑晓芳．环境经济手段减排效应的区域差异——排污费、环境类税收与环保投资的比较研究［J］．会计之友，2016（11）：86-89.

［8］刘登娟，黄勤．瑞典环境经济手段经验借鉴及对中国生态文明制度建设的启示［J］．华东经济管理，2013，27（5）：34-37.

第3篇　社会可持续发展

第8章

人口、城市化与可持续发展

■8.1　我国可持续发展人口战略

根据我国人口发展变化趋势，我国也在不断调整生育政策。我国2012年出台了“双独二孩”政策，2013年11月启动了“独生子女夫妇可以生育两个孩子”的政策，2015年推出“全面二孩”政策。第七次全国人口普查数据显示，2020年我国出生人口约为1200万人，规模仍然不小。此外，2020年我国育龄妇女总和生育率为1.3，处于较低生育水平。2021年5月31日，中共中央政治局召开会议并指出，为进一步优化生育政策，实施一对夫妻可以生育三个子女政策及配套支持措施。

可持续发展能力不断增强，生态环境得到改善，资源利用率显著提高，促进人与自然的和谐，从而推动整个社会走上生产发展、生活富裕、生态良好的文明发展道路。当前，我国实现了第一个百年奋斗目标，在中华大地全面建成了小康社会，我们必须深入思索新形势下的人口战略，因为“人口战略是中国可持续发展必须优先实施的战略，是中国成功迈上可持续发展道路的第一个台阶。”然而，从当前和未来的社会及经济发展看，我国人口形势却不容乐观，将成为实现“共同富裕”目标的重要制约因素。分析我国人口现状及特点，研究人口问题对我国实施可持续发展战略的影响，制定新形势下人口战略对实现我国经济社会发展的战略目标具有重要意义。

8.1.1　我国人口现状及特点

第七次全国人口普查主要数据，从年龄构成上看，少儿人口数量增加，比重上升。0～14岁少儿人口的数量比2010年增加了3092万人，比重上升了1.35个百分点。“二孩”生育率明显提升，出生人口中“二孩”占比由2013年的30%左右上升到2017年的50%左右。

现阶段，我国人口发展呈现出以下几点：

1. 人口增速虽然减缓但增量依然较大

20世纪70年代中后期我国政府开始有效实施计划生育政策，再加上我国经济发展水平的日益提高，人口增长率明显下降，人口出生率也得到有效控制。我国人口变动已成功实现从高出生率、高增长率的模式向低出生率、低增长率的模式转变。但是，我国人口基数巨大，因此从数量上看，由于庞大的人口基数和人口增长惯性的影响，总体人口仍保持巨大的增量，特别是中西部地区人口增长的压力大，预计到2035年全国人口将达16亿左右。

国家统计局11日公布第七次全国人口普查主要数据结果。数据显示，0~14岁人口为25338万人，占17.95%；15~59岁人口为89438万人，占63.35%；60岁及以上人口为26402万人，占18.70%（其中，65岁及以上人口为19064万人，占13.50%）。与2010年相比，0~14岁、15~59岁、60岁及以上人口的比重分别上升1.35个百分点、下降6.79个百分点、上升5.44个百分点。我国少儿人口比重回升，生育政策调整取得了积极成效。同时，人口老龄化程度进一步加深，未来一段时期将持续面临人口长期均衡发展的压力。

2. 人口整体素质仍然偏低

与人口总量过大并存的另一特点是人口整体素质偏低。其具体表现在文盲和半文盲人口仍然较多，人口的文化层次分布呈典型的金字塔形。有资料表明，1990年全国文盲和半文盲人数达1.8亿以上，农村就业人员中，文盲和半文盲近36%。另据全国1%抽样调查资料，截至1995年，15岁及以上人口中的文盲率达16.48%，农村（县以下）则为19.66%（每10万人口中具有大专以上文化程度的仅2238人）。1997年15岁及以上人口中的文盲率依然没有明显变化，是16.36%；其中男性是9.58%，女性是23.24%。1998年，这一比值有所降低，为15.78%；其中男性占9.01%，女性占22.61%。1999年又降到15%左右，但仍然低于发达国家水平。虽然我国学龄儿童的入学率已经达到98.9%，但我国总人口平均受教育年限却只有5.42年，与发达国家相距甚远。

第七次人口普查结果显示：全国具有大学文化程度的人口为21836万人。与2010年相比，15岁及以上人口的平均受教育年限由9.08年提高至9.91年，文盲率由4.08%下降为2.67%。

（1）受教育程度人口　拥有高中（含中专）文化程度的人口为213005258人；拥有初中文化程度的人口为487163489人；拥有小学文化程度的人口为349658828人（以上各种受教育程度的人包括各类学校的毕业生、肄业生和在校生）。与2010年第六次全国人口普查相比，每10万人中拥有大学文化程度的由8930人上升为15467人；拥有高中文化程度的由14032人上升为15088人；拥有初中文化程度的由38788人下降为34507人；拥有小学文化程度的由26779人下降为24767人。

（2）平均受教育年限　31个省份中，平均受教育年限在10年以上的省份有13个，在9~10年之间的省份有14个，在9年以下的省份有4个。

（3）文盲人口　全国人口中，文盲人口（15岁及以上不识字的人）为37750200人，与2010年第六次全国人口普查相比，文盲人口减少16906373人，文盲率由4.08%下降为2.67%，下降1.41个百分点。

3. 人口老龄化问题日益严重

维也纳世界老龄问题大会规定60岁及以上的老龄人口占总人口的10%以上，或者65岁岁及以上人口占总人口的7%以上的国家或地区，就是“老年型国家或地区”。我国已经跨入老龄社会的行列。从发展趋势上看，老龄化将呈加速度趋向。预计从2030年到2050年中国60岁以上老年人口总数将分别达到3.1亿和4.68亿，分别占总人口的20.42%和27.77%，其速度远远高于世界水平和欧美各国。因此，我国人口面临日益严重的老龄化问题。

4. 人口地区分布差异巨大

第七次全国人口普查数据显示，东部地区人口占39.93%，中部地区占25.83%，西部地区占27.12%，东北地区占6.98%。与2010年相比，东部地区人口所占比重上升2.15个百分点，中部地区下降0.79个百分点，西部地区上升0.22个百分点，东北地区下降1.20个百分点。人口向经济发达区域、城市群进一步集聚。

5. 男女比例人口平衡

全国人口中，男性人口为72334万人，占51.24%；女性人口为68844万人，占48.76%。总人口性别比（以女性为100，男性对女性的比例）为105.07，与2010年基本持平，略有降低。出生人口性别比为111.3，较2010年下降6.8。

6. 人口增长减缓

全国人口共141178万人，与2010年（第六次全国人口普查数据）的133972万人相比，增加7206万人，增长5.38%，年平均增长率为0.53%，比2000年到2010年的年平均增长率0.57%下降0.04个百分点。数据表明，我国人口10年来继续保持低速增长态势。

8.1.2　人口问题对可持续发展的影响

中国社会科学院《2000年中国可持续发展战略报告》指出："人口问题是制约中国可持续发展的第一位因素。"具体表现在人口增长、人口结构、人口素质对可持续发展的制约和影响。

庞大的人口总量成为可持续发展的巨大包袱。我国人口数量过于庞大并持续增长的现状给资源、就业、教育、住房、交通、医疗、保健、社会福利等各方面都带来巨大压力，严重阻碍了社会全面发展和进步。

首先，资源压力巨大。据统计，中国人均森林面积只有世界平均水平的1/6，人均淡水资源只有世界平均水平的1/4，人均耕地面积只有世界平均水平的1/3，人均草地面积和人均矿产资源只有世界平均水平的1/2。自然资源的严重短缺阻碍了我国的可持续发展。

其次，就业压力巨大。劳动力供给与劳动力需求之间的矛盾将日益尖锐。一方面劳动力供给绝对增加，另一方面对劳动力的需求呈减少态势。随着经济体制的改革和现代企业制度的建立，城镇的隐性失业显性化，农村剩余劳动力的释放速度加快，失业问题不可避免突出显现。

最后，经济发展压力巨大。我国目前每年新增的国民收入，有约1/4被新增人口消耗掉，严重影响了对经济发展起制约作用的资金积累和扩大再生产。换句话说，人口拖了经济的后腿。

人口整体素质不高，限制着中国的可持续发展。我国人口整体素质不高的现状与当前科技不断进步的信息时代已极其不相适应，尤其不能满足我国现阶段新兴产业高速发展的迫切需要。事实证明，这一状况是造成我国经济发展缓慢，增长方式粗放，资源浪费和环境污染的一个重要原因。并且，这仍然继续妨碍中国经济和社会的发展，成为我国可持续发展的重要障碍。因此，提高中国人口的文化素质是中国实现可持续发展的当务之急。

人口老龄化问题影响中国的可持续发展。人口老龄化的加速到来，对我国社会保障体系提出严峻挑战，给社会经济发展造成阻碍。我国人口老龄化进程是在较低经济发展水平特别是社会保障体系很不完善的情况下发生的。"养儿防老""存钱养老"的旧观念没有并且也难以改变。因此，社会购买力减弱，整体消费水平不高，社会经济活力难以体现。

8.1.3 我国可持续发展的人口战略

《中华人民共和国国民经济和社会发展第十四个五年规划和2035年远景目标纲要》指出，要制定人口长期发展战略，优化生育政策，以“一老一小”为重点完善人口服务体系，促进人口长期均衡发展。

1. 推动实现适度生育水平

1）增强生育政策包容性，推动生育政策与经济社会政策配套衔接，减轻家庭生育、养育、教育负担，释放生育政策潜力。

2）完善幼儿养育、青少年发展、老人赡养、病残照料等政策和产假制度，探索实施父母育儿假。

3）改善优生优育全程服务，加强孕前孕产期健康服务，提高出生人口质量。

4）建立健全计划生育特殊困难家庭全方位帮扶保障制度。

5）改革完善人口统计和监测体系，密切监测生育形势。

6）深化人口发展战略研究，健全人口与发展综合决策机制。

2. 健全婴幼儿发展政策

1）发展普惠托育服务体系，健全支持婴幼儿照护服务和早期发展的政策体系。

2）加强对家庭照护和社区服务的支持指导，增强家庭科学育儿能力。

3）严格落实城镇小区配套园政策，积极发展多种形式的婴幼儿照护服务机构，鼓励有条件的用人单位提供婴幼儿照护服务，支持企事业单位和社会组织等社会力量提供普惠托育服务，鼓励幼儿园发展托幼一体化服务。

4）推进婴幼儿照护服务专业化、规范化发展，提高保育保教质量和水平。

3. 完善养老服务体系

1）推动养老事业和养老产业协同发展，健全基本养老服务体系，大力发展普惠型养老服务，支持家庭承担养老功能，构建居家社区机构相协调、医养康养相结合的养老服务体系。

2）完善社区居家养老服务网络，推进公共设施适老化改造，推动专业机构服务向社区延伸，整合利用存量资源发展社区嵌入式养老。

3）强化对失能、部分失能特困老年人的兜底保障，积极发展农村互助幸福院等互助性养老。

4）深化公办养老机构改革，提升服务能力和水平，完善公建民营管理机制，支持培训疗养资源转型发展养老，加强对护理型民办养老机构的政策扶持，开展普惠养老城企联动专项行动。

5）加强老年健康服务，深入推进医养康养结合。

6）加大养老护理型人才培养力度，扩大养老机构护理型床位供给，养老机构护理型床位占比提高到55%，更好满足高龄失能失智老年人护理服务需求。

6）逐步提升老年人福利水平，完善经济困难高龄失能老年人补贴制度和特殊困难失能留守老年人探访关爱制度。

7）健全养老服务综合监管制度。

8）构建养老、孝老、敬老的社会环境，强化老年人权益保障。

9）综合考虑人均预期寿命提高、人口老龄化趋势加快、受教育年限增加、劳动力结构变化等因素，按照小步调整、弹性实施、分类推进、统筹兼顾等原则，逐步延迟法定退休年龄，促进人力资源充分利用。

10）发展银发经济，开发适老化技术和产品，培育智慧养老等新业态。

4. 完善社会保障法律法规

由于目前我国尚无一部较为统一健全的跨所有制的法律条例来严格规范保险金的征管行为，因为造成管理上的混乱，保险金被拒缴、迟缴、拖欠，基本被挪用甚至不能收回的现象屡有发生。应在充分研究《劳动法》的基础上，尽快制定相应法律法规，如《失业保障法》《社会福利法》《养老保险法》《济贫法》等乃至一整套《社会保障法》，做到有法可依，违法必究，使社会保障逐步发展到由不自觉、强制到自觉自愿的健康运行的轨道上来。

健全和完善教育法律法规。我国教育法制建设在今年来取得了历史性的进展，陆续颁布了《教育法》《义务教育法》《高等教育法》《职业教育法》《教师法》等重要教育法律和一系列教育行政法规，为依法治教创造了条件。但由于社会竞争的加剧，各种矛盾冲突也将不断激化，无规则的竞争会带来混乱和破坏，及时立法，把教育纳入法律调节之中，实现国家依法管理教育，公民依法享受教育，学校依法办教育，这不仅是现代教育在市场经济的复杂矛盾中健康发展的保证，而且是用法律手段强化教育价值导向，加速人的现代化与社会现代化的必由之路。

5. 实施科教兴国战略，提高人口素质

继续普及九年制义务教育，努力减少青少年文盲。开展多种形式的文化教育和职业培训，全面推进素质教育，造就数以亿计的高素质劳动者，数以千计的专业人才和一大批拔尖创新人才。发展继续教育，构建终身教育体系。加大对教育的投入和对农村教育的支持，鼓励社会办学，完善国家资助贫困学生的政策和制度。

进一步完善妇女受教育的条件，在经济文化比较落后的省份这一点显得尤为重要。应当把育龄妇女学习少生优生知识同学习科学文化知识培训结合起来，互相促进，相辅相成，使之真正掌握参与经济建设的知识和技能。

6. 大力开发人力资源，提高生存质量

拓宽就业途径，实现充分就业。我国劳动力总供给大于总需求，人力资源最丰富，也最浪费，要解决这一矛盾，一方面要严格控制人口数量增长，减少劳动力供应量；另一方面则要扩大就业，增加劳动力需求量。拓宽就业途径，扩大劳动力需求是开发利用人力资源的主要实现途径。当前应当做到：在保持适度的经济增长速度的同时，扩大生产性领域，创造更多就业岗位；在转变经济增长方式和产业结构升级的前提下，适当保留和发展一些适应市场需要的劳动密集型产业以解决城乡就业问题；要大力发展城乡集体经济、个体经济、私营经济，多渠道广开就业门路。同时，要采用灵活多样的形式以增加就业岗位，积极推行临时工、钟点工、弹性工时和阶段性就业等多种就业形式；要进一步扩大劳务输出，开拓境外就业门路。为解决下岗职工再就业问题，要加强职业培训和就业训练工作，全面提高劳动者素质，不断完善劳动力的供给结构。

努力增加教育投资力度，提高劳动者素质。开发人力资源的关键是加强教育，特别是基础教育，这一点对于中西部地区，特别是边远贫困地区尤为重要，应针对不同地区的不同情况，加大教育投入，改善办学条件，增加师资力量，提高公众教育水平。同时发展职业技术教育和高等教育，为我国实施可持续发展战略培养高质量的人才队伍。

7. 大力发展第三产业，提高生活质量。

在发达国家，第三产业的从业人口约占总劳动人口的60%；而我国在改革开放以来一直致力于发展第三产业，但目前仍未达到这一比例。因此，各地应因地制宜，通过大力发展旅游、商贸、饮食服务等第三产业的措施，达到改善生存环境，提高生活水平，扩大就业领域的目的。

■8.2　人口的可持续发展

8.2.1　以人为本的人口战略是中国发展的关键环节

党的十六届三中全会首次明确提出，坚持以人为本，树立全面、协调、可持续的发展观，促进经济社会和人的全面发展；强调按照统筹城乡发展、统筹区域发展、统筹经济社会发展、统筹人与自然和谐发展、统筹国内发展和对外开放的要求，来推进改革和发展。

科学发展观是以人为本，全面、协调、可持续的发展，是在今后相当长时期内统领一切的发展纲领。科学发展观的提出就是要克服以经济增长为核心的发展观所带来的诸多问题，就是要解决我国可持续发展道路上面临的矛盾和问题，顺利推进全面建成小康社会和整体现代化事业，坚持走生产发展、生活富裕、生态良好的文明发展道路，保证一代接一代地永续发展。科学发展观是一种强调平衡的发展观，就是要协调好各方面的关系。毫无疑问，只有将发展巨系统的几个方面协调好，才可能最终实现发展的持续性。由于人类自身是社会生活的主体，而人构成了人口的主体性特征，所以人口是影响社会总体发展的基础性因素，人口发展在社会总体发展的过程中具有非常主动而且相当重要的作用。我国的人口战略直接关联着未来经济社会的持续发展，是一个时刻期待检验和完善的战略。因为人口是社会生活的主体，人口问题是我国可持续发展面临的最紧迫、最重大的问题之一，人口战略和人口政策牵一发而动全身。

历史告诉我们，人口过程是一个连接着过去、现在和未来的漫长过程。人口的发展有其特定的历史基础，人口的基数、人口的性别年龄结构都会从根本上影响未来一段时期的人口发展。虽然人口的调整不一定会到差之毫厘失之千里的地步，但人口发展的确需要审慎对待和战略设计。人口战略至少要有50年的观察时段，这是两代人的概念。只考虑一代人的利益很难说是人口战略。越是长时段的战略，越是需要基础性的讨论。既然讨论的是“人口发展”的战略，那么首要的一个问题就是在理论上要搞清楚什么是“人口发展”。

我国在相当长的时期实行的是“人口控制战略”而不是“人口发展战略”。我国全面的人口控制已经30年，低生育率实现也差不多有10年，伴随生育率大幅度可持续下降而来的新人口问题不断出现，所以在时机上来讨论人口发展战略的重构问题也是合适的。只要真正秉承实事求是的态度，我们就会承认一个不争的事实，昔日的人口战略不是严格意义的人口发展战略，而是“一条腿走路”的人口增长战略。种种迹象表明，当下是检视人口战略并做出必要调整的重大机遇期。

持续多年的人口控制战略与当时特定历史背景下的人口问题观和人口治理观有关，带有浓重的计划经济的痕迹。而当我们将人口发展置于社会经济发展的问题大框架里考察的时

候，就不难发现人口问题极其重要的一个特点，就是相对性和变异性。人口问题与经济社会发展方式、发展程度有很大关系，或者说在一定程度上人口问题是经济社会发展问题的一个折射和映照。当我国经济持续增长成为世人瞩目的事实之际，我们发现人口增长与经济发展的关系并不像想象得那么简单，至少并不是人口数量的微小变动就足以影响经济发展的大局。正是改革开放之初我国经济文化的相对落后反衬出人口增长压力的严峻性，而一旦制度创新引领下的我国经济突破一系列约束条件赢得持续的增长和发展，人口压力在一定程度上也顺势转变成了人口活力和人口推力，为总体小康社会发展目标的实现做出巨大贡献。譬如，数以亿计的农村剩余劳动力的转移和所创造的巨大社会财富就是很好的例证。人口压力是一种中性的现象，只有在一个国家或地区迎接不了挑战的时候，人口压力才会转化为人口问题。否则，人口压力可以成为科技创新的推动力。

我国持续多年的人口控制战略是典型的非均衡战略。人口控制战略作用点主要在生育率变量上。过去的战略也可以理解为人口增量减少战略，或者简单说就是人口减量控制战略，就是想在21世纪上半叶尽快实现人口零增长。诚然，我们在人口数量问题上的确需要做大文章，但与人口素质和人口结构相比，人口数量问题对经济社会的发展而言还是相对次要的问题。因为同样规模的人口对社会经济发展所起的作用就取决于人口素质和人口结构的差别。

生育率快速下降的一些负面后果已经暴露。我国过去的人口战略存在着偏差，突出表现在两个方面：一个方面是宏观上的出生性别比持续偏高问题，另一个方面是计划生育风险家庭和困难家庭不断增多的问题。或者说，一胎化政策的社会风险包括：出生性别比问题所引发的婚姻挤压，家庭存续危机和家庭养老危机所引发的人道主义问题。独生子女家庭面临的不仅仅是养老问题和独生子女问题，2000年我国农村独生子女夭折率是0.8%，规模达到57万。独生的风险性导致中国人、中国家庭输不起。这种脆弱的家庭结构使家庭在遭遇风险事件时缺乏最起码的回旋余地，人口的安全运行已经受到威胁。为人口安全、社会发展，我们必须对传统的人口发展战略有所反思并寻求更健康的发展道路。真正从长计议的战略都具有循环渐进的特点。为保障人口安全、实现以人为本，我们必须将人口战略设定在循序渐进的轨道上来。此外，21世纪是人口问题泛化的世纪，单纯的人口增长问题已经在全球化背景下演变为人口增长、人口结构、人口质量三者并存，而且人口结构问题和人口质量问题的重要性正在突出出来。知识经济的发展、社会公正的教育都需要更高素质的人口支持。所以未来的人口战略必须毫不犹豫地从“人口均衡发展”而不是“人口单极控制”的角度出发和设计。

随着我国经济社会发展步伐的加快，单级的人口控制战略已经不适应人口与经济社会、资源环境协调发展和可持续发展的需要。我们日益强烈地感受到来自人口素质低下、人口结构失衡和人口分布不均所带来的羁绊和挑战。要实现未来时期人口和经济社会、资源环境的协调发展和可持续发展，就必须加强对人口发展战略的科学规划。科学的人口发展战略必须始终贯彻以人为本，全面、协调、可持续的发展观。

人口健康、均衡、持续发展的战略必须从“数量中心主义”的泥潭里走出来。如果说控制战略是单极战略，那么发展战略就是多极战略。新人口战略的基本框架可以概括如下：以“人口发展”而非“人口增长”来规划人口战略，坚守计划生育的底线伦理——就是只有家庭的健康才能换来社会的健康，只有家庭的发展才能保障社会的发展。人口均衡发展战略以实现“健康家庭计划”为核心目标，新人口战略建立在家庭发展和人类发展的基础之考虑上，突出“以人为本”。具体体现在保持人口结构的健全为优先目标，同时兼顾人口总量的控制。人口均衡发展战略应当走渐进式人口控制道路，实施以人的发展为核心发展的均衡人口战略才符合时代的要求。

继续控制人口的增量是未来人口战略的重要内容；与此同时，生殖健康问题、生育质量问题、生育权益问题等必将引起更多的关注。同时，人口战略的长期谋划还必须考虑到人口对经济社会和资源环境的双面、长期的影响。正确定位“人口”在复合生态系统中的角色和地位，追求一个数量适度、结构优化、分布合理的人口状态。紧紧扣住人的全面发展，才能激发出人口发展的积极意义，从而使对协调发展和可持续发展构成巨大挑战的负面性人口因素转变成积极的人口力量。

8.2.2　人口与可持续发展战略

人口、资源、环境三者的关系，人口是关键，人口问题是制约可持续发展的首要问题，是影响经济和社会发展的关键因素。可见，发展是可持续还是不可持续，紧紧地同人口状况（包括人口数量、质量、结构、分布等）联系在一起，抓好人口问题，就是抓住了经济和社会可持续发展的关键。

经过多年的努力，我国大部分地区人口与计划生育工作取得了显著的成就，人口过快增长得到了有效控制，极大地缓解了人口过多对资源和环境的压力，促进了经济发展和人民生活水平的提高。但我国的人口问题并未从根本上得到解决，还存在不少制约可持续发展的矛盾和问题：

1）对消费水平的制约和影响。由于人口过剩的基本格局并没有得到彻底改变，人口对消费水平的制约还将长期存在。

2）对社会保障的制约和影响。尤其是人口老龄化给社会保障和可持续发展带来了沉重的负担。

3）对就业的制约和影响。我国普通劳动力的过剩和短缺人才的供需矛盾将会在一个较长的时期存在。

4）提前基本实现现代化目标等的制约和影响。

目前，我国的人口与可持续发展战略要从以下几个方面做出认真的思考和实践。

（1）必须从全局战略高度认识人口问题　从目前到21世纪中叶，我国将继续面临着发展经济和控制人口增长的双重任务。要根据我国的工口发展变化趋势，制定人口长期发展战略，优化生育政策。同时，要高度重视劳动人口就业、人口老龄化、人口流动与迁移、出生人口性别比等问题，要始终坚持发展经济与控制人口两手抓，增强人均意识，忧患意识，坚持统筹规划，分类指导，努力实现人口与经济社会、资源环境的协调发展。

（2）加快建立适应社会主义市场经济，综合解决人口问题的新体制　人口控制工作要与经济、社会发展紧密结合，采取综合措施解决人口问题；要建立利益导向与行政制约相对应，宣传教育、综合服务、科学管理相结合的机制，从而建立起“依法管理、村（居）民自治、优质服务、政策推动、综合治理”的计划生育管理和服务新机制。努力把人口问题与发展经济、消除贫困、保护生态环境、合理利用资源、普及文化教育、发展卫生事业、完善社会保障、提高妇女地位和全民素质等紧密结合起来，力求从根本上解决我国的人口问题。

（3）要在控制人口的同时，努力提高人口素质 一要大力开展优生优育的宣传教育和技术咨询服务，加强对出生缺陷的监测和干预，降低出生缺陷的发生率，切实提高出生人口素质；二要从提高全民族人口科学文化素质的高度出发，在继续抓好九年制义务教育的同时，大力发展高等教育、成人教育，终身教育，强化职业技术教育和培训，并延长公民受教育时间。要逐年增加人力资源的开发投入，使城乡新增劳动力形成合理的结构和较高的层次。

（4）积极调整和优化我国的人口结构 我国要在新时期获得更大更快的发展，必须走积极调整和优化人口结构之路。通过大力发展高等教育；努力发展以旅游业为主体的第三产业和其他劳动密集型产业，增加就业机会；继续降低城市门槛，在更大范围、更广领域中吸纳各类专业人才；鼓励农民和城市下岗工人参加技能培训，支持他们走出市域、省界和国门从事适宜的劳务活动。从而达到通过人口流动和迁移的方式，加快城市化进程，减缓老龄化进程，优化人口结构，提高人口素质的目的。

（5）高度重视人口与资源、环境的协调发展 一是要合理保护、利用和开发资源，旅游资源科学合理的开发利用和保护，应该成为我们的长期战略方针；二是要大力发展高新技术，积极倡导生态化生产，以最少的资源消耗，获取最大的产出和效率；三是倡导并鼓励节约型消费方式，建立资源忧患意识，使节约资源，善待环境成为一种社会时尚；四要加大环保意识的宣传和措施的落实，使更多的人认识并参与到环境保护中来，同时，要加大对环境保护的投入，制订并完善有利于环境保护市场取向的政策和法规。

总之，要以适度的人口总量，较高的人口素质，优化的人口结构，来减轻人口对资源环境的压力，改善人与自然的关系，促进人口与社会经济，环境资源的协调和可持续发展。

8.3 城市化与可持续发展

8.3.1 城市化的概念与内涵

城市化是指一个国家或地区由传统的农业社会向现代社会发展的自然历史过程，是社会经济结构发生根本性变革并获得巨大发展的空间表现。

工业化和城市化是一个国家由落后走向发达的两个主旋律。工业化是一个国家经济发展的主旋律，主要表现为非农产业比重及生产效率不断提高的过程；城市化是一个国家社会发展的主旋律，主要表现为越来越多的农村人口涌入城市，城乡居民生活质量的不断提高。工业化是城市化的经济内容，城市化是工业化的空间表现，同时又能促进工业化的进程。

对于一个国家来说，城市化是实现社会发展的重要主题。城市化不能简单地理解为农村人口进入城市的过程，而应理解成发展中国家社会经济结构发生根本性变革的过程。健康的城市化过程至少应具有如下六个方面内涵：

1）城市化是城市人口比重不断增加的过程。城市化的首要表现是大批农村人口涌入城市，从而使城市人口不断增加、城市规模不断扩大，其结果是城市人口占总人口的比重逐步提高。

2）城市化是产业结构转变的过程。随着城市化的推进，原来从事传统低效率第一产业的劳动力将逐渐转向从事现代高效率第二、三产业，产业结构由此逐步升级转换。第二、三产业的劳动效率远远高于第一产业，城市化因而成为一个国家走向复兴的必经之路。

3）城市化是居民消费水平不断提高的过程。城市是高消费群体的聚集地，城市化使得大批低消费群体转为高消费群体，因此城市化过程又是一个市场不断扩张、对投资者吸引力不断增强的过程。

4）城市化是农村人口城市化和城市现代化的统一。城市化绝不仅仅局限于农村人口进入城市，而是乡村人口城市化和城市现代化的统一，是经济发展和社会进步的综合体现。

5）城市化是一个城市文明发展并向广大农村渗透的过程。城市化也是农村文明程度和农民生产生活方式不断提高的过程，是城乡一体化的过程。如果说乡村人口城市化是城市化的初级阶段，是城市化进程中量增加的过程；那么，城市现代化和城乡一体化就是城市化的高级阶段，是城市化进程中质提高的过程。

6）城市化是居民整体素质不断提高的过程。由于大部分国民从事先进的产业活动、拥有较高的生活质量，居民因此转变原有的生活方式及价值观念，告别自给自足的生活方式，摆脱小富即安的思想观念，转而追求文明进步与开拓进取的精神目标。社会也将建立起根本区别于农业社会的新秩序，社会化、商品化、规范化、法制化将成为城市社会新秩序的基本特征。

8.3.2 城市化与国民经济发展的关系

“国强”与“民富”是一个国家经济社会发展的两个基本目标，而工业化与城市化正是实现“国强”与“民富”的两条基本路径。在发展中国家，工业化与城市化构成国民经济发展的两个主旋律。其中，工业化过程能促进一个国家的经济增长、产业结构升级及经济现代化的发展，大幅提高国民经济创造财富的能力，从而实现“国富”的目标。在城市化过程中，通过非农产业就业的增加，大量农村人口进入城市从事较高效率的产业，从而赢得较高的回报，使居民收入水平大幅提高；农村地区也由此使其土地规模经营不断推进，农业产业效率不断提高，从而不断提高农民的收入，为解决“三农”问题提供基础性条件。可见，城市化是中国实现“民富”目标的需要。最后，随着经济的发展，政府能够提供不断完善的基础设施和公共服务，为国民生活质量的提高奠定外部条件基础。

城市化对于我国具有特殊的重要意义。我国人口众多，在城市化水平较低的情况下，大量人口散布于广大农村。但是我国农业的自然禀赋并不具备天然优势：山地多、平原少，水土资源和气候资源分布合理性较差。这一特殊国情决定了我国众多人口不能主要依赖于农业来谋求生存与发展继而实现“民富”的现状。因此，我国富裕农民的首要出路在于减少农民。如果农村人口减少了，在政府对农村的基础设施与公共服务发展到位的条件下，农村的规模经营和产业效率提高就是必然结果。

综上，我国作为城市化过程中的发展中大国，城市化是国民经济发展的核心组成部分，城市化的健康发展也是国民经济保持健康运行的必要条件。

图 8-1 显示了工业化与城市化交互作用，从而共同促进国民经济发展的过程。为了更清楚地说明城市化与经济社会的关系，这里简化了经济制度对城市化和经济社会的影响，但这并不意味着其无关紧要。相反，正因为城市化和经济社会的发展都存在着多方面制度障碍，制度创新才成为新时期城市化和经济社会发展中极为重要的基础性条件。

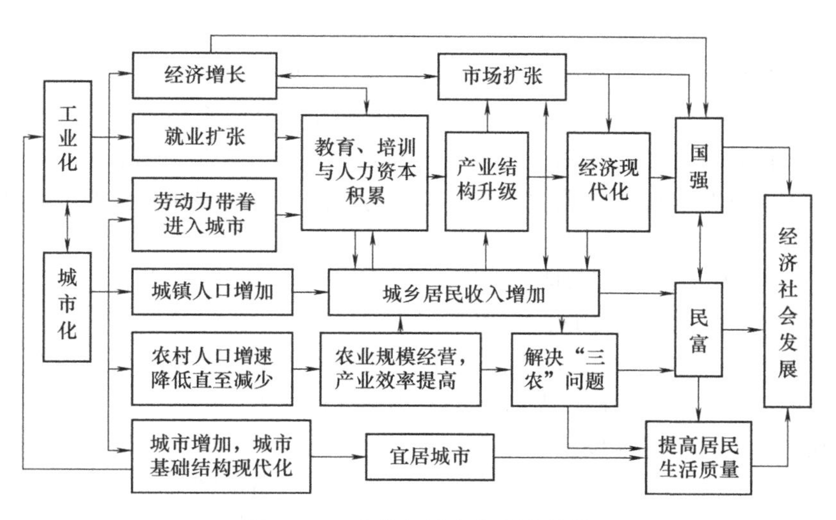

图 8-1　工业化与城市化交互作用

8.3.3　可持续发展的理论将推动经济学研究范式的转变

经济增长理论作为主流经济学的一个核心内容，是一个标准的经济学理论范式。自从西方经济学体系创立以来，经济学家就特别关注对经济增长的分析。关于经济增长理论在理论和经验上的种种缺陷，经济学家们从各个角度做了深入地阐述与修正，却忽略了分析增长理论中一个重要缺陷，即缺少对自然资源尤其是可耗竭资源的分析。首先，古典经济增长理论考虑到了自然资源在经济增长中的作用。如李嘉图和马尔萨斯的经济学家们注意到了土地资源的稀缺性，认为土地的边际产出递减，并由此得出了悲观的结论。然而，他们所处的时代是农业生产占绝对主导地位的时期，对技术水平的提高缺乏认识，事实上，正是技术的进步使得土地的产出维持了人类生存和经济的增长。其次，新古典增长理论和新增长理论都没有考虑可耗竭资源的作用。新古典增长模型的生产函数只把劳动力和资本作为生产要素，意味着资源对经济增长没有任何影响，而资源对生产是不可或缺的，因而会出现马尔萨斯式的资源灾难。总之，增长理论模型是建立在资源供给与环境容量无限的基础之上的，对于特定的劳动投入量，资本存量可积累到任意所需的程度，因而经济的运行不会出现资源耗竭与环境污染等问题。这种理论指导下的经济增长方式和工业化模式虽然创造了大量的物质财富，加快了人类文明进程的步伐，却也付出了资源耗竭、环境恶化的代价。

如今，可持续发展理论将“地球资源和环境容量是有限的”这一主流经济学所忽视的基本事实作为理论前提，必将产生一个崭新的研究范式，因为将可耗竭资源引入现代经济学的模型之后，随着可耗竭资源的不断减少，产出也会减少，并且最终趋向于零。这种情况得出的结论与现代经济学的结论完全相反，即经济的持续增长是不可能的。因此，可持续发展理论对传统经济理论范式发出挑战的同时也将推动经济学研究范式的转变。

8.3.4　21 世纪我国城市化发展的国际背景与环境

经济全球化是我国 21 世纪城市化发展面临的最重要国际背景。经济全球化主要表现为：国际贸易高速增长；国际资本市场迅猛发展；外国直接投资快速增加；科技研究与开发活动全球化；世界劳动力流动全球化。

在经济全球化背景下推进我国城市化，必须注重发展质量。应对全球化的城市化质量包括两方面内涵：一是提高支撑城市化发展的工业化质量，建立全面参与国际一流经济竞争的产业体系，争取使我国产品向国际中高端市场攀升；二是大幅提升我国公共服务品的质量，通过深化改革，实现政府职能的重大转变，构建与国际市场发展相对接的发展环境，从而提升对国际资本和国际市场的吸引力。

此外，新一轮的全球产业浪潮技术层次高、规模大、速度快，并且主要以跨国公司为主要依托。新一轮产业的去向主要取决于以下因素：接受国的政治稳定性；接受国经济发展的比较优势；接受国的市场规模与市场潜力；接受国已经形成的产业集聚与配套能力；接受国的技术进步与创新能力；接受国的基础设施与国际交流能力。纵观当今发展中大国的状况和发展态势，我国是最有条件承接新一轮国际产业转移的发展中国家。这为我国城市化发展提供了广阔的产业发展空间。在目前的国际分工中，我国的劳动密集型产业有着成本和生产率的明显优势，这也使我国在未来国际竞争中赢得更充足的发展空间。

20 世纪 90 年代以来，发达国家的经济及人口掀起新一轮向大城市和城市群聚集的浪潮，城市群已经成为发达国家核心竞争力的主要载体，新世纪国与国之间的竞争在空间上具体化为城市群与城市群间的竞争。一个国家最发达城市群的发展水平通常与该国经济实力和国家竞争力成正比。美国是世界上城市群最为发达的国家，其核心统计区的资料能够更加准确地反映出美国的人口分布格局。世界人口向城市群和城市化地区集中的趋势要求中国应该认真研究城市空间分布的规律。与此同时，为了应对新世纪激烈的国际竞争形式，我国也必须深入研究城市发展战略转型的问题。

■8.4　新中国城市化进程

改革开放以前我国城市化长期处于较低水平，除了国民经济和社会发展第一个五年计划期间的正常发展，几乎都处于停滞状态。1949—1952 年是中华人民共和国成立后的经济调整与恢复时期。随着战争结束，经济社会运行从战时状态转化为正常的经济社会发展，城市中逐渐建立起安定的经济社会运行秩序。直到 1953 年，我国开始实施“一五”计划，经济社会才得到稳步发展，城市化水平也随之逐步提高。除了“一五”以外，1978 年以前的大部分时间内我国城市化的最大特点是增长缓慢乃至停滞。1952—1978 年这 26 年的发展中，我国城市化又明显呈现为三个不同的历史时期：1952—1957 年短暂的健康发展时期；1958—1965 年过渡城市化及调整时期；1966—1978 年城市化的停滞阶段。

改革开放以来，我国城市化水平稳步提高，从城市化速度和城镇人口增长系数看，我国的城市化进程仍然存在许多波折。

1979—1995 年为我国城市化的初级阶段。

首先，改革开放为中国的城市化提供了前所未有的制度环境。一是经济体制改革委产业结构调整及大众参与工业化过程提供了有利条件。1949—1978 年间，中国之所以走一条非城市化的工业化道路，最主要原因是走工业化道路的选择以及由此决定的制度框架。改革开放彻底改变了原有的工业化道路，而这里的“改革”实质上是将原来的“一切权力由中央高度控制”转成“由中央政府、地方政府及市场共同作用经济社会发展”的制度。市场在

其中起着基础性作用，成为调节经济开发的主要杠杆。二是人口流动等相关制度改革为农民进城铺设了制度桥梁。我国的改革是全面的，政府在启动经济制度改革的同时，一系列的社会制度、行政管理制度、政治制度也都进行着改革。从直接促进城市化的角度看，最为重要的是就业制度、户籍管理制度、社会保障制度的改革。三是城市建设投资制度的改革大幅提高了城市基础设施的承载力。改革开放以前，中国城市建设完全依赖于中央政府对地方政府的财政拨款。改革开放以后，城市建设的渠道开始走向市场，城市建设急剧扩张，大量的城市道路、桥梁、市场设施、给排水系统乃至车站、机场等公共设施都利用民间资本进行投资建设，各个城市及建制镇的城市设施和发展环境得到了极大改善。其次，1979—1995 年，我国根据市场规律，对产业结构进行补足性调整，改变“以钢为纲”的重工业超前发展的工业化道路。在旧体制下受到限制的非农产业主要是轻工业和第三产业，改革开放后，轻工业和服务业市场得到迅速释放，在市场拉动下成为发展最快的产业，由此可见，产业结构的补足性调整是 1979—1995 年城市化发展的直接动力。再次，由于中国的改革开放在空间上走了一条由乡村到小城镇再进入城市的过程，因此以小城镇为主的城市化是 1979—1995 年城市化发展的主要特征。

1996—2004 年，我国开始向城市化中级阶段迈进。统计资料显示，自 1996 年起，我国城镇人口增长系数超过 1，直至 2004 年的 8 年都稳定在 1 以上，平均城镇人口增长系数达到 2.16，我国开始稳步进入城市化的中期阶段。理论上当城镇人口增长系数大于 1 时，随着国家的农村人口开始下降，农村人地矛盾逐渐缓和，农业规模经营才能得以起步。同时，随着农村规模经营和农业技术的进步，农业产业效率开始大幅提高，其与非农产业效率的差距因而缩小，农村居民的收入水平就会相应提升，与城镇居民收入的差距又将缩小，这也为国家推进城乡一体化提供基本的物质条件。

由表 8-1 可以看出，我国城市化率在 2000—2010 年间增长了 13.46 个百分点，2010—2020 年间增长了 14.21 个百分点，这两个十年是自 1953 年全国第一次人口普查以来城镇人口增幅巨大的阶段。

表 8-1 全国人口普查人口基本情况（城乡人口部分）

指标	1953 年	1964 年	1982 年	1990 年	2000 年	2010 年	2012 年	2014 年	2016 年	2020 年
城镇化率（%）	13.26	18.30	20.91	26.44	36.22	49.68	52.57	54.77	57.35	63.89
城镇人口/万人	7726	12710	21082	29971	45844	66557	71182	74916	79298	90199
乡村人口/万人	50534	56748	79736	83397	80739	67415	64222	61866	58973	50978

党在十八大报告中全篇提及城镇化多达七次，其中有两次出现于主要位置：第一次出现在全面建成小康社会经济目标的相关章节中，工业化、信息化、城镇化和农业现代化成为全面建成小康社会的载体；第二次出现在经济结构调整和发展方式转变的相关章节中。从局限“区域协调发展”一隅，到上升至全面建成小康社会的载体，继而上升到实现经济发展方式转变的重点。哪怕用最挑剔的眼光，依然可以看出城镇化在实现全面建成小康社会的实践中占据着越来越重要的地位。

城镇化是一个系统工程，绝非简单地引导农村人口进入城市，它至少包含以下五方面内容：

1）经济体制改革的目标是依靠非公有经济推动中国经济转型，正常来说需要包含消除城镇内部的二元结构。

2）城镇化要与促进创新和升级，提升工业生产效率，为服务业发展打开空间。

3）城镇化意味着农业人口不断进入城市，粮食安全必须得到保障，因此离不开农业的现代化。

4）加快城镇化离不开房地产行业的平稳健康发展。

5）既要重视中小城市和小城镇建设，也要重视培育新的城市群。

十八大报告中提出的“推进新型城镇化建设”对我国经济增长具有重要意义。通过加快城镇化来带动周边经济的发展，在这一过程中，加大国家的财政投入，从而拉动内需的发展，并最终带动产业链的发展。

改革开放以来，我国城镇化发展迅速。1978 年，我国人口达 9.6 亿，城镇化率 18%，城市人口约 1.7 亿。到 2017 年，我国城市化率已达 58.52%，城市人口超过 8 亿。展望我国的城市化进程，预计到 2030 年，城镇化率将达到 60% ~65%。我国常住人口城镇化率距离发达国家 80% 的平均水平还有较大差距，也意味着巨大的城镇化潜力，将为经济发展持续释放动能。

新型城镇化，顾名思义，区别于传统城镇化，是指资源节约、环境友好、经济高效、社会和谐、城乡互促共进、大中小城市和小城镇协调发展、个性鲜明的城镇化。新型城镇化更加重视城镇化的质量，强调适度和健康的城镇化发展速度，其目标指向应是“适度的城镇化增速”“投资环境的改善”及“人居环境质量的提升”。

（1）与工业化协同发展的城镇化　新型城镇化从城乡分割的现实出发，注重工业反哺农业、城市支持农村；注重城市公共服务向农村覆盖、城市时代文明向农村扩散，让城镇化的进程成为促进农业增效、农民增收、农村繁荣的过程，从而形成城乡互补、共同发展的良好格局。

新型城镇化必须适应工业化的要求，有效发挥促进工业化的作用，实现工业化与城镇化相辅相成、互相促进。同时，为农业和农村的发展创造更有利的条件，使落后的二元经济结构转变为工业化城镇化的协调推进、城市和农村协调发展的一元化现代化结构。

（2）资源节约环境友好的城镇化　新型城镇化与城市生态化相结合，走环境友好的城镇化道路，走发展和智力同步的道路，按照“资源节约和环境友好”的要求，努力发展低耗经济、低碳经济、循环经济，节能减排，保护和改善生态环境，按照城市标准，对垃圾、污水、噪声等污染物进行达标处理和控制，增加绿地、林地面积，突出城市生态建设，推动城市与自然、人与城市环境的和谐相处，建设生态城市。

（3）因地制宜、路径多样的城镇化　实现拉动力从传统工业化带动到新型工业化的转变，就是按照资源集约功效利用的要求，注重产业的合理布局与配套集群发展；注重做大做强新型产业，尤其要注重现代服务业；同时，应注重生产工艺流程的创新升级，推动城镇向数字域、信息域、智能域、知识域等方向发展，促使城镇地理空间优化、中心城市与卫星城镇共同繁荣，造就城镇宜居、宜业、宜游的环境。

（4）转移劳动力市民化的城镇化　只有劳动力的非农业化和劳动力的空间转移不是真正意义上的城市化，仅有人口的集聚和产业的优化而没有生活质量的提升、人居环境的优化就称不上高质量的城镇化。要改革城镇人口社会管理制度，逐步建立城乡统一的居住地登记体制，让外来常住人口在医疗、教育、养老、失业救济等方面与城市人口享受平等的权利，赋予外来落户人口以完全的“市民权”。

《中华人民共和国国民经济和社会发展第十四个五年规划和 2035 年远景目标纲要》提

出，坚持走中国特色新型城镇化道路，深入推进以人为核心的新型城镇化战略，以城市圈、都市圈为依托促进大中小城市和小城镇协调联动、特色化发展，使人民群众享有更高品质的城市生活。

8.5　我国城市化的规模结构

8.5.1　不同统计口径的城市规模结构

我国的城市结构一般用城市人口规模来进行分组，但因为我国城市人口统计口径比较混乱，我国当前的城市规模结构到底是什么状况，任何资料都很难解释清楚。国家统计局当前发布的城市规模结构有如下四种口径：按照城市市辖区非农业人口划分、按照城市市辖区人口划分、按照城市市辖区常住人口划分、按照城市市辖区城镇人口划分。

表8-2反映了我国不同统计口径的城市规模结构差异。可见，按照不同的划分标准，城市规模结构的差异极大。

表8-2　我国不同统计口径城市的划分

划分口径	项目	全国城市	人口规模/万人				
			≥200	100～200	50～100	20～50	<20
按照城市市辖区非农业人口划分（2002年）	个数/个 比重（%）	660 100.0	15 2.3	30 4.5	64 9.7	225 34.1	326 49.4
按照城市市辖区总人口划分（2002年）	个数/个 比重（%）	660 100.0	33 5.0	138 20.9	279 42.3	171 25.9	39 5.9
按照城市市辖区常住人口划分（2003年）	个数/个 比重（%）	650 100.0	43 6.6	69 10.62	113 17.38	140 21.54	285 43.8
按照城市市辖区城镇人口划分（2000年）	个数/个 比重（%）	665 100.0	23 3.5	36 5.4	92 13.8	305 45.9	209 31.4

注：资料来源：国家统计局城市社会经济调查总队．2004，2005．中国城市统计年鉴．北京：中国统计出版社。

另外，我国城市规模结构的说法也存在混乱的现象。表8-3反映了中国统计出版社出版的《中国统计年鉴》中关于城市统计分组的标准。

表8-3　城市统计分组标准

《中国城市统计年鉴2003》统计分组指标		《中国城市统计年鉴2004》统计分组指标	
城市等级	城市市区非农业人口/万人	城市等级	城市市辖区人口规模/万人
		巨型城市	≥1000
超大城市	≥200	超大城市	500～1000
特大城市	100～200	特大城市	200～500
大城市	50～100	大城市	100～200
中等城市	20～50	中等城市	50～100
小城市	<20	小城市	<50

注：资料来源：国家统计局城市社会经济调查总队．2004，2005．中国城市统计年鉴．北京：中国统计出版社。

综上所述，我国目前还缺乏一个能科学准确地反映城市规模结构的统计口径及资料公布制度。在我国城市化的快速发展过程中，这样的基本资料供给状况严重限制了人们科学地认识城市化以及深入研究城市化的进程。

8.5.2　小城镇的可持续发展

受到工业化战略与制度安排的影响，我国小城镇的发展经历了从初步繁荣到萎缩再到全面繁荣的曲折历程，表现出不同的阶段性特征，大致可分为三个阶段。一是“1949—1978年，小城镇缓慢发展阶段”。这一阶段，小城镇的发展经历了初步繁荣—波动（衰落—回升—再次衰落）—停滞的历程。二是“1978—1998年，小城镇快速增长阶段”。改革开放后，中国小城镇发展进入了一个崭新的历史时期。三是“1998年至今，小城镇发展由数量增长向质量提升的转变阶段”。1998年以后，小城镇的增长速度明显放缓，盲目兴建小城镇的现象在一定程度上得到了遏制。

小城镇的建设是中国特色城镇化道路的重要组成部分，在我国国民经济和社会发展中占据重要地位。随着非农产业的快速发展，小城镇迅速崛起，成为带动农村经济繁荣和推动城镇化进程的重要力量，发挥着农村地域性经济、文化及各种社会化服务中心的作用。

建制镇是我国小城市发展的主要空间依托，若建制镇规模太小，具有竞争力的建制镇数量太少，那么小城市的发展就缺乏空间基础。因此有必要对我国县域城镇体系进行科学的重新构建。一部分县城关镇和强镇实际上已经发展为小城市，甚至中等城市。通过重点建设城关镇与强镇，在未来20~30年中将它们发展为以下三种规模的城市：人口在100万以上的大县；人口在50万~100万的中等县；50万以下的小县发展为一个15万人左右的小城市。通过这种重点发展战略，一方面可以强化城关镇的县域经济中心功能，逐步解决县域城镇体系规模偏小的问题；另一方面也能促进城镇在地区之间分布的平衡，使城市文明迅速向农村地区扩散。此外，中心城镇发展成为镇区人口在3万~5万的建制大镇也是中国县域城镇体系构建的前进方向。

8.5.3　中小城市的可持续发展

一般而言，中小城市指市区非农业人口为20万~50万的中等城市和小于20万人口的城市。自中华人民共和国成立以来，尤其是改革开放的这些年，我国的中小城市取得了长足发展。表8-4为1957—1996年我国中小城市人口的变动轨迹。

国家在实施城市化战略、推进区域社会发展的过程中，历来都十分重视大城市的辐射带动作用和小城镇的示范作用，并在一定程度上把小城镇的建设作为工作重点。但在中华人民共和国成立以来，我国城市化发展最为迅速的却是20万~50万人的中等城市，可见中等城市在区域社会发展和城市化进程中的优势地位是无可替代的。中小城市在我国的重要地位可归结为三方面原因：

（1）中小城市在城镇体系中起承上启下的作用　虽然中小城市的空间辐射范围局限于一个特定区域之内，但它上能为大城市分担其过度饱和的集聚功能，下能为广大小城镇提供进一步集聚的桥梁和通道，这两点使其在整个城镇体系中起到平衡与稳定的作用，而且随着经济的发展和城镇体系的不断完善，中小城市的重要性将越发明显，其人口规模也将不断增大。

表 8-4　1957—1996 年我国中小城市人口变动轨迹

年份	城市总人口/万人	中小城市（<50 万人）		中等城市（20 万～50 万人）		小城市（<20 万人）	
		绝对数/万人	比重（%）	绝对数/万人	比重（%）	绝对数/万人	比重（%）
1957	6005	2185	34.6	1073	17.9	1112	18.5
1960	7853	2657	33.9	1496	19.1	1161	14.8
1965	6751	2453	36.3	1399	20.7	1054	15.6
1970	6663	2587	38.8	1477	22.2	1110	16.6
1975	7402	2752	37.2	1643	22.2	1109	15
1978	7898	2906	36.8	1821	23.1	1085	13.7
1980	9022	3293	36.5	2121	23.5	1172	13
1983	10278	3948	38.4	2305	22.4	1643	16
1986	12258	5091	41.5	2886	23.5	2205	18
1990	15037	6880	45.8	3644	24.3	3236	21.5
1991	15442	7077	45.8	3754	24.3	3323	21.5
1992	16439	7832	47.7	4283	26.1	3549	21.6
1993	17709	8569	48.4	4733	26.7	3836	21.7
1994	19165	9563	49.9	5317	27.7	4246	22.2
1995	20016	10050	50.2	5764	28.8	4286	21.4
1996	20779	10459	50.3	5951	28.6	4508	21.7

注：资料来源：王放．2000．中国城市化与可持续发展．北京：科学出版社。

（2）中小城市具备一定的产业基础和基础设施基础　中小城市聚集着一定的工业企业，而且随着制造业向中小城市的转移，中小城市的产业基础已有一定规模，在区域经济发展中起“次经济中心”的作用，是大城市经济的重要补充。

（3）中小城市是我国城市化进程中的重要动力　其原因主要有两点：一是因为中小城市将逐渐成为农村富余劳动力的主要流向地和吸纳地；二是由于中小城市是城乡协调发展的主要力量。

尽管中小城市在我国城市化进程中一直扮演着十分重要的角色，现在又成为我国城市群发展战略的一个重要环节，但其发展也面临着许多问题和制约，推进我国中小城市的健康快速发展可以采取以下措施：

1）重新修订城市设置标准。我国城市设置标准存在太高、太多和不公平的问题，因此应降低、简化、统一设置标准。

2）推进中小城市经济结构调整。中小城市经济结构调整要有新思路，实现从计划经济向市场经济体制的转变、从单一主导型结构向多元主导型结构的转变、从资源导向型思维向市场导向型思维的转变。

3）加强基础设施建设，完善投融资体制。改革开放以来，基础设施是我国投资最多、发展最快的领域之一，但与大城市基础设施建设相比，中小城市的基础设施情况仍然欠佳，因此，中小城市要加大基础设施的建设力度，既要弥补基本的基础设施缺陷，又要实现与高新技术发展的对接。

4）加强环境保护，逐步建立生态城市。西方国家的中小城市之所以成为多数居民生活、工作、休闲的理想场所，是由于中小城市较好地解决了自然和社会的环境问题。因此，要保证中小城市经济的健康稳步地发展就必须要有一个良好的生态环境保障。

8.5.4 大城市的可持续发展

中华人民共和国成立以来，我国50万人口及以上的城市数量，除个别年份外，都是不断增加的。不同规模的城市在城市体系中都有不可替代的作用，对任何一级城市的偏好和限制都不利于城市化的进程及城市经济与社会的正常发展。由于城市经济本质上是一种集聚经济，大城市具备比中小城市更高的经济集聚效益，因此，对于正处于城市化加速发展阶段的中国而言，大城市在城市体系中发挥着主导作用和辐射作用，不但不应控制大城市的发展，还要有重点地积极发展大城市，其原因如下：一是大城市超前发展是我国城市化过程必然经历的阶段；二是大城市是流动人口的主要吸收地；三是大城市存在明显的经济资源优势。

国家环保总局于2005年6月公布的《中国的城市环境保护》报告指出了我国城市环境保护工作面临的三大新问题：城市环境污染边缘化问题日益显现；机动车污染问题更为严峻；城市生态失衡问题不断严重。这三大环境问题在我国各级城市中普遍存在，但在大城市中表现尤为突出，亟待解决。下面简要给出解决这几大问题的主要措施：

1）遵循市场规律，规划和促进紧凑型经济增长模式；按照直接受益或间接受益原则建立大城市污染物处理收费制度；实施城乡一体化的城市环境生态保护战略。

2）通过价格杠杆限制小汽车的使用；对公共交通实行更高程度的倾斜政策；协调城市交通、土地利用与就业三者间的关系。

3）除了控制城市人口规模、加强产业生态化和提高公众意识外，最重要的还是城市绿地系统建设、城郊森林斑块建设和城市绿色廊道建设。

按照城市规模划分标准，50万人口以上的城市可称为大城市，更详细的又划分为50万～100万人口的大城市；100万～200万人口的特大城市；200万～400万人口的超级城市以及400万人口以上的巨型城市这四个等级。真正代表中国参与全球分工交流的只是极少数等级体系顶层的大城市，因此，对它们进一步研究可以更好地理解大城市在城市体系中的主导作用。

8.5.5 城市群的可持续发展

城市群的成长和发展一般要经历漫长的历史演化过程，这期间会受到诸如自然条件、交通条件、历史条件、经济体制等因素的影响。这些因素共同作用决定了城市群的发展阶段，也造就了城市群不同的发展特色。国内研究城市群界定标准的学者较多，其中以姚士谋的“超级城市群和其他城市群划分”最具代表性。表8-5即姚士谋提出的中国大城市群的10个定量指标，作为划分超大城市群与其他城市密集区的参考指标。

表8-5 中国大城市群的10个定量指标

序　号	指标名称与单位	超大城市群	其他类型
1	城市群人口/万人	2400～3000	<1500
2	特大超级城市/座	>2	<1
3	城市人口比重（%）	>36	<36
4	城镇人口比重（%）	>40	<40
5	城镇人口占省区比重（%）	>55	<55

（续）

序 号	指标名称与单位	超大城市群	其他类型
6	等级规模结构	较完整	不完整
7	交通网络密度/（$km/10^4 km^2$）	铁路 350～550 公路 2000～2500	250～400 <2500
8	社会商品零售占全省比重（%）	>45	<45
9	流动人口占全省、区比重（%）	>65	<65
10	工业总产值占全省、区比重（%）	>75	<70

注：资料来源：姚士谋等，2001. 中国城市群. 合肥：中国科技大学出版社。

集聚经济不仅是城市存在的根本原因，也是城市化进程由“小城镇化”到“大城市化”再到“大城市群化”转变的主要动力。城市集聚经济由地方化集聚经济与城市化集聚经济组成，它们共同作用的结果是城市集聚规模越来越大。

城市地域扩张的主要障碍之一是交通成本，不同交通方式下城市地域扩张的范围不同，因此选择与城市规模相适应的交通体系对城市的发展十分重要。高速、大运输量的交通基础设施是城市群健康成长的基本保证。

城市群是一个经济区的概念，而非一个独立的行政单元，因而不能完全依赖行政力量解决城市群协调发展的问题。我国城市群难以形成经济协调发展格局的根本原因在于区域协调机制的缺乏。建立我国城市群区域协调机制的基本思路应该是：首先，建立有协调权威的区域协调机构；其次，制定城市群内部的有关组织协议或法律；最后，赋予城市群经济发展规划和地区规划的法律效用，规范城市群各成员的行为。

按照一定的划分原则，我国初步形成了 12 个城市群，分别是长江三角洲城市群、珠江三角洲城市群、京津唐城市群、山东半岛城市群、辽中南城市群、闽东南城市群、中原城市群、武汉城市群、长株潭城市群、长吉城市群、关中城市群及成德绵城市群。

城市群在高速发展的同时也面临着环境和资源的约束，我国城市间环境污染的相互影响现象十分严重，因而各自为政难以解决城市群的环境问题。与此同时，我国城市群存在高水平的生态赤字，致使生态与环境系统十分脆弱，难以支撑城市群的高速发展，使得许多生态与环境问题更加严重，其中又以水资源缺乏、土地资源短缺、生活垃圾再次污染问题尤为显著。

不论是自然条件一体化还是产业结构趋同带来的环境污染，都不只是单一城市的问题，而是整个城市群所有城市面临的问题。因此必须从整体出发，建立城市群环境合作机制才是改善城市群生态与环境、促进区域可持续发展的必经之路。城市群环境合作机制建设应从以下几方面入手：

1）编制具有法律地位的城市群环境规划。

2）建立长期有效的城市群合作对话机制、信息交流机制和环境监测合作机制。

3）充分运用市场手段改进和发展环境管理新模式。

4）加强环境影响评估在城市群产业布局和结构调整中的指导作用。

《中华人民共和国国民经济和社会发展第十四个五年规划和 2035 年远景目标纲要》提出，推动城市群一体化发展。以促进城市群发展为抓手，全面形成“两横三纵”城镇化战略格局。优化提升京津冀、长三角、珠三角、成渝、长江中游等城市群，发展壮大山东半岛、粤闽浙沿海、中原、关中平原、北部湾等城市群，培育发展哈长、辽中南、山西中部、黔中、滇中、呼包鄂榆、兰州-西宁、宁夏沿黄、天山北坡等城市群。建立健全城市群一体化协调发展机制和成本共担、利益共享机制，统筹推进基础设施协调布局、产业分工协作、公共服务共享、生态共建环境共治。优化城市群内部空间结构，构筑生态和安全屏障，形成多中心、多层级、多节点的网络型城市群。

8.5.6 粤港澳大湾区城市群的可持续发展

2019年2月18日，中共中央、国务院印发了《粤港澳大湾区发展规划纲要》，涵盖广东省9座城市及香港和澳门。在世界其他地区仍陷于围绕如何实现包容性和可持续发展的无休止争论之中时，我国正努力实现这一目标。根据我国的长期发展战略，中央政府仍然负责总体稳定和国家安全。珠江三角洲（后来扩大到粤港澳大湾区）、以上海为中心的长江三角洲，以及京津冀是我国三大都市圈。这些地区人口加起来超过3亿，面积超过40万平方公里，在我国国内生产总值（GDP）总量中占比超过35%。尽管粤港澳大湾区是这三个城市群中面积最小的，人口约为7000万，但它贡献了1.5万亿美元的GDP。得益于充满活力的私营企业和对全球贸易的深度参与，从1980年到2017年，大湾区（不包括香港和澳门）的经济每年增速达14%。粤港澳大湾区是我国以市场为导向的改革开放及其不断地试验和调整带来好处的典范。在气候变化、地缘政治紧张局势和颠覆性技术正在改变全球价值链和生活方式的时候，这样的试验和调整——城市和城市群一直是至关重要的平台——对于我国的未来而言至关重要。事实上，它是发展和实施更具可持续性和包容性的经济模式的关键。实现绿色、包容和创新未来的努力将在三个主要方面展开：

1）活力十足的公司将不断地提供资源效率更高的、面向消费者的产品和服务。世界一流大学和研究团队也将为这一进程做出贡献。

2）我国将继续通过减税、减少针对小企业的繁文缛节、提高最低工资、改善社会保障、医疗和教育等措施，在社会包容和稳定方面取得进展。为此，中央政府一直在与地方政府密切合作，将它们转变为相互竞争的基础设施和公共服务的提供者。与此同时，一些城市（如大湾区的城市）对房地产投机实行了严格的限制，以抑制不断上涨的房价，同时扩大向低收入家庭和年轻毕业生提供保障房的范围。这种包容性的住房政策，加上大多数城市居民实际收入的增加，不仅促进了社会稳定，而且有助于应对日益加剧的收入和财富不平等。

3）我国将继续加大力度创建绿色城市。这意味着减少空气和水污染，包括通过建设创新的垂直森林，同时实施和扩大城市脱碳计划。

当然，对于所有的城市和城市群来说，情况并不一样。对于大湾区来说，香港的发展尤为重要。这座城市在全球知识经济中已经拥有强大的优势，但是香港经济正在迅速发生变化，包括数字化。因此，需要对香港的作用进行大胆和前瞻性的重新评估，以便更有效地支持香港和内地的长期发展目标。具体而言，香港无论是在物理空间还是市场方面都面临着短期瓶颈，这些都需要运用一些手段去克服，如将香港的（软硬）基础设施与内地的基础设施相联系。幸运的是，大湾区已经被证明擅长消除公共服务“最后一公里”所面临的瓶颈。倡导中华民族伟大复兴的中国梦并非像一些西方人所认为的那样关乎世界主导地位。毕竟，市场竞争、创新和创业并不一定是零和游戏。相反，中国提出了一种支撑全球和平与繁荣的包容性、可持续经济增长的愿景。

8.6　我国城市化的地区差异

8.6.1　沿海地区城市化与可持续发展

沿海地区是我国城市化发展进程中变化最大、增长最快的地区。从中华人民共和国成立之初到改革开放之前，除了北京、天津、上海三个直辖市城市化水平较高外，其他省份的城市化水平均较低。但改革开放以来，除河北受经济基础等因素影响导致城市化水平提高幅度不大外，其余省份，特别是广东、江苏、浙江、福建、山东等地城市化进程得到了突飞猛进的发展。我国沿海地区较高的城市化水平和城市化发展速度推动了全国城市化进程的不断前进。同时，沿海地区的城市化也引领了全国的现代化进程。

沿海地区城市化的发展道路和发展阶段决定了它具有不同于其他地区的特性，主要表现在城市化动力多元化、城市群发育水平较高及大城市郊区化明显等方面。沿海地区城市化发展的速度和水平都居于全国前列，其在城市化发展过程中也探索出了一些值得其他地区学习和借鉴的经验，但在可持续发展方面仍然存在缺陷。沿海地区城市化发展的主要矛盾可归结为以下三点：一是生态与环境难以承受快速扩张的城市经济；二是大量的流动人口始终游离在城市社会之外；三是农民利益在城市化过程中的不断流失。

在我国沿海地区的诸多城市群中，发展水平较高、运作体系较成熟的当属京津冀城市群、长三角城市群和珠三角城市群。这几个城市群在全国城市化、工业化和现代化进程中都有重要的带动和辐射作用，但它们的发展模式各具特点，未来可持续发展面临的问题也各不相同。根据经济总量规模、城市群内部的分工协作，以及对周边地区的带动辐射等，可以推断：京津唐城市群发展刚刚起步；长三角城市群发展初具规模；珠三角城市群发展相对成熟。

沿海地区的城市化主导和影响着全国城市未来的发展方向，今后应进一步调整发展思路，协调城市化与工业化、城市化速度与城市化质量、城市经济发展与城市文明建设间的关系，促进城市与区域的可持续发展。沿海地区城市化发展的战略对策可以从以下几方面开展：

1）城市空间发展战略。优化城市空间布局，提高空间利用效率；加强城市之间的联系，发挥城市群的带动作用；加强区域规划，提升小城镇发展的规模与档次。

2）工业化发展战略。改变产业发展模式，走集约经济和循环经济的道路；调整投资结构，培育自足创新能力。

3）制度建设战略。建立公平开放的人口流动制度；健全城中村改造和农民利益保障制度；完善公共服务和社会保障制度。

8.6.2　中部地区城市化与可持续发展

中部地区地处我国地理区位的中心，连接东西，沟通南北。资源丰富，是我国著名的“粮仓”和能源、原材料的生产基地。中部的崛起对现阶段实现统筹区域发展具有重要意义。中部地区是中华民族文明的重要发源地，城市发展起源较早，历史悠久，仅河南一省就拥有我国八大古都中的四个，但后来的发展趋势相对放缓，不仅城市数量增长比较缓慢，城市化水平和城市发展质量的提高速度也相对较慢。但近年来，中部地区城市化发展趋势较好，城市化进程明显加快，与其他国家和地区的城市化相比，已经进入城市化的快速发展阶段。

我国中部地区在城市化过程中大量的人口迁移对全国城市化进程产生了重要影响。首先，省内城乡间人口流动规模大，对推动本地城市化进程意义重大；其次，大量人口外迁，既减轻了本地的城市化压力，也为迁入地输送了大量劳动力；最后，中部地区强大的人口迁移趋势仍将持续，全国城市化进程也会因此受到影响。

长期以来，在自然条件、经济发展和宏观政策的影响下，中部地区的城市化发展也形成了一些区别于其他地区的特性，具体表现在城市规模结构体系、城市空间分布特征、城市化发展的地区差异等方面。此外，现阶段中部地区城市化发展的矛盾相对于其他地区更加尖锐和集中，中部地区城市化发展的主要矛盾可分为以下几点：农村人口多，农村经济落后，城市化压力大；第二、三产业发育不足，城市吸纳能力有限；城市化发展和生态与环境保护之间矛盾突出。

目前，中部地区虽然尚未形成如长三角城市群、珠三角城市群、京津唐城市群规模和实力的大型城市群，但通过近年来的努力，一批以省会城市为中心的城市群正在形成。中部地区人口众多、资源丰富、交通便捷、产业基础较好，但长期以来经济发展却一直相对滞后，究其原因，是缺少统一规划、强有力的城市群带动和强大的产业集群支撑。因此，如何壮大中部地区城市群是一个亟待解决的问题，这里给出三个中部地区城市群未来发展方向的解答：第一，整合城市群资源，统筹区域发展；第二，实施产业集群带动城市群发展的战略；第三，正确处理与沿海城市群的关系。

增强城市带动作用、壮大产业经济、完善制度建设是我国中部地区今后建设的战略重点，也是推动城市化进程的主要动力。中部地区城市化发展战略对策有如下几方面内容：

1）城市发展战略。加快大城市发展步伐，增强城市核心竞争力；加强中心城市的建设，培育重点开发轴；以一线城市为重点，大力培育中小城市和小城镇。

2）产业发展战略。加速推进农业产业化进程，促进农村发展；促进产业结构升级转型，增强城市经济实力；培育提升劳动密集型产业，拓展就业领域。

3）区域管理战略。加强制度创新，提高经济效益和城市化发展质量；加强农村教育和劳动技能培训，提高创业就业能力；合理引导人口流动，促进城乡统筹发展。

8.6.3 西部地区城市化与可持续发展

西部地区是我国自然生态基础最脆弱、经济发达程度最低、城市化水平最落后的地区，工业化、城市化与可持续发展的道路任重而道远。我国西部地区城市发展历史悠久。西安、咸阳等城市在古代曾经相当繁荣，中华人民共和国成立后，特别是在三线建设时期国家的投资重点倾斜与工业布局战略又带动了西部一批新型城市的发展（陶文彩，2001），为西部地区城市化发展奠定了一定的基础，但受自然环境、经济发展等多种因素的影响，城市化进程推进仍然比较缓慢，城市化一直保持在较低的水平。西部地区城镇人口占全国城镇人口的22.8%，乡村人口占全国乡村人口的1/3，可见西部地区农村人口城市化在全国城市化进程中有着十分重要的地位，成为影响全国城市化进程的关键。

由于特殊的自然生态环境与发展历史，西部城市化发展形成了一些不同于其他地区的特性，具体表现在城市规模结构、城市化动力、城乡联系、人口流动格局等方面。此外，其城市化发展特性主要有：城镇比例低，城市规模小；城市化地区发展不平衡；城乡二元结构显著，农民生活贫困；人口大量外迁推动城市化进程。其中存在的主要矛盾为：生态环境独特且脆弱导致城市规模与空间分布受限；工业化基础薄弱致使城市化动力严重不足；制度框架严重滞后造成城市化发展缺少有力保障。

西部地区是我国资源丰富的地区，多种因素的制约使得资源开发对这一地区经济发展有非同寻常的意义，但由此引发的矛盾与问题也相当突出。立足西部地区的特点，寻找科学的资源开发模式，掌握适当的资源开发程度是保障其顺利推进城市化和市县区域可持续发展的重要途径。西部地区资源丰富但生态环境脆弱，使得这一地区资源开发与城市化发展的关系微妙。西电东送、西气东输、南水北调、青藏铁路等工程是西部大开发的骨干工程，这些都是基于开发西部地区资源、变资源优势为经济优势的工程，这些工程的实施对西部地区的城市化发展产生了深远影响。

西部地区今后应根据城市化和工业化发展的一般规律，结合西部地区的实际情况，重新思考其城市化发展的诸多问题及战略对策。关于城市规模与空间格局的战略对策有以下几方面内容：首先应确定以城市为主体的城市化道路；其次应依据资源环境承载力来规划城市体系；再次应调整土地利用规划，从而促进城市集聚发展。在工业化发展道路方面，第一应根据工业化规律建立相对完善的工业化体系；第二应大力发展劳动密集型产业，扩大非农产业就业机会。

8.6.4　东北地区城市化与可持续发展

东北地区城市化起步较晚，城市化历史大约从100多年前开始，但城市化的发展速度却很快。平原广阔、资源丰富、水系发达等自然条件为这一地区城市的发展提供了良好的基础，而半殖民地半封建社会时期，贸易商埠城市、交通型城市、工矿城市等大量涌现，外国侵略者掠夺式的开发也是造成这一地区城市快速畸形发展的重要因素。总体而言，这一地区城市发展在全国城市化进程中的地位和作用可以概括为：城市化水平全国领先，但地位有所下降；传统工业城市的复兴成为新时期东北和全国城市化进程中的主要任务之一。

东北地区特殊的工业化发展道路造就了这一地区特殊的城市类型、城市体系、城乡联系及城市经济形态，城市可持续发展面临的问题也呈现出一定的独特性，具体表现为以下几方面：从城市化发展特性来看，城市数量较多，资源型城市比重较高，城市发展相对均衡且规模比较集中，城市化发展道路独特；从城市化发展的主要矛盾来看，资源枯竭、结构衰竭这两个因素制约了城市化进程，城市公共服务功能较弱使城市矛盾集中显现，缺少核心区的带动致使二元结构明显，从而使城市化推进缓慢。

东北地区城市集聚效益不强、城市贫困现象突出、城市经济增长乏力、城市生态环境恶化的问题已成为这些城市可持续发展所面临的危机。这些危机源于独特的产业类型，因此产业结构的调整与转型理应成为实现未来可持续发展的首要措施。这一地区资源型城市过于单一以及其集中的生产性功能使其发展陷入困境。促进城市功能的多元化发展，可以一定程度上为东北资源型城市未来的发展提供新动力。多年来，在东北地区资源型城市的发展过程中，普遍出现了对生态环境较大破坏的现象，因此，生态环境的恢复和改善也是东北地区资源型城市实现可持续发展的重要基础之一。

现阶段东北地区诸多城市化进程存在的问题是受多种因素影响的结果，世界上许多老工业基地也都有过类似经历，而振兴东北老工业基地、实现资源型城市的复兴，同样需要多种战略措施的密切配合：

1）城市发展战略。培育辽中南城市群，打造区域发展的核心区；充分发挥大城市的带动作用，形成若干城市发展轴带；加强城市的经营与管理，提高城市发展质量。

2）经济重构战略。产业结构高级化；建立现代化农业生产基地；扩大非公有制经济比重。

3）制度创新战略。软环境制度创新；建立起全面的就业支持与保障体系；完善社会保障从而缓解城市贫困的状况。

8.7 我国城市化的环境与制度问题

8.7.1 城市化进程中的环境问题

改革开放以来，在我国城市化规模和速度稳步推进的同时，城市的生态与环境也受到空前的挑战，使城市化进程难以为继，因此，建立城市化和生态与环境良性循环的互动机制是我国现代化进程中急待解决的重要课题。城市生态与环境问题与经济增长、能源消耗之间关系密切，几乎所有环境问题都可以归结为经济增长方式和能源利用效率的问题。所以，建立我国城市化和生态与环境的互动机制的关键在于转变经济增长方式和提高能源利用效率。

我国城市化水平的高速增长给城市环境带来了巨大的资源与环境问题，环境问题主要可归结为水污染、大气污染、噪声污染及固体废弃物污染四大类。导致这些环境问题的主要原因：粗放型的经济增长方式和城市人口的不断增长加剧了城市的环境压力；以煤为主的城市能源消费结构；城市环境基础设施落后；缺乏周密的城市环境保护规则；对新出现的一系列环境问题缺乏足够的应对措施等。鉴于对我国城市环境污染状况原因的分析，加强我国城市环境保护主要应采取以下几方面对策：遵循城市的生态规律，制定和实施城市总体规划，改善城市的生态与环境；完善环境保护法规体系，切实依法保护环境；提高城市环境基础设施水平；改善能源消费结构，增加清洁能源在城市一次能源中的比例，降低过高的煤炭消耗比例。

虽然我国城市化水平的高速发展给城市环境带来了巨大的资源与环境压力，但政府一贯将推进城市生态与可持续发展作为环境保护工作的重点。在 20 世纪 80 年代初期，我国政府就正式宣布“保护环境是一项基本国策”，到 90 年代中后期，我国坚决摒弃“先污染后治理”的发展模式，将可持续发展定为国家的发展战略，努力实现经济、社会、环境的协调发展。经过多年坚持不懈的努力及多项有效措施的实施，我国的城市生态与环境总体保持稳定，部分城市的生态与环境质量得到显著提高。

8.7.2 城市化进程中的社会发展问题

社会发展与经济发展同为人类发展的重要组成部分，但不同经济发展阶段会滋生不一样的社会问题。现阶段中国正处于城市化、工业化、市场化、全球化发展的关键时期，政治经济体制、发展观念及社会组织形式等都发生着重大转变，大量社会问题集中涌现，如城乡居民生存与发展问题、城乡居民生活环境问题、城乡社会稳定与安全问题。事实上，任何一种社会问题的背后都有其深刻的历史与现实根源，我国城市化进程中的上述社会问题也是由下述多方面导致的：一是巨大的城乡发展差距；二是尚未健全的城市管理制度；三是不正确的城市化水平认识与经济发展观。

失业与贫困是社会问题中最受关注的问题，因为它们直接关系到广大人民的生活境况。在城市化进程中，经济结构与社会结构发生了重大变化，改变了既有的收入分配格局。在社会总体发展水平不断提高的同时，一部分人却陷入失业与贫困。如何解决城市化进程中的失业问题已成为我国现阶段紧迫而重要的任务。

我国城市化需要高素质的规划、建设与管理人才，也需要大量的农村人口转变其传统的价值观念，更好地融入现代化的城市生活体系之中，而这一切都离不开教育。所以说教育问题是城市化进程中一个十分重要的问题。

城市公共安全也是一个非常综合的概念，所有危及城市公共领域和广大居民生命财产安全的事件都是城市公共安全事件。近年，国际与国内社会政治、经济领域内的一些变革使城市公共安全面临新的危机，城市公共安全问题因而成为我国城市化进程中不容忽视的社会问题。

8.7.3　城市化进程中的流动人口问题

可持续发展有两大主旋律：一是谋求人与自然的和谐发展；二是谋求人与人之间的和谐发展。因此，正确解决好流动人口问题是中国实现人与人和谐发展的关键。

我国流动人口总量在2011—2014年持续增长，由2011年的2.30亿人增长至2014年的2.53亿人。自2015年流动人口总量开始下降，2015年、2016年我国流动人口总量为2.47亿人和2.45亿人，分别较上一年减少568万人和171万人。2020年第七次人口普查数据显示，流动人口约为3.76亿人，跨省流动人口约为1.25亿人，省内流动人口约为2.51亿人。

我国流动人口规模庞大，但在地区分布上却相对集中。可见，人口流动的空间分布主要取决于地方经济水平和城市化水平。其中，经济发达地区是接受流动人口总量最多的地区，城市化水平较高地区流动人口占本地区总人口的比重也相对较大。

此外，流动人口的受教育程度也是人口流动的重要因素之一。

以邻近流动为主是我国流动人口迁移的主要特征。从流动人口迁移的距离来划分，可以分为邻近流动、中程流动和远程流动。我国人口以邻近流动和中程流动为主。在经济发达和经济活跃地区中，远程流动占主体地位，我国远程流动人口中邻省（自治区、直辖市）流动占主体，中部人口大省是我国跨省（自治区、直辖市）流动人口的主要流出地。

我国的城市化影响到全国所有的城市，3.76亿流动人口几乎遍布全国所有的城市和建制镇，给所有城市的发展都提供了前所未有的机会，也给城市发展带来了巨大挑战。

8.8　我国城市化的制度创新

8.8.1　城市化的制度框架

城市化与工业化、制度化之间的关系可以这样比喻：如果说制度是江河之床，工业化就是奔腾的河水，那么城市化便是水中之舟。

城市化是一个国家经济社会发展的历史过程，它融于国家的经济发展和社会进步之中。城市化过程的制度环境是一个多重复合的环境，理论上讲，几乎一个国家所有的制度都会不同程度地影响到这个国家的城市化进程。为了更清晰地研究城市化的制度问题，可以将影响城市化的制度框架表现为图8-2。

城市化是企业与人口在空间上集聚的过程，因此，一切涉及经济要素和人口流动、集聚的制度安排都影响着城市化进程。从大的制度类型来看，市场经济体制较计划经济体制更有利于城市化进程。但是市场机制是一个总的制度安排，而总体制度作用于城市化又是通过许多不同的具体制度来实现的，因此，从我国当前的制度特征看，影响城市化进程的制度主要包括八个方面：户籍制度、社会保障制度、市镇设置的相关法律制度、土地制度、公共住宅制度、行政管理制度、就业制度及财政制度。

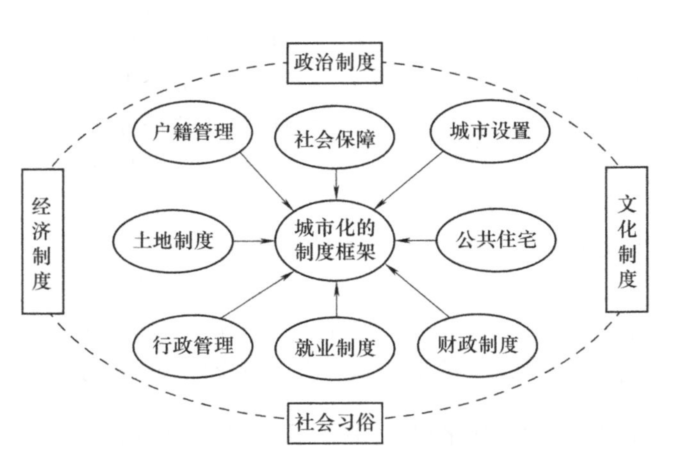

图 8-2　影响城市化的制度框架

我国传统体制下工业化超前发展战略的实现是一系列与市场经济相违背的制度规定，这些制度安排的总和就构成了客观上不利于城市化的制度框架。该框架可从图 8-3 中确切地反映出来。传统体制下城镇基础设施的严重滞后也决定了城镇人口承载能力的下降，从而制约了我国的城市化进程。

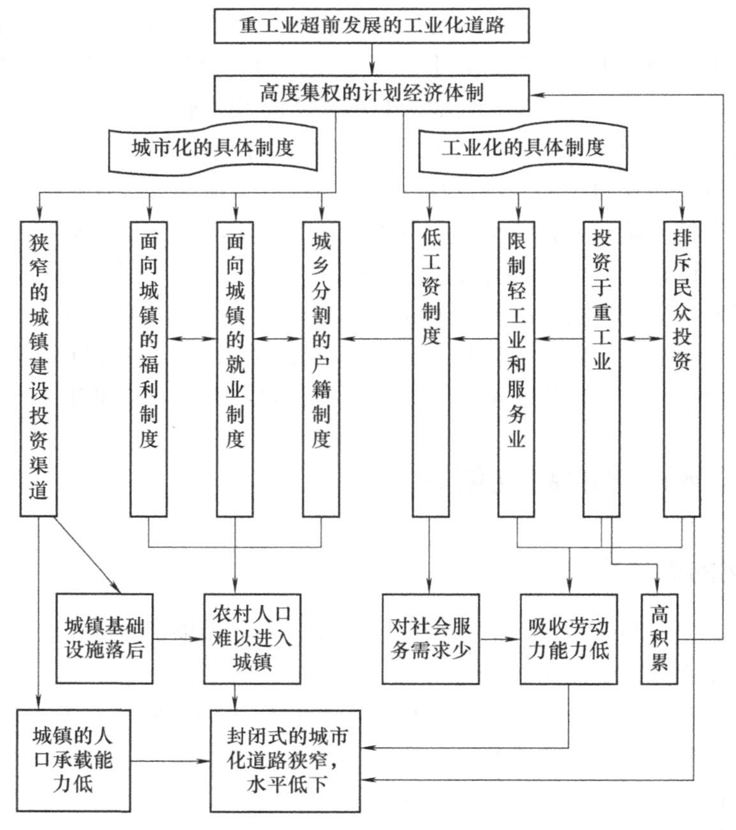

图 8-3　传统体制下不利于城市化的制度框架

8.8.2 户籍制度创新

与1984年10月国务院颁布的《国务院关于农民进入集镇落户问题的通知》相比，我国的户籍制度已经有了天翻地覆的变化，但传统的城乡分割的户籍管理制度并没有得到根本性突破，与以人为本、建立和谐社会的需要相比，城市化的制度创新力度、深度和广度都严重滞后。城市化制度创新的不足主要表现在以下几个方面：合法固定住所构筑了农村人口进入城市的货币门槛；大部分进城农民没有享受到户籍制度改革的实惠；改革形成了新的区域封锁；宏观层面改革严重滞后。

户籍制度改革的根本目的是逐渐淡化和废除城乡分割的管理制度，建立城乡一体化的管理制度，加快农村人口的城市化，推进城市现代社会秩序的建立，实现城乡协调发展，为此应先实现如下突破：

1）建立全国统一的户籍管理制度。

2）建立以合法住所及稳定就业或生活来源为基本条件的户籍迁移制度。

3）特大城市的户口要面向在本市实际就业5年以上的外来人员。

4）淡化户籍制度作用。

《中华人民共和国国民经济和社会发展第十四个五年规划和2035年远景目标纲要》提出，深化户籍制度改革。放开放宽除个别超大城市外的落户限制，试行以经常居住地登记户口制度。全面取消城区常住人口300万以下的城市落户限制，确保外地与本地农业转移人口进城落户标准一视同仁。全面放宽城区常住人口300万~500万的Ⅰ型大城市落户条件。完善城区常住人口500万以上的超大特大城市积分落户政策，精简积分项目，确保社会保险缴纳年限和居住年限分数占主要比例，鼓励取消年度落户名额限制。健全以居住证为载体、与居住年限等条件相挂钩的基本公共服务提供机制，鼓励地方政府提供更多基本公共服务和办事便利，提高居住证持有人城镇义务教育、住房保障等服务的实际享有水平。

8.8.3 社会保障制度创新

从城市化角度研究社会保障问题，农民工保障是核心。我国政府一直以来都高度重视农民工的基本权益，也在不断探索关于农民工的社会保障问题。

我国农民工社会保障处于这样一种情况：一方面中央和地方政府高度重视，各类政策频出；另一方面，绝大部分农民工仍然享受不到任何保障，长期徘徊于社会保障制度之外。这一现象说明我国政府政策效应弱的问题，其原因主要在于：中央有关文件和行政法规可操作性弱；地方性法规和规章缺失并执行不力；企业缺乏执行农民工保障政策的动力；农民工在社会保障前矛盾徘徊。

因此，建立适合我国城市化需要的农民工社会保障制度势在必行。

进一步深化农民工社会保障制度改革是我国实现可持续发展的重要举措，是推进我国城市化健康发展的必要前提，是实现城市对农村“多予少取”，建设新农村、统筹城乡发展的有效途径。

新时期我国建立农民工社会保障机制的指导思想可以简要概括为八个字：公平、有序、快速、高效。新型农民工社会保障的基本思路是建立与城镇职工相对接的、全国统一的农民工社会保障制度，制定保障法，将农民工社会保障问题纳入法制化管理的轨道，并且全面利用媒体广为宣传，做到妇孺皆知，推行社会全面监督，有效执行。

8.8.4 城市设置标准的改革与创新

现行设市标准存在的问题有以下几点：指标过于繁杂；没有体现公平原则；人口指标标准过高；县城指标与设市标准关系不大；不少总量指标已经过时。

城市设市标准要把握的总原则是“三要”：要稳定少变，要简明扼要，要抓住本质。

城市设置标准修改的基本思路是：简化设市标准、降低设市标准。

我国设市的标准只需要考虑一个指标：人口聚居地常住人口达到3万人（最多不超过5万人）的人口聚集区就可以设置为市的建制。

构建科学的城市急需小城市的诞生，而“巨型镇”现象也呼吁城市设置标准的出台。颁布并执行新的设市标准是解决大城市地区人口膨胀的重要举措，同时，颁布并执行新的设市标准也是加速城市化进程的需要。

诚然，制定新的城市设置标准是个很复杂的问题，但是我国城市化的高速发展不允许我国的设市工作长期处于停滞状态。要在构建和谐社会的大背景下稳步推进城市化的健康发展，迫切需要既符合城市发展本质规律，能够做到与国际接轨，又符合中国国情的城市设置标准的出台，为新时期的城市化和城市发展提供理想的制度规范。

【阅读材料】

黄河上游城市群概况

黄河上游城市群，又称环兰州城市群、西兰银城市群，是以西北中心城市兰州市为中心，以西宁、银川为副中心，由兰州都市圈、西宁都市圈、银川都市圈集聚而成的庞大的、多核心、多层次城市集团和大都市圈联合体，是西北区域城市空间组织的最高形式。

兰州学者贺应钦于2004年10月提出了黄河上游城市群的概念，并从空间布局、形成发展、优势地位、措施蓝图等角度进行了全面论述；2009年西北师范大学魏凌峰、杜旭东对黄河上游城市群进行了结构主义研究；2011年6月，国务院《全国主体功能区规划》规划了兰西、宁夏沿黄两个城市群；2012年09月，甘肃省省长刘伟平在国务院兰州新区建设情况新闻发布会上也使用了黄河上游城市群的概念；2013年上半年国务院酝酿出台《全国促进城镇化健康发展规划（2011—2020年）》时，甘肃省社会科学院经济学研究员安江林等专家学者均支持统一规划为黄河上游城市群。

黄河上游城市群包括甘肃兰州都市圈（兰州、白银、定西、临夏）、青海西宁都市圈（西宁、海东）和银川都市圈（银川、中卫、吴忠市和石嘴山市），空间布局呈现一心三圈、V状三核，黄河成轴、城市同带，组团镶嵌、区域一体的特点。

1. 一心三圈，V状三核

黄河上游城市群是多核城市群。三个特大城市兰州、西宁和银川，沿黄河呈三角形分布，分别为三省的省会和中心城市，是三个都市圈的“首位城市”和“核心力量”；并以三核为中心形成兰州都市圈、西宁都市圈、银川都市圈；三大都市圈在各省的经济总量中所占的比重均在50%以上，是带动周边地域经济发展的拉动力量，是推动三省经济的发动机增长极。

2. 黄河成轴，城市同带

黄河上游城市群是带状城市群。以西宁-兰州-银川之间的铁路、高速铁路、高速公路和部分黄河水道构成横跨青海、甘肃、宁夏的“带状”快速通道，成为三省生产力布局、城市化和区域经济的主轴；沿轴分布有10个地级市，形成狭长形带状城市密集区，其物理地理空间呈“沿黄带状分布”的特征。

3. 组团镶嵌，区域一体

黄河上游城市群是组团城市群。黄河上游各大中小城市“结构有序、功能互补、整体优化、共建共享”的镶嵌体系，体现出以城乡互动、区域一体为特征的高级演替形态。在水平尺度上是不同规模、不同类型、不同结构之间相互联系的城市平面集群，在垂直尺度上是不同等级、不同分工、不同功能之间相互补充的城市立体网络，二者之间的交互作用使得规模效应、集聚效应、辐射效应和联动效应达到最大化，从而分享尽可能高的“发展红利”，完整实现区域发展动力、区域发展质量和区域发展公平三者在内涵上的统一。

——资料来源：百度百科。

思考题

1. 查阅相关资料，说说你对我国可持续发展人口战略的理解。
2. 查阅相关资料，结合我国计划生育政策的变化，谈谈人口问题对可持续发展的影响。
3. 城市化的内涵有哪些？
4. 查阅相关资料，举例说明我国城市群发展正面临哪些问题？
5. 如何应对中国城市化的地区差异？
6. 中国城市化的环境与社会问题由什么原因产生？
7. 中国城市化可以从哪几方面进行制度创新？

推荐读物

1. 蔡昉．中国人口与可持续发展［M］．北京：科学出版社，2007.
2. 张维庆．改革开放与中国人口发展：中国人口学会年会（2008）论文集［M］．北京：社会科学文献出版社，2009.
3. 法尔．可持续城市化——城市设计结合自然［M］．北京：中国建筑工业出版社，2013.
4. 蔡竟．可持续城市化发展研究［M］．北京：科学出版社，2003.

参考文献

［1］康克俭．新疆生产建设兵团的人口发展与历史使命［C］//西北地区人口与发展论坛文集，2005. 46-49.
［2］潘连生．积极做好人口工作共创西部美好未来［C］//年西北地区人口与发展论坛文集，2005，25-28.

[3] 龙开义．发挥兵团文化优势，建设军垦新型生育文化［J］．西北人口，2010，31（1）：95-100.

[4] 穆光宗，茆长宝．人口主体论——可持续发展的人口观［J］．华中师范大学学报（人文社会科学版），2015，54（2）：34-42.

[5] 陈友华．中国可持续发展人口条件综论［J］．市场与人口分析，2006（3）：22-27.

[6] 路遇．论中国人口可持续发展战略［J］．东岳论丛，1997（1）：5-9.

[7] 叶裕民．中国城市化与可持续发展［M］．科学出版社，2007.

[8] 薛俊，刘名斌，冯钦远，十八大报告解读系列之四：城镇化［R/OL］．（2012-11-16）［2019-09-21］．https：//www. doc88. com/p-9939008562111. html？ r = 1.

[9] 乔依德．中国城镇化展望［Z/OL］．（2013-04-15）［2019-09-21］．http：//www. ocn. com. cn/info/201304/dag151112. shtml.

[10] 国家开发银行研究院，国家信息中心预测部．新型城镇化成为拉动经济发展主动力［N］．上海证券报，2013-01-04（T08）.

[11] 郭存芝，罗琳琳，叶明．资源型城市可持续发展影响因素的实证分析［J］．中国人口·资源与环境，2014，24（8）：81-89.

[12] 孙晓，刘旭升，李锋，等．中国不同规模城市可持续发展综合评价［J］．生态学报，2016，36（17）：5590-5600.

[13] 张自然，张平，刘霞辉，等．1990—2011 年中国城市可持续发展评价［J］．金融评论，2014，6（5）：41-69 + 124.

[14] 李松志，董观志．城市可持续发展理论及其对规划实践的指导［J］．城市问题，2006（7）：14-20.

第 9 章

科技文化教育与可持续发展

■ 9.1 教育与可持续发展

9.1.1 教育在社会和经济发展中的作用

1. 传承人类文化，培养创新能力的人

可持续发展观是不同于传统经济发展观，它明确了今后社会发展的方向和目标。而社会是否会按此进行发展，就需要具备可持续发展理念和一定创新技能的人。而文化是人类社会历史实践过程中创造的物质财富和精神财富的总和，是人类发展几千年中创造的成果。教育不仅仅要引导人们认识世界，还要引导掌握改造世界的能力；它不仅要承担前代人宝贵文化遗产传承给后代人，还要培养、激发后代人的创新精神和创新能力，促使他们充满信心、勇于开拓、持续发展，成为具有完整意义的创新型人才，只有这样才能保证社会的可持续发展。

2. 促进人力资本的形成与积累

发展经济学认为，人力资本是现代经济增长的主要动力和决定性因素，一个国家或地区人均人力资本积累太少或积累速度太慢，不仅很难实现经济的持续增长，甚至连摆脱经济停滞都很困难。人力资本的积累还对收入分配的平等、自然资源利用率的提高及人口数量的下降都有重要影响。一个国家或地区努力加大教育的投入，扩大受教育的人数，使得大多数人受益，促使教育大众化、平民化，将推动整体国民素质的提升，推动可持续发展。

3. 担负着研究与开发的重任

21 世纪是知识经济时代，以知识为重要因素的新产业、新产品和新服务不断涌现，由于知识经济时代经济增长主要取决于技术进步和知识积累的速度，所以传统的经济运行正在改变，投资向知识开发流动，对知识的投资成为经济增长的关键，研究和开发的加速进行将产生更多的科技成果，推动可持续发展。传统的经济发展模式是以消耗大量的自然资源为基础的粗放型经济发展方式，其落后的、低效率的技术运用造成了自然环境的污染和破坏。当前实施“科教兴国”战略，就是要强调教育要培养人才，激发人们不断发现新能源、资源及替代品，发现已有资源的新用途和新的使用方法，开发提高资源和环境承载力的技术和成果，从而提高资源的利用效率。这样才能在确保自然资源得到有效保护和充分利用的同时，促进经济的平稳高速增长。

9.1.2 存在的问题

当前，在具体的教育实践当中，也存在着一些值得注意的问题。教育在可持续发展中的力量薄弱，可持续发展观的意识没有得到充分贯彻。

发展经济是整个社会的首要重任，而教育作为社会意识形态的主要体现者和社会文化的主要传播途径，自然要服从整个社会以经济建设为中心这一大局。然而传统的社会发展观是片面追求经济的高速增长及其带来的物质财富的增加，传统教育方式也就围绕着追求经济的高速增长而展开，它在实际当中存在着“征服”观，即强调“地大物博，人定胜天”，人类可以毫无节制地向大自然攫取资源；盛行“经济决定一切，财富是个人追逐的终极目标”等拜金主义和享乐主义思想。其后果就是资源浪费、环境污染、生态恶化等负面效应，以及贫富差距扩大、社会伦理道德降低及社会发展不均衡等一系列的社会问题。在实施可持续发展战略时，应反思教育在以往社会发展中的错误导向，重新思考教育在可持续发展中的地位和作用，做出新的价值取向和引导。

教育缺乏直接参与社会实践，与实际相脱节。教育的根本任务是传承知识、培养人才、造福于社会。学校专业课程设置的目的是为社会中各行业提供人力资源，整个专业教学课程设置应该与社会实际相结合，以适应市场的需求，才不会造成人才的隐性失业。受教育者不仅要接受思想政治教育和其他人文主义思想的熏陶，还要学习专业的理论知识和必要的专业实际可操作能力，只有这样才能缩短工作实习时间和减少就业压力，提高整个社会的工作效率和节约社会资源，在实际当中贯彻可持续发展的战略。但在当前学校教学中，课程设置与实际脱离甚远，注重理论成分（甚至是重复过滥的理论），缺乏专业实际操作能力的培养和锻炼；部分教材内容过时导致了知识的滞后，学生掌握不了最新的前沿专业知识。这些都不利于社会的可持续发展。

高校扩招带来的消极影响。有资料表明，1999—2001 高校连续扩招，1999 年扩招 51.3 万人，2000 年扩招 60.9 万人，2001 年扩招 29.4 万人。但高校每年扩招，对教育本身来讲其负面影响不可小视。其一，高校每年扩招人数递增，相比之下原有的教学资源紧缺，如师资力量、后勤保障等都面临巨大的压力，使教学质量有所下降。其二，高校扩招，一方面表现在数量和规模的扩大，相应的教育投入就要增加。政府的财力投入有限，剩下的就只能由学生来承担。剔除成本上涨因素，高校每年的学费也在增加，最终加重了家庭负担。另一方面，由于高等教育这一级的扩大，中学教育一级也相应扩大，特别是高中入学人数每年增加。而中等职业技术教育的入学人数就相应减少，这样就造成了整个社会的教育资源的闲置和浪费。

科技成果与生产结合不够紧密。除企业自身建立的产品与技术的研发机构外，高校因具备集聚人才、技术、理论与设备等优势，其科研能力和产生科技成果的能量是巨大的。但在实际中，由于缺乏必要的市场意识和相应的机制，很多从高校实验室里出来的科研成果并没有被市场接受和吸纳，迅速转化为实际运用和最终产生实际经济效益与社会效益，即科技成果转化率不高。2005 年由清华、复旦等国内 20 所高校联合完成的“大学科技成果转化的探索与实践”课题研究报告显示，由于受缺乏内在动力机制、缺乏外在经济载体、社会投资

机制不畅等三大“瓶颈”制约，我国高校虽每年取得科技成果在6000~8000项，但真正实现成果转化与产业化的还不到1/10。从教育为可持续发展提供智力支持和创新能力培养角度出发，束之高阁的科研成果没有与生产紧密结合就是对高校人力、物力资源的浪费，不能保证社会的可持续发展。

突出教育的主要职能，树立教育可持续发展的意识。除教书育人这一功能外，教育的自身也需要获得持续发展。因为人的可持续发展是教育可持续发展的基本内涵，突出以人为本，教育要认识到不能把人视为经济工具，而要把人作为发展的目标加以对待，把人作为发展的最终受益者，这样才能既保证经济的可持续发展，又促进人的可持续发展。教育在促进人的发展中应体现可持续发展原则，即以促进每个人的最大限度的公平发展为目标，而不是片面地关注和培养成绩好的学生。因此教育的各方面均应有助于人的全面发展，重视学习兴趣和能力的可持续发展，公平、全面地促进人的全面可持续发展。

重视环保教育，培养和提高环境保护与规划的意识。教育有责任培养和提高人们保护自然、保护环境、保护资源的这一可持续发展意识。否则，自然和生态环境受到威胁，就谈不上社会的可持续发展。《中国21世纪议程》要求“将可持续发展思想贯穿于初等到高等的整个教育过程中。在中小学中应进行控制人口生育教育、资源持续利用教育、环境保护教育，在高等教育、成人教育、继续教育终身教育中应开设有关可持续发展理论课程。可持续发展课程还要超越具体课程范围，渗透在一切教育活动中。环境保护教育与意识的培养要从小学初级教育开始得到重视，课程的设置和内容应始终贯彻与体现可持续发展的思想，树立环保意识，从小就懂得环保和节约的知识，培养良好习惯，并且在中等、高等学习和教育阶段中也要全面地、连续地不断贯穿与强化这种思想意识。这样才能使全社会都会受到环保教育，进一步地积极参与环境保护和节约资源。”

实现教育生态化发展。可持续发展观的提出，促使教育应从更新、更高的角度来思考自身的改革与深化改革，以实现教育的可持续发展。其一，应以可持续发展为指导思想，教育发展一方面要适应社会的需要，一方面又要超越现实，应具有超前意识和前瞻性。若仅仅停留于适应社会这一层面，教育难以获得长期发展，只有在适应的同时又找出教育的新生长点，教育才能持续发展。这就要求对现有教育体制进行改革，建立更加人性化及充分适应人发展需要的教育体制。其二，应该充分挖掘传统文化里的精华，使之发扬光大。尽管全球化的浪潮不可阻挡，但一个民族不能因要现代化而丢掉了本民族的传统文化，更何况如今在世界范围形成“汉语热”。所以教育在吸收世界其他现代文化时，也要大力挖掘自己的优秀传统文化，推动可持续发展。

过去一段时间以来，我国可持续发展教育主要集中在环境和经济领域，对更广泛领域的社会文化问题关注不够。但是一个国家的可持续发展不仅依赖经济力量和物质文明，更依赖文化力量和精神文明。为此，联合国教科文组织提出了可持续发展的三个支柱，即环境、经济与社会。因此，面向未来的可持续发展教育，就不能只关注环境和经济问题，更要关注社会和文化问题，要从构建和谐社会的角度，全面实施可持续发展教育。社会文化领域的可持续发展教育课题也是多方面的。

9.1.3 科教兴国战略

实施科教兴国战略和可持续发展战略，是党面对世界范围科学技术迅猛发展和综合国力剧烈竞争的挑战，着眼于国家和民族长远利益，根据我国现实情况做出的重大决策，是实现社会主义现代化宏伟目标的必然抉择。

科教兴国，是指全面落实科学技术是第一生产力的思想，坚持教育为本，把科技和教育摆在经济、社会发展的重要位置，增强国家的科技实力及向现实生产力转化的能力，提高全民族的科技文化素质，把经济建设转移到依靠科技进步和提高劳动者素质的轨道上来，加速实现国家的繁荣强盛。

邓小平是科教兴国战略的奠基者。在马克思主义发展史上，他第一次提出了“科学技术是第一生产力”的重要论断。他多次强调，实现现代化，科学技术是关键，基础在教育。根据邓小平的这个重要思想，党的十二大、十三大、十四大明确把发展科技教育摆在突出的战略地位。1995年，党中央和国务院明确提出了科教兴国战略。党的十五大站在跨世纪发展的高度，着眼于走出一条速度较快、效益较好、整体素质不断提高的经济协调发展的路子，进一步强调实施科教兴国战略的地位和意义，做出了实施这一战略的具体部署。

当前，以信息科学、信息技术为主要标志的世界科技革命正形成新的高潮，“知识经济”已经进入人类文明发展的历史进程，科学包括社会科学给社会生产和生活方式带来深刻影响。科技进步成为经济发展的决定性因素，科学技术实力成为衡量国家综合国力强弱的重要标志。世界各国特别是大国都在抢占科技和产业的制高点。面对发达国家在经济与科技上占优势的压力，面对我国经济和社会发展中的突出问题，必须从社会主义事业兴旺发达和民族振兴的高度，充分认识实施科教兴国战略的重要性和紧迫性。

实施科教兴国战略，深化科技和教育体制改革，促进科技、教育同经济的结合。科技工作必须自觉地面向经济建设主战场，把攻克国民经济发展中迫切需要解决的关键问题作为主要任务。要通过改革，建立起适应社会主义市场经济体制和科技自身发展规律的新型科技体制，充分发挥市场和社会需求对科技进步的导向和推动作用，大力促进科技成果向现实生产力的转化。要建立技术创新机制，推动有条件的科研机构和高等院校以不同形式进入企业或同企业合作，还可以组建科技企业，走产学研结合的道路，使企业成为科研开发和投入的主体。要大力推广先进适用技术，促进科技成果的商品化，依法保护知识产权，完善社会化科技服务体系。基础性研究要按照“有所为、有所不为”的原则，瞄准国家目标和世界前沿，集中力量攻克难关，重点解决未来经济和社会发展的基础理论和关键技术问题。教育要面向现代化、面向世界、面向未来，优化教育结构，改革办学体制和教育管理体制，合理配置教育资源，提高教育质量和办学效益，使教育与经济紧密结合起来。要适应社会主义市场经济的要求，逐步建立规范有效的多渠道投入体制，促进科技、教育的发展。

实施科教兴国战略，在有重点有选择地引进先进技术的同时，增强自身的创新能力。在社会主义现代化建设中，根据我国科技和经济发展的需要，按照平等互利、成果共享、保护知识产权、尊重国际惯例的原则，积极开展多渠道、多层次、全方位的国际科技交流与合作，这是毫无疑义的。同时要清醒地认识到，创新是一个民族进步的灵魂，是一个国家兴旺发达的不竭动力。面对“知识经济”的挑战，我们必须坚持不懈地着力提高国家的自主研究开发能力，加快培育新的科技力量，迅速构建一个完整的国家科技创新体系。国家科技创新体系应当成为经济和社会可持续发展的基础，成为培养和造就高素质人才的摇篮，成为我国综合国力和国际竞争力的支柱和后盾。

实施科教兴国战略，必须尊重知识、尊重人才。人才是科技进步和经济社会发展最重要

的资源。我国现代化建设的进程，在很大程度上取决于国民素质的提高和人才资源的开发。要尽快建立起一整套人才培养、选拔、交流和使用的机制，形成有利于优秀人才特别是拔尖人才脱颖而出的环境。要充分发挥现有科技人员特别是中青年科技人才的作用，努力为他们创造良好的工作条件。要积极引进国外智力，鼓励留学人员回国工作或以适当方式为祖国服务。要重视从工人、农民和其他劳动者中培养选拔科技人才及各类专业技术能手。国民素质的提高和人才的培养，基础在教育。要优先发展教育，尊师重教。要大力普及九年义务教育、扫除青少年文盲，积极发展职业教育和成人教育，开展多种形式的岗位和技术培训，稳步发展高等教育，进一步发展和引导社会力量办学。要实施全面素质教育，以适应社会对各类人才的需要。要在全社会大力普及科技知识，引导人们树立科学精神，掌握科学方法，鼓励创造发明，开展群众性科技活动，用科学战胜封建迷信和愚昧落后，反对各种伪科学活动，形成学科技、用科技的新风尚，努力提高全民族的科学文化素质。

9.2　面向可持续发展的多元文化教育

多元文化教育是20世纪后半叶国际社会普遍需求的一种教育理念。随着时间的推移，将这种需求变为民众必不可少的人格品质的呼声也日益强烈。所以早在20世纪70年代，联合国教科文组织就提出了“国际理解教育”的思想，并开始付诸实践。实际上，国际理解教育可以说是多元文化教育的一种早期概念。

无论是国际理解教育还是多元文化教育，不仅在整个教育体系中占有重要位置，而且对未来社会的可持续发展有重要意义。这主要表现在：

1）改革开放以来，我国加强了与世界各国在政治、经济、文化、科学技术等方面的广泛联系与互动，特别是经济全球化和加入WTO，使得这些年联系和互动更加频繁，这要求未来的公民和学生具有国际视野，了解国际知识和多元文化，形成国际交往能力；另一方面全球性的环境破坏、大气污染、生态失衡、贫富差距等许多关系人类生存重大问题的出现，也迫使各国政府和人民必须从全球角度出发，考虑各自的发展与相互合作，全人类必须携起手来，通过互相了解和文化沟通，保护共同享有的家园，只有这样才能使本国乃至全世界获得持久的和平与发展。

2）教育是文化的载体，教育对文化的发展起着重要作用，它不仅可以促进文化的传承，而且可以促进不同文化的交流与合作，因此，教育应发挥自身的文化功能，依靠教育领域的国际合作，促进不同文化的充分认识和理解，进而在理解的基础上进行有效的沟通，促进人们的国际意识和国际责任感的形成；同时教育的开放性与国际性又是现代教育发展的一个重要特点，这就要求世界各国应该开展广泛的国际理解教育和多元文化教育，以使本国教育既能保持自己的传统与特色，又能面向世界、面向未来。

目前多元文化教育到底应涵盖哪些方面各国仍缺乏共识，都是从不同的角度去理解和界定多元文化教育的。多元文化教育最终追求的不是文化间的分立和隔离，也不是学生的反文化，当然更不是使其他群体特别是民族放弃自己的文化，它是在帮助每个民族、群体在平等地意识到自己和其他民族、群体的文化特征的基础上，寻求文化间的和谐。因此，多元文化教育是文化平等和社会民主的教育，是文化上充分个性的教育。具体来说，多元文化教育的目标和内容可从下面三方面来认识：一是从认知与技能角度来看，多元文化教育力图增进个人对自己所属文化的认识与了解，提高自我意识和自我尊重；使学生正确认识不同民族、社会群体间的文化差异、文化特征与文化演变历史，承认各国家民族在语言、信仰、宗教、生活方式、传统文化存在的合理性；认识不同国家民族文化的平等性，理解并尊重所有民族及他们的文化、文明、价值观与生活方式，能客观地评价自身文化与其他文化；树立全球意识和国际观念，增强民族与国家之间日益增长的相互依赖的意识，理解国际合作的必要性。二是从情感、态度、价值观角度来看，使学生在了解各国文化的基础上，学会接纳、珍惜和容忍，尊重不同的文化形态和多民族的风俗习惯，因为人类的经验和传统是丰富多彩的，所以应承认文化的多样性与互通性，愿意与其他文化进行沟通交流，关心人类共同的话题，使学生具有较高的国际意识和国际责任感，形成宽广的人文精神，促进人类文化的共同繁荣。三是从过程与方法角度来看，在多元文化教育过程中，应该使学生树立正确的文化价值观，学会选择能够接受的文化观念、生活方式、信仰习惯，使学生获得同各民族相处和欣赏各民族文化的能力；能够分析文化进步的因素及文化间的异同，区分事实和偏见，形成观察、分析、评价、对待自身文化及其他文化的科学方法，增进跨文化间的合作关系；形成国际文化交流中的良好生存能力、合作能力、协作能力以及缓解和消除不同文化背景可能带来冲突的能力。

3）多元文化教育的实施加强本国文化与语言教育。母语本身就是民族文化的一部分，在加强国际多元文化教育过程中，不能迷失民族文化教育的方向，更不能忽视反映民族文化的母语学习。母语是民族认同的重要标志，教育中任何忽视和削弱母语的做法都是不可取的。学生的母语和他们的国家概念、思想行为是紧密联系在一起的，教学应该在此基础上，充分利用学生的母语进行民族文化教育和自我概念教育。多元文化教育应该发展学生积极的自我概念，包括对自己的种族、文化、肤色的认同和欣赏，也包括对他人文化和价值观、文化多元性的尊重和接纳，平等地对待不同语言和不同文化，进而促进不同语言和文化之间的交流。

4）加强外国语言文化教育。国际理解教育强调真正的文化对话，文化对话作为一种人际关系的反映，体现为现在与过去、解释者与被解释者、解释者与文本之间的广泛对话交流，这种对话交流的一个重要条件是掌握外国语言，加强校内多元文化渗透。一方面通过各门课程教学的方式，另一方面通过专题讲座、校本课程的方式，广泛渗透多元文化，人文学科应加强文化差异的比较与相互理解，科学课程应注重科学文化与生活文化的融合。在学校物质建设与精神建设中，进一步渗透国际文化的内容，加强国际文化交流，加强校际之间、师生之间的互访互学、交流与合作，创办国际友好学校，使学生在开放校园中更多地接触他国文化与国际文化。

5）加强网络信息技术教育，提高文化信息沟通能力。电子信息技术的发展，互联网、信息高速公路及数字通信等各种现代化通信手段的广泛运用，使我们了解信息的速度大大加快，文化沟通更方便快捷，因此，为提高学生理解多元文化的能力，就需要加强网络信息教育。

总之，多元文化教育应该是现在以及未来一段时间内可持续发展教育的一个重要主题，如何实施多元文化教育是一个值得我们深入思考的问题。

9.3　儒家思想与可持续发展

可持续发展战略是全面建成小康社会和实现中华民族伟大复兴的重要保证。可持续发展是20世纪80年代提出的一种新的发展观。1989年5月第15届联合国环境署理事会期间，通过了《关于可持续发展的声明》。1992年6月，联合国环境与发展大会在巴西里约热内卢提出并通过了全球的可持续发展战略《21世纪议程》，并且要求各国根据本国的情况制定各自的可持续发展战略、计划和对策。可持续发展的价值准则是国家在保持其生态系统可持续性的基础上，推动包括经济效益、社会效益和生态效益在内的综合国力的不断提升，实现国家可持续发展的过程。可持续发展要使社会各方面的发展目标与生态、环境的目标相协调。当前，可持续发展的能力已经成为考察一个国家综合国力的重要指标，与该国拥有的政治、经济、社会方面的能力具有同样重要的地位。随着社会知识化、科技信息化和经济全球化的不断推进，人类世界进入可持续发展综合国力激烈竞争的时代。

我国是一个历史悠久、人口众多、资源相对不足的国家，实施可持续发展战略具有特殊的重要性和紧迫性。1994年7月4日，我国政府批准了第一个可持续发展战略《中国21世纪人口、环境与发展白皮书》，可持续发展战略开始成为我国经济社会发展战略的重要组成部分。我们的目标是要把控制人口、节约资源、保护环境放到重要位置，使人口增长与社会生产力的发展相适应，使经济建设、社会发展与资源环境相协调，实现良性循环，保证经济和社会发展有持续的后劲和良好的条件。在实施可持续发展战略的过程中，我们必须深刻认识我国社会主义初级阶段的基本国情，充分继承和发扬中华民族在几千年文明发展史积累下来的宝贵历史经验和智慧，在经济建设、社会建设和生态文明建设的进程中，把经济效益、社会效益与生态效益结合起来，把眼前利益与长远利益结合起来，实现可持续的发展。以下着重从儒家思想角度，阐述经济、社会与生态的可持续发展的传统思想资源。

9.3.1　儒家的义利观与经济可持续发展

经济可持续发展在本质上是一种现代生态经济发展模式，它要求我们正确地在经济圈、社会圈、生物圈的不同层次中力求达到经济、社会、生态三个子系统相互协调和可持续发展，使生产、消费、流通都符合可持续发展的要求。我国人口基数大、人均资源少、经济和科技发展水平比较落后，在这种条件下实现可持续发展，主要是在保持经济快速增长的同时，依靠科技进步和提高劳动者素质，不断改善发展质量，提倡适度消费和清洁生产，控制环境污染，改善生态环境，保持资源基础，建立“低消耗、高收益、低污染、高效益”的良性循环发展模式。这种发展模式一方面追求经济规模和效益的增长和社会效益的提高，包括人均GDP增长率、教育科技文化卫生等投资的增长率，另一方面突出强调环境治理保护力度和投资的比重，包括污染治理投资占GDP比重、水土流失治理程度、三废治理和综合利用产品产值占总产出比率、保护区面积率。我们实施可持续发展战略是以经济可持续发展为中心，既要追求经济增长，更要追求经济增长的质量和后劲，不能鼠目寸光、急功近利，更反对杀鸡取卵、竭泽而渔。儒家圣贤说：“人无远虑，必有近忧”。我们必须在发展经济的过程中保持清醒的头脑，做到高瞻远瞩、深谋远虑，把眼前利益与长远利益有机地结合起来，把经济建设与生态文明建设有机地结合起来。

在经济可持续发展战略实施过程中，儒家的“以义制利”“义利兼顾”“诚信为本”等思想可以发挥重要的指导作用，来纠正社会上流行的急功近利、唯利是图、弱肉强食、损人利己等拜金主义、享乐主义、极端利己主义思想。义利关系问题（义利之辩）是中国古代儒家道德思想中的一个重要问题，如何处理好两者关系对国家、政治、经济、伦理及社会风尚都具有十分重要的作用。孔子最早提出义利之辩，他主张重义轻利，义以生利，以义制利，义然后取，见利思义。他说：“君子喻于义，小人喻于利”（《论语·里仁》）“君子义以为上”（《论语·阳货》）“礼以行义，义以生利，利以平民，政之大节也”（《左传》）。不过，孔子并不否认功利是发展的重要基础。《论语·子路》里，孔子说过先“庶”（人口兴旺）再“富”（生活富裕）后“教”（教育）的发展观。可见他肯定了实际功利对于社会发展是不可缺少的。孔子在谈论食、兵、信三者孰为重时，以“信”为第一，认为“民无信不立”（《论语·颜渊》）。“足食”和“足兵”体现了功利追求，而“民信”则属于道德追求的范围，可见孔子将道德追求置于优先于功利追求的地位。孟子答梁惠王说：“王何必曰利？亦有仁义而已矣”（《孟子·梁惠王》），强调要贵义贱利，舍生取义。荀子主张先义后利：“先义而后利者荣，先利而后义者辱”（《荀子·荣辱》）。西汉董仲舒继承了孔孟的义利观，提出“正其谊（义）不谋其利，明其道不计其功”（《汉书·董仲舒传》）的论点，强调道义和功利不能并存。他的这个观点对后世影响很大。宋代又就义利关系问题展开激烈的争辩。程颢、程颐、朱熹等坚持董仲舒的观点，认为道义和功利是互相排斥的。程颢说：“大凡出义则入利，出利则入义。天下之事，唯义利而已”（《二程语录》）。陈亮、叶适则认为道义和功利并不矛盾，功利体现在道义之中，离开功利无所谓道义。叶适说：“古人以利与人，而不自居其功，故道义光明。既无功利，则道义乃无用之虚语耳”（《习学记言》）。后来清代学者颜元也认为义利不能偏废，应该并重，反对董仲舒的观点，主张“正其谊以谋其利，明其道而计其功”（《四书正误》）。

随着全球化浪潮和市场经济的发展，经济利益与社会效益、生态效益的关系问题日益明显。为了解决这个问题，我们应该从儒家的义利观当中吸取营养，帮助当代中国人警醒。儒家的义利之辩可以为我们实施经济可持续发展战略提供一个重要的思维视角。正确看待和处理义利关系问题不仅是关系到人们安身立命的道德原则问题，也是一个重要的社会问题和生态问题，是可持续经济发展的核心价值观导向问题。面对拜金主义盛行和物欲横流的现实状况，我们应该大胆借鉴儒家重义轻利、先义后利、义利并重等思想来进行社会调节和规范，把社会效益和生态效益标准作为道义原则去捍卫和坚持，制约和引导以经济利益为核心的功利原则。在经济发展过程中，始终不要放松对道义原则的追求。孔子说：“不义而富且贵，于我如浮云！”如果我们在追求经济增长的过程中，罔顾社会的公平和正义，无视生态环境的保护，我们就成了唯利是图的小人，最终会在经济利益的疯狂追求中迷失自己，发展就成了一种对人类贪欲的追逐，失去了目的和意义，并祸及子孙后代。因此，一方面要尽快建立健全市场机制的运行规范，使经济活动有法可依，同时辅以一系列促进社会发展、环境生态保护和治理的法规，把经济行为量之以法，使不法之徒不能妄为；另一方面要大力加强社会教育和启蒙，强化健康、正确的舆论导向，提倡高尚的社会道德风尚，批评抵制那种片面宣扬金钱至上、发财享乐的错误舆论，把维护社会道义和生态环境提高到与经济增长同等重要的地位，以维护经济可持续发展战略构想的顺利实施。

9.3.2 儒家人文精神与社会可持续发展

可持续发展以社会的可持续发展为目的，通过人口控制、文化教育、居住环境、医疗卫生、社会保障等事业的发展，创造一个文明、和谐、友好的社会环境，提高人们的幸福感和物质精神生活质量，实现社会的可持续发展。社会可持续发展的核心是人类自身的发展。在当今社会条件下，人类自身的发展主要体现在人口综合治理、提高全民文化素质、改善人居环境等几个重要方面。儒家思想在社会可持续发展战略中可以发挥重要的作用。

首先，在人口综合治理方面，儒家的“博爱”“大同”思想和爱国主义思想具有重要的积极作用。人口问题是我国社会主义现代化面临的最紧迫问题，只有妥善解决人口问题，才谈得上社会的可持续发展。大量调查研究数据表明，文化教育水平低的人往往容易受到儒家“不孝有三，无后为大”传统孝道的影响，具有强烈的传宗接代、重男轻女、多子多福、养儿防老的封建思想。对此，一方面要批判儒家思想里的封建余毒，扭转重男轻女的陋习，同时要利用儒家思想里“四海之内皆兄弟”“老吾老以及人之老”的思想激发人们的公德心，建立健全的社会养老保险体制，破除养儿防老旧观念；并通过增强人们“国家兴亡，匹夫有责”的忧患意识促进人民的政治觉悟和社会责任感；同时通过继承儒家教育为本的优良传统，大力发展农村基础教育，提升人口素质。

其次，在提高全民文化素质方面，儒家“尊师重教”“有教无类”等教育思想具有重要的积极作用。教育既是促进经济增长的根本因素，又是使经济和社会可持续发展的重要战略内容。提高全民文化教育水平是走可持续发展道路的根本手段。现代科技文明的基础是大量受过良好教育的劳动者。一个国家的教育水平越高，其经济社会发展水平就越高。尤其在信息化社会，拥有良好的教育已经成为提高国家综合国力和国际竞争力的基础。我国推行的科教兴国战略正是这种时代潮流的体现。而在教育水平不高的情况下，受改善生活、发财致富的经济驱动力的驱使，人们很容易做出对环境生态破坏性的生产，诸如盲目采伐森林、开垦荒坡等造成植被破坏、水土流失、沙漠化扩大，滥采矿藏造成矿产资源浪费与耗竭，盲目生产造成能源损失和环境污染等。可持续发展教育的目的是提高干部和群众的环境意识和可持续发展意识，提高人们生态环境的保护意识和忧患意识，增强对当今社会及人类后代的责任感，提高持续发展能力。这种教育不仅要使人们获得科学知识，也要使人们具备高度的道德水平。这种教育既包括学校教育，也包括广泛的潜移默化的家庭教育和社会教育。在这一点上，儒家尊师重教、有教无类、因材施教、循循善诱、自强不息、厚德载物、虚怀若谷、温故知新、学而时习之、学思并重、经世致用、知行合一、实事求是、举一反三、以身作则、锲而不舍、穷当益坚、老当益壮等教育思想都将发挥重要的指导作用。

最后，在改善人居环境方面，儒家“里仁为美”“择仁而居”的思想具有重要的借鉴价值。改善人居环境，促进人类住区发展是世界各国，尤其是发展中国家在经济发展和社会发展中必须重视的问题，也是实现社会可持续发展的稳定性因素。经济和社会的发展，必然伴随着对生活质量、居住环境的更高要求。当今世界许多地方，特别是发展中国家，面临着人口增长、高速城市化、住房不足、基础设施和服务设施严重匮乏等带来的种种挑战。联合国《21世纪议程》明确提出，人类住区工作的总目标是改善人类住区的社会、经济和环境质量以及所有人（特别是城市和乡村贫民）的生活和工作环境。《中国21世纪议程》提出的中国人类住区发展的目标是通过政府部门和立法机构制定并实施促进人类住区可持续发展的政策法规、发展战略、规划和行动计划，动员所有的社会团体和全体民众积极参与，建设成规划布局合理、配套设施齐全、有利工作、方便生活、住区环境清洁、优美、安静、居住条件舒适的人类住区。这里既有改善物质居住环境的意思，如住房、交通、安全、卫生等环境，也有改善人文环境的意思，如社会交往、文化教育、邮电通信、业余娱乐、健身体育等环境。在儒家思想里，孔子特别强调人居环境的人文因素。他深感居身之地有“仁”的重要性，提出“里仁为美”的思想。他说：“里仁为美，择不处仁，焉得知？”他认为，跟有仁德的人住在一起，才是好的。如果你选择的住处不是跟有仁德的人在一起，好人也会逐渐变坏，和好人住在一起，坏人也会慢慢学好。他因此对物质性的环境看得比较轻，而对精神性的追求比较重视。有一次，他告诉弟子想去九夷居住，弟子说那里太粗陋了，不宜居住，孔子回答：“君子居之，何陋之有？”孟子曾经有“孟母三迁”的故事。荀子《劝学篇》明确提出“君子居必择乡，游必就士，所以防邪辟而近中正”的思想。刘禹锡的《陋室铭》说“斯是陋室，惟吾德馨”。王安石《里仁为美》说“为善必慎其习，故所居必择其地”。可见儒家对人居住的人文环境具有很高的要求。

可见，儒家的人文思想可以为人口、文化教育、居住环境、医疗卫生、社会保障等事业的发展提供重要的思想支持，帮助建设一个文明、和谐、友好的社会，最终提高人们的物质文化生活质量，实现社会的可持续发展。

9.3.3 “天人合一”思想与生态可持续发展

可持续发展以生态可持续发展为前提条件，它要求经济和社会发展必须与自然承载力相协调，实现资源与生态的可持续发展。可持续发展要求人类经济社会的发展既要满足当代人的现实需求，又不损害子孙后代人满足其需求的能力，要求人类能够与自然和谐共处，并能认识到自己对自然、社会和子孙后代应尽的责任，并有与之相应的道德水准。所以，不仅要安排好当前的发展，还要为子孙后代着想，决不能走西方文明浪费资源的发展模式，更不能走先污染、后治理的发展道路。

儒家“天人合一”思想是中国人最基本的思维方式，也是中国古人看待人与人、人与自然关系的基本态度。中国人自古以来就注重思考和探索自然界和人类社会发展的基本规律，主张“究天人之际，穷古今之变”，强调建立天、地与人之间的和谐关系。儒家“天人合一”思想的本义并不是谈人与自然关系的。在儒家来看，“天”可以有三种属性。首先是人们敬畏、侍奉的冥冥之中宇宙的主宰，是赋予人以吉凶祸福、决定王朝兴衰命运的主体，同时是赋予人仁义礼智道德观念和原则的本原，是赋予人良知和良心的根源，有时还指头顶的浩瀚穹苍。汉儒董仲舒的“天人合一”思想强调第一种含义，认为“天”是一个有喜怒哀乐的天，也是世界的大主宰，可以和人感应，能够决定人的吉凶祸福。他认为：“天亦有喜怒之气，哀乐之心，与人相副。以类合之，天人一也”（《春秋繁露·阴阳义》）。先秦儒家的天人合一思想更强调第二种含义。孟子认为，上天赋予每一个人仁义礼智道德观念和良心原则，但由于人类后天受到各种名利、欲望的蒙蔽，不能发现自己心中的道德原则。因此，人类修行的目的便是去除外界欲望的蒙蔽，“求其放心”，达到一种自觉地履行道德原则的境界，这就是孔子所说的“从心所欲而不逾矩”的境界，也就是“天人合一”的境界。宋明理学家张载、二程都继承了这条路线。张载提出的“民胞物与”思想是对天人合一思想的继承和发展。荀子在《天论》篇里强调第三种属性，仿佛天就是物质性的大自然，但

在他的整体思想里，“天”仍然是主宰，是人敬畏的对象。

虽然儒家的“天人合一”思想并不是直接讨论人与自然的关系问题，因而不能直接用于解决现代社会人与自然的对立问题，但这个“天人合一”思想却能够给现代生态伦理提供重要的借鉴价值。首先，儒家“天人合一”思想把天、地、人看作一个整体，认为“万物与我并生，天地与我为一”，把人类社会放在整个大生态环境中加以考虑，强调人与自然环境息息相通，和谐一体，天人之间可以互相感应和交流，认为天地万物是人的物质生命和精神信念的重要基础。由此基础显出的是人对于自然万物在精神价值上的统一性。其次，面对当前人类遭遇的生态危机，儒家天人合一思想为克服生态危机提供了重要的精神资源。近代工业革命以来，人类由科技发展建立起来的自我中心主义和科技霸权，使人类严重背离了“天人合一”思想的路线，由科技发展构筑起来的骄傲与虚荣，由弱肉强食和急功近利导致的贪婪和物欲，已经把人异化成金钱、强权和科学技术的奴隶，很难重新回到天地的怀抱。正如英国哲学家霍布斯在《利维坦》中描述人类在自然状态下那样，“人对人是狼与狼的关系”，到处是“一切人反对一切人的战争”。儒家天人合一思想为解决人与自然的对立提供了一种切实可行的操作手段。它在承认人与自然差别的基础上，把人类之爱推之于自然万物，从而将人道主义与自然主义统一起来，解去“蔽于天而不知人”和“蔽于人而不知天”的两种偏颇倾向。它提醒我们现代人，在人与自然的关系问题上，人类必须学会如何在尊重“自然的尊严”的前提下来获得人类自身的尊严。第三，人类社会最近几十年的发展历史，是依靠科技创新取得前所未有的成就的历史，也是在环境问题的逼迫之下不自觉、不自愿回归自然的历史，儒家“天人合一”思想蕴涵的生态学价值也在当代处境下得到重视而显示出它本身的存在意义。现代文明滥用科技导致的弊端已日益显著，如大气污染、环境污染、生态平衡破坏、臭氧层破坏、新疾病丛生、自然资源匮乏、人口爆炸、全球变暖等。如果这些弊端里的任何一项得不到有效控制，则人类前途必然遭到毁灭。因此，人类从客观上开始出现了正确处理人与自然之间关系的现实迫切需要。当代学者季羡林先生为此提出“东西文化互补论”，主张人类必须悬崖勒马，正视弊端，痛改西方“天人对立”的思想方法和征服掠夺大自然的发展模式，采用东方的“天人合一”的思想方法和可持续的发展模式。当前，世界各国人民开始共同探索可持续发展的社会发展模式。在全面建成小康社会和开创中国特色社会主义事业新局面之时，我国政府把生态文明建设、环境友好型发展模式作为经济社会发展的基本方针，强调资源与生态的可持续发展，建设人与自然的和谐关系。在这里，儒家的“天人合一”思想显示出它重要的生态学价值，对我国当代可持续发展战略具有积极的借鉴意义。

■9.4　科学发展观视角下的高等教育可持续发展

坚持以人为本，全面、协调、可持续的发展观，是党和政府从党和国家事业发展全局出发提出的重大战略思想。这一科学发展观，是指导国家经济社会发展的长期的、根本性的战略思想，也是高等教育发展的指导思想。我国快速发展的高等教育，也需要在这一战略思想指导下，树立起高等教育的科学发展观。在科学发展观的视角下，高等教育的可持续发展有了更深刻的内涵。

9.4.1 高等教育可持续发展是以人为本的发展

党的十五大提出把可持续发展战略和科教兴国战略一起作为我国面向21世纪经济和社会发展的两大重要战略，十六届三中全会上党中央提出科学发展观，党的十八大把科学发展观作为党必须长期坚持的指导思想，这说明我党坚持实事求是、与时俱进的思想方法，在建设社会主义现代化的基本理论上有了根本性的创新。科学发展观是一个不可分割的整体，其核心就是以人为本。实际上，可持续发展观就是一个以人文本的发展观。

在工业革命给人类带来巨大的生产力、工业经济给人类带来巨大利益的同时，一种把经济增长等同于社会发展的发展观产生了。在这种发展观下，国民生产总值及其持续增长成了所有国家追求的目标，成了最有说服力的社会发展标志。在这种单纯经济增长的发展观下，人们利用高消费来刺激生产，并肆意破坏环境、浪费资源。正如托夫勒所说的，“不惜一切代价，不顾生态与社会危险，追求国民生产总值，成了第二次浪潮各国政府盲目追求的目标”。这种发展观从西方传到东方，从发达国家传到发展中国家。终于，罗马俱乐部在20世纪70年代初发出“增长的极限”的“盛世危言”，清醒的经济学家开始严厉抨击单纯经济增长的发展观，提出了建立包括社会、经济、文化、环境、生活等各项指标在内的新的社会发展体系，并很快发展成为可持续发展观。1987年世界环境与发展大会发表《我们共同的未来》之后，可持续发展观迅速被整个世界所接受。但是，随着各国学者对发展观跨地域、跨学科研究的深入，人们发现发展仅仅关注经济和生态是不够的，于是，一种对可持续发展观既有继承又有突破的“综合发展观”逐步形成，提出了人与人、人与环境、人与组织、组织与组织的新主题。综合发展观认为，发展必须以民族、历史、环境、资源等条件作为基础，做到经济增长、政治民主、科技进步、生态平衡、社会转型、教育发达、观念更新等的综合发展，并立足于以人的发展为中心，提出把经济学引回人类关怀。这是一种真正的可持续发展观。

1995年3月在哥本哈根召开的世界首脑会议通过的《哥本哈根社会发展问题宣言》和《行动纲领》，对社会发展的观点是：

1）社会发展以人为中心，人民是从事可持续发展的中心课题，社会的最终发展是提高全体人民的生活质量。

2）社会发展与其所发生的文化、生态、经济、政治和精神环境不可分割。

3）社会发展是全世界各国人民的中心需要和愿望，也是各国政府和民间社会各部门的中心责任。社会发展应当列入21世纪的最优先事项。

我国的科学发展观是在总结人类社会发展的经验和教训的基础上，结合我国实际提出来的，其核心就是以人为本。在这一发展观中，社会发展以人为中心，其最终目标是改善和提高全体人民的生活质量。教育的目的就是培养全面发展的人，其以人为本的宗旨是不言而喻的。鉴于教育发展过程中偏重经济、技术的倾向扭曲了教育以人为本的初衷和目标，多年来提倡的素质教育、人文教育等，也是与人的全面、协调、可持续发展相吻合的。

高等教育的可持续发展，是以人为本的发展。高等教育的可持续发展包含两个重要的命题：一是高等教育在可持续发展中的作用和地位，二是高等教育自身的可持续发展。教育是实施可持续发展战略的关键，一方面高等教育要进行可持续发展的思想教育，要培养可持续发展的专门人才，要开展可持续发展的社会服务，要进行可持续发展的技术创新和理论创

新，要加强可持续发展的国际交流合作；另一方面，从办学理念上，高等教育要培养可持续发展的人，为学生一生的发展负责，同时要使高等教育本身得到可持续发展。

9.4.2　高等教育可持续发展是全面发展

对于高等教育来说，全面发展包含两方面的内容：第一是要培养全面发展人才；第二是高等教育本身的质量、结构、规模、功能要得到全面发展。

一般认为，可持续发展理论包括三个方面的思想：人类和环境协调发展、与自然界共同进化的思想；世代伦理思想，包括代内和代际发展机会的平等；效率与公平目标的兼容。由此引申，高等教育可持续发展也应该包含这样三层含义：

1）高等教育的发展，应该与整个社会经济、政治、文化、教育、科技等领域的可持续发展相衔接，是人类可持续发展的有机部分，并积极为这种发展服务。

2）高等教育的发展，既要“瞻前”，也要“顾后”，既要面向现代化，又要符合我国国情，既要满足当代人的需要，又要给后代留下可持续发展的充分空间。

3）高等教育的发展要不断满足人民提高文化科技素质的需求，使每一个人都能够公平地接受教育，得到全面的、持续的发展，同时要不断提高教育质量和效益。公民必须有机会获得高质量的、终身的正规和非正规教育，这将有助于他们正确理解经济繁荣、环境质量和社会平等三者之间的相互依赖关系——使他们采取行动，支持上述方面的协调发展。

人的全面发展是教育的价值核心，是教育的出发点和归宿，是教育的本质规定和内在要求。人的全面发展是人的素质的全面发展，是人的思想、认知、知识、技能、心理、体质等的全面发展。这是一个贯穿人一生的持续、动态的过程，不仅是高等教育的目标，也是基础教育和终身教育的目标。人的全面发展同时又是一个人与生产力、社会文化、自然生态相互协调、逐步提高的过程。人、社会、自然可持续协调发展是人的全面发展的必然之路，三者在良性互动中相得益彰。这也是建立学习型社会、不断推动教育事业发展的诉求。

高等教育自身的全面发展，就是要使大学培养人才、知识创新、服务社会和文化交流的四大功能得到全面的发展，更好地为经济社会发展贡献力量，并使自己从社会的边缘走向社会的中心。换言之，大学应该是培养和造就高素质创造性人才的摇篮，应该是认识未知世界、探索客观真理，为人类解决面临的重大课题提供科学依据的前沿阵地，应该是知识创新、推动科学技术成果向现实生产力转化的重要力量，应该是民族优秀文化与世界先进文明成果交流借鉴的桥梁。

9.4.3　高等教育可持续发展是协调发展

在科学发展观视角下以可持续发展的角度看高等教育发展，应该处理好教育外部规律和内部规律的问题，就是如何使高等教育的发展与外部和内部环境相协调，对外使社会生态、对内使教育生态得以平衡的问题。教育处于一个多维的生态网络之中，其生态环境包括自然的、社会的、人文的、经济的、生理心理的等。对于高等教育，还包括基础教育、职业教育、成人教育等教育生态因子。高等教育要实现可持续发展，就必须与这些生态因子组成的环境取得生态平衡。换言之，只有高等教育与经济、政治、文化、科技、及其他教育部门等协调发展，与人的自身“内环境”协调平衡，高等教育的发展才是健康的、持续的。高等教育要从其他社会生态子系统中取得资金、人才、信息等资源，并合理配置资源。同时，高等教育培养的人才创造的科技、信息、文化等“产品”，必须通畅地在社会生态系统中“流通”并起积极作用。社会必须为高等教育提供足够数量、质量保证的资源；高等教育必须向社会输出经过再生产和创造的、对社会发展有用的新资源。两者之间不能相互掣肘，要达到协调发展。显然，教育对资源的使用和配置也要遵循“既满足当代人的需要，又不损害后代人满足其需要的发展”的原则。

此外，高等教育与人的自身“内环境”的协调平衡也不容忽视。所谓内环境，是指受教育者的生理心理发展状态。教育实施的内容、方法、目标等，必须与之相协调，也就是人才的培养必须符合人才成长的规律。从可持续发展观点看，应试教育显现了高等教育中偏重实用知识传授、忽视人文知识熏陶的弊端，是不符合教育生态学原则的，因此也是不可持续发展的。素质教育则是符合教育生态学原则的可持续发展的教育。可持续发展既重视代内的公平，也重视代际的公平。这一点，在讨论教育的公平问题时也必须加以考虑。

有学者认为，工业社会以来，教育存在生产性和生态性的矛盾。现代教育过分宣扬教育的经济价值、科技价值和功利价值，将人贬低成自然资源并进行不合理的开发，不仅制造了外部自然环境的生态危机，而且制造了主体自身的生态危机。要解决这一深刻矛盾，只有走可持续发展的道路，推进教育的生态化。所谓生态化，就是整个生态圈各种因子都得到协调发展。因此，高等教育的可持续发展是协调的发展。现代国民教育体系的建立有赖于多种教育形式之间和高等教育体系内部的协调发展。这就要求我们必须坚持高等教育办学机制的多元化，做到公办学校和民办学校并举，学校教育与非学校教育并举，学历教育与非学历教育并举，促进高水平大学和一般高等学校在结构、功能、布局上的协调合理，促进高等教育区域间的均衡发展。

高等教育必须遵循自身发展规律，把握好自身发展的节奏，保持数量、质量、规模、结构、效益的协调统一，把握好高等教育与基础教育的协调发展，把握好高等教育与经济、社会发展的程度相适应，在规模不断扩大的同时努力发展内涵，切实提高教育教学质量，充分发挥高等教育在人才培养、知识创新、服务社会、文化交流等发面的功能，为社会经济发展做出应有的贡献。

■9.5　对推进教育可持续发展的认识与思考

教育的可持续发展就是教育遵循可持续发展的理念，贯彻可持续发展的战略要求，按照教育发展的客观规律，充分利用现有教育资源，调整和正确处理教育发展过程中的不适应可持续发展要求的因素，以推进教育的持续、协调、均衡发展。这是我国教育事业发展的必然要求。

9.5.1　树立正确的教育观

1. 树立教育优先发展观

知识经济时代是一个充满竞争和挑战的时代，综合国力的竞争是国家间竞争的焦点，人才的竞争则成为竞争的中心。一个国家要立于不败之地，必须重视和发展科学技术，以增强综合国力。我国目前的经济和科学技术的发展相对来说还比较落后，要增强我国的综合国力，就要把发展科学技术放在突出的位置。科学文化素质的提高，又为人们探索先进思想、开阔视野、提高思想水平打下科学文化基础，使人们能树立正确的世界观和方法论，掌握社

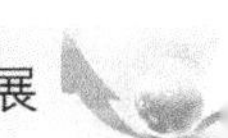

会主义现代化建设的科技知识和能力，这些在知识经济时代中显得尤其重要。

科教兴国战略的提出是我党根据教育投资的长期性、效益滞后性的特征，总结国内外经济发展的经验教训，深刻分析教育在社会主义现代化建设、推动人类精神文明的发展和社会主义民主政治建设中的地位和作用，论证了教育与经济、社会发展的辩证关系，而做出的优先发展教育的战略决策。当今，综合国力的竞争越来越表现为经济实力、科技实力、国防实力和民族凝聚力的竞争，无论是哪一方面实力的增强，教育都具有基础性地位。因此，一定要把教育摆在优先发展的战略地位，加快教育的改革与发展。

2. 树立全面发展的教育观

全面发展的教育观，是关系我国教育发展方向的重大问题，也是社会进步发展的基本要求。要树立全面发展的教育观，首先必须坚持“三个面向”的教育发展战略方针。只有坚持“三个面向”的战略方针，教育事业才能适应当今世界发展的趋势，适应我国社会主义现代化建设的实际，才能在未来激烈的竞争中处于不败之地，为我国的现代化建设培养出更多更优秀的有较强竞争能力的人才。其次，全面发展教育观的实现，在于培养“四有”新人。为社会主义现代化建设事业培养全面发展的人才，是社会主义教育事业的目的和根本要求，也是实现教育可持续发展的关键。再次，全面发展教育观念的确立，要根据不断变化的国际国内客观情况确定自身的发展战略；要在不断提高质量的前提下，保持较快的发展速度；要协调好“规模、结构、质量、效益”四者的关系，保持可持续发展的态势。

3. 树立创新的教育观

创新型人才是指具备创新意识、创新思维、创新能力、创新毅力等创新素质的人。创新素质是一种综合性的素质，是人的素质的最高表现形式。创新素质作为一种综合素质，以广博的知识为基础，以一定的智力和非智力因素为保证，就知识与能力来讲，二者是内容与形式的关系，知识为创新提供原料，创新是知识的转化与整合。从知识形态上看，任何一种创新都是把原有知识从固定的结构中游离出来，然后在全新的组织中产生全新的系统、全新的结构。因此，创新意识、创新精神的培养必须从加大对学生文化素质教育入手，有组织有计划地加强学生的文化素质教育，以促进和推动素质教育和创新精神的培养。

4. 树立终身教育观

可持续发展具有全面性、综合性和历史延续性的特点，它对发展主体的人提出更高的素质要求，要真正实现可持续发展，必须不断提高人的自身素质，而人自身素质的提高主要是通过教育。随着科学技术的发展，社会进步日益加快，新技术、新事物、新思维层出不穷，知识总量迅速增长，需要人们不断学习，接受终身教育才能跟上社会前进的步伐。教育的终身化是教育可持续发展的大趋势。教育的多样化、社会化也为人们接受终身教育创造了条件。各种职工培训、短期培训、成人教育、多媒体网络教育成为人们获取知识、更新知识的重要方式。终生学习是人们提高自身素质、实现自身价值、完成振兴中华历史使命的必要条件。在调整教育结构，大力加强发展学校教育的同时，倡导和发展终身教育，是教育可持续发展的大趋势。

9.5.2　教育改革

推进和实现教育可持续发展的实现，关键在于采取切实可行的有力措施，保障和落实教育优先发展的战略地位，通过教育改革，实行教育的“两个重要转变”，以实现可持续

发展。

第一，切实落实教育优先发展的战略地位，加大教育投入。

在知识经济时代，科教投入占GNP比重的多少，是衡量一个国家对科教重视程度和投入水平的标志，也是检验一个国家经济社会发展布局是否合理、政府宏观调控是否得当的重要依据。加大对教育的投入，也是当前各国教育事业发展的主要趋势。我国以全球2%的教育经费，支撑着占全世界22%的规模，要进一步推进教育规模的不断扩大和教育水平的提高，推进教育事业的可持续发展是难以想象的。因此，必须不断增加对教育的投入。其一，各级党政领导干部要重视教育，要正确认识教育改革和教育发展的必要性和紧迫性。其二，各级政府应采取切实有效的措施，保证教育优先和适度超前发展，坚持在安排各级财政预算时，实现教育经费的三个增长，提高教育支出在财政支出中的比例，为教育优先发展提供物质保证。其三，进行教育体制的改革，改变政府单一办教育的模式，发展多种形式、多种模式、多种层次的办学体制，大力吸收社会和民间的资金，缓解教育经费不足，确保教育优先发展的地位。

第二，加强素质教育，建立适应教育可持续发展的人才培养模式和人才培养机制。

过去由于受传统观念的束缚和就业压力加大的影响，人们只注重对学生的知识教育，而忽视思想品德、心理健康等方面的教育，以至于一些学生出现了信念危机、纪律松懈、法制淡薄、心理脆弱等现象。全面发展教育观的良好落实很大程度上在于实施素质教育。因此，在加强对学生文化教育的同时，更要切实加强对学生的思想教育、品德教育、纪律教育、法制教育、心理教育等，尤其要把思想教育摆在素质教育的首位，为学生的全面成长创造一个良好的环境。同时，要根据社会的不断发展和对人才需求的新趋势，按照培养基础扎实、知识面宽、能力强、素质高的创新人才的总体要求，逐步建立起集传授知识、培养能力与提高素质为一体的富有时代特征的多样化人才培养模式和多层次、多规格、弹性化、多元化的人才培养机制，为创新人才脱颖而出创造条件。要达到这样的目标，要加快教育方法的改革和教育手段的现代化，努力培养学生的科学精神和创新思维，积极调动学生的创新意识，培养学生的创新能力，以适应社会发展的实际需求。

第三，建立一支适应教育可持续发展要求的高素质教师队伍。

教师是教育可持续发展战略方针的贯彻者、执行者，教师素质的高低直接影响和决定着教育的质量和水平，也影响和决定着学生的质量和水平。因此，不断提高教师的自身素质是推进教育可持续发展的关键，教师素质的提高在于：其一，不断提高教师的思想政治素质，确立坚定的政治方向和高尚的道德情操；其二，不断提高教师的业务素质，教师要培养高素质的社会主义现代化人才，就必须不断地汲取新知识，提高自己的业务素质；其三，创新素质的提高，教师创新素质、创新能力的高低对学生创新能力的培养起着至关重要的作用，只有创新型的教师，才会成为创新素质培养的核心，才能指导学生不断探索、勇于创新，才会在教学方法和手段上采取新的科学的方法和模式，才更有利于人才的培养。总之，教师一定要在思想政治上、道德品质上、学识作风上全面以身作则，率先垂范，这样才能培养和造就出一大批富有创新精神的全面发展的合格人才。此外，实现教育可持续发展，还必须协调和处理好教育的普及与提高、数量与质量的关系，以及教育资源的合理开发利用、教育生态环境优化等诸多因素。

9.6　建设高质量的教育体系，推进教育可持续发展

《中华人民共和国国民经济和社会发展第十四个五年规划和2035年远景目标纲要》指出，要建设高质量教育体系。

（1）推进基本公共教育均等化　巩固义务教育基本均衡成果，完善办学标准，推动义务教育优质均衡发展和城乡一体化。加快城镇学校扩容增位，保障农业转移人口随迁子女平等享有基本公共教育服务。改善乡村小规模学校和乡镇寄宿制学校条件，加强乡村教师队伍建设，提高乡村教师素质能力，完善留守儿童关爱体系，巩固义务教育控辍保学成果。巩固提升高中阶段教育普及水平，鼓励高中阶段学校多样化发展，高中阶段教育毛入学率提高到92%以上。规范校外培训。完善普惠性学前教育和特殊教育、专门教育保障机制，学前教育毛入园率提高到90%以上。提高民族地区教育质量和水平，加大国家通用语言文字推广力度。

（2）增强职业技术教育适应性　突出职业技术（技工）教育类型特色，深入推进改革创新，优化结构与布局，大力培养技术技能人才。完善职业技术教育国家标准，推行“学历证书+职业技能等级证书”制度。创新办学模式，深化产教融合、校企合作，鼓励企业举办高质量职业技术教育，探索中国特色学徒制。实施现代职业技术教育质量提升计划，建设一批高水平职业技术院校和专业，稳步发展职业本科教育。深化职普融通，实现职业技术教育与普通教育双向互认、纵向流动。

（3）提高高等教育质量　推进高等教育分类管理和高等学校综合改革，构建更加多元的高等教育体系，高等教育毛入学率提高到60%。分类建设一流大学和一流学科，支持发展高水平研究型大学。建设高质量本科教育，推进部分普通本科高校向应用型转变。建立学科专业动态调整机制和特色发展引导机制，增强高校学科设置针对性，推进基础学科高层次人才培养模式改革，加快培养理工农医类专业紧缺人才。加强研究生培养管理，提升研究生教育质量，稳步扩大专业学位研究生规模。优化区域高等教育资源布局，推进中西部地区高等教育振兴。

（4）建设高素质专业化教师队伍　建立高水平现代教师教育体系，加强师德师风建设，完善教师管理和发展政策体系，提升教师教书育人能力素质。重点建设一批师范教育基地，支持高水平综合大学开展教师教育，健全师范生公费教育制度，推进教育类研究生和公费师范生免试认定教师资格改革。支持高水平工科大学举办职业技术师范专业，建立高等学校、职业学校与行业企业联合培养“双师型”教师机制。深化中小学、幼儿园教师管理综合改革，统筹教师编制配置和跨区调整，推进义务教育教师“县管校聘”管理改革，适当提高中高级教师岗位比例。

（5）深化教育改革　深化新时代教育评价改革，建立健全教育评价制度和机制，发展素质教育，更加注重学生爱国情怀、创新精神和健康人格培养。坚持教育公益性原则，加大教育经费投入，改革完善经费使用管理制度，提高经费使用效益。落实和扩大学校办学自主权，完善学校内部治理结构，有序引导社会参与学校治理。深化考试招生综合改革。支持和规范民办教育发展，开展高水平中外合作办学。发挥在线教育优势，完善终身学习体系，建设学习型社会。推进高水平大学开放教育资源，完善注册学习和弹性学习制度，畅通不同类型学习成果的互认和转换渠道。

【阅读材料】

可持续发展教育20年

2018年11月11日，“深度开展可持续发展教育，携手推动生态文明进程”可持续发展教育20周年总结大会暨中国可持续发展教育第13次国家讲习班在北京举行。来自中国、美国、加拿大、日本、英国、挪威、法国和联合国教科文组织的200多名专家与校长教师代表参加了会议。

大会梳理和总结了可持续发展教育的重要成果：

1）以多种形式促进生态文明与可持续发展教育在中国的广泛传播。

2）组建全国可持续发展教育研究指导机构，开展本土化专题研究，发表生态文明与可持续发展教育论文与专著总字数达500万字以上。

3）积极向政府建言并推动可持续发展教育进入国家公共教育政策与教育规划。

4）开展课程、教学与学习创新研究促进了学校发展与教师专业成长，并培育了一批可持续发展教育促进优质教育的实验学校、实验区和优秀个人。

5）开展全国性青少年可持续发展教育与可持续发展学习科技创新实践成果培养、征集、评选与表彰活动，推出了上千项优秀创新实践成果。

6）建立了全国、地方、学校三级校长、教师可持续发展培训制度与有效方式。

7）同部分社会团体、博物馆、企业等利益相关者建立了可持续发展教育合作联盟。

8）建立了含杂志、网站、微信等方式在内的可持续发展教育信息收集、储存、交流与服务平台。

9）建立与汇聚了一支高质量的可持续发展教育研究、组织与指导专家队。

10）搭建了稳定的可持续发展教育国际专家网络与交流合作平台。

联合国教科文组织协会亚太地区联合会主席陶西平充分肯定了中国可持续发展教育20年来取得的成果，并提出：第一，可持续发展教育要以面向2030可持续发展议程为目标开启新阶段；第二，要充分将五位一体的发展战略同可持续发展议程对接，体现中国智慧和中国特色；第三，加强教育促进变革的发生。他指出要通过可持续发展教育将可持续发展理念内化于心、外化于行，通过实践转化为人的基础综合素质，让教育从接受型教学转向智力型教学、审辩型教学，培养良好的思维品质、学习能力以及行为习惯。

——资料来源：中国开展可持续发展教育20年，可持续发展教育引领办学新方向，https：//www. sohu. com/a/275084702_100147263。

思考题

1. 简述科技文化教育的重要性。
2. 简述科技文化教育与可持续发展的关系。
3. 简述科教兴国战略的意义。

4. 科技文化教育实施的重点与难点是什么？

5. 如何发挥科技教育文化优势实现全面协调可持续发展？

推荐读物

1. 方新．中国可持续发展总纲（第16卷）：中国科技创新与可持续发展［M］．北京：科学出版社有限责任公司，2007.

2. 毛健，潘鸿，刘国斌．科技创新与经济可持续发展［M］．北京：经济科学出版社，2012.

参考文献

[1] 孙家驹．可持续发展与和谐社会是过程与状态的统一［J］．南昌大学学报（人文社会科学版），2007，38（3）：10-15.

[2] 鲁洁．做成一个人——道德教育的根本指向［J］．教育研究，2007（11）：11-15.

[3] 杨叔子．文明以止化民成俗［J］．中国高教研究，2005（11）：13-19.

[4] 范国睿．可持续发展战略与教育改革［J］．华东师范大学学报（教育科学版），1998（1）：1-9.

[5] 刘赞英，张艳红，王岚．坚持可持续发展观　构建高校人文精神［J］．现代教育科学，2004（4）：61-62.

[6] 丁金昌．基于“三性”的高等职业教育可持续发展研究与实践［J］．高等教育研究，2010，31（6）：72-77.

[7] 王民，蔚东英，霍志玲．论环境教育与可持续发展教育［J］．北京师范大学学报（社会科学版），2006（3）：131-136.

[8] 潘涌．人的可持续发展与教育转型［J］．教育研究，2001（11）：34-39.

第10章

减灾扶贫与可持续发展

2015年3月14日，第三届世界减灾大会在日本仙台举行，来自186个国家和地区的4000余名代表参加了此次大会。会议最终通过《2015—2030年仙台减灾框架》，确定了包括到2030年大幅降低灾害死亡率、减少全球受灾人数及直接经济损失等全球性七大目标和四项优先行动事项，呼吁全球各国加大减灾投入力度，加强能力建设，减少自然灾害带来的损失。大会在审议《兵库行动框架》执行情况的基础上，交流了世界各国、各地区灾后重建、运用科技进行减灾决策等减灾决策等减灾工作的经验，分析减灾在经济方面的影响等。这是联合国首次提出具体项目和期限的全球性防灾减灾目标，包括大幅降低全球灾害死亡率，大幅减少受影响的民众人数，减少与全球国内生产总值相关的经济损失，大幅减少灾害给卫生和教育等关键基础设施带来的损失以及对基本服务的干扰，在2020年前增加的制定国家级和地方级减灾战略的国家数量，促进国际合作，增加获得多灾种早期预警系统和减灾信息及评估的机会。其中，了解灾害危险、强化减灾管理工作、加大减灾投资力度、做好防灾及灾后恢复重建工作被列入优先行动事项。

■ 10.1　我国减灾战略的调整

我国是世界上少数几个自然灾害频发、灾害严重、灾害影响范围广的国家之一，加强我国减灾对促进可持续发展、实现全面协调与建立和谐社会至关重要。因此，我国的减灾战略可做如下调整。

（1）由国家减灾调整到区域减灾，高度重视高风险地区的减灾　我国幅员辽阔，地理差异很大，自然灾害风险水平的地域差异明显，仅从全国尺度布局国家减灾仍是不够的。应借鉴世界减灾的经验，调整布局，强调区域减灾。根据先后完成的中国自然灾害区划、中国农业自然灾害区划、中国城市自然灾害区划，应重点加强“三区”“三带”的减灾工作，即珠江三角洲、长江三角洲、首都三角洲地区和长江中下游沿岸、陇海铁路沿线、哈大高速公路沿线的综合减灾工作。为此，应针对这些地区自然灾害的特点，结合区域土地利用格局与产业结构，加强这些地区综合减灾能力的建设，严格控制高风险地区的土地资源开发和城镇布局，高度关注社区减灾能力的提高，全面协调发展与减灾的关系。

（2）由部门减灾调整到综合减灾，积极推进典型区域综合减灾范式的建设　我国第一

个全国减灾规划强调工业减灾、农业减灾工作，并高度关注由单一自然灾害引起的灾害防御，如地震、洪水、台风、滑坡、泥石流、火灾、风暴潮、病虫害等自然灾害的防御。然而因为任何一个地区都存在由主导自然灾害形成的灾害链现象，所以，探求建立不同空间尺度的综合减灾范式，将大大有利于提高减灾资源的利用效率和效益。区域综合减灾范式的建立，应立足于有利于控制潜在风险因素增加的区域土地利用格局的优化和产业结构的调整，应充分调度各行业系统的减灾资源，形成区域综合减灾的共享平台，大力提高区域安全水平，以此实现区域可持续发展的目标。

（3）由单纯强调科技减灾调整到科教减灾，全面组建减灾科技创新与教育普及体系　我国减灾战略高度重视科技减灾工作，并已取得了明显的成效。然而，从“与风险共存”的模式来看，在依靠推广行之有效的减灾技术的同时，加强减灾教育，提高全民减灾意识仍然是一项十分重要的工作。为此，首先应重视学校减灾教育，特别是高等学校的减灾教育，以此培养整个社会的减灾能力，这在降低区域灾害脆弱性、提高灾害恢复力方面有着十分重要的作用。在重视减灾教育的同时，要加强全民减灾知识的普及，使人人具有必要的防灾知识，以提高应对灾害的应急能力，最大可能地减少灾害造成的损失。

（4）由重视防灾抗灾工程调整到提高区域减灾能力，加强建设区域减灾预案与预警系统　我国减灾工作一贯重视防、抗、救相结合的工程体系，近年开始关注非工程措施在减灾工作中的重要作用，特别是加强了自然灾害保险、社区安全文化体系建设。然而，与世界先进的减灾国家相比，我国在全面编制区域减灾预案与建设预警系统方面仍存在许多不足之处。为此，要加强科学的灾害应急预案编制工作，完善各级政府在减灾工作中的岗位责任制与分工责任制，通过立法完善减灾法制体系。与此同时，要充分发挥现存的各类灾害监测网络资源的作用，建立并完善区域灾害应急管理系统，大幅度提高各类减灾信息资源的共享，提高区域灾害应急的能力。

（5）由重视减灾科技项目的实施调整到加强减灾科技能力水平，全面建设满足我国可持续发展战略的减灾科技支撑体系　我国公共安全主要包括自然灾害、安全事故、公共卫生和社会治安四大类。从致灾角度看，自然致灾因素、技术事故、公共卫生事件与社会治安事件有着本质的不同，但对一个地区或社区来说，其带来的后果是一样的，即不仅造成人员伤亡，还对经济与社会发展产生广泛而深远的影响，如印度洋地震—海啸灾害、切尔诺贝利核电站爆炸事故、亚洲 SARS、俄罗斯歌剧院人质事件等。正因如此，我国科技减灾战略重视对这些公共安全领域科技项目的组织实施。这虽然是必需的，但从战略的角度看，全面规划满足我国可持续发展的减灾科技支撑体系应予以优先考虑，特别是关于减轻自然灾害的科技支撑平台的建设。到目前为止，我国还缺乏从综合自然灾害管理角度建设的国家重点实验室。此外，野外实验观测网络也不健全，除了已初步具备的各主要自然致灾因子的观测体系外，涉及区域自然灾害灾情形成过程的监测、区域自然灾害风险控制示范基地建设等仍属空白。因此，全面建设满足我国实施可持续发展战略的减灾科技支撑体系列十分迫切，且势在必行。

10.2　减灾扶贫工作的重要性

减灾扶贫是一个全球性的话题。我国政府高度重视防灾减灾扶贫工作，坚持“以人为本”的执政理念，始终把保护公众生命财产安全放在第一位，把防灾减灾扶贫纳入经济和社会发展规划，作为实现经济社会可持续发展总体目标的重要保障。通过防灾减灾扶贫，努力促使全民朝着共同富裕的目标迈进，有利于在更大程度上释放消费潜力，从根本上改变目前的经济增长方式。扶贫可以创造稳定的社会环境，培养正确的财富观念，促使效率的更快提高，促进经济的可持续发展。因此，要实现思想政治工作与防灾减灾扶贫工作充分、有机结合，把思想政治工作应用于减灾扶贫工作的全过程，必须通过思想教育，提高人道主义意识，培育全社会扶危济困的自觉意识，促进全社会参与防灾减灾扶贫，持续创建健康、和谐的社会环境。

（1）充分利用思想政治工作的基础，大力开展人道主义教育　大力弘扬人道主义，弘扬乐善好施、扶危济困是中华民族的传统美德。浓厚的氛围能够感染人、启发人、鼓舞人、约束人，思想政治工作有良好的基层基础和组织形式，防灾减灾扶贫工作重点在基层，因此可以把思想政治工作贯彻扶贫思想、救灾知识、减灾扶贫政策，提高全民慈善意识，提高全民防灾意识、知识水平和避灾自救能力。充分利用思想政治工作来渲染氛围，让思想政治工作入脑入心。

（2）开展有针对性的减灾扶贫思想政治工作　俗话说，一把钥匙开一把锁。由于减灾扶贫对象不同，其思想、言论、行为也是多样的、复杂的，同时，个人有不同性格、理解能力、文化水平、社会阅历、工作态度、适应性等，对于同样的事件、现象、突发情况会有不同的认识，产生不同的思想。所以，减灾扶贫的思想政治工作要有针对性，可以将事件的针对性和个人、岗位的针对性相结合。针对城镇低保人员、下岗困难人员、残疾人员、天灾人祸人员、基层员工等，在进行不同层次的思想政治教育、活动等过程中，积极开展减灾扶贫工作的思想政治教育和人道主义传播，有针对性开展防灾减灾扶贫专业知识，实现“我为人人”。

（3）思想政治工作在减灾扶贫工作中的前沿性　防灾减灾扶贫工作的重点是完善财政机制、完善农村防灾减灾机制、事前预防等。灾害教育要普及到每个人，包括老人、小孩。在思想上高度重视，在组织上强化领导。在城乡社区建立一个防灾减灾工作领导机构；制定一个防灾救灾工作预案；构建一个形式多样的减灾宣传载体；建设一支抢险工作应急小分队；建设一处避险转移安置场所；建立一个耳熟能详的灾情预警预报网络；建立一个应急物资储备仓库；建立一本需转移人员花名册。因此，思想政治工作要经常正确分析群众的思想动态，增强思想政治工作的预见性。减灾扶贫工作中各种安抚、慰问、稳定工作的不断开展，是思想政治工作对防灾减灾扶贫工作的促进。同时，思想扶贫也成为目前防灾减灾扶贫中很重要的一项工作。从某种意义说，思想扶贫甚至还重于物质扶贫。在扶贫工作中，政府和帮扶队能做的工作是有限的，并不能包打天下。因此，要想在扶贫之路上继续做出卓有成效的探索，就要有所创新，把思想扶贫做深做细。思想扶贫的方法有多种。比如，对年龄较大的贫困村民而言，可以邀请有经验的农业专家进行相关讲座，不仅要普及农业技术，也要普及政策知识；对年轻的贫困村民而言，可以鼓励他们好好学习，参加政府为他们举办的技能培训班，学习一技之长，走出去。

（4）思想政治工作在减灾扶贫工作中的创新　长期以来，思想政治工作集中在积极传达上级党委、政府、组织的精神、文件、政策等，随着新形势的要求，如何创新也摆在了思想政治工作面前。防灾减灾扶贫工作中的思想政治工作也要与时俱进，用发展创新的眼光，市场经济的思维，人性化的办法，正确分析扶贫对象的思想状态，准确把握思想政治工作的

方向和力度。思想政治工作有其完善的人才优势、宣传优势、组织优势，在此创新工作中，积极应用宣传媒体，发动群众，敢于创新，勇于实践，可以起到互动、互助、促进的效果，为创建更加和谐、健康的社会环境打下坚实思想基础。

10.3　减灾扶贫相结合的机制探讨

自然灾害总是与贫困密切相关，而减灾具有消除贫困的长期效果，自然灾害对人类生产和生活的破坏作用日益加重，从而使一部分农村人口处于贫困线，或者使脱贫的人重新返贫，导致我国的扶贫工作面临严峻的考验。

长期以来，在对待灾害时，我们往往把工作重点放在灾害发生之后的救灾上，但是单一依靠灾后救济不是根本解决贫困的办法，因此，贫困地区要脱贫，应该积极开展减灾工作，减轻和消除灾害带来的负面影响。

灾害与贫穷联系紧密，地区越贫困，其承受自然灾害的能力就越差，抵御和恢复的能力就越弱，灾害使贫穷愈加贫穷，发展就会更成问题。因此，地区要发展，要富强，就要从根本上解决这个恶性循环的问题。

（1）建立减灾扶贫专项资金管理机制　在灾区重建的过程中，国家投入了大量的扶贫减灾资金。建设扶贫减灾资金的管理机制，规范资金的运用，加强资金的监督管理是非常必要的。首先，要做好资金的规划，突出扶持重点，把规划落到实处，为扶贫开发与灾后重建工作打下扎实的基础。同时，建立检测体系，加强重建资金的监督管理。建立扶贫资金使用情况监测体系，推行扶贫资金报账、公告、公示制度，建立扶贫项目法人负责、咨询论证、重大项目招投标、检查验收、激励约束、审批责任追究等制度。处理好信贷扶贫资金的政策性导向与商业化运作原则之间的关系，加强对扶贫贷款的监测，提高扶贫贷款的管理水平和贷款质量。

（2）建立并健全各部门机构协调联动的应急抗灾机制　减灾扶贫是一项复杂且相互关联的任务，各地区各部分应该建立联动应急机制，加强沟通协调，提高工作效率。同时，应该进一步整合扶贫开发的工作机构。采取切实可行的措施整合各种扶贫开发工作机构，把各级扶贫办、以工代赈办、民族地区开发办、东西协作扶贫办、财政的扶贫职能划转合并为一个专职领导扶贫开发的工作机构，解决扶贫开发多头管理、职权不一、各行其是的问题，降低扶贫开发的运作成本。

（3）政府主导下的全社会参与机制　在灾后重建的过程中，政府应该与民间力量、社会力量结成广泛的重建联盟，政府起组织枢纽作用，统筹全社会力量的参与。政府是组织者、协调者，也是标准的制定者和检查者，同时要组织全社会广泛参与。首先，应该坚持政府在减灾扶贫中的主导作用，政府主导扶贫开发是必要的，但是政府主导扶贫开发并不是将扶贫开发的主体仅限于政府，单靠政府难以实现扶贫开发的奋斗目标，所以在坚持政府主导的同时，应该创新社会力量动员机制，积极发挥非政府组织在扶贫开发中的作用。非政府组织在了解贫困人口的真实需要、确保贫困人口参与扶贫项目、确保政府扶贫资金真正用在需要帮扶的人身上等方面，可以发挥独特的作用。非政府组织可以通过专长的领域对政府的扶贫活动给予补充，而且成本低、效益高，能有效渗入到政府难以渗入的领域。同时，应该创新贫困群众参与机制，切实调动他们参与扶贫开发的主动性。必须积极倡导和推动参与式扶贫，建立长期稳定的民意反映途径，倾听贫困群众的呼声。扶贫方案的制订、项目的选择、措施的落实等，都要动员贫困群众积极参与，充分听取贫困群众意见，使他们真正拥有知情权、参与权、实施权和管理权。通过参与式扶贫，把贫困群众脱贫致富的强烈愿望与各级政府的帮扶措施紧密结合起来，以形成扶贫开发的巨大合力。减灾具有消除贫困的长期效果，将扶贫开发、提高群众生活水平和减灾相结合，可以提高扶贫工作效益，加快扶贫工作步伐。将减灾与扶贫开发相结合，探讨形成减灾扶贫相结合的长效机制，对我国的扶贫开发工作意义深远。

■10.4　我国自然灾害基本情况

2017 年，我国自然灾害以洪涝、台风、干旱和地震灾害为主，风雹、低温冷冻、雪灾、崩塌、滑坡、泥石流和森林火灾等灾害也有不同程度发生。各种自然灾害共造成全国 1.4 亿人次受灾，881 人死亡，98 人失踪，525.3 万人次紧急转移安置，15.3 万间房屋倒塌，31.2 万间严重损坏，126.7 万间一般损坏；农作物受灾面积 18478.1 千 hm^2，其中绝收 1826.7 千 hm^2；直接经济损失 3018.7 亿元。

（1）灾害影响范围广，局部损失严重　全国 31 个省（自治区、直辖市）的近 2400 个县（市、区）受到不同程度的自然灾害影响，受灾县数量占全国县级行政区总数 80% 以上。灾害造成的损失在时空分布上相对集中。从时间上看，洪涝、干旱、地震等自然灾害造成的损失集中在 6 月下旬至 8 月上旬，各项灾害损失占全年损失的 4 ~ 8 成。从区域上看，灾情严重的省份主要集中在湖南、吉林、四川、广东、陕西、湖北、新疆、广西、江西等省（自治区），特别是湖南和吉林两省灾情较近年明显偏重，两省因灾倒损房屋数量和直接经济损失均为 2012 年以来最高值。

（2）西部地区人员伤亡较重，特困地区灾害救助任务较重　2017 年各类自然灾害共造成西部地区 545 人死亡（含失踪），占全国因灾死亡失踪人口总数近 6 成；5 人以上死亡失踪的重大自然灾害事件共计 39 次，涉及 19 个省份，其中 6 成以上发生在西部地区。集中连片特困地区受自然环境和抗灾能力等因素影响，全国特困县几乎全部受灾，县均重复受灾近 5 次，各项灾害损失占全国总损失约 5 成。灾贫叠加导致集中连片特困地区受灾群众应急救助、过渡期安置及倒损民房恢复重建等救助任务繁重。

（3）主汛期暴雨洪涝集中发生，秋汛灾害影响较重　2017 年全国共出现 43 次大范围强降雨过程。其中，6 月下旬至 7 月初，南方地区连续出现 11 天的强降雨天气，局地最大累计降雨量超过当地年均降水量的 2/3，造成长江中下游发生区域性大洪水，湖南、江西、贵州、广西、四川等省（自治区）发生严重洪涝灾害。7 月中下旬至 8 月上旬，东北、西北等地接连出现强降雨过程，吉林省吉林市重复内涝、陕西无定河发生超历史洪水，吉林、陕西两省灾情严重。9 月中旬至 10 月，安徽、河南、湖北、陕西等省持续出现连阴雨天气，汉江等江河发生流域性洪水，秋汛灾害损失为近 5 年同期最高。据统计，2017 年洪涝和地质灾害共造成全国 6951.2 万人次受灾，674 人死亡，75 人失踪，397.5 万人次紧急转移安置；13.4 万间房屋倒塌，23.2 万间严重损坏，77.7 万间一般损坏；直接经济损失 1909.9 亿元。

（4）台风登陆集中，部分区域重复受灾　2017 年西北太平洋和南海共有 26 个台风生成，其中 8 个登陆我国，登陆个数较常年偏多，登陆的时间集中在 7 月末至 9 月初。7 月 30

日、31 日，第 9 号台风“纳沙”、第 10 号台风“海棠”先后在福建福清沿海登陆，24 小时内登陆同一地点，属历史首次，福建省灾情较重。8 月 23 日至 9 月 3 日，第 13 号台风“天鸽”、第 14 号台风“帕卡”、第 16 号台风“玛娃”接连在广东沿海登陆，特别是第 13 号台风“天鸽”为 2017 年登陆我国的最强台风，也是 1949 年以来 8 月登陆广东的最强台风之一。短时间内 3 个台风连续登陆，造成广东省珠海市等地重复受灾、灾情严重，广东省直接经济损失占全国台风灾害总损失的 8 成以上。据统计，2017 年台风灾害共造成全国 587.9 万人次受灾，35 人死亡，9 人失踪，109.1 万人次紧急转移安置；近 4000 间房屋倒塌，5000 余间严重损坏，3.3 万间一般损坏；直接经济损失 346.2 亿元。

（5）高温少雨天气导致北方部分地区春夏连旱　2017 年全国旱灾时段、区域相对集中，主要是北方部分地区出现春夏连旱。其中，4—5 月，东北、华北和山东等地出现阶段性高温少雨天气，东北、内蒙古、河北、山东等地旱情初露；6 月下旬至 7 月中旬，北方地区出现近 12 年以来最强持续性高温天气，内蒙古中东部、华北、西北地区东南部等地降水量较常年同期偏少 3 成以上，造成山西、内蒙古、辽宁、吉林、山东、陕西和甘肃 7 省（自治区）旱情较重。据统计，2017 年干旱灾害共造成全国农作物受灾面积 9874.8 千 hm^2，其中绝收 752.4 千 hm^2，直接经济损失 375 亿元。

（6）地震发生次数偏少，但震级偏高　2017 年我国大陆地区共发生 5 级以上地震 13 次，发生次数处于 2012 年以来偏低水平，但发生在西部地区的地震震级偏高。其中，8 月 8 日四川九寨沟发生 7.0 级地震，震级为 2012 年以来次高（仅低于 2014 年 2 月 12 日新疆于田 7.3 级地震），8 月 9 日新疆精河发生 6.6 级地震，5 月 11 日新疆塔什库尔干发生 5.5 级地震，这 3 次地震均造成较重损失，占全年地震灾害总损失的 8 成以上。据统计，2017 年地震灾害共造成全国 12 个省（自治区、直辖市）和新疆生产建设兵团 64.8 万人次受灾，33 人死亡，5 人失踪，15.9 万人次紧急转移安置；1.3 万间房屋倒塌，6.1 万间严重损坏，33.8 万间一般损坏；直接经济损失 164.4 亿元。

总之，西部环境条件恶劣，生存条件较差，经济技术水平不高，可持续发展的总体能力较弱。这是中国科学院对我国 31 个省市区可持续发展总体能力定量评价的结果。因此，西部大开发不能盲目仿效东部经济发展模式，也不能走浪费资源、破坏生态环境的老路，否则会给生态环境带来灾难性后果。

■10.5　可持续发展视角下西部防灾减灾的思考

我国西部地区幅员辽阔，广义上拥有喜马拉雅山、唐古拉山、昆仑山、祁连山、天山等巨大山系，包括我国境内四大盆地和四大高原，西部的宏观地貌格局，发育了冰川、戈壁、沙漠、湖泊、湿地、绿洲、草原等景观类型。由于地处亚欧大陆腹地，地理环境和地质条件复杂，地形多样，气候波动剧烈，大部分地区处于干旱、半干旱地带，自然条件严酷，自然灾害种类多、发生频率高、损失严重。从全国来看，无论是灾害发生的频度还是造成的损失程度都较为严重。加上人为原因，灾害已成为这一地区经济社会发展的桎梏和严重障碍。西部地区是我国的水源头，承载着哺育整个中华民族的重担，也是全国的天然屏障，承担着东西部环境保护的重任。因此，系统研究西部地区灾害的特殊规律，有针对性地制定合理的减灾策略，是保证西部地区开发建设总体效益的重要环节。在实施西部大开发，推行各项经济

社会发展举措时，必须从整个地区可持续发展角度出发，处理好开发建设与保护生态环境的关系，重视减灾防灾，尽量减少人为因素对自然灾害的放大作用及造成直接的人为灾害，以谋求经济、社会、生态环境协调发展。

西部地理、地质、气候条件比较特殊：西南山势陡峭，河谷纵横，地质构造不稳定；西北深居内陆远离海洋，干旱少雨；号称地球“第三极”的青藏高原，阻断了印度洋暖湿气流；来自西伯利亚干冷气流长驱直入，影响强烈，生态环境十分脆弱。目前一些地区土地的盐渍化、荒漠化和水土流失问题十分严重。

改革开放以来实行“有水快流”政策，在一定程度上加剧了西部生态环境的退化。西北挖甘草、发菜，把固沙的红柳、沙棘连根刨掉，造成整个地表破坏，大片草原荒漠化。绿洲农、林、牧业特优产品虽然具有很高的经济价值，但水资源不足严重制约着大规模发展。西南自古“天无三日晴、地无三尺平”，加上对陡坡地过度开发，导致植被破坏、表土冲刷、岩石裸露，耕地质量下降，江河含沙量大幅增加。近年来我国在水土流失防治和荒漠化治理方面取得了较大成绩，但土地荒漠化的面积仍以2640km^2/年的速度增加。

2008年5月，汶川地区发生8.0级地震，伤亡人数巨大，造成直接经济损失超过1万亿元。西部是灾害多发区。干旱、洪涝、大风与沙尘暴、寒潮与雪灾是区内主要气候灾害，地震、崩塌、滑坡、泥石流是区内常见地质灾害，水土流失、土地沙漠化盐渍化、生物多样性破坏、工业三废污染与酸雨是区内生态环境灾害。一旦发生灾害，对经济发展和社会稳定影响重大。1993年以来沙尘暴影响范围不断扩大，造成大量人畜伤亡并波及广大东部地区。

煤层自燃是煤炭分布区的特有灾害。对煤等资源的掠夺式开采，既造成资源浪费，破坏了地表植被，使环境质量显著下降，又加大了未来矿产资源开发利用成本。

■10.6 “十三五”期间国家综合防灾减灾

10.6.1 规划目标

1）防灾减灾救灾体制机制进一步健全，法律法规体系进一步完善。

2）将防灾减灾救灾工作纳入各级国民经济和社会发展总体规划。

3）年均因灾直接经济损失占国内生产总值的比例控制在1.3%以内，年均每百万人口因灾死亡率控制在1.3以内。

4）建立并完善多灾种综合监测预报预警信息发布平台，信息发布的准确性、时效性和社会公众覆盖率显著提高。

5）提高重要基础设施和基本公共服务设施的灾害设防水平，特别要有效降低学校、医院等设施因灾造成的损毁程度。

6）建成中央、省、市、县、乡五级救灾物资储备体系，确保自然灾害发生后12小时内受灾人员基本生活得到有效救助。完善自然灾害救助政策，达到与全面小康社会相适应的自然灾害救助水平。

7）增创5000个全国综合减灾示范社区，开展全国综合减灾示范县（市、区）创建试点工作。全国每个城乡社区确保有1名灾害信息员。

8）防灾减灾知识社会公众普及率显著提高，实现在校学生全面普及。防灾减灾科技和

教育水平明显提升。

9）扩大防灾减灾救灾对外合作与援助，建立包容性、建设性的合作模式。

10.6.2　“十三五”期间国家综合防灾减灾任务

2016年国务院印发的《国家综合防灾减灾规划（2016—2020年）》中指出，“十三五”期间要完成以下任务：

1. 完善防灾减灾救灾法律制度

加强综合立法研究，加快形成以专项法律法规为骨干、相关应急预案和技术标准配套的防灾减灾救灾法律法规标准体系，明确政府、学校、医院、部队、企业、社会组织和公众在防灾减灾救灾工作中的责任和义务。

加强自然灾害监测预报预警、灾害防御、应急准备、紧急救援、转移安置、生活救助、医疗卫生救援、恢复重建等领域的立法工作，统筹推进单一灾种法律法规和地方性法规的制定、修订工作，完善自然灾害应急预案体系和标准体系。

2. 健全防灾减灾救灾体制机制

完善中央层面自然灾害管理体制机制，加强各级减灾委员会及其办公室的统筹指导和综合协调职能，充分发挥主要灾种防灾减灾救灾指挥机构的防范部署与应急指挥作用。明确中央与地方应对自然灾害的事权划分，强化地方党委和政府的主体责任。

强化各级政府的防灾减灾救灾责任意识，提高各级领导干部的风险防范能力和应急决策水平。加强有关部门之间、部门与地方之间协调配合和应急联动，统筹城乡防灾减灾救灾工作，完善自然灾害监测预报预警机制，健全防灾减灾救灾信息资源获取和共享机制。完善军地联合组织指挥、救援力量调用、物资储运调配等应急协调联动机制。建立风险防范、灾后救助、损失评估、恢复重建和社会动员等长效机制。完善防灾减灾基础设施建设、生活保障安排、物资装备储备等方面的财政投入以及恢复重建资金筹措机制。研究制定应急救援社会化有偿服务、物资装备征用补偿、救援人员人身安全保险和伤亡抚恤政策。

3. 加强灾害监测预报预警与风险防范能力建设

加快气象、水文、地震、地质、测绘地理信息、农业、林业、海洋、草原、野生动物疫病疫源等灾害地面监测站网和国家民用空间基础设施建设，构建防灾减灾卫星星座，加强多灾种和灾害链综合监测，提高自然灾害早期识别能力。加强自然灾害早期预警、风险评估信息共享与发布能力建设，进一步完善国家突发事件预警信息发布系统，显著提高灾害预警信息发布的准确性、时效性和社会公众覆盖率。

开展以县为单位的全国自然灾害风险与减灾能力调查，建设国家自然灾害风险数据库，形成支撑自然灾害风险管理的全要素数据资源体系。完善国家、区域、社区自然灾害综合风险评估指标体系和技术方法，推进自然灾害综合风险评估、隐患排查治理。

推进综合灾情和救灾信息报送与服务网络平台建设，统筹发展灾害信息员队伍，提高政府灾情信息报送与服务的全面性、及时性、准确性和规范性。完善重特大自然灾害损失综合评估制度和技术方法体系。探索建立区域与基层社区综合减灾能力的社会化评估机制。

4. 加强灾害应急处置与恢复重建能力建设

完善自然灾害救助政策，加快推动各地区制定本地区受灾人员救助标准，切实保障受灾人员基本生活。加强救灾应急专业队伍建设，完善以军队、武警部队为突击力量，以公安消防等专业队伍为骨干力量，以地方和基层应急救援队伍、社会应急救援队伍为辅助力量，以专家智库为决策支撑的灾害应急处置力量体系。

健全救灾物资储备体系，完善救灾物资储备管理制度、运行机制和储备模式，科学规划、稳步推进各级救灾物资储备库（点）建设和应急商品数据库建设，加强救灾物资储备体系与应急物流体系衔接，提升物资储备调运信息化管理水平。加快推进救灾应急装备设备研发与产业化推广，推进救灾物资装备生产能力储备建设，加强地方各级应急装备设备的储备、管理和使用，优先为多灾易灾地区配备应急装备设备。

进一步完善中央统筹指导、地方作为主体、群众广泛参与的灾后重建工作机制。坚持科学重建、民生优先，统筹做好恢复重建规划编制、技术指导、政策支持等工作。将城乡居民住房恢复重建摆在突出和优先位置，加快恢复完善公共服务体系，大力推广绿色建筑标准和节能节材环保技术，加大恢复重建质量监督和监管力度，把灾区建设得更安全、更美好。

5. 加强工程防灾减灾能力建设

加强防汛抗旱、防震减灾、防风抗潮、防寒保畜、防沙治沙、野生动物疫病防控、生态环境治理、生物灾害防治等防灾减灾骨干工程建设，提高自然灾害工程防御能力。加强江河湖泊治理骨干工程建设，继续推进大江大河大湖堤防加固、河道治理、控制性枢纽和蓄滞洪区建设。加快中小河流治理、病险水库水闸除险加固等工程建设，推进重点海堤达标建设。加强城市防洪防涝与调蓄设施建设，加强农业、林业防灾减灾基础设施建设及牧区草原防灾减灾工程建设。做好山洪灾害防治和抗旱水源工程建设工作。

提高城市建筑和基础设施抗灾能力。继续实施公共基础设施安全加固工程，重点提升学校、医院等人员密集场所安全水平，幼儿园、中小学校舍达到重点设防类抗震设防标准，提高重大建设工程、生命线工程的抗灾能力和设防水平。实施交通设施灾害防治工程，提升重大交通基础设施抗灾能力。推动开展城市既有住房抗震加固，提升城市住房抗震设防水平和抗灾能力。

结合扶贫开发、新农村建设、危房改造、灾后恢复重建等，推进实施自然灾害高风险区农村困难群众危房与土坯房改造，提升农村住房设防水平和抗灾能力。推进实施自然灾害隐患重点治理和居民搬迁避让工程。

6. 加强防灾减灾救灾科技支撑能力建设

落实创新驱动发展战略，加强防灾减灾救灾科技资源统筹和顶层设计，完善专家咨询制度。以科技创新驱动和人才培养为导向，加快建设各级地方减灾中心，推进灾害监测预警与风险防范科技发展，充分发挥现代科技在防灾减灾救灾中的支撑作用。

加强基础理论研究和关键技术研发，着力揭示重大自然灾害及灾害链的孕育、发生、演变、时空分布等规律和致灾机理，推进“互联网+”、大数据、物联网、云计算、地理信息、移动通信等新理念、新技术、新方法的应用，提高灾害模拟仿真、分析预测、信息获取、应急通信与保障能力。加强灾害监测预报预警、风险与损失评估、社会影响评估、应急处置与恢复重建等关键技术研发。健全产学研协同创新机制，推进军民融合，加强科技平台建设，加大科技成果转化和推广应用力度，引导防灾减灾救灾新技术、新产品、新装备、新服务发展。继续推进防灾减灾救灾标准体系建设，提高标准化水平。

7. 加强区域和城乡基层防灾减灾救灾能力建设

围绕实施区域发展总体战略和落实“一带一路”建设、京津冀协同发展、长江经济带

发展等重大战略，推进国家重点城市群、重要经济带和灾害高风险区域的防灾减灾救灾能力建设。加强规划引导，完善区域防灾减灾救灾体制机制，协调开展区域灾害风险调查、监测预报预警、工程防灾减灾、应急处置联动、技术标准制定等防灾减灾救灾能力建设的试点示范工作。加强城市大型综合应急避难场所和多灾易灾县（市、区）应急避难场所建设。

开展社区灾害风险识别与评估，编制社区灾害风险图，加强社区灾害应急预案编制和演练，加强社区救灾应急物资储备和志愿者队伍建设。深入推进综合减灾示范社区创建工作，开展全国综合减灾示范县（市、区）创建试点工作。推动制定家庭防灾减灾救灾与应急物资储备指南和标准，鼓励和支持以家庭为单元储备灾害应急物品，提升家庭和邻里自救互救能力。

8. 发挥市场和社会力量在防灾减灾救灾中的作用

发挥保险等市场机制作用，完善应对灾害的金融支持体系，扩大居民住房灾害保险、农业保险覆盖面，加快建立巨灾保险制度。积极引入市场力量参与灾害治理，培育和提高市场主体参与灾害治理的能力，鼓励各地区探索巨灾风险的市场化分担模式，提升灾害治理水平。

加强对社会力量参与防灾减灾救灾工作的引导和支持，完善社会力量参与防灾减灾救灾政策，健全动员协调机制，建立服务平台。加快研究和推进政府购买防灾减灾救灾社会服务等相关措施。加强救灾捐赠管理，健全救灾捐赠需求发布与信息导向机制，完善救灾捐赠款物使用信息公开、效果评估和社会监督机制。

9. 加强防灾减灾宣传教育

完善政府部门、社会力量和新闻媒体等合作开展防灾减灾宣传教育的工作机制。将防灾减灾教育纳入国民教育体系，推进灾害风险管理相关学科建设和人才培养。推动全社会树立“减轻灾害风险就是发展、减少灾害损失也是增长”的理念，努力营造防灾减灾良好文化氛围。

开发针对不同社会群体的防灾减灾科普读物、教材、动漫、游戏、影视剧等宣传教育产品，充分发挥微博、微信和客户端等新媒体的作用。加强防灾减灾科普宣传教育基地、网络教育平台等建设。充分利用“防灾减灾日”“国际减灾日”等节点，弘扬防灾减灾文化，面向社会公众广泛开展知识宣讲、技能培训、案例解说、应急演练等多种形式的宣传教育活动，提升全民防灾减灾意识和自救互救技能。

10. 推进防灾减灾救灾国际交流合作

结合国家总体外交战略的实施及推进“一带一路”建设的部署，统筹考虑国内国际两种资源、两个能力，推动落实联合国2030年可持续发展议程和《2015—2030年仙台减轻灾害风险框架》，与有关国家、联合国机构、区域组织广泛开展防灾减灾救灾领域合作，重点加强灾害监测预报预警、信息共享、风险调查评估、紧急人道主义援助和恢复重建等方面的务实合作。研究推进国际减轻灾害风险中心建设。积极承担防灾减灾救灾国际责任，为发展中国家提供更多的人力资源培训、装备设备配置、政策技术咨询、发展规划编制等方面支持，彰显我国负责任大国形象。

我国已于2019年10月启动了“十四五”国家综合防灾减灾规划的编制工作。

■10.7　“十三五”期间的脱贫攻坚

“十三五”时期，新型工业化、信息化、城镇化、农业现代化同步推进和国家重大区域发展战略加快实施，为贫困地区发展提供了良好环境和重大机遇，特别是国家综合实力不断增强，为打赢脱贫攻坚战奠定了坚实的物质基础。

10.7.1 脱贫目标

稳定实现现行标准下农村贫困人口不愁吃、不愁穿，义务教育、基本医疗和住房安全有保障（以下称“两不愁、三保障”）。贫困地区农民人均可支配收入比2010年翻一番以上，增长幅度高于全国平均水平，基本公共服务主要领域指标接近全国平均水平。确保我国现行标准下农村贫困人口实现脱贫，贫困县全部摘帽，解决区域性整体贫困。

1）现行标准下农村建档立卡，贫困人口实现脱贫。贫困户有稳定收入来源，人均可支配收入稳定超过国家扶贫标准，实现“两不愁、三保障”。

2）建档立卡的贫困村有序摘帽。村内基础设施、基本公共服务设施和人居环境明显改善，基本农田和农田水利等设施水平明显提高，特色产业基本形成，集体经济有一定规模，社区管理能力不断增强。

3）贫困县全部摘帽。县域内基础设施明显改善，基本公共服务能力和水平进一步提升，全面解决出行难、上学难、就医难等问题，社会保障实现全覆盖，县域经济发展壮大，生态环境有效改善，可持续发展能力不断增强。

10.7.2 扶贫工作

（1）产业发展扶贫　立足贫困地区资源禀赋，以市场为导向，充分发挥农民合作组织、龙头企业等市场主体作用，建立健全产业到户到人的精准扶持机制，每个贫困建成一批脱贫带动能力强的特色产业，每个贫困乡、村形成特色拳头产品，贫困人口劳动技能得到提升，贫困户经营性、财产性收入稳定增加。

（2）转移就业脱贫　加强贫困人口职业技能培训和就业服务，保障转移就业贫困人口合法权益，开展劳务协作，推进就地就近转移就业，促进已就业贫困人口稳定就业和有序实现市民化、有劳动能力和就业意愿未就业贫困人口实现转移就业。

（3）易地搬迁脱贫　组织实施好易地扶贫搬迁工程，确保搬迁群众住房安全得到保障，饮水安全、出行、用电等基本生活条件得到明显改善，享有便利可及的教育、医疗等基本公共服务、迁出区生态环境得到有效治理，确保有劳动能力的贫困家庭后续发展有门路、转移就业有渠道、收入水平不断提高，实现建档立卡搬迁人口搬得出、稳得住、能脱贫。

（4）教育扶贫　以提高贫困人口基本文化素质和贫困家庭劳动力技能为抓手，瞄准教育最薄弱领域，阻断贫困的代际传递，使贫困地区基础教育能力明显增强，职业教育体系更加完善，高等教育服务能力明显提升，教育总体质量显著提高，基本公共教育服务接近全国平均水平。

（5）健康扶贫　改善贫困地区医疗卫生机构条件，提升服务能力，缩小区域间卫生资源配置差距，基本医疗保障制度进一步完善，建档立卡贫困人口大病和慢性病得到及时有效救治，就医费用个人负担大幅减轻，重大传染病和地方病得到有效控制，基本公共卫生服务实现均等化，因病致贫返贫问题得到有效解决。

（6）生态保护扶贫　处理好生态保护与扶贫开发的关系，加强贫困地区生态环境保护与治理修复，提升贫困地区可持续发展能力。逐步扩大对贫困地区和贫困人口的生态保护补偿，增设生态公益岗位，使贫困人口通过参与生态保护实现就业脱贫。

（7）兜底保障　统筹社会救助体系，促进扶贫开发与社会保障有效衔接，完善农村低保、特困人员救助供养等社会救助制度，健全农村“三留守”人员和残疾人关爱服务体系，实现社会保障兜底。

（8）社会扶贫　发挥东西部扶贫协作和中央单位定点帮扶的引领示范作用，凝聚国际国内社会各方面力量，进一步提升贫困人口帮扶精准度和帮扶效果，形成脱贫攻坚强大合力。

“十三五”期间，脱贫攻坚取得全面胜利，5575万农村贫困人口实现脱贫，困扰中华民族几千年的绝对贫困问题得到历史性解决，创造了人类减贫史上的奇迹。

《中华人民共和国国民经济和社会发展第十四个五年规划和2035年远景目标纲要》指出，要建立完善农村低收入人口和欠发达地区帮扶机制，保持主要帮扶政策和财政投入力度总体稳定，接续推进脱贫地区发展。

（1）巩固提升脱贫攻坚成果　严格落实“摘帽不摘责任、摘帽不摘政策、摘帽不摘帮扶、摘帽不摘监管”要求，建立健全巩固拓展脱贫攻坚成果长效机制。健全防止返贫动态监测和精准帮扶机制，对易返贫致贫人口实施常态化监测，建立健全快速发现和响应机制，分层分类及时纳入帮扶政策范围。完善农村社会保障和救助制度，健全农村低收入人口常态化帮扶机制。对脱贫地区继续实施城乡建设用地增减挂钩节余指标省内交易政策、调整完善跨省域交易政策。加强扶贫项目资金资产管理和监督，推动特色产业可持续发展。推广以工代赈方式，带动低收入人口就地就近就业。做好易地扶贫搬迁后续帮扶，加强大型搬迁安置区新型城镇化建设。

（2）提升脱贫地区整体发展水平　实施脱贫地区特色种养业提升行动，广泛开展农产品产销对接活动，深化拓展消费帮扶。在西部地区脱贫县中集中支持一批乡村振兴重点帮扶县，从财政、金融、土地、人才、基础设施、公共服务等方面给予集中支持，增强其巩固脱贫成果及内生发展能力。坚持和完善东西部协作和对口支援、中央单位定点帮扶、社会力量参与帮扶等机制，调整优化东西部协作结对帮扶关系和帮扶方式，强化产业合作和劳务协作。

【阅读材料】

可持续发展的扶贫开发模式

湖南省娄底市涟源市石门村位于涟源市西南边境，是个典型的山村，四面环山，地形闭塞，交通不便，过去只有一段崎岖不平的土公路，延伸到了村委会，土地贫瘠，是南方典型的红壤地带。村民居住条件绝大部分十分简陋，主要是泥瓦结构，劳动工具极为落后，村民文化水平较低。

从1986年起，涟源市人民政府积极贯彻中央农村扶贫政策，给贫困户和三无人员送去粮食等食物和适当的救济金，并且要求村委会带领全村村民创业解困。但到1992年为止，没有太大的变化。

1993年，村支书邀请在外地做生意的村民回乡办厂，迈出了创业的步伐。1994年，村里筹集资金，利用该地的特殊土石为原料，开办了陶瓷小厂，后来又开发了以废塑为主要原料的仿瓷硬塑和保温器材产品。

1996年，涟源市向石门村派驻扶贫开发小组。扶贫开发小组首先摸清了村里的基本情况，创办了村级活动中心，打开村民的眼界，又发动群众出工出力，争取政府的财政扶持，修好了通向四面八方的村级公路，还改造了农田水利基础建设。由于改善了农业生产条件，优化了发展工业的投资环境，吸引小商小贩返乡投资，弥补了村里企业资金的不足，使村级企业得以生存下来。企业的主要产品是餐饮仿瓷、陶瓷等家庭日常用品，市场广大又极其畅销，经济效益好，刺激着股东投资的积极性，不断扩大生产规模。

现在，整个村子已发展为一个具有现代化气息的集镇，街道整齐有序。目前，全村企业中有技术工人和技术人员3000多人，其中村民占600多人，2011年全村人均纯收入达到15000多元。石门村成为涟源市第一村，也是湖南五江集团发展的摇篮。

——资料来源：王待遂，一个可持续发展的扶贫开发模式案例分析，南方农业，2012，6（9）。

实施精准扶贫方略

对于贫困人口规模庞大的国家，找准贫困人口、实施扶真贫是普遍性难题。脱贫攻坚贵在精准、重在精准，成败之举在于精准。中国在脱贫攻坚实践中，积极借鉴国际经验，紧密结合中国实际，创造性地提出并实施精准扶贫方略，做到扶持对象、项目安排、资金使用、措施到户、因村派人、脱贫成效“六个精准”，实施发展生产、易地搬迁、生态补偿、发展教育、社会保障兜底“五个一批”，解决好扶持谁、谁来扶、怎么扶、如何退、如何稳“五个问题”，增强了脱贫攻坚的目标针对性，提升了脱贫攻坚的整体效能。

（一）精准识别、建档立卡，解决“扶持谁”的问题

扶贫必先识贫。中国贫困人口规模大、结构复杂，实现精准扶贫首先要精准识贫。科学制定贫困识别的标准和程序，组织基层干部进村入户，摸清贫困人口分布、致贫原因、帮扶需求等情况。贫困户识别以农户收入为基本依据，综合考虑住房、教育、健康等情况，通过农户申请、民主评议、公示公告、逐级审核的方式，进行整户识别；贫困村识别综合考虑行政村贫困发生率、村民人均纯收入和村集体经济收入等情况，按照村委会申请、乡政府审核公示、县级审定公告等程序确定。对识别出的贫困村和贫困人口建档立卡，建立起全国统一的扶贫信息系统。组织开展“回头看”，实行动态管理，及时剔除识别不准人口、补录新识别人口，提高识别准确率。建档立卡在中国扶贫史上第一次实现贫困信息精准到村到户到人，精确瞄准了脱贫攻坚的对象，第一次逐户分析致贫原因和脱贫需求，第一次构建起国家扶贫信息平台，为实施精准扶贫精准脱贫提供了有力的数据支撑。

（二）加强领导、建强队伍，解决“谁来扶”的问题

脱贫攻坚涉及面广、要素繁多、极其复杂，需要强有力的组织领导和贯彻执行。充分发挥党的政治优势、组织优势，建立中央统筹、省负总责、市县抓落实的脱贫攻坚管理体制和片为重点、工作到村、扶贫到户的工作机制，构建起横向到边、纵向到底的工作体系。各级党委充分发挥总揽全局、协调各方的作用，执行脱贫攻坚一把手负责制，中西部22个省份党政主要负责同志向中央签署责任书、立下军令状，省市县乡村五级书记一起抓。脱贫攻坚期内，贫困县党委政府正职保持稳定。有脱贫任务的地区，倒排工期、落实

责任，抓紧施工、强力推进。脱贫攻坚任务重的地区，把脱贫攻坚作为头等大事和第一民生工程，以脱贫攻坚统揽经济社会发展全局。实行最严格的考核评估和监督检查，组织脱贫攻坚专项巡视，开展扶贫领域腐败和作风问题专项治理，加强脱贫攻坚督导和监察，确保扶贫工作务实、脱贫过程扎实、脱贫结果真实，使脱贫攻坚成果经得起实践和历史检验。建立健全干部担当作为的激励和保护机制，加大关心关爱干部力度，树立正确用人导向，引导广大干部在决胜脱贫攻坚中奋发有为、履职尽责。加强基层扶贫队伍建设，普遍建立干部驻村帮扶工作队制度，按照因村派人、精准选派的原则，选派政治素质好、工作能力强、作风实的干部驻村扶贫。广大驻村干部牢记使命、不负重托，心系贫困群众，扎根基层扶贫一线，倾心倾力帮助贫困群众找出路、谋发展、早脱贫。从2013年开始向贫困村选派第一书记和驻村工作队，到2015年，实现每个贫困村都有驻村工作队、每个贫困户都有帮扶责任人。截至2020年底，全国累计选派25.5万个驻村工作队、300多万名第一书记和驻村干部，同近200万名乡镇干部和数百万村干部一道奋战在扶贫一线。

（三）区分类别、靶向施策，解决“怎么扶”的问题

贫困的类型和原因千差万别，开对“药方子”才能拔掉“穷根子”。中国在减贫实践中，针对不同情况分类施策、对症下药，因人因地施策，因贫困原因施策，因贫困类型施策，通过实施“五个一批”实现精准扶贫。

发展生产脱贫一批。发展产业是脱贫致富最直接、最有效的办法，也是增强贫困地区造血功能、帮助贫困群众就地就业的长远之计。支持和引导贫困地区因地制宜发展特色产业，鼓励支持电商扶贫、光伏扶贫、旅游扶贫等新业态新产业发展，依托东西部扶贫协作推进食品加工、服装制造等劳动密集型产业梯度转移，一大批特色优势产业初具规模，增强了贫困地区经济发展动能。累计建成各类产业基地超过30万个，形成了特色鲜明、带贫面广的扶贫主导产业，打造特色农产品品牌1.2万个。发展市级以上龙头企业1.44万家、农民合作社71.9万家，72.6%的贫困户与新型农业经营主体建立了紧密型的利益联结关系。产业帮扶政策覆盖98.9%的贫困户，有劳动能力和意愿的贫困群众基本都参与到产业扶贫之中。扎实推进科技扶贫，建立科技帮扶结对7.7万个，选派科技特派员28.98万名，投入资金200多亿元，实施各级各类科技项目3.76万个，推广应用先进实用技术、新品种5万余项，支持贫困地区建成创新创业平台1290个。为贫困户提供扶贫小额信贷支持，培育贫困村创业致富带头人，建立完善带贫机制，鼓励和带领贫困群众发展产业增收致富。

易地搬迁脱贫一批。对生活在自然环境恶劣、生存条件极差、自然灾害频发地区，很难实现就地脱贫的贫困人口，实施易地扶贫搬迁。充分尊重群众意愿，坚持符合条件和群众自愿原则，加强思想引导，不搞强迫命令。全面摸排搬迁对象，精心制定搬迁规划，合理确定搬迁规模，有计划有步骤稳妥实施。960多万生活在“一方水土养不好一方人”地区的贫困人口通过易地搬迁实现脱贫。对搬迁后的旧宅基地实行复垦复绿，改善迁出区生态环境。加强安置点配套设施和产业园区、扶贫车间等建设，积极为搬迁人口创造就业机会，保障他们有稳定的收入，同当地群众享受同等的基本公共服务，确保搬得出、稳得住、逐步能致富。

生态补偿脱贫一批。践行“绿水青山就是金山银山”理念，坚持脱贫攻坚与生态保

护并重，在加大贫困地区生态保护修复力度的同时，增加重点生态功能区转移支付，不断扩大政策实施范围，让有劳动能力的贫困群众就地转为护林员等生态保护人员。2013年以来，贫困地区实施退耕还林还草7450万亩，选聘110多万贫困群众担任生态护林员，建立2.3万个扶贫造林（种草）专业合作社（队）。贫困群众积极参与国土绿化、退耕还林还草等生态工程建设和森林、草原、湿地等生态系统保护修复工作，发展木本油料等经济林种植及森林旅游，不仅拓宽了增收渠道，也明显改善了贫困地区生态环境，实现了“双赢”。

发展教育脱贫一批。坚持再穷不能穷教育、再穷不能穷孩子，加强教育扶贫，不让孩子输在起跑线上，努力让每个孩子都有人生出彩的机会，阻断贫困代际传递。持续提升贫困地区学校、学位、师资、资助等保障能力，20多万名义务教育阶段的贫困家庭辍学学生全部返校就读，全面实现适龄少年儿童义务教育有保障。实施定向招生、学生就业、职教脱贫等倾斜政策，帮助800多万贫困家庭初高中毕业生接受职业教育培训、514万名贫困家庭学生接受高等教育，重点高校定向招收农村和贫困地区学生70多万人，拓宽贫困学生纵向流动渠道。开展民族地区农村教师和青壮年农牧民国家通用语言文字培训，累计培训350万余人次，提升民族地区贫困人口就业能力。“学前学会普通话”行动先后在四川省凉山彝族自治州和乐山市马边彝族自治县、峨边彝族自治县、金口河区开展试点，覆盖43万学龄前儿童，帮助他们学会普通话。

社会保障兜底一批。聚焦特殊贫困群体，落实兜底保障政策。实施特困人员供养服务设施改造提升工程，集中供养能力显著增强。农村低保制度与扶贫政策有效衔接，全国农村低保标准从2012年每人每年2068元提高到2020年5962元，提高188.3%。扶贫部门与民政部门定期开展数据比对、摸排核实，实现贫困人口“应保尽保”。

中国还结合实际、因地制宜，采取其他多渠道多元化扶贫措施。大力推进就业扶贫，通过免费开展职业技能培训、东西部扶贫协作劳务输出、扶贫车间和扶贫龙头企业吸纳、返乡创业带动、扶贫公益性岗位安置等形式，支持有劳动能力的贫困人口在本地或外出务工、创业，贫困劳动力务工规模从2015年的1227万人增加到2020年的3243万人。开展健康扶贫工程，把健康扶贫作为脱贫攻坚重要举措，防止因病致贫返贫。深入实施网络扶贫工程，支持贫困地区特别是“三区三州”等深度贫困地区，完善网络覆盖，推进“互联网+”扶贫模式。实施资产收益扶贫，把中央财政专项扶贫资金和其他涉农资金投入设施农业、光伏、乡村旅游等项目形成的资产，折股量化到贫困村，推动产业发展，增加群众收入，破解村集体经济收入难题。2020年新冠肺炎疫情发生后，中国采取一系列应对疫情的帮扶举措，加大就业稳岗力度，开展消费扶贫行动，有效克服了新冠肺炎疫情影响。

（四）严格标准、有序退出，解决“如何退”的问题

建立贫困退出机制，明确贫困县、贫困村、贫困人口退出的标准和程序，既防止数字脱贫、虚假脱贫等“被脱贫”，也防止达到标准不愿退出等“该退不退”。制定脱贫摘帽规划和年度减贫计划，确保规范合理有序退出。严格执行退出标准，严格规范工作流程，贫困人口退出实行民主评议，贫困村、贫困县退出进行审核审查，退出结果公示公告，让群众参与评价，做到程序公开、数据准确、档案完整、结果公正。强化监督检查，每年委

托第三方对摘帽县和脱贫人口进行专项评估，重点抽选条件较差、基础薄弱的偏远地区，重点评估脱贫人口退出准确率、摘帽县贫困发生率、群众帮扶满意度，确保退出结果真实。2020年至2021年初，开展国家脱贫攻坚普查，全面准确摸清贫困人口脱贫实现情况。贫困人口、贫困村、贫困县退出后，在一定时期内原有扶持政策保持不变，摘帽不摘责任，摘帽不摘帮扶，摘帽不摘政策，摘帽不摘监管，留出缓冲期，确保稳定脱贫。

（五）跟踪监测、防止返贫，解决“如何稳”的问题

稳定脱贫不返贫才是真脱贫。对脱贫县，从脱贫之日起设立5年过渡期，过渡期内保持主要帮扶政策总体稳定，对现有帮扶政策逐项分类优化调整，逐步由集中资源支持脱贫攻坚向全面推进乡村振兴平稳过渡。健全防止返贫动态监测和帮扶机制，对脱贫不稳定户、边缘易致贫户，以及因病因灾因意外事故等刚性支出较大或收入大幅缩减导致基本生活出现严重困难户，开展定期检查、动态管理，做到早发现、早干预、早帮扶，防止返贫和产生新的贫困。继续支持脱贫地区乡村特色产业发展壮大，持续促进脱贫人口稳定就业。做好易地搬迁后续扶持，多渠道促进就业，强化社会管理，促进社会融入，确保搬迁群众稳得住、有就业、逐步能致富。坚持和完善驻村第一书记和工作队、东西部协作、对口支援、社会帮扶等制度。继续加强扶志扶智，激励和引导脱贫群众靠自己努力过上更好生活。开展巩固脱贫成果后评估工作，压紧压实各级党委和政府责任，坚决守住不发生规模性返贫的底线。

精准扶贫方略，是中国打赢脱贫攻坚战的制胜法宝，是中国减贫理论和实践的重大创新，体现了中国共产党一切从实际出发、遵循事物发展规律的科学态度，面对新矛盾新问题大胆闯、大胆试的创新勇气，对共产党执政规律、社会主义建设规律、人类社会发展规律的不懈探索，对实现人的全面发展和全体人民共同富裕的远大追求。精准扶贫方略，不仅确保了脱贫攻坚取得全面胜利，而且有力提升了国家治理体系和治理能力现代化水平，丰富和发展了新时代中国共产党执政理念和治国方略。

——资料来源：《人类减贫的中国实践》白皮书。

思考题

1. 减灾扶贫在现阶段我国的实施难点是什么？
2. 扶贫减灾在我国东西、南北不同地区的不同侧重点是什么？
3. 如何将防灾减灾、灾后重建与扶贫开发相结合？
4. 简述扶贫减灾与可持续发展的关系。
5. 请分析针对我国西部地区的扶贫减灾的战略对策。

推荐读物

1. 王昂生，王昂生．中国可持续发展总纲（第18卷）中国减灾与可持续发展［M］．北京：科学出版社，2007.

2. 中国可持续发展研究会．中国自然灾害与防灾减灾知识读本［M］．北京：人民邮电出版社，2012.

参考文献

[1] 薛根元，周丽峰，诸晓明. 2005 年热带气旋灾害特点初步研究 [J]. 科技导报，2006，24（4）：22-28.

[2] 武玉艳，葛兆帅，蒲英磊. 刘光启基于熵值法的农业洪涝灾害脆弱性评价——以江苏省盐城市为例 [J]. 安徽农业科学，2009，37（4）：1681-1682.

[3] 欧进萍，段忠东，常亮. 中国东南沿海重点城市台风危险性分析 [J]. 自然灾害学报，2002，11（4）：9-17.

[4] 王莉萍. 多维复合极值分布理论及其工程应用 [D]. 青岛：中国海洋大学，2005.

[5] 郭建宇，白婷. 产业扶贫的可持续性探讨——以光伏扶贫为例 [J]. 经济纵横，2018（7）：109-116.

[6] 纪秀江. 可持续发展视角下金融精准扶贫的路径探析 [J]. 金融发展评论，2018（2）：118-123.

[7] 赖秀福. 金融精准扶贫的生命力在于可持续发展 [J]. 中国银行业，2017（7）：34-36.

[8] 谢镕键. 海南省旅游扶贫可持续发展策略思考 [J]. 旅游纵览（下半月），2016（9）：186.

第4篇　生态可持续发展

第11章　生态文明建设与可持续发展

11.1　生态文明

生态文明是在对传统工业文明进行理性反思的基础上，要探索建立的一种可持续发展的理论、路径及其实践成果，是继原始文明、农业文明和工业文明之后人类文明的一种新形态。生态文明不是项目问题、技术问题、资金问题、政策问题，而是核心价值观问题，是灵魂问题。建设生态文明是一场真正意义上的革命。

11.1.1　生态文明的内涵

生态文明是指人类在自然界活动时积极协调人与自然的关系，努力实现人与人、人与自然的和谐发展，使人类的活动既不对自然界造成破坏和伤害，又能满足人类的物质和精神需求。

生态文明是以可持续发展为核心观念，按照自然生态系统和社会生态系统运转的客观规律建立起来的人与自然、人与社会的良性运行机制，协调发展的社会文明形式。它是指科学上的生态发展意识，健康有序的生态运行机制，和谐的生态发展环境，全面、协调、可持续发展的态势，经济、社会、生态的良性循环与发展，以及由此保障的人和社会的全面协调发展。生态文明反映的是人类处理自身活动与自然界关系的进步程度，是人与社会进步的重要标志，在改造自然界的同时主动保护自然界，积极优化和改善人与自然的关系，实现人与人、人与自然的和谐发展与互利共荣，使社会生态系统得以良性运行。

生态文明包括以下内容：一是生态文明的物质成果，即人们通过对生产方式和生活方式进行生态化的改造来改善人与自然之间的关系，促进生态系统自身的生产能力、自净能力、自组织能力的提高，从而为人类的生存与发展提供一个能够永续利用的资源环境；二是生态文明的精神成果，即人们思想观念的转变、思维方式的转化和生态意识的提高；三是生态文明的制度成果，即一系列生态文明的法规条例的建立、完善和相应机制的形成等。

生态文明力图用整体、协调的原则和机制来重新调节社会的生产关系、生活方式、生态观念和生态秩序，其运行的是一条从对立型、征服型、破坏型、污染型向和睦型、恢复型、协调型、建设型演变的生态轨迹。它的基本目标是建立人与自然和谐相处、协调发展的关系；在增殖资源的基础上开发利用自然资源，发展经济的同时建设良好的生态环境；依靠不断发展的科学技术，进行适度规模的社会生产与消费，从而同时满足人的物质需求、精神需求和生态需求，提高社会生态文明素质，塑造可持续的发展模式，实现社会与自然的永续发展。

生态文明的本质，简言之，就是怎样正确处理好人与自然的关系，统筹人与自然的协调发展。从生态学分析，人类赖以生存的生态经济系统是一个复杂的自组织系统，是在结构和功能上统一有序的超循环系统，内部存在着复杂的反馈机制。它是一个由生物生产者（绿色植物及具有自养能力的低等菌类）、生物消费者（动物）、生物分解者（微生物）和无机环境（空气、阳光、水、土壤、矿物质等）等因素组成的生态系统。这个生态系统始终处于不断的运动和变换过程中。自从有了人类劳动和人类文明，它就转变为人与自然之间的物质变换循环。而在人与自然之间物质变换的实现过程中，人与自然的自然生态关系及人与人的社会经济关系相互交织融合在一起，既具有自然生态的属性，又具有社会经济的属性，集中体现在人与自然的关系上，主要表现为人类主体对作为客体的自然界（包括人类尚未介入的天然自然和人类已经介入的人工自然）的态度、行为、判断和评价上。

11.1.2 生态文明的基本特征

1. 整体性

一方面，生态问题并不是局限于特定的地区、特定的国家之内，生态危机是全球性的。因此生态文明也不可能只在一个地区、一个国家范围内建设、实现，必须从整体上，从全球的角度来考虑问题。另一方面，生态文明强调生态、环境是人类发展的基础，坚持以大自然生物圈整体运行的宏观视野来全面审视人类社会的发展问题。坚持以相互关联的利益体的整体主义思维来处理人与自然、人与其他物种的关系，强调在生物圈中各种事物是相互依存的，人的自我利益与生态利益是统一的，维护整个生物圈和生态系统的稳定，是人类压倒一切的生死攸关的最高利益所在。也就是要求把人类的一切活动，都必须放在自然界的大格局中考量，按照自然生态规律办事；强调经济社会发展，既要考虑人类生存发展的需要，也要顾及生态环境的承载力。

2. 多样性

传统文明认为人类在生物圈中的利益高于其他一切物种，为了人类牺牲其他物种理所当然。结果导致物种大量灭绝，生物多样性急剧下降，最终危及生物圈和生态系统的稳定。生态文明突出强调人、自然、社会的多样性存在，认为生物、生态多样性是人类社会赖以生存和发展的基础，也是衡量一个地区环境质量和生态文明程度的重要标志。保护生物多样性是人类对自然认识的升华，也是人类文明发展的必然保障。当前一些物种消失或者濒临灭绝的危机日趋严重，生物多样性已成为环境保护的全球热点问题之一。按照建设生态文明的要求，必须突出以生物物种多样性、生物遗传基因多样性和生态系统类型多样性为重点，建立以自然保护区、世界遗产地、风景名胜区、湿地、国家自然公园等为主要形式的生物多样性保护网络，积极进行生物多样性保护的科学研究、知识普及和国际合作，使生物多样性可持续利用能力明显提高。

3. 创新性

生态文明的创新性应该是环境友好型的，而不是传统意义上的不顾及生物圈中的其他物种，只考虑人类利益，也就应当是区别于传统创新的生态创新。首先从宏观视角上，要集生态学、经济学、社会学和其他自然、人文学科之大成，从追求生态系统、经济系统和社会系统发展内在规律的有机统一出发，综合研究、分析、解决工业文明向生态文明转变中的重大问题，从而有针对性地提出解决对策，实现战略决策上的生态创新。通过充分利用国内技术和方法，合理引进国外的先进技术，切实为先进技术的推广提供更多的财政支持，实施对包括环保产业、能源产业、交通业、建筑业及其他高污染、高能耗行业在内的主要产业的产业生态化，使创新覆盖核心部门，实现经济产业上的生态创新。生态文明的创新性还在于不同于工业文明，不是一意孤行地将人力资源和自然资源转化为资本，而是要把人与自然从残酷竞争的异化中解放出来，让人们有时间、有机会从事有兴趣的活动，与自然和谐共处；也不是一味地追求最大限度地满足人们的物质需求，而是要追求有限的生态容量与无限的物质欲望的平衡，走可持续发展之路，从而实现发展方式上的生态创新。

11.1.3　生态文明建设的主要内容

生态文明建设就是建立正确的人与自然的道德伦理关系，形成一种“自然—经济—社会”的整体价值观和生态经济价值观，消除对自然的种种盲目性和掠夺性，使人类的一切活动既能满足人与自然的协调发展，又能满足人的物质需求、精神需求和生态需求，实现资源增殖和信息增值，从而使社会得以持续、全面、和谐地发展。生态文明建设的主要内容包括生态治理、生态循环和生态伦理三个方面。

1. 生态治理

生态治理主要解决的是偿还生态欠债的问题。我国环境问题的类型和恶化程度与经济增长和工业化进程密切相关，压缩型工业化进程带来了复合型环境问题，快速扩张的经济带来巨大的污染排放总量，经济发展的“二元结构”造成了环境问题的“二元化”趋势。总体上，我国的经济仍然是粗放型增长方式，以牺牲资源环境为代价，表现出高资本投入、高资源消耗、高污染排放和低效率产出四大特征。如果继续以这样的方式发展，我国的资源和环境将难以继续维系。对于长期以来由于环境保护投入不足、欠债过多而留下的巨额生态赤字，必须通过加快资源节约型和环境友好型社会建设的步伐，促进节能减排目标的实现，由政府、企业、社会、公众共同实施生态治理，来偿还生态欠债问题。

2. 生态循环

生态循环主要是通过发展循环经济破解发展和环境关系的难题，达到物质文明与生态文明的共赢。建设生态文明要求在经济发展中充分考虑生态环境的承受能力，运用生态学模式重新设计工业，通过推进生态工业的发展来促进经济实现良性发展。而能量转化、物质循环、信息传递，是全球所有生态系统最基本的功能和构成要素。实践证明，通过建设发展循环经济的行业、企业、工业园区和城市，大力发展循环生态经济和清洁生产，使经济活动变成由资源、产品、废弃物到再生资源、无废弃物的反复循环过程，可以实现环境损害最低化、资源消耗最小化、经济效益最大化。

3. 生态伦理

生态伦理又称生态道德，主要是解决人们生态伦理道德文化缺失的问题。建设生态文明，必须帮助人们树立正确的生态伦理道德观。人与自然的关系和人与人的关系是密切相关的，人既是自然之子，又是社会之子，因此人和自然的关系也是一种道德伦理关系；虽然经济、法律、行政等手段在解决生态环境问题上有其重要的作用，但是通过唤起人们良知的道德调控也是不可缺少的，因此实现人与自然的和谐也需要用道德的方式调控；人不是自然界的主人，而只是其伙伴和看护者，因此人与自然和谐相处是一种生活态度和人格境界。生态伦理道德观要求承认自然物、其他生命物种的内在价值，善待大自然，维护生态系统的平衡和健康运行；要求保护自然环境，重视自然界的权利和内在价值，尊重地球上生命形式的多样性，爱护各种动物和植物；要求树立正确的政绩观和发展观，强化生态意识和环境保护观念，合理利用各种自然资源，消除在消费领域追求奢华、过度挥霍浪费现象，走人与自然和谐相处的可持续发展的道路。

11.2 生态文明建设与可持续发展的关系

党的十六大提出，要不断增强可持续发展能力，改善生态环境，显著提高资源利用效率，促进人与自然和谐发展，推动整个社会走上生产发展、生活富裕、生态良好的文明发展道路。党的十八大又一次强调了生态文明建设的重要性。2015 年 5 月 5 日，中共中央国务院印发了《关于加快生态文明建设的意见》，这是建党的十八大和十八届三中、四中全会对生态文明建设做出顶层设计后，中央对生态文明建设的一次全面部署。可以说，构建社会主义生态文明是可持续发展的题中之意，两者相互联系、相互促进。

11.2.1 生态文明建设与可持续发展二者在本质上是统一的

生态文明以尊重和维护自然为前提，以人与人、人与自然、人与社会和谐共生为宗旨，以建立可持续的生产方式和消费方式为基本内涵，以引导人们走上持续和谐的发展道路为着眼点。生态文明强调人的自觉与自律，强调人与自然环境的相互依存、相互促进、共处共融。生态文明既追求人与自然的和谐，也追求人与人的和谐，而且把人与人的和谐作为人与自然和谐的前提。可持续发展就是要促进人与自然的和谐，实现经济发展和人口、资源环境相协调，走生产发展、生活富裕、生态良好的文明发展之路，保证一代接一代地永续发展。其核心与本质，是在实现经济发展的同时，维护和确保人类与自然的和谐共处，它超越了传统的农业文明和工业文明，追求的是一种全新的文明。

11.2.2 生态文明为可持续发展提供思想基础和精神支持

生态文明要求打破人类中心主义观念，在开发利用自然资源的同时规范人类的行为，维护人与自然的平衡与协调发展。生态文明深化了人对自然的认识，拓展了人类的道德关怀，提升了人类的精神境界。

人类从自然界衍化而来，与自然的关系与生俱来，密不可分。工业文明后产生的一系列的全球环境问题引起了人们的警觉：是追求高能耗污染的盲目发展，还是寻求一种既满足当代人生存发展需要，又不损害子孙后代生存发展需要的发展？

生态文明整体发展、平等发展观点提倡一种全新的思维方式。生态文明激发了人对自然的亲近感、热爱感，进而促进对自然资源的珍爱感，从内心深处认识到自然资源的有限性，

使用资源的有价性，从而为可持续发展拓展了认识道路，提供了精神动力。

我国的可持续发展必须以生态文明观为思想基础和精神支持。在生活和生产中，在技术创新和制度创新中都坚持生态文明取向，积极保护资源，合理有效地开发利用资源，有效地建设生态文明，为我国的可持续发展提供良好的资源环境条件。

11.2.3 生态文明建设为可持续发展提供了智力支持

生态文明属于道德范畴，在它的规范约束下，可以激发科技人员从事生态科技的兴趣和热情，成为可持续发展的有力支撑。

历史上人类滥用科技，造成生态和人类灾难的例子不胜枚举。例如，20世纪初，伟大的科学家爱因斯坦创立了相对论，揭示了原子内部隐藏的巨大能量。但是其初次应用是广岛、长崎的原子弹爆炸，造成24万多人死亡，十几万人终生残疾，原子弹爆炸后的核辐射在几十年后仍然对生态环境造成严重危害。科技本来是用于管理、保护和以持续的方式开发利用自然的重要工具，是建设良好生态和美好家园的重要手段，但使用不当或滥用却会使它成为污染环境、破坏生态的罪魁祸首。因此，科学家应该把掌握的科技用于为人类的利益服务，同时，科学家应该关切科技应用的后果，并根据科学应造福于人类的福利和维持生态平衡的准则，同各种各样滥用科技的行为做斗争。正如爱因斯坦所说，“如果你们想使你们一生的工作有益于人类，那么，你们只懂得应用科学本身是不够的。关心人的本身，应当始终成为一切技术上奋斗的主要目标；关心怎样组织人的劳动和产品分配这样一些尚未解决的重大问题，用以保证科学思想的成果会造福人类，而不致成为祸害”。

时代对科学家提出了更高的生态道德要求，即“热爱自然，尊重生命，保护环境，节约资源，对生命和维护地球基本生态平衡承担责任”，鼓励科学家致力于研究开发生态科技，把毕生的精力投入到人类的进步和可持续发展事业之中。

11.2.4 生态文明建设是实现可持续发展的必由之路

生态文明观的确立是可持续发展的先导，合乎社会发展的规律，在生态文明观的指导下，协调人与人、人与自然的关系是实现可持续发展的保证。

生态文明按照自然生态系统的模式，在人与人、人与自然之间组成一个稳定高效的系统，通过复杂的物质链和物质网，系统中一切可以利用的物质和能源都得到了充分利用。

传统文明系统中的生产组织，是人类社会与自然社会系统相互作用最强烈的一个子系统，这主要是表现为它快速、大量地从自然资源库中提取、消耗各种可再生和不可再生的原料；在生产各种产品、提供各种服务的过程中排放大量的废物；不同产品在短时间被人们使用后，最终以废弃物的形式返回到大自然。而生态文明系统中的生产组织最基本的目标是减少因为生产浪费的大量材料，减轻能源对自然界的生态系统造成的负面冲击。

通过环境关系，把生态文明生产组织的基本目标与可持续发展联系起来，生产组织与自然环境之间的协调发展对人类社会的可持续发展起着举足轻重的作用。通过闭路循环，减少生产组织对资源和能源的大量消耗和对自然环境的污染，它不仅满足现在的发展需要，而且可以帮助下一代有能力满足自己的需要。在建设生态文明的过程中，通过清洁生产、绿色化学、环境技术等方法，更多的资源可以利用，更少的空间被占用，从而在环境因素上达到可持续发展的目标。

生态文明系统要求把工业经济活动组织变为“自然资源—产品—再生资源”的封闭式流程，所有的原料和能源要能在不断进行的经济循环中得到合理利用。有效利用各种有限的资源，最大限度优化配置全球经济资源，把经济活动对自然环境造成的影响控制在尽可能小的程度。从系统的角度来思考，生态文明系统要求经济的增长必须以集中资源、消除多余、提高效率、力争效益来实现。因此，生态文明是可持续发展在经济方面的重要支持。

我国现代经济健康发展和可持续发展的基本实践，实际上就是以生态文明建设为基础，以物质文明建设为中心，以精神文明建设为保证的三大文明建设互为条件、相互促进的全面协调可持续的发展过程，是一条有中国特色的可持续发展道路。

■11.3　生态文明建设的实践——生态城市

11.3.1　生态城市的提出

城市作为人们改造自然最彻底的一种人居环境，是人类在不同历史阶段，改造自然的价值观念和意志的真实体现。生态城市的提出是基于人类生态文明的觉醒和对传统工业化和工业城市的反思。生态城市（英文表述有 eco-city、eco-logicalcity、eco-polis、eco-villa、eco-village 等），又称生态社区（eco-community），反映的不仅是人类谋求自身发展的意愿，最重要的是，它体现了人类对人与自然关系和规律的认识。

1. 生态城市的理念渊源

尽管生态城市理论是 20 世纪 80 年代以来迅速发展起来的，但其理念渊源却很长。无论是中国古代的人居环境，还是古代欧洲城市和美国西南部印第安人的村庄，都可以看出生态城市的雏形。现代生态城市的思想直接起源于霍华德（Edward Howard）的田园城市理论。田园城市理论展示了城市与自然平衡的生态魅力。英格兰莱奇沃思（Letch Worth）是由霍华德设计并于 1903 年建成的田园城市，历经一个多世纪后，该城市的环境仍然是最宜人的人居环境之一。而韦林则是由霍华德设计的另一个英格兰田园城市。

20 世纪出现的城市生态学两次高潮极大地推动了人们环境意识的提高和城市生态研究的发展。人与自然的关系问题在现代社会背景下得到了重新认识和反思。早在 20 世纪 40 年代，塞特（Sert）把 20 世纪 30 年代 CIMA 会议的文件汇总成一本书，即 *Can Our City Survive*，已经警示了环境破坏的后果。芒福德（Lewis Mumford）也是最早认识到城市发展带来人与自然关系失衡的觉醒者之一，他敲响了反对小汽车和城市无限蔓延的警钟。1962 年生态学家卡森（R. Carson）发表了科普著作 *The Silent Spring*，此后以 *The Limits to Growth* 和 *A Blue Print for Survival* 等为代表的许多力作反映了人们对生态环境的普遍关注，对已有的经济增长模式提出了质疑。

1972 年 6 月 5—16 日在瑞典斯德哥尔摩召开了联合国人类环境会议。会议发表了人类环境宣言，宣言明确提出“人类的定居和城市化工作必须加以规划，以避免对环境的不良影响，并为大家取得社会、经济和环境三方面的最大利益”。

1975 年，理查德·雷吉斯特（Richard Register）和几个朋友成立了城市生态组织，这是一个以“重建城市与自然的平衡（rebuild cities in balance with nature）”为宗旨的非营利性组织。从此，该组织在美国伯克利参与了一系列的生态建设活动，并产生了一些国际性影响。

2. 生态城市理论的提出

在国际上城市生态的研究得到蓬勃发展的同时，生态城市的内涵也不断得到丰富。

1984 年，雷吉斯特认为，除了伯克利的“城市生态”组织之外，还有许多其他人对生态城市的基本概念贡献了关键性的思想。如 1969 年麦克哈格（I. McHarg）的 *Design with Nature*，保罗·索勒瑞（Paolo Soleri）的 *Arcology*，*the City in the Image of Man*，以及舒马赫（E. F. Schumacher）的 *Small is Beautiful*。此外，*Another Beginning* 一书和肯尼思·施奈德（Kenneth Schneider）的 *Autokind vs Mankind*，*The Community Space Frame* 对生态城市做出了更直接的阐述。伴随着许多研究组织的努力和一些论著的出版，生态城市的概念变得有血有肉了，如理查德·布里兹（Richard Britz）的 *Edible City* 及保罗·格洛弗（Paul Glover）所做的工作，彼德·伯格（Peter Berg）对生态城市区域生物性质的研究，欧洲绿色组织对生态城市政治结构的设计等。其中，保罗·索勒瑞一直在实践其提倡的城市理念，从 1970 年 7 月开始，在美国亚利桑那州的阿尔科桑泰（Arcosanti）开始建设他的实验城。

图 11-1 表明了生态城市应有的理念，生态城市实际上是变革和解决社会和城市问题各种理论的综合。显然，这些理论的产生和发展对生态城市概念的发展起到了积极的推动作用。

可持续发展	健康社区 (Healthy Community)	社区经济开发 (Community Economics Development)
可持续的城市发展		优良技术 (Appropriate Technology)
可持续的社区 可持续的城市	生态城市 (Eco-Cities)	社会生态 (Social Ecology)
生物区域主义 (Bioregionalism)	土著人世界观 (Native World View)	绿色运动 绿色城市/社区

图 11-1　生态城市的含义

生态城市理念并不是独立存在的，而是与其他相关理念并存并包含了其他理念的；图 11-1 特意不使用箭头，不用线条，没有边界，但它仍然应该被视为是一个整体的图示。

1984 年，雷吉斯特提出了初步的生态城市原则。1987 年，苏联城市生态学家亚尼科斯基（O. Yanitsky）阐述了生态城市的概念。同年，雷吉斯特出版了 *Ecocity Berkeley-Building Cities for a Healthy Future* 一书，论述了建设生态城市的意义和原则，并提出了在今后几十年如何把伯克利建设成为生态城市的设想。同时雷吉斯特领导的城市生态组织出版了一本新的生态城市刊物《城市生态学家》（*Urban Ecologist*）。

20 世纪 90 年代以来，国际上生态城市的理论和实践已十分丰富。1990 年，城市生态组织中的许多人都认为到了大力推进生态城市建设的时候了，为了联合各方面的生态城市理论研究和实践者，城市生态组织于 1990 年在伯克利组织了第一届生态城市国际会议。这次会议上来自世界各地的 700 多名与会者讨论了城市问题，提出了基于生态原则重构城市的目标。之后，1992 年在澳大利亚阿德莱德（Adelaide）又召开了第二届生态城市国际会议。第三届生态城市国际会议于 1996 年在塞内加尔的约夫（Yoff）召开。2000 年 4 月在巴西库里蒂巴召开了第四届生态城市国际会议。

同期还有其他国际会议关注人居环境的生态建设问题，如1992年在瑞典斯德哥尔摩和芬兰赫尔辛基举行的欧洲生态建筑会议，于1994年在保加利亚首都索非亚举行的INTER-ARCH会议，1992年在巴西里约热内卢举行的联合国环境与发展大会，1995年10月在英国的芬德霍恩（Findhorn）举行的生态村庄（eco-village）会议，以及1996年在土耳其伊斯坦布尔举行的人居大会等。

目前全球有许多城市正在按生态城市目标进行规划与建设，如印度的班加罗尔（Bangalore）、巴西的库里蒂巴和桑托斯（Santos）、丹麦的哥本哈根、新西兰的怀塔克尔（Waitakere）、澳大利亚的怀阿拉（Whyalla）、美国的克利夫兰和波特兰都市区等。在马世骏的倡导下，国内也进行了大量生态城镇、生态村庄的建设和研究，这些都极大地推动了国内生态城市理论的发展。

11.3.2 生态城市的研究进展

1. 国外生态城市基本理论的研究

联合国在《人与生物圈计划》中指出“生态城市规划要从自然生态和社会心理两方面去创造一种能充分融合技术和自然的人类活动的最优环境，诱发人的创造性和生产力，提供高水平的物质和生活方式”。1984年的MAB报告提出了生态城市规划的五项原则：生态保护战略（包括自然保护，动、植物区系及资源保护和污染防治）、生态基础设施（自然景观和腹地对城市的持久支持能力）、居民的生活标准、文化历史的保护、将自然融入城市。MAB报告提出的这五项基本原则从整体上概括了生态城市规划的主要内容，也成为后来生态城市理论发展的基础。

第二届和第三届生态城市国际会议都通过了国际生态城市的重建计划，提出了指导各国建设生态城市的具体行动计划，即国际生态重建计划（*The International Ecological Rebuilding Program*）。该计划得到各国生态城市建设者的一致赞成，应该说集中体现了以上各种生态城市理念的共同点。该计划的主要内容包括：重构城市，停止城市的无序蔓延；改造传统的村庄、农村地区和小城镇；修复自然生态环境和具生产能力的生产系统；根据能源保护和回收垃圾的要求来设计城市；停止对小汽车交通的各种补贴政策；建立步行、自行车和公共交通为导向的交通体系；为生态重建努力提供强大的经济鼓励措施；为生态开发建立各层次的政府管理机构——城市、州和国家层次。

国外的生态城市研究更注重具体的设计特征和技术特征，强调针对西方国家城市的现实问题（如低密度、小汽车方式为主导和高消费生活）提出实施生态城市的具体方案，其理论与生态城市实践结合得十分紧密。如雷吉斯特提出了针对美国城市低密度现状的改造措施，其中包括开发权的转让等，而亚尼科斯基提出的生态城市理念具有一定的哲学意味。但总体来说，国外生态城市理论的实践性相当强。

2. 国内生态城市的研究与实践

国内著名生态学者马世骏和王如松在1984年提出了“社会—经济—自然复合生态系统”的理论，明确指出城市是典型的社会—经济—自然复合生态系统。在此基础上，王如松对城市问题和生态城市进行了深入的研究。

王如松等（1994）认为的城市问题的生态学实质见表11-1。他们提出了建设人地合一的中国生态城思想，认为城市生态建设要满足以下基本原则：

表 11-1　城市问题的生态学实质

问　　题	原　　理	对　　策	方　法　论	目　　标
资源的低效率利用	再生、竞争	技术改造	生态工艺学	高的效率
系统关系的不合理	共生、协同进化	关系调整	生态规划学	和谐的关系
自我调节能力低下	自生、自学习	行为诱导	生态管理学	强的生命力

1）人类生态学的满意原则。包括满足人的生理需求和心理需求，满足现实需求和未来需求，满足人类自身进化的需要。

2）经济生态学的高效原则。包括：①资源的有效利用；②时空生态位的重叠作用：发挥城市物质环境的多重利用价值；③最小人工维护原则：城市在很大程度上是自我维持的，外部投入能量最小；④社会、经济和环境效益的优化。

3）自然生态学的和谐原则。包括：①“风水”原则；②共生原则：人与其他生物、人与自然的共生，邻里之间的共生；③自净原则；④持续原则：生态系统持续运行。

他们还提出了生态城市建设应依据的生态控制论原理：胜汰原理、拓适原理、乘补原理、生克原理、扩颈原理、反馈原理、循环原理、多样性及主导原理、生态设计原理和机巧原理等。他们认为城市生态调控的具体内容是调节城市生态关系的时、空、量、序四种表现形式。生态城市的衡量指标包括测度城市合理组织程度的生态协调系数、城市物质能量流畅程度的生态滞竭系数和城市自我调节能力的生态成熟度。此外，他们还提出了生态城市的规划和管理方法。

规划界的研究更多地偏重于城市规划理论，体现生态城市的要求。黄光宇等（1997）认为，生态城市是根据生态学原理，综合研究社会—经济—自然复合生态系统，并应用生态工程、社会工程和系统工程等现代科学与技术手段而建设的社会、经济、自然可持续发展，居民满意、经济高效、生态良性循环的人类住区。他们从生态经济学、生态社会学、城市规划学、城市生态学、地理空间的角度阐述了生态城市的含义。生态城市的创建目标应以经济生态、社会生态、自然生态三方面来确定，提出了涵盖这三方面内容的生态城市十项创建标准。在此基础生态城市理论研究综述上，提出了生态城市的规划设计方法和三步走的生态城市演进模式。

梁鹤年在《城市理想与理想城市》一文中，提出生态主义的城市理想原则是生态完整性（integrity）和人与自然的生态连接（connectivity），中心思想则是“可持续发展”。规划需要考虑城市的密度，如果城市形态是紧凑的，那么城市化就需要围绕自然生态的完整性来进行；如果城市形态是稀松的，城市化就可以按城市系统和自然系统各自的需要来进行规划。

胡俊认为，生态城市观强调通过扩大自然生态容量（如增加城市开敞空间和提高绿地率等）、控制社会生态规模（如确定城市人口合理规模、进行人口的合理分布等）、调整经济生态结构（如发展洁净生产、第三产业，对污染工业进行技术改造等）和提高系统自组织性（如建立有效的环保及环卫设施体系等）等一系列规划手法，来促进城市经济、社会、环境协调发展。并认为，建立生态城市（绝不能仅仅理解为增建绿地）是解决当今现代城市问题的根本途径之一。刘建军认为，生态城市规划要实现城市与自然环境的配合与协调，把握城市合理规模与环境质量的集聚度，重构再生循环利用的产业结构；利用自然地域空间的城市形态，加强园林绿地系统规划力度，积极推广“绿色运动”，建立市区与郊区复合生态系统等。

此外，宋永昌等（1999）提出了评判生态城市的指标体系和评价方法，江小军（1997）分析了生态城市的运行机制、系统结构、产业发展和空间形态。这些研究都具有一定的理论意义。

但对于生态城市，规划界的看法似乎很矛盾。邹德慈认为生态城市模式充满了理想和智慧，给人以很大启发，但同时也指出生态城市本身在理论和实践上终究还不够成熟。

以上的研究表明，国内各学科关于生态城市的理论研究所涉及的内容比较丰富。与国外研究相比，国内的生态城市研究更多地强调继承中国的传统文化特征，注重整体性，理论更加系统，而且国内生态城市的研究主要集中于生态学界和规划界，以及环境学科和其他领域。总的来说，虽然国内生态学界在建设生态村、生态县和生态市规划方面做了大量工作，各学科也进行了一些理论研究，但没有能够与规划界及其他学科联合起来开展影响更大、更加深入的生态城市研究计划。这使得国内生态城市已有的研究和实践没有对城市规划和城市的可持续发展产生更积极的意义。并且，国内生态城市的已有实践和理论对当前城市规划的影响还相当有限。

生态城市理念包含的可持续发展特征和城市与自然平衡的目标，对国内今后的城市规划工作有着显而易见的意义。不论规划是广义的，还是狭义的，在当今科学技术相当发达、人类改造自然的能力远远超出以往的情况下，人类必须意识到任何人居环境（包括城市）的人类活动都是全球生态系统的一部分，都存在着人类活动的生态极限，人类必须克制自身的某些行为，并充分地体现在规划之中，这是实现可持续发展的必要前提，也是建立生态城市的根本保证。

近年来，上海、哈尔滨、天津、常州、扬州、张家港、成都、唐山、秦皇岛、十堰、襄阳、日照等20余座城市纷纷提出建设生态城市，海南、吉林等省提出了建设“生态省”的奋斗目标，并开展了广泛的国际合作和交流。中国和德国两国开展的“扬州生态城市规划与管理”的合作研究项目就是其中一例。中国城市规划学会、中国生态学会及其城市生态专业委员会，以及它们的地方学会举办了多次全国性及地方性的学术讨论会，将学术研究与交流活动推向了高潮。其中生态城建设与生态环境规划是讨论的主要热点之一。

2019年12月，第10届中国国际生态城市论坛在天津滨海举行。中国科学院院士何祚庥表示，中国作为发展中国家，在生态城市建设方面的探索仍处于起步阶段，必须重视相关经验的吸收和积累，“生态城市必须遵循循序渐进的发展路程”。同时，他认为，真正意义上的生态城市所产生的垃圾必须全部经过无害化处理，一切有害气体的排放源也应该被清除；城市的能源需求应该主要由核能、太阳能、风能等清洁能源提供；生态城市的公共交通工具，也应该尽量使用电能驱动；生态城市建设的过程也应是一个环保的过程，应减少使用生产过程中产生高污染、高能耗的水泥等建筑材料，尽量选用环保建材。美国史密森学会Lemelson研究中心主任Arthur Molella表示，新的生态城市的建设具有典范作用，但对于传统城市的生态化改造也应该得到各国政府重视。传统城市消耗着世界上绝大多数的能源，只有对其进行生态化改造，才能解决目前全球性的能源与环境问题。

11.3.3 生态城市的特征

生态城市与传统城市相比，有着本质的不同，主要有以下几大特征。

（1）和谐性　生态城市的和谐性，不仅反映在人与自然的关系上，自然与人共生，人回归自然、贴近自然，自然融于城市，而且反映在人与人关系上。人类活动促进了经济增

长，但却没能实现人类自身的同步发展，生态城市是营造满足人类自身进化需求的环境，充满人情味，文化气息浓郁，拥有强有力的互帮互助的群体，富有活力与生机。生态城市不是一个用自然绿色点缀而僵死的人居环境，而是关心人、陶冶人的“爱的家园”，文化是生态城市的灵魂，而这种和谐性是生态城市的核心内容。

（2）持续性　生态城市是以可持续发展思想为指导的，兼顾不同时间、空间，合理配置资源，公平地满足现代与后代在发展和环境方面的需要，不因眼前的利益而用“掠夺”的方式促进城市暂时的“繁荣”，保证其发展的健康、持续与协调。

（3）高效性　生态城市一改现代城市“高能耗”“非循环”的运行机制，提高一切资源的利用率，物尽其用，地尽其利，人尽其才，各施其能，各得其所，物质、能量得到更多层次的分级利用，废弃物循环再生，各行业、各部门之间的共生关系协调。

（4）整体性　生态城市不是仅仅追求环境优美，或自身的繁荣，而是兼顾社会、经济和环境三者的整体效益，不仅重视经济发展与生态环境协调，更注重对人类生活的提高，是在整体协调的新秩序下寻求发展。

（5）区域性　生态城市作为城乡统一体，其本身即一区域概念，是建立在区域平衡基础之上的，而且城市之间是相互联系、相互制约的，只有平衡协调的区域才有平衡协调的生态城市。

11.3.4　生态城市的基本内涵

1）城市规划科学合理，有明确的总体发展思路和城市定位，并且能够充分体现可持续发展思想的生态价值观。

2）自然资源利用高度集约化，能源资源利用率高，尽可能少地消耗不可再生资源，最大限度地开发清洁能源，“三废”最大限度地实现减量化、无害化和资源化。

3）人力资源的开发能真正实现人性的全面发展，科技兴市战略得到实施，切实将科教投入作为国家和城市总财富的积累来源而得到政策保证。

4）产业结构高度化、产品高科技化和环境可受化。

5）城市经济建设活动呈现当代知识经济的走势，工业实现清洁生产，建设高科技生态工业园（区）以及现代化的都市生态农业，发展生态型第三产业。

6）城市公共服务设施齐全且服务高质量化，居民生活水平达到城市现代化的度量标准。

7）社会基础设施尤其是环境保护基础设施功能完善、运转高效，并具有足够的城市防灾减灾与驾驭风险能力。

8）法制体系和社会保障制度完善、政府廉洁高效、社会安定文明有序。

9）城市文化能在追求现代化气息的同时保持传统的品位，追求个性价值与特色，实现历史文脉继承性发展，在民族文化底蕴中寻找和构筑颇具特色的现代城市文化。

10）城市与周边关系趋于一体化，对外围腹地具有足够的吸引作用和辐射作用，能起到区域中心的作用（不能就城市而论城市，应提倡区域整体论、城乡互动融合发展论）。

11）城市生态环境质量良好，提高区域性物种多样性使自然景观秀美宜人，城市绿地体系立体化，城市生态位日趋提高。

12）公众行为提倡生态价值观、生态伦理、生态哲学，并已形成资源节约型的社会生产和消费体系。

13）人口生产系统具有较高的自组织和自我调控能力与水平，城市人口容量合理，素质日趋提高。

14）构筑一个与现代化大都市发展进程相适应的、低消耗、高效率、方便快捷、一体化和人性化的城市绿色立体交通体系和道路网体系等。

11.3.5 生态城市的内容和要求

1. 建立开放的城市网络体系

生态城市不单指城市本身，而是以周围地区为依托，共同构成的城市网络体系，这个体系必须参与外界的物质、能量和信息等方面的流通与循环，所以又是开放的。生态城市的地域范围应扩展到整个城市，形成由城市地区、卫星城市、小城镇及农村居民点、农业及自然景观构成的市域城镇网络体系。

在城市网络体系的规划建设中，应注意：

1）根据生态学中的环境容量和门槛理论等，分析生态城市的生态系统的承载力，用地容量，供给容量，水、气、土壤等环境容量，从而确定区域、城市、城镇的合理容量。

2）合理布局，城市各组成部分之间结构合理、功能明确、联系方便，物质、能量、信息流动高效，使其成为整体。

3）各城镇之间以农田、绿地相间隔，注意对自然生态环境的保护和生物多样性的培养，增加自然生态环境的自我调节能力。

4）与城市外部形成便捷的交通、通信网络，便于城市对外联系。

2. 建设高效的产业体系

生态城市应具有高效的产业体系，其内容是高效利用资源和能源、合理产业结构与规划布局、清洁生产与循环利用资源。以前，大部分城市走的是资源高消耗和能源粗放型的发展道路，而建设生态城市要从“改变传统经济发展模式”入手，走集约化发展的循环经济道路。产业作为城市经济的基础，支撑着城市的经济命脉，合理化产业结构与布局，是建设生态城市的重要内容。要大力发展第三产业，寻找比较合理的比例关系，使各产业协调发展，推动城市经济的发展。

3. 建设自然生态环境

生态城市是人与自然的融合，是把自然融入城市，为人类创造一个理想的栖息场所。城市内有面积足够的园林绿地，且环境质量高，采用生态建筑，以构造一个良好的自然生态环境。

首先，建设好景观生态。运用景观生态学原理，规划城市的景观生态环境，使城市环境既符合生态学原理，又具有美学价值。

其次，做好环境保护和治理。包括建立高标准的环境质量指标，包含水环境、大气环境、噪声、固废等在内的环境质量指标；制定一系列控制污染、治理环境的政策与法规；建设一批治理污染的重点工程；发展环保产业，对废水、废气、废渣等进行处理、循环利用，既减轻对环境的负荷，又能节约资源和刺激经济的发展。

最后，广泛采用生态建筑。生态建筑是运用一定的技术手段，选择合理的建筑材料，采用智能管理，使建筑达到低能耗、高效率、无污染及最低限度地对环境产生消极影响。

4. 建设生态文明

生态文明是生态城市的精神内涵，是生态城市的灵魂。最基本的，生态城市必须有一个文明、祥和的社会环境，应具有高素质的人和独具特色的城市文化。

人作为生态城市系统的核心，必须具有较高的素质、自觉的生态意识和环境观念。人的素质首先反映在文化素质上，要注重教育、增加投入，以提高全民文化素质。人的素质的另一方面反映在人的修养、品德、内涵等方面，这需要加强宣传、树立社会文明风尚、教育引导等，逐渐形成文明的社会精神风貌。

城市文化反映在历史渊源、历史建筑、文化传统、民风民俗及城市文化氛围、城市意象等方面。生态城市应注重对历史建筑的保护，继承和发扬优良的历史传统，形成有特色的地域文化氛围。

11.3.6　生态城市建设实践

1. 北京市生态城市建设

进入21世纪，北京面临着重要的发展机遇期，大幅提升生态环境承载能力是城市获得可持续发展的重要前提和必要条件。2001年，北京成功申奥，之后在2002年发布了《北京奥运行动计划》，首次提出建设生态城市的目标，并以“绿色奥运”作为解决环境与发展问题的方案。2005年初，生态城市的建设目标被写入《北京城市总体规划》（2004—2020年）中，北京市正式拉开了建设生态城市的序幕。

建设生态城市，是解决北京的环境与发展复杂问题的必然选择。北京面临的生态系统失衡的问题，首先是环境污染总体仍较严重，市区空气中主要污染物浓度与国内外大城市相比超标较多，全市部分河流水质达不到国家标准，噪声问题也比较突出。此外，地下水位下降、外来沙尘频发、自然资源开发过度等，也给原本十分脆弱的自然生态系统施加了压力。因此，在快速发展进程中，应遵循经济学、生态学、系统工程等原理对城市生态系统进行规划、设计，扭转生态系统失衡的局面，实现生态城市建设的目标。

党的十七大报告也提出了建设“生态文明”的发展目标。2008年北京奥运会的举办不仅对北京城市规划发展产生了重要的影响，也大大推动了北京的生态城市建设。

2. 天津市生态城市建设

天津是一个工业型城市，也是一个能耗大市。随着天津经济的快速增长，资源紧张和生态环境等问题日益突出。按照国家对天津的发展定位，天津要建设成为国际港口城市、北方经济中心和生态城市，必然要求天津在积极推进国民经济快速发展的同时，大力加强生态城市的建设。2005年底以来，天津市展开了《天津生态市建设规划纲要》的编制工作，并已通过了原国家环保总局和天津市政府组织的专家论证，明确提出到2015年将天津建设成为生态城市。

天津生态城市建设分两个阶段进行。2006—2010年为启动和重点突破阶段，巩固和提高创建国家环保模范城市成果，并建成国家园林和卫生城市；全市建成7个国家级生态示范区、5个循环型生态工业园区、30个环境优美乡镇、2200个文明生态村及一批生态宜居小区；天津市中心和滨海新区核心区将率先建成生态城区；生态产业初具规模、环境污染得到有效控制、环境质量进一步改善、生态环境逐步好转。2011—2015年为全面推进和基本建成阶段，天津全市80%以上的区县建成生态区县，具有地方特色的生态产业、生态环境、生态人居、生态文化体系基本建立，生态市建设重点项目已完成，整体生态环境质量有明显改善并趋向良性循环；经济持续健康发展，社会更加和谐进步，生态市建设总体达到国家考核标准。

3. 武汉生态城市圈建设

武汉城市圈是指以武汉为中心，与周边100km范围内的黄石、黄冈、鄂州、咸宁、仙桃、孝感、潜江、天门8个城市构成的“1+8”区域经济联合体。面积不到全省1/3的武汉城市圈，集中了湖北省一半的人口、六成以上的GDP总量，不仅是湖北经济发展的核心区域，也是中部崛起的重要战略支点。作为中国经济地理的中心，武汉是中部重要的中心城市和发展极，在促进中部地区崛起中担负着重要的历史使命。武汉城市圈是连接珠江三角洲、长江三角洲、环渤海和西部经济的中部节点，作为长江中游最大、最密集的城市圈，不仅是湖北产业和生产要素最密集、最具活力的地区，也是中西部最具发展潜力的区域之一。

武汉城市圈的生态建设是一个系统工程，只有修复生态环境系统、建立生态经济系统和导入生态社会系统，才有望建设成为国家级生态城市圈，迈入“两型社会”（资源节约型和环境友好型社会）。武汉城市圈是开放型的城市经济圈，其基本内涵是经济性、市场化，国家正在实施的西部开发、中部崛起等重大战略给武汉城市圈带来了巨大的历史机遇。首先武汉城市圈是我国中、东、西部协调发展的战略支点，起到重要的东西协调、南北沟通的作用，是国家区域发展战略布局的重要组成部分，我国内陆地区最具活力的增长极。从空间形态看，武汉城市圈是以长江与汉江的交汇点——武汉市为核心极，沿两江展开，呈现“一极、诸点、多层”矩阵式可扩张性城市网络。现阶段包括9市联结的都市密集区，从中长期看将逐步突破省界，向邻省的岳阳、九江、信阳等城市推进，进而向中部地区拓展，形成中部城市经济圈，推动中部地区的经济发展和崛起。

十六届五中全会首次提出要建立“两型社会”，把建立“两型社会”定为基本国策来贯彻执行。党的十七大报告又指出，“必须把建设资源节约型、环境友好型社会放在工业化、现代化发展战略的突出位置，落实到每个单位、每个家庭”。2007年底，武汉城市圈“两型社会”建设获批，武汉城市圈建设被赋予了重要的使命。“两型社会”建设会加速推进武汉城市圈经济社会一体化进程，提高城市节能环保水平，营造天蓝水绿、环境优美的宜居环境，从而促进生态城市的建设。

4. 长株潭城市生态建设

长株潭（长沙、株洲、湘潭）三市是湖南城镇最密集、经济最发达的地区，是我国中部地区极富个性的城市群。长株潭城市的一体化发展不仅受到湖南省的高度关注，而且受到发改委和世界银行的高度重视，长株潭地区正成为我国城市群研究与建设的重点区域。在长株潭经济一体化进程中，存在着阻碍经济发展的生态和环境问题。为实现长株潭城市健康持续发展，尝试建立了长株潭城市生态建设一体化模式，提出了制订总体城市生态规划，促进城市生态建设，发展循环经济，从而实现长株潭城市可持续发展。

作为全国省会城市中第一批生态示范点城市之一的长沙市，在城市生态建设方面积累了较多的经验，取得了显著成果，在长株潭城市生态建设一体化中形成了较好的基础。长株潭城市生态建设构建这样一个一体化生态系统模式，是切实可行也是非常必要的。建立统一的模式，明确具体分工和协作，各区域经济、社会、生态才能和谐发展。以长株潭城市区域生态系统为总系统，再根据不同区域的功能类型和发展重点具体细分为各子系统，根据长株潭

三城市的经济指标、产业结构、职能等具体情况，可分为湘潭生态人居、株洲生态产业和长沙生态景观三个子系统。

城市总体规划既是发展的蓝图，又是发展的规范。根据长株潭城市生态建设一体化模式要求，制订了以人为本的长株潭城市总体生态规划，其实质就是从生态学的思想出发，把人和自然当作一个整体来规划，使城市朝着更加有序、更加稳定的方向发展。具体包括建立合理的城市生态建设目标体系，合理协调自然、社会、经济各方面的要求，确定建设领域和重点项目，实现对城市调控和管理的高效运作；把城市、区域和国家不同层次的规划结合起来，使城市发展与国民经济、区域经济的发展相吻合，做到与区域、国家共存，与自然共生；把空间规划与生态体系规划相结合，寻求区域复合生态系统可持续发展的途径；把空间规划、生态规划与社会经济规划相结合，寻求最佳规划整体方案。此外，城市生态建设还要加强保障措施，包括行政、法制、经济、社会和技术保障等。

长期以来，城市的各种非生态化发展使城市的生态胁迫日趋严重，寻求生态化发展是城市建设的必由之路。城市生态化强调经济、社会、自然协调发展和整体生态化，即实现人—自然共同演进、和谐发展、共生共荣，是可持续的发展模式。在我国，生态文明与城市生态化这一重大命题已不限于理论上的探讨，具有忧患意识和科学预见性的人们已经开始实践。随着全国不断贯彻落实中央提出的科学发展观、生态文明建设和“两型社会”建设等一系列具体要求，体现生态文明内涵的生态工业和生态城市等多领域多方面的建设将成为现实。

11.3.7 海绵城市

1. “海绵城市”理论提出的背景

当今我国正面临着水资源短缺，水质污染，洪涝灾害，水生物栖息地丧失等多种水问题。这些水问题大多是系统性、综合性的，迫切需要一个综合、全面的解决方案。“海绵城市”理论正是立足于我国的水情特征和水问题提出的。

首先，我国降水受东南季风和西南季风控制，年际变化大，年内季节分布不均，主要集中在6—9月，占到全年的60%～80%，北方甚至占到90%以上。同时，我国气候变化的不确定性带来了暴雨洪水频发、洪峰洪量加大等风险，导致每年夏季成为内涝多发时期。再者，由于汛期洪水峰高量大，绝大部分未得到利用和下渗，导致河流断流与洪水泛滥交替出现，且风险越来越高。资料表明，最大洪峰流量与年最大洪峰流量平均值的比值，在北方达到5～10，南方达到2～5，年内和年际以及地区间高度不均衡，导致出现洪涝灾害风险过大。除了区域性的洪涝灾害，城市内涝问题也日趋严重。2010年，对全国32个省（自治区、直辖市）的351个城市（多为大中型城市）的调研发现，我国城市内涝呈加剧趋势。2008—2010年期间，被调研城市中有213个发生过不同程度的积水内涝，其中137个城市发生了超过3次以上的内涝。积水深度超过0.5m的城市占到了74.6%，积水深度超过0.15m的占90%以上，积水时间超过30min的占79%。2012年北京市“7·12特大暴雨”，79人遇难，经济损失近百亿元，是我国城市内涝问题的典型表现。

其次，我国快速城镇化过程中对水资源过度开发，并且伴随着水资源的过度开发产生了严重的水质污染。根据生态环境部公布的《2017中国生态环境状况公报》，2017年全国地表水1940个水质断面（点位）中，Ⅰ～Ⅲ类水质断面（点位）1317个，占67.9%；Ⅳ、Ⅴ类462个，占23.8%；劣Ⅴ类161个，占8.3%，如图11-2所示。与2016年相比，Ⅰ～

Ⅲ类水质断面（点位）比例上升0.1个百分点，劣Ⅴ类下降0.3个百分点。

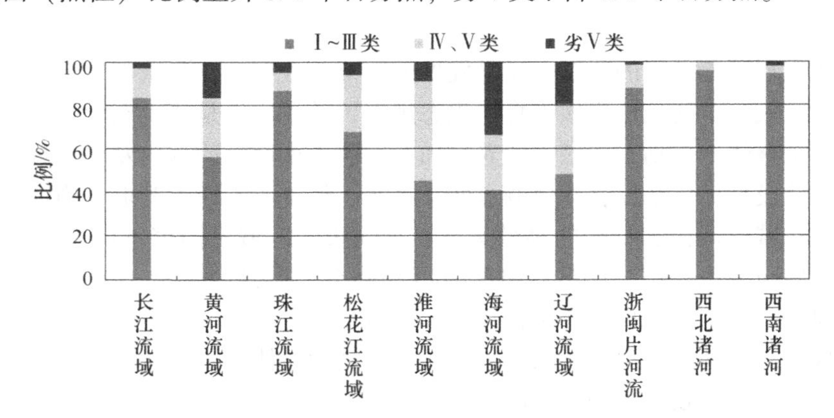

图 11-2　2017 年七大流域和浙闽片河流、西北诸河、西南诸河水质状况

最后，一些不科学的工程性措施也导致了水系统功能的整体退化。

2. 海绵城市的科学内涵

俞孔坚等首先采用“海绵”概念来比喻自然系统的洪涝调节能力，指出“河流两侧的自然湿地如同海绵，调节河水之丰俭，缓解旱涝灾害”。“海绵城市”是新一代城市雨洪管理概念，是指城市在适应环境变化和应对雨水带来的自然灾害等方面具有良好的“弹性”，也可称为“水弹性城市”。国际通用术语为“低影响开发雨水系统构建”。下雨时吸水、蓄水、渗水、净水，需要时将蓄存的水“释放”并加以利用。

俞孔坚等指出，解决城乡水问题，必须把研究对象从水体本身扩展到水生态系统，通过生态途径，对水生态系统结构和功能进行调节，增强生态系统的整体服务功能：供给服务、调节服务、生命承载服务和文化精神服务，这四类生态系统服务构成水系统的一个完整的功能体系。因此，从生态系统服务出发，通过跨尺度构建水生态基础设施（hydro-ecological infrastructure），并结合多类具体技术建设水生态基础设施，是“海绵城市”的核心。

完整的土地生命系统自身具备复杂而丰富的生态系统服务功能，这是“生态系统服务”理论的核心思想，聚焦到“水问题”上，这一理论表明，城市的每一寸土地都具备一定的雨洪调蓄、水源涵养、雨污净化等功能，这也是“海绵城市”构建的基础。它提供给人类最基本的生态系统服务，是城市发展的刚性骨架。从水安全格局到水生态基础设施，它不仅维护了城市雨涝调蓄、水源保护和涵养、地下水回补、雨污净化、栖息地修复、土壤净化等重要的水生态过程，而且可以在空间上被科学辨识并落地操作。所以，“海绵”不是一个虚的概念，它对应的是实实在在的景观格局；构建“海绵城市”即建立相应的水生态基础设施，这也是最为高效和集约的途径。

2017 年 3 月 5 日，在第十二届全国人民代表大会第五次会议上，李克强总理政府工作报告中提到：统筹城市地上地下建设，再开工建设城市地下综合管廊 2000km 以上，启动消除城区重点易涝区段三年行动，推进海绵城市建设，使城市既有“面子”，更有“里子”。

“海绵城市”的构建需要不同尺度的承接、配合。

（1）宏观层面　“海绵城市”的构建在这一尺度上重点是研究水系统在区域或流域中的空间格局，即进行水生态安全格局分析，并将水生态安全格局落实在土地利用总体规划和城市总体规划中，成为区域的生态基础设施。在方法上，可借助景观安全格局方法，判别对于水源保护、洪涝调蓄、生物多样性保护、水质管理等功能至关重要的景观要素及其空间位置，围绕生态系统服务构建综合水安全格局。其意义在于：第一，明确现有的水系统中的最重要元素、空间位置和相互关系，通过设立禁建区，保护水系统的关键空间格局来维护水过程的完整性；第二，将水生态安全格局作为区域的生态用地和城市建设中的限建区，限制建设开发并逐步进行生态恢复，可避免未来的城市建设和土地开发进一步破坏水系统的结构和功能；第三，水系统可以发挥雨洪调蓄、水质净化、栖息地保护和文化休憩功能，即作为区域的生态基础设施，为下一步实体“海绵系统”的建设奠定空间基础。

（2）中观层面　主要指城区、乡镇、村域尺度，或者城市新区和功能区块。重点研究如何有效利用规划区域内的河道、坑塘，并结合集水区、汇水节点分布，合理规划并形成实体的“城镇海绵系统”，并最终落实到土地利用控制性规划甚至是城市设计，综合性解决规划区域内滨水栖息地恢复、水量平衡、雨污净化、文化游憩空间的规划设计和建设。

（3）微观层面　“海绵城市”最后必须要落实到具体的“海绵体”，包括公园、小区等区域和局域集水单元的建设，在这一尺度对应的则是一系列的水生态基础设施建设技术的集成，包括保护自然的最小干预技术、与洪水为友的生态防洪技术、加强型人工湿地净化技术、城市雨洪管理绿色海绵技术、生态系统服务仿生修复技术等，这些技术重点研究如何通过具体的景观设计方法，让水系统的生态功能发挥出来。

从水问题出发，以构建跨尺度水生态基础设施为核心的“海绵城市”，最终能综合解决城市生态问题，包括区域性的城市防洪体系构建、生物多样性保护和栖息地恢复、文化遗产网络和游憩网络构建等，也包括局域性的雨洪管理、水质净化、地下水补充、棕地修复、生物栖息地的保育、公园绿地营造，以及城市微气候调节等。

3. 我国海绵城市建设实践

2021年6月，财政部公示了唐山市、长治市、四平市、无锡市、宿迁市、杭州市、马鞍山市、龙岩市、南平市、鹰潭市、潍坊市、信阳市、孝感市、岳阳市、广州市、汕头市、泸州市、铜川市、天水市、乌鲁木齐市20座首批海绵城市建设城市示范城市。

广州市坐拥1368条河涌与330座湖泊。为了营造适老适幼的全人群特色水岸，遵循“以水定城，顺应自然”的原则，广州构建了“（1+12+N）+X+Y”的规划体系建设海绵城市，实现了多维度、多层次、多专业的全方位融合衔接。该体系下不仅有市、区海绵城市建设专项规划和重点片区详细性控制规划（1+12+N），还有生态系统规划（X）与水系统规划（Y）发挥重要作用，三者相互衔接，相互促进。

在开展海绵城市建设过程中，广州市以“核算水账”为基础，以“上中下协调、大中小结合、灰绿蓝交融”为技术思路，以“污涝同治”为主要手段，运用“+海绵”理念，对新、改、扩建项目“应做尽做、能做尽做”，落实海绵城市建设要求。

在城市尺度上，结合区域自身地质、功能区划等情况，广州上、中、下可划分出特征鲜明的生态本底。按照“上蓄、中通、下排”的治理思路，“划流域、算水账、控分区”，理顺上、中、下洪涝关系，因地制宜确定区域海绵城市建设重点。处于城市上游的北部山区做好生态保育、涵养保护水源，加强渗透，将快速下泄的径流转变为缓慢释放的潜流，不断完善山塘水库建设，调蓄、缓释山区洪水，减少下游压力；处于城市中游的中部城区做好水体调度，雨季预腾空库容，应对城市内涝风险，旱季通过再生水利用对河道进行生态补水，活水保质；处于城市下游的南部河网区做好洪潮防控，防倒灌，同时也为中部城区提供洪水下泄的空间，以缓解潮水顶托的压力。

在流域尺度上，通过大、中、小结合完善海绵体系。一是梳理大海绵，以流域为单元，算清“水账”，提出流域大海绵建设及管控要求；二是完善中海绵，通过清污分流，降低河涌水位，为雨水腾出调蓄空间；三是结合项目建设，因地制宜落实海绵城市建设理念及指标要求，建设源头小海绵。

在区域尺度上，注重“源头（绿）—中途（灰）—末端（蓝）”的系统建设和有效衔接，通过灰、绿、蓝交融提升设施功效。在源头利用绿色海绵设施实现雨水的减量、减速和减污；在中途通过灰色管网厂站实现污水的精准收处和雨水的可靠排放；在末端依托蓝色空间对超标雨水进行蓄排，结合设施调度实现低水快排、高水缓排的错峰模式，系统解决洪涝问题。

随着海绵城市建设的深入开展，广州市已形成阅江路碧道、海珠湿地、灵山岛尖、中新知识城等具有示范意义的各类建设项目或片区50余个。通过示范带动，不断推进全市海绵城市建设成系统、成片区达标。截至2020年底，广州城市建成区306.12km^2，占比23.12%，超过国家达标线20%。按照规划，力争到2025年底，广州城市建成区45%以上的面积达到海绵城市的标准。

【阅读材料】

从吴哥古城的衰落看生态文明与可持续发展的关系

吴哥是9—15世纪高棉王国的都城。高棉王国曾是东南亚历史上最大、最繁荣、文明程度最高的王国之一。但是，到了15世纪，整个王国突然崩溃，吴哥就消失在丛林之中。直到今天，对于去到这个地方的人来说，他们听到的有关这座古城为什么会突然消失在丛林之中的解释是：几代的政治动荡、地方叛乱和邻国的进攻使帝国统治者丧失了权力。终于在1431年，泰族军队把吴哥洗劫一空。此后，吴哥就被废弃了。

吴哥毁于生态压力的第一条线索来自1992年。当时，一些学者勘察了主要庙宇群南方的地区。他们查明了约600座建筑的遗迹。这些建筑并无特别之处，但调查发现，吴哥的人口并不像历史学家一直认为的那样局限于城市中心。这些学者提出，这座城市的人口大多分散居住在与那些高大庙宇相距遥远的低丘上，四周是道路、沟渠、筑堤和水库构成的网络。

1995年，加利福尼亚帕萨迪纳喷气推进实验室对“奋进号”航天飞机收集的信息进行处理后的结果让全世界的吴哥专家大吃一惊。图像表明，从市中心向北，田地、道路、土墩和灌溉渠构成了一个巨大的网络，也就是说，整个吴哥城的面积可能超过1000km^2。

他们的假设是这样的：随着城市走向繁荣，对耕地的需求逐渐增长，农民们在河边开垦出更多的土地，使水道中的沉积物越来越多。这样，城市的灌溉渠和附近的排水沟发生堵塞。弗莱彻说：“运河系统逐渐退化，河床受到的侵蚀越来越严重，人们只能在愈加贫瘠的土地上耕种。”最后，吴哥终于分崩瓦解。

最近科学家使用新型雷达设备在吴哥窟中心庙宇的附近又探测到了74座新的庙宇和1000多个人工湖泊。美国宇航局为整个研究项目提供了高解析度的雷达探测图像，从而生成了最新的雷达考古地图。该地图显示，在吴哥中心地区向外辐射的方向，有大量的人类居住地域沿着海岸向北部扩散。这片聚居地区有3000km^2，堪称工业时代以前世界上最大的人类聚居地。

为了使这么多人口有饭吃，大量的水利设施也兴建起来。这些水利设施不仅可以用于灌溉，还能在雨季发挥防洪的作用。地图还显示了密集的水网灌渠曾经遍布该地区，连通灌溉田地的三条主要河流，将耕地、住宅和庙宇分开，维持着吴哥古城低密度的发展模式。

科学家发现这种发展模式使土地和环境不堪重负，最终导致了吴哥的衰落。由于人口的激增，大量的原始森林被砍伐，增加了发生洪水和泥石流的风险，由于水利设施的设计不合理，河流的天然泄洪功能被破坏。古代吴哥人选择了不合理的非可持续发展方式，使得局部生态循环完全被破坏了。

科研人员发现一些水渠被开挖了行洪口，还有一些灌渠里淤积满了泥沙，这说明环境破坏使这些灌溉基础设施已经失去了应有的作用，居民们不得不离开曾经生活的地区。吴哥古城的发展模式使得土地和环境不堪重负，最终导致了它的衰落。

——资料来源：百度百科。

思考题

1. 什么叫生态文明？它具有什么特征？
2. 生态文明建设的主要内容是什么？
3. 生态文明建设与可持续发展具有怎样的关系？
4. 什么是生态城市？其基本特征是什么？生态城市的基本内涵是什么？
5. 我国在生态城市的建设中存在哪些不足？
6. 查找相关资料，举例说明我国生态城市建设的现状。

推荐读物

1. 周敬宣．可持续发展与生态文明［M］．北京：化学工业出版社，2009.
2. 张坤民，温宗国，杜斌，等．生态城市评估与指标体系［M］．北京：化学工业出版社，2003.

参考文献

［1］周敬宣．可持续发展与生态文明［M］．北京：化学工业出版社，2009.

［2］张坤民，温宗国，杜斌，等．生态城市评估与指标体系［M］．北京：化学工业出版社，2003.

［3］周敬宣．环境与可持续发展［M］．武汉：华中科技大学出版社，2007.

［4］程发良，孙成访．环境保护与可持续发展［M］．北京：清华大学出版社，2009.

［5］徐新华，吴忠标，陈红．环境保护与可持续发展［M］．北京：化学工业出版社，2000.

［6］黄肇义，杨东援．国内外生态城市理论研究综述［J］．城市规划，2001，25（1）：59-65.

［7］董淑秋，韩志刚．基于“生态海绵城市”构建的雨水利用规划研究［J］．城市发展研究，2011，18（12）：37-41.

［8］俞孔坚，李迪华，袁弘，等．“海绵城市”理论与实践［J］．城市规划，2015，39（6）：26-36.

［9］杨阳，林广思．海绵城市概念与思想［J］．南方建筑，2015（3）：59-64.

第12章 自然资源与可持续发展

12.1 概论

12.1.1 自然资源的定义

自然资源也称资源。根据联合国环境规划署的定义，自然资源是指在一定时间条件下，能够产生经济价值以提高人类当前和未来福利的自然环境因素的总称，如阳光、空气、水、土地、森林、草原、海洋、矿物、野生动植物等。

自然资源的概念和范畴不是一成不变的，随着社会生产的发展和科学技术水平的提高，过去被视为不能利用的自然环境要素，将来也可能变成有一定经济利用价值的自然资源。

12.1.2 自然资源的分类

按照不同的要求和目的，可将自然资源进行多种分类。但目前大多按照自然资源的有限性，将自然资源分为有限自然资源和无限自然资源，如图12-1所示。

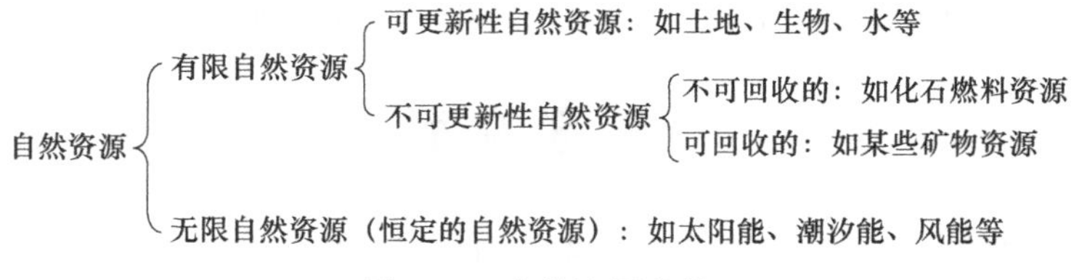

图12-1 自然资源分类

1. 有限自然资源

有限自然资源又称耗竭性资源。这类资源是在地球演化过程中的特定阶段形成的，质与量都是有限的，空间分布不均。有限资源按其能否更新又可分为可更新资源和不可更新资源两大类。

可更新资源又称可再生资源。这类资源主要是指那些被人类开发利用后，能够依靠生态系统自身的运行力量得到恢复或再生的资源，如土地资源、生物资源、水资源等。只要其消耗速度不大于它们的恢复速度，借助自然循环或生物的生长、繁殖，这些资源从理论上讲是

可以被人类永续利用的。但各种可更新资源的恢复速度是不尽相同的，如岩石自然风化形成1cm厚的土壤层需要300~600年，森林的恢复一般需要数十年至百余年。因此，不合理的开发利用也会使这些可更新的资源变成不可更新资源，甚至使其耗竭。

不可更新资源又称不可再生资源。这类资源是在漫长的地球演化过程中形成的，它们的储量是固定的，被人类开发利用后，会逐渐减少以至枯竭，一旦被用尽，就无法再得到补充，如各种非金属矿物、金属矿物、化石燃料等。这些矿物都是由古代生物或非生物经过漫长的地质年代形成的，因而它们的储量是固定的，在开发利用过程中，只能不断减少，无法持续利用。

2. 无限自然资源

无限自然资源又称为恒定的自然资源或非耗竭性资源。这类资源随着地球形成及其运动而存在，基本上是持续稳定产生的，几乎不受人类活动的影响，也不会因为人类的利用而枯竭，如太阳能、风能、潮汐能等。

12.1.3　自然资源的属性

1. 有限性

有限性是自然资源最本质的特征。大多数资源在数量上是有限的。资源的有限性在矿产资源中尤其明显，任何一种矿物的形成不仅需要特定的地质条件，还必须经过千百万年甚至上亿年漫长的物理、化学及生物作用过程，因此，矿产资源相对于人类而言是不可再生的，消耗一点就减少一点。其他的可再生资源如动物、植物，由于受自身遗传因素的制约，其再生能力也是有限的，过度利用将会使其稳定的结构遭到破坏而丧失再生能力，成为非再生资源。

资源的有限性要求人类在开发利用自然资源时必须从长计议，珍惜一切自然资源，注意合理开发利用与保护，绝不能只顾眼前利益，掠夺式地开发资源，甚至肆意破坏资源。

2. 整体性

整体性是指每个地区的自然资源要素存在着生态上的联系，形成一个整体，触动其中的一个要素，就可能引起一连串的连锁反应，从而影响整个自然资源系统的变化。这种整体性在可再生资源中表现得尤为突出。例如，森林资源除具有经济效益外，还具有涵养水分、保持水土等生态效益，如果森林资源遭到破坏，不仅会导致河流含沙量增加，引起洪水泛滥，还会使土壤肥力下降，土壤肥力的下降又进一步促使植被退化，甚至沙漠化，从而导致动物和微生物大量减少。相反，如果通过种草种树等措施使沙漠地区慢慢恢复茂密的植被，水土将得到保持，动物和微生物将集结繁衍，土壤肥力将会逐步提高，从而促进植被进一步优化及各种生物进入良性循环。

由于自然资源具有整体性的特点，对自然资源的开发利用必须持整体的观点，应当统筹规划、合理安排，以保持生态系统的平衡。否则将顾此失彼，不仅使生态与环境遭到破坏，经济也难以得到发展。

3. 区域性

区域性是指资源分布的不平衡，在数量或质量上存在着显著的地域差异，并有其特殊分布规律。自然资源的地域分布受太阳辐射、大气环流、地表形态结构和地质构造等因素的影响，其数量多寡、种类特性、质量优劣都具有明显的区域差异。由于影响自然资源地域分布的因素基本上是恒定的，在一定条件下必定会形成相应的自然资源，所以自然资源的区域分布也具有一定的规律性。如我国的煤炭、石油和天然气等资源主要分布在北方，南方则蕴藏着丰富的水资源。

自然资源区域性的差异制约着经济的布局、规模和发展。例如，矿产资源状况（矿产种类、质量、数量、结构等）对采矿业、冶炼业、石油化工业、机械制造业等都会有显著影响。而生物资源状况（数量、质量、种类、品种）对种植业、养殖业和轻、纺工业等有很大的制约作用。

因此，在自然资源开发过程中，应该按照自然资源区域性的特点和当地的经济条件，对资源的数量、质量、分布等情况进行全面调查、分析和评价，因地制宜地安排各行业生产，扬长避短，有效发挥区域自然资源优势，使资源优势成为经济优势。

4. 多用性

多用性是指任何一种自然资源都有多种用途，如土地资源既可用于农业，也可用于工业、旅游、交通及改善居民生活环境等。森林资源既可以提供木材和各种林产品，作为自然生态环境的一部分，又具有调节气候、涵养水源、保护野生动植物等功能，还能为旅游提供必要的场地。

自然资源的多用性只是为人类利用资源提供了不同用途的可能性，具体采取何种方式进行利用，则是由经济、社会、科学技术及环境保护等诸多因素决定的。

资源的多用性要求人们在对资源进行开发利用时，必须根据其可供利用的广度和深度，从生态效益、经济效益、社会效益等各方面进行综合研究，制订出最优方案实施开发利用，以做到物尽其用，取得最佳效益。

■12.2　水资源的利用与保护

水是人类维系生命的基本物质，是工农业生产和城市发展不可或缺的重要资源。

地球上水的总量约有14亿km^3，其中约有97.3%是海水，淡水不及总量的3%，其中还有约3/4以冰川、冰帽的形式存在于南北极地区，人类很难使用。与人类关系最密切又较易开发利用的淡水储量约为400万km^3，仅占地球上总水量的0.3%。

水资源指在目前的技术和经济条件下，比较容易被人类利用的那部分淡水，主要包括河川、湖泊、地下水及大气水等。

直到20世纪20年代，人类才认识到水资源并非是取之不尽、用之不竭的。随着人口增长和经济发展，对水资源的需求与日俱增，人类社会正面临水资源短缺的严重挑战。据联合国统计，全世界有100多个国家缺水，严重缺水的国家达40多个。水资源不足已成为许多国家制约经济增长和社会进步的主要障碍。

12.2.1　中国水资源特点

1. 水资源总量较大，但人均水资源占有量较少，属贫水国家

我国的水资源总量并不缺乏，年降水量为60000亿m^{3}左右，相当于全球陆地总降水量的5%，居世界第三位。我国地面年径流量为27210亿m^3，仅少于巴西、加拿大、美国和印度尼西亚等国家。但是由于我国是一个人口大国，人均年径流量仅为2300m^3，相当于世界

人均占有量的1/4，居世界第110位，被联合国列为13个贫水国家之一。

2. 地区分配不均，水土资源不平衡

我国陆地水资源的地区分布与人口、耕地的分布不相适应。长江以南的珠江、浙闽台和西南诸河等地区，国土面积占全国的36.5%，耕地面积占全国的36%，人口占全国的54.4%，水资源却占全国总量的81%，人均占有量4100m^3，约为全国人均占有量的1.6倍。辽河、黄河、海滦河、淮河等北方地区，国土面积占全国的18.7%，耕地面积占全国的45.2%，人口占全国的38.4%，水资源仅占全国的10%左右。地下水也是南方多、北方少。占全国国土面积50%的北方，地下水只占全国的31%。因此，我国形成了南方地表水多、地下水也多，北方地表水少、地下水也少，由东南向西北逐渐递减的水资源分布态势。

3. 年内季节分配不均、年际变化很大

我国的降水受季风影响，降水量和径流量在一年内的分配不均。长江以南，3—6月（4—7月）的降水量约占全年降水量的60%；而长江以北地区，6—9月的降水量常常占全年降水量的80%。降水过于集中，造成雨期大量弃水，非雨期水量缺乏，总水量不能被充分利用。由于降水年内分配不均，年际变化很大，我国的主要江河都出现过连续丰水年和连续枯水年。在雨期和丰水年，大量的水资源不仅不能充分利用，白白地注入海洋，而且造成许多洪涝灾害。旱季或少雨年，缺水问题又十分突出，水资源不仅不能满足农业灌溉和工业生产的需要，甚至在某些地方，人畜饮水都难以得到满足。

4. 水能资源丰富

我国的山地面积广阔，地势梯级明显，尤其在西南地区，大多数河流落差较大，水量丰富，所以我国是一个水能资源蕴藏量非常丰富的国家。我国水能资源理论蕴藏量约有6.8亿kW·h，占世界水能资源理论蕴藏量的13.4%，为亚洲的75%，居世界首位。已探明可开发的水能资源约为3.8亿kW·h，为理论蕴藏量的60%。我国能够开发的、装机容量在1万kW·h以上的水能发电站共有1900余座，装机容量可以达到3.57亿kW·h，年发电量为1.82万亿kW·h，可替代年燃煤10多亿t的火力发电站。

12.2.2　水资源开发利用中存在的主要问题

1. 水资源供需矛盾突出

据住房与城乡建设部2006年公布的数据，全国668座城市中，有400多座城市供水不足，110座城市严重缺水；在32个百万人口以上的特大城市中，有30个城市长期受缺水困扰。北京、天津、大连、青岛等城市的缺水最为严重；地处水乡的上海、苏州、无锡等城市出现水质型缺水。目前，中国城市的年缺水量已经远远超过60亿m^3。

中国是农业大国，农业用水占全国用水总量的2/3左右。目前，全国有效灌溉面积约为0.481亿hm^2，约占全国耕地面积的51.2%，将近一半的耕地得不到灌溉，其中位于北方的无灌溉地约占72%。河北、山东和河南缺水尤为严重；西北地区缺水也很严重，而且区域内大部分为黄土高原，人烟稀少，改善灌溉系统的难度较大。

2. 用水浪费严重加剧水资源短缺

我国工农业生产中水资源浪费严重。农业灌溉工程不配套，大部分灌区渠道没有防渗措施，渠道漏失率为30%～50%，有的甚至更高；部分农田采用漫灌方式，因渠道跑水和田地渗漏，实际灌溉有效率为20%～40%，南方地区则更低。国外农田灌溉的水分利用率多在 70% ~80% 。

在工业生产中，用水浪费现象也十分惊人，由于技术设备和生产工艺落后，我国工业万元产值耗水比发达国家多数倍。工业耗水过高，不仅浪费水资源，也增大了污水排放量和水体污染负荷。在城市用水中，卫生设备和输水管道的跑、滴、冒、漏等现象严重，也浪费了大量的水资源。

3. 水资源质量不断下降，污染比较严重

多年来，我国水资源质量不断下降，水环境持续恶化，污染导致的缺水和断水事故不断发生，不仅使工厂停产、农业减产甚至绝收，而且造成了不良的社会影响和较大的经济损失，严重地威胁了社会的可持续发展，威胁了人类的生存。从地表水资源质量现状来看，我国有 50% 的河流、90% 的城市水域受到不同程度的污染。地下水资源质量也面临巨大压力，根据水利部的调研结果，我国北方五省区和海河流域地下水资源，无论是农村（包括牧区）还是城市，浅层水或深层水均遭到不同程度的污染，局部地区（主要是城市周围、排污河两侧及污水灌区）和部分城市的地下水污染较为严重，污染呈上升趋势。

水污染使水体丧失或降低了使用功能，造成了水质性缺水，更加剧了水资源不足的情形。

4. 盲目开采地下水造成地面下沉

目前，由于地下水的开发利用缺乏规范管理，所以开采严重超量，出现水位持续下降、漏斗面积不断扩大和城市地下水普遍污染等问题。据统计，一些地区由于超量开采，形成大面积水位降落漏斗，地下水中心水位累计下降 10 ~30m。由于地下水位下降，十几个城市发生地面下沉，在华北地区形成了全世界最大的漏斗区，而且沉降范围仍在不断扩大。沿海地区由于过量开采地下水，破坏了淡水与咸水的平衡，引起海水入侵地下淡水层，加速了地下水的污染，尤其城区、污灌区地下水污染日益严重。

5. 河湖容量减少，环境功能下降

我国是一个多湖的国家，长期以来，由于片面强调增加粮食产量，在许多地区过分围垦湖泽，排水造田，结果使许多天然小型湖泊从地面上消失。号称“千湖之省”的湖北省，1949 年有大小湖泊 1066 个，2004 年只剩下 326 个。据不完全统计，40 多年来，由于围湖造田，我国的湖面减少了 133. 3 万 hm^2 以上，损失淡水资源 350 亿 m^3。许多历史上著名的大湖，也出现了湖面萎缩、湖容减少的现象。中外闻名的“八百里洞庭”，30 年内被围垦掉 3/5 的水面，湖容减少 115 亿 m^3。围湖造田不仅损失了淡水资源，减弱了湖泊蓄水防洪的能力，也降低了湖泊的自净能力，破坏了湖泊的生态功能，从而造成湖区气候恶化、水产资源和生态平衡遭到破坏，进而影响到湖区多种经营的发展。

此外，由于水土流失，大量泥沙沉积使水库淤积、河床抬高，某些河段甚至已发展成地上河，严重影响了河湖蓄水行洪纳污的能力，以及养殖、航运和旅游等功能的开发利用。

12. 2. 3 水资源的合理利用与保护

1. 加强法制，强化水资源管理

《中华人民共和国水法》于 1988 年发布，2002 年修订，2009 年修正，2016 年修正。

《中华人民共和国水法》确立了使用权与所有权的分离；确立了水资源的取水许可制度有偿使用制度；确立了流域管理与区域管理相结合，统一管理与分部门管理相结合，监督管

理与具体管理相分离的管理体制；明确了流域规划与区域规划、专业规划与综合规划的法律地位；增加了中期规划，建立了中长期规划与流域水量分配制度，使水资源规划制度得到了极大的完善并增强了它的可实施性；规定了水资源开发利用的原则，特别强调了生态用水，使水资源开发利用中的用水顺序以及开发利用更加符合水资源可持续发展的要求。

因此，要按照《中华人民共和国水法》的要求，切实加强水资源的管理，依法保护水资源。

2. 认真开展宣传教育工作，树立全民保护水资源和节约用水的意识

水资源属于可更新资源，可以循环利用，但是在一定的时间和空间内都有数量的限制。

目前，我国的总缺水量为300亿~400亿m^3。预计到2030年全国总需水量将近10000亿m^3，全国将缺水4000亿~4500亿m^3，到2050年全国将缺水6000亿~7000亿m^3。

在我国人口众多的情况下，提高全社会保护水资源、节约用水的意识和守法的自觉性，建立一个节水型社会，是实现水资源可持续开发利用的关键所在。

3. 保护水源，防治污染与节约用水并重

要加强水生态环境的保护，在江河上游建设水源涵养林和水土保持林，中下游禁止盲目围垦，防止水质恶化；划定水环境功能区，实行目标管理；治理流域污染企业，严格执行达标排放制度；大力提倡施用有机肥，积极开展生态农业和有机农业，严格控制农药和化肥的施用量，减少农业径流造成的水体污染等。

4. 有计划进行跨流域调水，改善水资源区域分布的不均衡性

跨流域调水是通过人工措施来改变水资源的数量和质量在时间和空间上的不均匀分布，以满足水资源不足地区的供水需要。我国实施的具有全局意义的“南水北调”工程，是把长江流域的一部分水量由东、中、西三条线路，从南向北调入淮河、黄河、海河，把长江、淮、黄、海河流域联成一个统一的水利系统，以解决西北和华北地区的缺水问题。

5. 开展全面节水运动

通过调整产品结构、改进生产工艺、推行清洁生产，降低水资源消耗，提高循环用水率；适当提高水价，以经济手段限制耗水大的行业和项目发展；强制推行节水卫生器具，减少城市生活用水的浪费。农业灌溉是我国最大的用水户，要改进地面灌溉系统，采取渠道防渗或管道输送（可减少50%~70%的损失）；制定节水灌溉制度，实行定额、定户管理，以提高灌溉效率；推广先进的农灌技术，在缺水地区推广滴灌、雾灌和喷灌等节水技术。

6. 加强水面保护与开发，促进水资源的综合利用

开发利用水资源必须综合考虑，兴利除害，在满足工农业生产用水和生活用水外，还应充分认识到水资源在水产养殖、航运、旅游等方面的巨大使用价值及其在改善生态环境中的重要意义，使水利建设与各方面的建设密切结合、与社会经济环境协调发展，尽可能做到一水多用，以最少的投资获得最大的效益。

水面资源（特别是湖泊）是旅游资源的重要组成部分。在我国已公布的国家级风景名胜区中，有很多都属于湖泊类风景名胜区。搞好湖泊旅游资源开发，不仅能提高经济效益，还能带动其他相关产业的发展。

水面（特别是较大水面）的存在，对改善小气候、涵养水分、减少扬尘、增加空气湿度、维持水生态环境等，都具有重要的意义，是改善环境质量的重要措施之一。

12.3 土地资源的利用与保护

土地资源是指在一定技术条件和一定时间内可以为人类利用并产生经济价值的土地。目前世界上土地资源的破坏和丧失是很严重的，其中与人类关系最大的是可耕土地。耕地是土地的精华，是生产粮食、油料、棉花、水果、蔬菜等农副产品的生产基地。全世界适用农业用的耕地约占全球陆地面积的10%，但各国及各地区相差很大。例如，丹麦的耕地面积占全国陆地面积的65%，英国占30%，美国占20%，中国只占了12.5%。耕地数量的多少、质量的肥瘠，直接影响着国民经济的发展。

12.3.1 中国土地资源的特点

我国地域辽阔，总面积达960万km^2，占世界陆地面积的6.4%，仅次于俄罗斯和加拿大，居世界第三位。概括起来，我国土地资源有以下几个特点：

（1）土地资源绝对量多，人均占有量少　我国土地总面积居世界第三位，但由于我国人口众多，人均占有量不足1hm^2，仅为全世界人均占有量的1/3。

（2）土地资源类型多样，山地面积大　在我国，由于地带性和非地带性以及不同气候带的水、热条件及复杂的地形和地质条件的组合，形成了多种多样的土地类型。从寒温带到热带，南北长达5500km，中温带占29.4%、暖温带占16.9%、寒温带占1.5%、亚热带占24.8%、热带占0.8%、高原气候带占26.6%。我国属多山国家，山地面积（包括丘陵、高原）占土地总面积的69.23%，平原盆地约占土地总面积的30.73%。山地坡度大，土层薄，如果利用不当，自然资源和生态环境则易遭到破坏。

（3）农用土地资源比重小，后备耕地资源不足　我国现有耕地面积约1.2亿hm^2，占国土总面积的12.5%，人均占有耕地的面积只有世界人均耕地面积的1/4。在未利用的土地中，难利用的占87%，主要是戈壁、沙漠和裸露石砾地，仅有0.33亿hm^2宜农荒地，能作为农田的不足0.2亿hm^2，按60%的垦殖率来计算，可净增耕地0.12亿~0.14亿hm^2。所以，我国土地后备资源很少。

（4）人口与耕地的矛盾十分突出　我国现有耕地面积约为世界总耕地面积的7%。我国用占世界7%的耕地养活着占世界22%的人口，人口与耕地的矛盾相当突出。随着我国人口的增长，人口与耕地的矛盾将更加尖锐。据估计，21世纪中叶，我国人均耕地面积将减少到国际公认的警戒线0.05hm^2。

12.3.2 土地资源开发利用中存在的主要问题

1. 盲目扩大耕地面积促使土地资源退化

1）对山坡的刨垦，使大面积的森林、草地被毁，造成水土流失。资料表明，2001年我国水土流失面积多达183万km^2，约占全国土地面积的1/5；我国每年因水土流失侵蚀掉的土壤总量达50亿t，约占全世界土壤流失量的1/5，相当于全国耕地削去了1cm厚的肥土层，损失的氮、磷、钾养分，相当于4000万t化肥的养分含量。我国是世界上水土流失最严重的国家之一。黄河、长江年输沙量达20亿t以上，分列世界九大河流的第一和第四位。

2）围湖造田。盲目的围湖造田，使湖区蓄水防洪能力严重下降，原有的湖泊生态系统

遭到严重破坏，致使水旱灾害频繁。

3）盲目开发草原，使草场退化。由于多年以来的滥垦过牧，我国近1/4的草场退化，产草量平均由3000～3750kg/hm^2降至1500～2250kg/hm^2，每年沙化面积达133万hm^2。

2. 非农业用地迅速扩大

城镇建设、住房建设及交通建设等都要占用大量的土地资源。据国家统计局发布的最新资料，我国100万人口以上城市已从1949年的10个，发展到2008年的122个。我国城镇居民人均住房使用面积已由1949年的4.3m^2增加到2008年的23m^2。据初步预测，到2050年，我国的非农业建设用地将比现在增加0.23亿hm^2，其中需要占用耕地约0.13亿hm^2。另外，煤炭开采每年破坏土地1.2万～2万hm^2，砖瓦生产每年破坏耕地近1万hm^2。

3. 土地污染在加剧

随着工业化和城市化的进展，特别是乡镇工业的快速发展，大量的“三废”物质通过大气、水和固体废物的形式进入土壤。同时，由于农业生产技术的发展，人为地使用化肥和农药以及污水灌溉等，土壤污染日益加重。我国遭受工业“三废”污染的农田已有1000万hm^2之多，由此引起的粮食减产每年可达100亿kg以上。因为使用污水灌溉，被重金属镉（Cd）污染的耕地约有1.3万hm^2，涉及11个省25个地区；被汞（Hg）污染的耕地约有3.2万hm^2，涉及15个省的21个地区。

12.3.3　土地资源的合理利用与保护

1. 加强法制，强化土地管理

我国政府从我国土地国情和保证经济、社会可持续发展的要求出发，于1986年6月25日公布了《中华人民共和国土地管理法》，并于1998年、2004年、2019年进行了三次修订，采取了世界上最严格的土地管理、保护耕地资源的措施和管理办法，明确规定了国家实行土地用途管理制度、基本农田保护制度和占用耕地补偿制度。因此，要按照《中华人民共和国土地管理法》的要求，切实加强土地管理，使土地管理纳入法制的轨道。

2. 加强生态建设

“九五”期间已列入《中国21世纪议程》和“国家环境保护规划”的防护林工程和水土保持工程有“三北”防护林工程、黄河、长江、淮河太湖流域、松辽流域、珠江流域等水土保持工程，这些工程的建设对防治荒漠化及控制水土流失起到了很大的作用。1999年国务院公布的《全国生态建设规划》提出，到2010年，坚决控制住人为因素产生的新的水土流失，努力遏制荒漠化的发展。2012年党的十八大从新的历史起点，做出“大力推进生态文明建设”的战略决策，从十个方面绘出生态文明建设的宏伟蓝图。《中华人民共和国国民经济和社会发展第十四个五年规划和2035年远景目标纲要》提出，生态文明建设要实现新进步。因此，要继续大力推进和加强防护林工程和水土流失工程的建设，尤其要重视生态系统中自然绿地的建设（草地、森林的保护和建设），在北方荒漠化地区要继续种草，改良草场。

3. 综合防治土壤污染

实行污染物总量控制，控制和消除土壤污染源；控制化肥和农药的使用，对残留量高、毒性大的农药，应严格控制其使用范围、使用量和使用次数；合理施肥，防止过量施用化肥造成土壤结构的破坏和土壤生态系统的损害；大力开展生态农业和有机农业建设。对已受污染的土壤采取措施，如利用重金属超累积植物蜈蚣草（其叶片富集砷达0.5%，为普通植物的数十万倍）修复土壤中的重金属砷，利用杨树修复除草剂莠去津等消除土壤中的污染物，或控制土壤中污染物的迁移和转化，使其不进入食物链。国务院于2016年5月发布《土壤污染防治行动计划》，该计划提出，我国到2020年土壤污染加重趋势得到初步遏制，土壤环境质量总体保持稳定；到2030年土壤环境风险得到全面管控；到21世纪中叶，土壤环境质量全面改善，生态系统实现良性循环。2017年7月1日起施行的《污染地块土壤环境管理办法（试行）》，提供了加强污染地块环境保护监督管理、防控污染地块环境风险的重要指导。

12.4　矿产资源的利用与保护

矿产资源主要指埋藏于地下或分布于地表的、由地质作用形成的有用矿物或元素的含量达到具有工业利用价值的矿产。矿产资源主要分为金属和非金属两大类。金属按其特性和用途又可分为铁、铬、锰、钨等黑色金属，铅、铜、锌等有色金属，铝、镁等轻金属，金、银、铂等贵金属，铀、镭等放射性元素，锂、铌、铍、钽等稀有金属及稀土金属；非金属主要是煤、石油、天然气等燃料原料（矿物能源），硫、磷、盐、碱等化工原料，金刚石、石棉、云母等工业矿物和大理石、石灰石、花岗岩等建筑材料。

12.4.1　中国矿产资源的特点

2016年底，石油剩余技术可采储量35亿t，增长0.1%；天然气5.4万亿m^3，增长4.7%。煤炭查明资源储量15980亿t，增长2.0%；铁矿841亿t，下降1.2%；铜矿10111万t，增长2.0%；钨矿1016万t，增长6.0%；金矿12167t，增长5.2%。中国已发现171种矿产，其中已探明储量的有153种。其主要特点如下：

（1）矿产资源总量丰富，但人均占有量少　我国矿产资源总量居世界第二位，而人均占有量只有世界平均水平的58%，居世界第53位，个别矿种甚至居于世界百位之后。

（2）矿种比较齐全，产地相对集中，配套程度较高　世界上已发现的矿种在我国均有发现，并有世界级超大型矿床。如内蒙古白云鄂博铁—稀土矿床，其铈族稀土储量占我国的96.4%。不少地区矿种配套较好，有利于建设工业基地。如鞍山—本溪地区和攀西—六盘水地区除有丰富的铁矿外，煤、锰、白云岩、石灰岩、菱镁矿、耐火黏土等辅助原料均很丰富，故已建成钢铁工业基地。

（3）贫矿多、富矿少、可露天开采的矿山少　我国有相当一部分矿产属于贫矿。如铁矿石，储量有近500亿t，但含铁大于55%的富铁矿仅有10亿t，仅占2%；铜矿储量中铜含量大于1%的仅占1/3；磷矿中P_2O_5含量大于30%的富矿仅占7%，硫铁矿富矿（硫含量35%）仅占9%；铝土矿储量中的铝硅比大于7的仅占17%。此外，适于大规模露天开采的矿山少。如可露采的煤约占14%，铜、铝等矿露采比例更小；有些铁矿大矿，虽可露采，但因埋藏较深，剥采比大，使采矿成本增大。

（4）多数矿产矿石组分复杂，单一组分少　我国铁矿有1/3，铜矿有1/4，伴生有多种其他有益组分，如攀枝花铁矿中伴生有钒、钛、镓、铬、锰等13种矿产，甘肃金川的镍矿中伴生有铜、金、银、硒、铂族等16种矿产；这一方面说明我国矿产资源综合利用大有可为，另一方面也增加了选矿和冶炼的难度。另外有一些矿，如磷、铁、锰矿都是一些颗粒细

小的红铁矿、胶磷矿、碳酸锰矿石，选矿分离难度高，也使有些矿山长期得不到开发利用。

（5）小矿多、大矿少，地理分布不均衡　在探明储量的16174处矿产地中，大型矿床占11%，中型矿床占19%，小型矿床则占70%。我国铁矿有1942处，大矿仅95个，占4.9%，其余均为小矿；煤矿产地中，绝大部分也为小矿。由于各地区地质构造特征不同，我国的矿产资源分布不均衡，已探明储量的矿产大部分集中在中部地带。如煤的57%集中于山西和内蒙古地区，而江南九省仅占1.2%；磷矿储量的70%以上集中于西南、中南五省；石棉、云母、钾盐、稀有金属主要分布于西部地区。这种地理分布的不均衡，造成了交通运输的紧张，增加了运输费用。

（6）矿产资源自给程度较高　据对60种矿物产品的统计（见表12-1），自给有余可出口的有36种，占60%；基本自给的（有小量进出口的）有15种，占25%；不能自给（需要进口）或短缺的有9种，占15%；自给率可达85%。但从铁、锰、铅、铜、锌、铝、煤、石油8种用量最多的大宗矿产来分析，仅有煤、铅、锌、铝能够自给，其余4种有的自给率仅达50%，从这个意义上来说，我国主要矿产资源自给程度还存在一定的局限性。

表12-1　主要矿产品自给及进出口情况

分类矿种自给程度	自给有余可以出口的	基本自给有进有出的	短缺或近期需要进口的
黑色金属	钒、钛	—	铁、铬、锰
有色金属	钨、锡、钼、铋、锑、汞	铅、锌、钴、镍、镁、镉、铝	铜
贵金属	—	金、银	铂（族）
能源矿产	煤	石油、天然气	铀
稀土、稀有金属	稀土、铍、锂、锶	镓	—
非金属	滑石、石墨、重晶石、叶蜡石、萤石、石膏、花岗岩、大理石、板石、盐、膨润土、石棉、长石、刚玉、蛭石、浮石、焦宝石、麦饭石、硅灰石、石灰岩、芒硝、方解石、硅石	硫、磷、硼	天然碱、金刚石
合计	36	15	9
占比（%）	60	25	15

12.4.2　矿产资源开发利用中存在的主要问题

（1）资源总回收率低，综合利用差　目前我国金属矿山采选回收率平均比国际水平低10%～20%。约有2/3具有共生、伴生有用组分的矿山未开展综合利用，在已开展综合利用的矿山中，资源综合利用率仅为20%，尾矿利用率仅为10%。

（2）乱采滥挖，环境保护差　自1986年贯彻《中华人民共和国矿产资源法》以来，尽管各地乱采滥挖、采富弃贫现象有所改进，但据1990年调查，个体矿山和不少乡镇仍浪费造成的损失惊人。如河南小秦岭金矿，每采1t黄金就要丢弃掉4t黄金，江西钨矿一年要损失钨金属15万t。此外，全国采矿废渣量日益增多，目前已达几十亿吨；大量尾砂废渣不仅污染环境，占用良田，而且造成极大的资源浪费。

（3）矿产资源二次利用率低，原材料消耗大　国外发达国家已将废旧金属回收利用作为一项重要的再生资源。如1988年美国再生铜和矿山铜比例约各为50%，而我国再生铜仅占20%。据统计，我国每年丢弃的可再生利用的废旧资源折合人民币250亿元。

（4）深加工技术水平不高　我国不少矿产品深加工技术水平较低，因此，国际矿产品贸易主要出口原矿和初级产品，经济效益低下。如滑石，出口初级品块矿，每吨仅45美元，而在国外精加工后成为无菌滑石粉，每千克达50美元，价格相差1000倍。此外，优质矿没有优质优用，如山西优质炼焦煤，年产5199万t，大量用于动力煤和燃料煤，损失巨大。

12.4.3　矿产资源的合理利用与保护

（1）依法保护矿产资源　1986年8月我国正式颁布了《中华人民共和国矿产资源法》，并于1996年、2009年两次修订，这是一部有关管理、勘察、开发、保护、利用矿产资源的基本法律，使矿产资源受到了法律的保护。因此，应加强执法，做到违法必究，依法保护矿产资源。

（2）运用经济手段保护矿产资源　一是按照“谁受益谁补偿，谁破坏谁恢复”的原则，开采矿产资源必须向国家缴纳矿产资源补偿费，并进行土地复垦和植被恢复。二是按照污染者付费的原则征收开采矿产过程中排放污染物的排污费，促进对矿山“三废”综合开发利用水平的提高，努力做到矿山尾矿、矸石、废石，以及废水和废气的“资源化”和对周围环境的无害化，鼓励推广矿产资源开发废弃物最小量化和清洁生产技术。三是制定和实施矿山资源开发生态环境补偿收费及土地复垦保证金制度，以减少矿产资源开发的环境代价。

（3）对矿产资源开发进行全过程环境管理　在开发矿山之前，要进行矿产资源开发建设项目环境影响评价，评价其影响范围和影响程度，同时采取相应的环境保护措施，并进行环境质量跟踪监测。

（4）开源与节流并重，以节流为主　矿产资源是不可更新的自然资源，为保证经济、社会持续发展，一方面要寻找替代资源（以可更新资源替代不可更新资源），并加强勘察工作，发现探明新储量；另一方面要节约利用矿产资源，提高矿产资源的利用效率。

■12.5　森林资源的利用与保护

森林是陆地生态系统的主体和自然界功能最完善的基因库、资源库、蓄水库。它不仅能提供大量的林木资源，还具有调节气候、保护环境、蓄水保土、防风固沙、净化大气、涵养水源、保护生物多样性、吸收二氧化碳、美化环境及生态旅游等多种功能。森林作为不可缺少的自然资源，为人类提供了多种物质，对经济、社会的可持续发展具有重要意义。

12.5.1　我国森林资源的特点

（1）森林资源少，覆盖率低　我国森林资源从总量上看比较丰富，有林地面积和木材蓄积量均居世界第七位。但从人均占有量和森林覆盖率看，我国则属于少林国家之一，人均有林面积0.13hm^2，相当于世界人均面积的1/5，人均木材蓄积量9.05m^3，仅为世界人均蓄积量的1/8。2002年，全国森林覆盖率为16.55%，约为世界平均数的61%，与林业发达国家相比差距更大，如朝鲜、芬兰、日本、美国森林覆盖率分别为74%、69%、66%、33%。

森林学家认为，一个国家要保障健康的生态系统，森林覆盖率必须超过20%。可见，森林稀少是我国生态环境恶化、自然灾害频繁的重要原因之一。

（2）森林资源分布不均　我国森林资源主要集中于东北和西南两区，其有林地面积和木材蓄积量分别占全国总数的50%和72%。中原10省市森林稀少，林地面积和蓄积量仅占全国的9.3%和2.8%。西北的甘、宁、青、新四省区及内蒙古中西部和西藏中西部广大地区，更是少树缺林，各省区的森林覆盖率均在5%以下。

（3）森林资源结构不理想　从林种结构看，在我国森林总面积中，用材林占林地面积的比重高达74.0%，防护林和经济林仅占8.8%和10.0%。用材林比重过大，防护林和经济林比重偏低，不利于发挥森林的生态效益和提高总体经济效益。从林龄结构来看，比较合理的林龄结构，其幼、中、成熟林的面积和蓄积比例大体上应为3∶4∶3和1∶3∶6，只有这样才能实现采伐量等于生长量的永续利用模式。就全国整体而言，林龄结构基本上是合理的，但在地区分布上不够理想。

（4）林地生产力低　林业用地利用率低，残次林较多，疏林地比重高是我国林地生产力低的主要原因。1996年全国有林地面积仅占林业用地的48.9%，有的省份甚至低于30%，远低于世界平均水平。如日本有林地面积占林业用地的76.2%，瑞典达89%，芬兰几乎全部林业用地都覆盖着森林。我国森林的单位面积蓄积量和生长率低，平均每公顷蓄积量90m^3，为世界平均数的81%；林地生长率为2.9%，每公顷年生长量仅2.4m^3，也远低于世界林业发达国家水平。

12.5.2　我国森林资源开发利用中存在的主要问题

（1）我国林区面临资源和环境的危机　根据2009—2013年的第八次全国森林资源清查，全国森林面积为2.08亿hm^2，森林覆盖率为21.63%。活立木总蓄积为164.33亿m^3，森林蓄积为151.37亿m^3。天然林面积为1.22亿hm^2，蓄积为122.96亿m^3；人工林面积为0.69亿hm^2，蓄积为24.83亿m^3。森林面积和森林蓄积分别位居世界第5位和第6位，人工林面积仍居世界首位。到2020年底，我国森林面积达到2.2亿hm^2，森林覆盖率为23.04%。但是我国仍然是一个缺林少绿、生态脆弱的国家，森林覆盖率远低于全球31%的平均水平，人均森林面积仅为世界人均水平的1/4，人均森林蓄积只有世界人均水平的1/7，森林资源总量相对不足、质量不高、分布不均的状况仍未得到根本改变，林业发展还面临着巨大的压力和挑战。此外，多年的破坏性采伐，造成部分林区的水资源缺乏，水土流失，地域性气候干旱，泥石流和山体滑坡严重，中下游洪涝灾害频发，破坏了原有的生态系统。

（2）天然林资源锐减　长期以来违背林业自然规律的采伐，是造成天然林资源锐减的主要原因。森工企业长期忽视森林经营的永续性原则，把森林可再生资源当作采掘业，长期执行单一的“大木头”经营体制，导致过量采伐、重砍轻育、采伐速度大于更新速度现象严重，导致天然林资源枯竭。

（3）人工林问题突出

1）病虫害日益加剧。由于人工林生物区系过分贫乏，对一些病虫缺乏制约机制，成为病虫的主要进攻对象。全国杨树人工林近667万hm^2，每年受虫害的面积约267万hm^2。

2）生物多样性严重减少，影响生态系统的稳定。营建单一的人工林，破坏了动植物和微生物的生存环境，生物多样性大大减少。人工林生态系统的脆弱性削弱了其对环境污染、气候变化等的适应能力，可能会影响其生态系统的稳定和发展。

3）人工林地力衰退。我国杉木及落叶松人工林中普遍发生地力衰退，尤其以杉木林最为严重。杉木林土壤养分含量随连栽代数增加而明显下降，二代比一代下降10%～20%，三代比一代下降40%～50%，从而导致人工林产量逐代下降。

4）林业用地利用不充分。我国的造林面积只占全国宜林面积的50.49%。

12.5.3 森林资源的开发利用与保护

从总体来看，我国对森林资源的开发利用尚处于初级阶段，仍存在不少问题。为了保证森林资源的可持续开发利用，促进林业的快速、持续发展，并提高森林的生态效益，应采取以下对策。

（1）提高认识，强化管理　当前，我国的森林已出现严重危机，森林破坏造成的生态危机已严重危及工农业生产的发展和人民生活水平的提高。要保证我国经济社会的可持续发展，就必须将保护森林资源作为重要任务，务必使全社会对保护森林、发展林业的重大战略意义和紧迫性有足够的认识，并自觉参与到具体行动中。同时，必须进一步完善有关法规，健全管理机构，严格执法，将森林资源的保护与建设真正纳入法制的轨道。

（2）禁止采伐天然林，保护生态环境　实行天然林保护政策，全面停止采伐天然林；积极筹措资金，落实好财政补助政策，大力发展多种经营，拓展新的接续产业，逐步走上“不砍树也能富”的路子。通过落实退耕还林、封育管护等有关政策和措施，调动各方的积极性，保护生态环境，要坚持“谁退耕，谁还林；谁经营，谁得利”和“50年不变”的原则，对毁林开垦地和超坡耕种地实行还林。

（3）加强林区建设，积极培育后备森林资源

1）提高林地利用率，扩大森林面积和资源蓄积量。尽管林区可采森林蓄积量在减少，但目前主要林区发展林业生产尚有很大的潜力可以挖掘。我国东北、内蒙古、西南和西北四大国有林区有林地面积只占林业用地的41.5%，宜林荒地约有4200万hm^2，通过改造可由低产幼林变为高产林的疏林地和灌木林地还有2540hm^2。因此，开发宜林荒地，扩大森林面积，积极抚育中幼林，改造低产林，缩短林木生长周期，是实现森林资源永续利用的主要措施之一。

2）及时更新造林，做到采伐量不超过生长量，当年采伐，当年更新。

3）积极开展多种经营，大力发展木材加工与综合利用。据估算，国有林区每年生产木材的剩余物资约有1000万m^3，这些剩余物资可用于人造板和造纸生产。因此，大力发展木材综合加工利用不仅对减少森林资源消耗具有重大意义，而且对缓解木材供需矛盾、提高企业经济效益具有重要作用。

4）充分利用优越的自然条件，发展速生丰产用材林。我国地域辽阔，速生树种多，自然条件优越，特别是我国南方气温较高，雨水充足，宜林地资源丰富。

（4）大力营造防护林　加速防护林体系，建设建立稳固的森林生态屏障体系，可提高森林改善自然环境和维护生态平衡的作用。建设防护林体系，必须遵循生态与经济相结合的原则，在保护、培育好现有防护林的基础上，通过现有林区林种规划，调整布局，增加林种，加大防护林比重。选择好搭配树种，调整树种比例，实行乔灌草结合，提高防护林的质量。

（5）积极发展经济林和薪炭林　由于薪炭林比重偏低，很难满足人类生活需求，必然

要向其他林种索取而毁坏森林。因此，发展薪炭林不仅是满足广大农村燃料的需要，还可提高森林覆盖率，对维护生态平衡起到一定的作用。

12.6　草地资源的利用与保护

草原是以旱生多年生草本植物为主的植物群落。草原是半干旱地区把太阳能转化为生物质能的巨大绿色能源库，也是丰富而宝贵的生物基因库。它适应性强，覆盖面积大，更新速度快，还能起到调节气候、涵养水源、保持水土和防风固沙等作用，具有重要的生态学意义。草地是一种可更新、增殖的自然资源，是畜牧业发展的基础，并伴有丰富的野生动植物、名贵中药、土特产品，具有重要的经济价值。

12.6.1　我国草地资源特点

（1）草地面积广大，但分布不平衡　我国包括荒草在内的各类草地总面积近4亿hm^2，居世界第二位。但人均仅有0.33hm^2，不足世界平均水平（0.76hm^2）的一半，而且分布不均衡，大面积的草地分布在西北地区，东南部草地面积少。

（2）草地类型多样，但天然优质牧场比例不高　我国的草地按生态环境和利用价值可分为四大类，即草原类草地、草甸类草地、荒漠类草地和草丛类草地，但总体上，优质天然牧场比例不高。牧草适应性好、产草量和营养价值高的草甸草地，仅占天然草地面积的21%，且半数以上分布在较高海拔的地区，难以利用；而地处气候干旱、植被稀疏、产草量低的荒漠草地，约占草地总面积的27%。

（3）牧草种类丰富　我国是世界上牧草资源最丰富的国家，仅北方草原就有各类野生牧草4000多种，南方草山草坡饲用植物达5000余种。世界上大部分栽培的优良牧草，我国均有野生种。

（4）草地生产力地区差异明显，季节、年际变化大　我国天然草地单位面积产草量差异很大，西部和北方牧草区地带性植被，从草甸草原到荒漠草地，随着旱生程度增强，草群生产力依次降低。此外，我国天然草地牧场产量随降水量的年际变化，还表现出丰年、歉年的差异，丰歉年之间牧草产量可相差1～4倍。

12.6.2　我国草地资源利用中存在的问题

（1）草地生产力水平低下　我国草地畜牧业地区大多数位于经济较为落后、交通欠发达地区，加上各方面对草地建设投资少，草地畜牧业设施简陋，缺乏必要的棚圈、饮水设施，草地家畜的良种化程度低。这种基本上靠天养畜的草地畜牧业经营方式，使得我国草地生产力低下。目前，我国牧草转化率与世界畜牧业发达国家相比还有较大差距，美、澳等国牧草转化率可达2%～10%。而我国的牧草转化率仅为美、澳等国的5%～40%。

（2）草原退化严重　草原退化就是草原生态系统中能量流动与物质循环的输入与输出之间比例失调，生态系统的稳定与平衡受到破坏。目前全国约有三分之一草场退化，北方尤为严重，草地退化面积多达1.33亿hm^2，草地产量平均下降30%～50%。目前，草原过牧的趋势没有根本改变，草原利用不科学，乱采滥挖等破坏草原的现象时有发生，我国90%的可利用天然草原有不同程度的退化，并以每年200万hm^2的速度递增。

草原退化不仅使北方草原原始面貌逐渐消失，加剧了干旱和土壤侵蚀，沙化面积迅速扩大，成为“沙尘暴”的源头，还加剧了虫害、鼠害。据统计，全国草原鼠虫害面积达600万 hm^2，而且大有蔓延的趋势。

12.6.3 草地资源的利用与保护

我国草原利用中的问题多是人为因素造成的，由于对草原及其利用缺乏科学认识，以往的行为既违反了自然规律，也违背了经济规律，致使草原生态平衡遭到破坏，社会经济效益下降。因此，这些问题能否解决，是关系到能否实现畜牧业快速、可持续发展的根本问题。

（1）加强草地资源的合理利用　严格控制牲畜头数，杜绝超载过牧，防止草地退化。退耕还草，把不适宜开荒的土地恢复为草地。大力加强人工草地建设，并与大面积天然草地相结合进行集约经营。扩大人工草地面积，提高人工草地的产量和质量，是提高我国草地生产力的有效途径。改良畜种，加速畜群周转，提高牲畜对饲草的转化率。

（2）保护天然草地资源，维护生态平衡　根据各地自然条件特点，遵循“以草定畜”的原则，严格控制载畜强度，制止滥垦、过牧，防止草场退化；恢复退化草场，合理安排畜群，有计划地实行季节轮牧，建立围栏封育，使全国围栏面积达到草地总面积的5%；同时加强草地基本建设，使草地生产力有大幅度提高。

（3）加强各种农业措施和能量投入及科学技术的应用　运用各种科学的管理技术手段，使草地生态系统输入与输出保持平衡，从而达到保持地力与稳产高产，以提高牧草的转化率。

12.7 能源的利用与保护

12.7.1 能源的概念及其分类

能源是可为人类利用以获取有用能量的各种来源，如太阳能、水能、风能、化石燃料及核能、潮汐能等。能源是实现经济社会发展和保障人民生活的物质基础。人均能源消耗量是衡量现代化国家人民生活水平的主要指标。

从不同角度出发，可以对能源进行不同的类别划分。如一次能源和二次能源，常规能源和新能源，可再生能源和不可再生能源，污染型能源和清洁能源等，如图12-2所示。

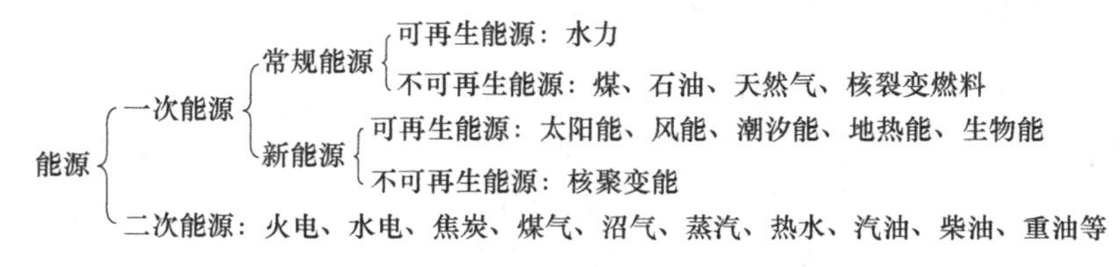

图12-2　能源的分类

能源按转换形态可分为一次能源和二次能源。一次能源是指从自然界取得的未经任何改变或转换的能源，如原油、原煤、天然气、水能、生物能、核燃料及太阳能、地热能、潮汐能等。二次能源是指一次能源经过加工或转换成另一种形态的能源，如煤气、汽油、焦炭、煤油和电力等。

能源按使用历史可分为常规能源和新能源。常规能源是指已经大规模生产和广泛使用的

能源，如煤炭、石油、天然气、水能和核能等。新能源是指正处在开发利用中的能源，如太阳能、风能、地热能、海洋能、生物能等。新能源大部分是天然和可再生的，是未来世界持久能源系统的基础。

按能源的产生和再生能力可分为可再生能源和不可再生能源。可再生能源是能够不断得到补充供使用的一次能源，如生物能、太阳能、水能、风能、潮汐能和地热能等。不可再生能源是须经地质年代才能形成而短期内无法再生的一次能源，如一切化石燃料和核裂变燃料等。不可再生能源是人类目前主要利用的能源形式。

根据能源消费后是否造成环境污染，能源又可分为污染型能源和清洁能源。如煤炭、石油类能源是污染型能源；太阳能、水力和电力等是清洁能源。

12.7.2　我国能源利用特点

（1）能源总量大，人均能源资源不足　我国是世界上第一大能源生产和消费国。2016年一次能源生产总量为34.6亿t标准煤，同比下降4.2%（图12-3）；消费总量为43.6亿t标准煤，增长1.4%，能源自给率为79.4%。2016年能源消费结构中煤炭占62.0%，石油占18.3%，水电、风电、核电、天然气等清洁能源占19.7%。

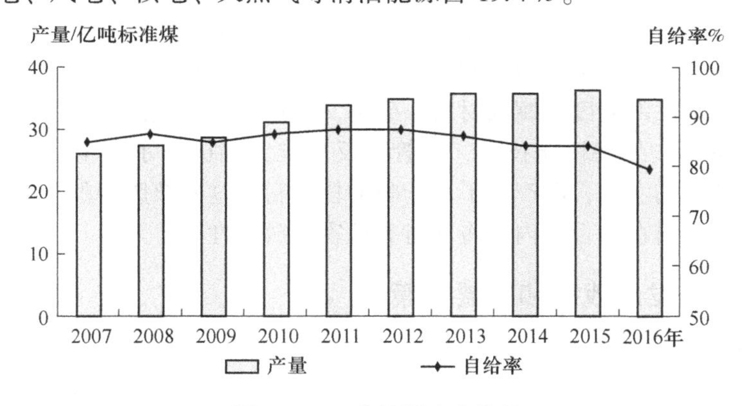

图12-3　一次能源生产情况

虽然我国的能源资源总量大，但由于人口众多，人均能源资源相对不足，是世界上人均能耗最低的国家之一。中国人均煤炭探明储量只相当于世界平均水平的50%，人均石油可开采储量仅为世界平均水平的10%。中国能源消耗总量仅低于美国，居世界第二位，但人均耗能水平很低，人均一次商品能源消耗仅为世界平均水平的1/2，是工业发达国家的1/5左右。

（2）能源结构以煤为主　在我国的能源消耗中，煤炭仍然占据主要地位，在一次能源的构成中，煤炭一直占70%以上，而且工业燃料动力的84%是煤炭。近几年，我国的能源消耗结构发生了一些变化，煤炭消费量在一次能源消费总量中所占的比重，已由1990年的76.2%降为2019年的57.7%；石油及天然气、风能、水电、核电、太阳能等清洁能源所占比重逐步提升，2019年石油约占能源消费总量的18.9%，清洁能源约占能源消费总量的23.4%。清洁能源的迅速发展，优质能源比重的提高，为提高能源利用效率和改善大气环境发挥了重要的作用。

（3）工业部门消耗能源占有很大的比重　我国工业部门耗能比重很高，而交通运输和商业民用的消耗较低。我国的能耗比例关系反映了我国工业生产中的工艺设备较落后，能源管理水平较低的现状。

（4）农村能源短缺，以生物质能为主　我国农村使用的能源以生物质能为主，特别是农村生活用的能源更是如此。在农村能源消费中，生物质能占55%。目前，一年生产的农作物秸秆只有4.6亿t，除去饲料和工业原料，作为能源仅为43.9%，全国农户平均每年缺柴2~3个月。

12.7.3　能源利用对环境的影响

（1）城市大气污染　以煤炭为主的能源结构是我国大气污染严重的主要根源。根据历年的资料估算，燃煤排放的主要大气污染物，如粉尘、氮氧化物、SO_2、CO等，总量约占整个燃料燃烧排放量的96%。其中燃煤排放的SO_2占各类污染源排放的87%，粉尘占60%，氮氧化物占67%，CO占70%。

（2）矿物燃料燃烧，使大气CO_2浓度增加，温室效应增强　由于大量化石燃料的燃烧，大气中CO_2浓度不断增加。研究表明：大气中的CO_2浓度增加一倍，全球平均表面温度将上升1.5~3℃，极地温度可能会上升8℃。这样的温度可能导致海平面上升20~140cm，将对全球许多国家的经济、社会产生严重影响。

（3）酸雨　化石能源的燃烧产生的大量SO_2、NO_x等污染物通过大气传输，在一定条件下形成大面积酸雨，改变酸雨覆盖区的土壤性质，危害农作物和森林生态系统，破坏水生生态系统，改变湖泊水库的酸度，腐蚀材料，破坏文物古迹，造成巨大经济损失。

（4）核废料问题　发展核能技术，尽管在反应堆方面已有了安全保障，但是，世界范围内的民用核能计划的实施，已产生了上千吨的核废料。这些核废料的最终处理问题并没有完全解决。这些核废料在数百年内仍将保持有危害的放射性。

12.7.4　我国能源发展战略和主要对策

1. 我国的能源发展战略

我国能源发展战略可概括为六句话、三十六个字，即保障能源安全，优化能源结构，提高能源效率，继续扩大开放，保护生态环境，加快西部开发。

1）保障能源安全。第一，继续坚持能源供应基本立足国内的方针，以煤为主的一次能源结构不会发生很大的变化。第二，逐步建立和完善石油储备制度，形成比较完备的石油储备体系。第三，鉴于煤炭在我国能源结构中的重要地位，并结合可持续发展的需要，煤炭洁净燃烧、煤炭液化等技术的开发利用将成为一项战略任务。

2）优化能源结构。随着供需矛盾的缓和，我国能源发展将进一步加大力度进行结构调整，努力增加清洁能源的比重。

3）提高能源效率。在坚持合理利用资源的同时，努力提高能源生产、消费效率，以促进经济增长和提高人民生活质量。

4）继续扩大开放。我国能源领域对外开放进展很快。今后我国能源领域将继续对外开放，招商引资环境将会更加完善。

5）保护生态环境。能源的生产、消费都要满足环境质量的要求，积极开发与应用先进的能源技术，大力促进可再生能源的开发利用，实现能源、经济和环境的协调发展。

6）加快西部开发。我国西部地区有丰富的煤炭、石油、天然气、水力、风能和太阳能

资源，具有很大的资源优势和良好的开发前景。国家正在实施西部能源开发的专项规划，“西电东送”“西气东输”是西部能源开发的重点。

2. 主要对策

1）加快改革步伐，逐步建立科学的能源管理体制，为能源工业发展提供体制保障。建立和完善能源发展宏观调控体系。在继续深化煤炭、石油天然气工业改革的同时，重点抓好电力体制改革。根据国际上电力体制改革的成功经验，结合我国的具体情况，对电力行业进行重组，初步建成竞争开放的区域电力市场，健全合理的电价形成机制。

2）建立和完善能源发展宏观调控体系。建立健全环境保护法规体系，并适当提高现有与能源生产和消费有关的排污收费标准。在煤炭、石油、天然气、电力等方面进行价格及收费政策改革的同时，还要通过税收政策，体现国家产业政策、经济结构调整的精神，研究制定一些新的税收及贴息政策。

3）积极研究制定加快中西部能源开发的政策措施，保证和促进“西部大开发”战略部署的实现。研究制定针对中西部地区的具体优惠政策，吸引外资和东部地区的资金向中西部转移。同时，运用经济和行政手段促进中西部能源向东部地区的输送。

4）积极开发新能源。我国新能源蕴藏量丰富，要大力开发新能源，鼓励新能源开发研究，逐步提高新能源在能源结构中的比例，走出一条适合我国国情的新能源开发之路。

5）进一步落实《节能法》，提高能源效率。我国能源利用率约30%，发达国家为40%以上，美国为57%。因此，我国能源的利用具有极大的能效潜力。应当加大科研投入，研究、示范与推广节能技术；制定和实施新增能源的设备能效标准，制定主要民用耗能产品的能效标准，实施大型的节能示范工程，对节能成效比较显著的设备和产品推行政府采购。

【阅读材料】

必须采取行动，保护森林多样性

2020年5月22日，由联合国粮食及农业组织（粮农组织）首次与联合国环境规划署（环境署）合作编写的《世界森林状况》报告发布。报告指出，全球毁林和森林退化速度令人震惊，必须立即采取行动保护森林生物多样性。

报告强调，虽然毁林速度在过去30年中有所下降，但自1990年以来，全球已有约4.2亿hm^2森林土地被转换为其他用途。2019年新冠疫情的暴发凸显了保护和可持续利用自然的重要性，再次让我们意识到人类健康有赖于生态系统健康。为此，保护森林极其关键，因为森林拥有地球上最丰富的陆生生物多样性。报告指出，森林蕴有6万个不同树种、80%的两栖物种、75%的禽类和68%的哺乳动物物种。报告还引用了粮农组织编制的《2020年全球森林资源评估》，指出在过去10年间，虽然毁林速度放缓，但每年仍有约1000万hm^2森林被开垦为农业用地或转换为其他用途。这份报告对全球森林生物多样性进行了综述，包含了数份世界森林地图，标明了依然拥有丰富的动植物群落的森林（如安第斯山脉北麓和刚果盆地部分地区）以及已经消失的森林。

报告包含欧盟委员会和美国森林管理局联合研究中心进行的一项专门研究。研究发现全世界有3480万片森林，面积从1hm^2到6.8亿hm^2不等。我们迫切需要做出更大努力，

把碎片式分布的森林重新连接起来。粮农组织和环境署将于2021年启动的“联合国生态系统恢复十年”计划，各国也在考虑建立面向未来的全球生物多样性框架。

报告指出，爱知生物多样性目标中关于到2020年通过森林保护区系统至少保护地球17%的陆地的目标已经达成，但还需要进一步努力，以确保此类保护的代表性和有效性。世界保护监测中心为该报告进行的一项研究表明，全球受保护森林面积增幅最大的森林类型为通常生长在热带地区的阔叶常绿林。此外，超过30%的世界热带雨林、亚热带旱林和温带海洋性气候森林目前处于保护区内。

报告指出，世界上有千百万人民的粮食安全和生计依靠森林。森林向人类提供了超过8600万个绿色工作岗位。超过90%的极端贫困人口在森林中采撷食物、收集柴火、解决部分谋生问题。仅在拉丁美洲地区就有800万依赖森林维生的极端贫困人口。

——资料来源：联合国粮农组织，2020年《世界森林状况》报告：必须采取行动保护森林多样性。

思考题

1. 什么是自然资源？自然资源有哪些属性？
2. 查阅相关文献，举例说明我国水资源开发利用中存在的主要问题，并简述在该资源开发中的保护对策。
3. 查阅相关文献，举例说明我国土地资源开发利用中存在的主要问题，并简述在该资源开发中的保护对策。
4. 查阅相关文献，举例说明我国矿产资源开发利用中存在的主要问题，并简述在该资源开发中的保护对策。
5. 森林的功能有哪些？查阅相关文献，举例说明我国森林资源开发利用中存在的主要问题，并简述在该资源开发中的保护对策。
6. 我国能源利用的特点是什么，它会产生哪些环境影响？

推荐读物

1. 伊武军．资源、环境与可持续发展［M］．北京：海洋出版社，2001.
2. 曲向荣．环境保护与可持续发展［M］．北京：清华大学出版社，2010.

参考文献

［1］曲向荣．环境保护与可持续发展［M］．北京：清华大学出版社，2010.
［2］周敬宣．环境与可持续发展［M］．武汉：华中科技大学出版社，2007.
［3］伊武军．资源、环境与可持续发展［M］．北京：海洋出版社，2001.
［4］程发良，孙成访．环境保护与可持续发展［M］．北京：清华大学出版社，2009.
［5］徐新华，吴忠标，陈红．环境保护与可持续发展［M］．北京：化学工业出版社，2000.
［6］王浩，王建华．中国水资源与可持续发展［J］．中国科学院院刊，2012，27（3）：352-358.
［7］冯玉广，王华东．区域人口—资源—环境—经济系统可持续发展定量研究［J］．中国环境科学，1997（5）：19-22.

第 13 章

环境保护与可持续发展

13.1 环境与环境保护

13.1.1 环境的概念

环境是一个极其广泛的概念，它不能孤立地存在，它是相对某一中心事物而言的，不同的中心事物就有不同的环境范畴。对于环境科学而言，中心事物是人，环境的含义是以人为中心的客观存在，这里所说的客观存在主要是指：人类已经认识到的，直接或间接影响人类生存与发展的周围事物。它包括未经人类活动改造过的自然界的众多要素，如空气、阳光、陆地、水体、土壤、天然森林与草原、野生动植物等；还包括经人类社会加工改造过的自然界，如城市、村落、公路、铁路、港口、水库、园林等。它既包括这些物质性的要素，又包括由这些物质性要素构成的系统及其呈现出的状态。

目前，还有一种为适应某方面工作的需要而给“环境”下的定义，它们大多出现在世界各国颁布的环境保护法规当中。例如，《中华人民共和国环境保护法》将环境定义为：“本法所称的环境，是指影响人类生存和发展的各种天然的和经过人工改造的自然因素的总称，包括大气、水、海洋、土地、矿藏、森林、草原、野生动植物、自然遗迹、人文遗迹、自然保护区、风景名胜区、城市和乡村等。”可以看出，我国环境法规对环境的定义范围是相当广泛的，包括前述的自然环境和人工环境，其目的是从实际工作的需要出发，对“环境”一词的法律适用对象或适用范围作出规定，以保证法律准确有效地实施。

13.1.2 环境的作用

（1）提供人类活动不可缺少的各种自然资源　环境是人类从事生产的物质基础，也是各种生物生存的基本条件。环境整体及其各组成要素都是人类生存与发展的基础。可以说，地球上各种经济活动都是以煤炭、原油及利用土地资源物产谷物、棉花、大豆等初始产品为原料或动力而开始的。环境资源的多寡也就决定了经济活动的规模大小。

（2）环境自净功能　环境能在一定程度上对人类经济活动产生的废物和废能量进行消纳和同化，即在不同的环境容量下环境具有不同程度的自净功能。经济活动在提供人们所需产品的同时，也会有一些副产品。限于技术条件和经济条件，这些副产品一时不能被利用而被排入环境，成为废弃物。环境通过各种物理、化学、生化、生物反应来稀释、消纳、转化这些废弃物的过程，称为环境的自净作用。如果环境不具备这种自净功能，千万年来，整个世界早就充斥了废弃物，人类将无法生存。

（3）提供舒适环境的精神享受　环境不仅能为经济活动提供物质资源，还能满足人们对舒适度的要求。清洁的空气和水是工农业生产必需的要素，也是人们健康愉快生活的基本需求。全世界有许多优美的自然和人文景观，如中国的张家界、美国的黄石公园、埃及的金字塔等，每年都吸引着成千上万的游客。优美舒适的环境使人们精神愉快，心情轻松，有利于提高人体素质，更有效地工作。经济越增长，人们对环境舒适性的要求越多。

13.1.3 环境保护的概念

环境保护是一项范围广泛、综合性强，涉及自然科学和社会科学的许多领域，又有自己独特对象的工作。概括起来说，环境保护就是利用环境科学的理论与方法，协调人类和环境的关系，解决各种问题，是保护、改善和创建环境的一切人类活动的总称。

根据《中华人民共和国环境保护法》的规定，环境保护的内容包括“保护自然环境”与“防治污染和其他公害”两个方面。这就是说，要运用现代环境科学的理论和方法，在更好地利用自然资源的同时，深入认识和掌握污染和破坏环境的根源和危害，有计划地保护环境，恢复生态预防环境质量的恶化，控制环境污染，促进人类与环境的协调发展。

随着社会主义现代化事业的发展和人们对环境问题认识的提高，人类对环境保护重要性的认识也日益深化。环境保护的目的应该是随着社会生产力的进步，在人类“征服”自然的能力和活动不断增加的同时，运用先进的科学技术，研究破坏生态系统平衡的原因，更要研究人为原因对环境的破坏和影响，寻找避免和减轻环境破坏的途径和方法，化害为利，造福人类。

13.1.4 环境保护是中国的一项基本国策

1983 年底，在国务院召开的第二次全国环境保护会议提出，保护环境是中国的一项基本国策。国策是立国、治国之策，是对国家经济、社会发展和人民物质文化生活的提高具有全局性、决定性和长久性影响的重大战略决策。这说明环境对国家的经济建设、社会发展和人民生活具有全局性、长期性和决定性的影响，是至关重要的。环境保护作为一项基本国策的重要意义主要有如下几点：

1. 防治环境污染，维护生态平衡，是保证农业发展的重要前提

我国国土面积为 960 万 km^2，仅次于俄罗斯和加拿大，列世界第三位，物产丰富，品种齐全，堪称地大物博。但是，我国是一个 14 亿人口的大国，人均资源却并不丰富，特别是人均生物资源。2005 年人均耕地 1.41hm^2，仅为世界人均量的 2/5；人均森林面积仅为 0.132hm^2，不到世界平均水平的 1/4。人均森林蓄积量 9.421m^3，不到世界平均水平的 1/6；随着人口的增加和建设用地的扩展，人均耕地还将进一步下降。在这数量有限的耕地上，除了栽种粮食作物外，还要种植蔗、棉、麻、茶等经济作物，为轻纺工业提供原料。因此，充分合理地使用、精心妥善地保护有限的耕地资源和生物资源，使之免遭污染和破坏，保证人民主、副食的供应和必需消费品的供应，不能不说是一项基本国策。

2. 制止环境继续恶化，进一步提高环境质量是促进经济发展的重要条件

我国的环境污染比较严重，污染物的排放量较大，自然环境受到较严重破坏，影响了人民的生产和生活，同时还浪费了宝贵的资源和能源。就水污染而言，污染使水质变坏，加重了水资源的短缺问题。我国是一个发展中国家，资金、能源等都不足，环境污染更加剧了这一困难。因此，采取适当措施，保护和改善环境质量，为经济发展扫清道路，就必然成为一项重要的战略任务。

3. 环境保护是三个文明建设的重要组成部分

发展生产力，并在这个基础上逐步提高人民的生活水平，是建设物质文明的要求。与生产力发展关系十分密切的工业、农业、交通、城建、能源等方面都有各自的污染问题。如果能通过完善生产流程以及加强生产、设备、技术、资源、劳动等管理来提高资源利用率，减少污染物的排放，则既可以取得较好的环境效益，又可以取得较好的经济效益和社会效益，创造更多的物质财富。

社会主义精神文明建设包括教育科学建设和思想道德建设两个方面。因而，加强社会主义环境道德建设，加强环境教育，提高人们的环境意识，使人的行为与环境相和谐，是解决环境问题的一条根本途径。这是环保的基础保证，已被各国政府所认同。

生态文明建设以人与人、人与自然、人与社会和谐共生为宗旨，强调人与自然环境的相互依存、相互促进、共处共融。所以，提高人们的环保意识是建设生态文明的必然要求和基本保障。

4. 保护环境是关系到人类命运前途的大事

保护资源，创造清洁优美的生活环境和自然环境是人类生活和健康的需要，是涉及子孙后代命运前途的大事。环境是全人类的共同财富，当代人的生存发展需要它，后代人的生存发展更需要它。我们应深刻认识环境保护作为我国一项基本国策的重要意义，要在发展生产的过程中搞好环境保护，做到经济效益与环境效益的统一，为当代人创造一个美好的环境，更为后代人留下一个美好的环境。

■13.2　环境保护与可持续发展的关系

由于环境容量是有限的，所以环境既是发展的资源，又是发展的制约条件。可持续发展是一种与环境保护有关的发展战略和模式，但不能无限延伸环保的概念与范围，真理向前迈一步即成谬误，环保主义很容易演化成对发展的反对；贸易中过早、过严的环境标准、环境标志很可能成为发达国家欺压发展中国家的冠冕堂皇的武器，要警惕“环境殖民主义”的趋向。

13.2.1　解决环境问题必须走可持续发展道路

环境问题的实质在于人类经济活动索取自然资源的速度超过了资源本身及其替代品的再生速度和向环境排放废弃物的数量超过了环境的自净能力。而只有走可持续发展道路，才能使人类经济活动索取资源的速度小于资源本身及其替代品的再生速度，并使向环境排放的废弃物能被环境自净，从而从根本上解决环境问题，实现人口、资源、环境与经济的协调发展。

因此，深刻认识以下两个简单而重要的事实是非常必要的。

1. 环境容量有限

全球每年向环境排放大量的废气、废水和固体废物。这些废物排入环境后，有的能够稳定地存在上百年，使全球环境状况发生显著的变化。例如，大气二氧化碳体积分数已由工业化前的280×10^{-6}升高到353×10^{-6}，甲烷体积分数由0.8×10^{-6}上升至1.72×10^{-6}，一氧化二氮体积分数由285×10^{-6}上升至310×10^{-6}，这些温室气体的增多已经使地球表面温度在过去的100年中大约上升了0.3～0.6℃。臭氧层的破坏要归咎于氯氟碳（CFCs）的使用。20世纪70年代中期在南极上空发现了臭氧层空洞，空洞还在不断扩大，南极上空低平流层中臭氧总量平均减少了30%～40%。1990年，矿物燃料（主要是煤炭和石油）的使用向大气中排放硫氧化物9900万t，氮氧化物6800万t，这些氧化物和大气中的水结合，形成酸雨沉降到地面，使大片森林枯萎，并使大量微小的水生生物乃至鱼类死亡。工业废水和生活污水如果不经处理排入河流，就会污染整条河流。有害物质渗入地下，进而破坏地下水。还有不少人工合成的难降解的物质，也是一大难题。

2. 自然资源的补给和再生、增殖需要时间

自然资源的补给和再生、增殖需要时间，一旦超过了极限，要想恢复是困难的，有时甚至是不可逆转的。

森林采伐应不超过其可持续产量。全世界现有森林面积28亿hm^2，每年平均砍伐量为1110万hm^2，相当于每年砍掉总量的0.5%。森林具有贮存二氧化碳、涵养水源、栖息动植物群落、提供林产品、调节区域气候等功能。过度砍伐使森林和生物多样性面临毁灭的威胁。

土地利用应谨慎地控制其退化速度。全球土地面积的15%已因人类活动而出现不同程度的退化。1988年全世界已退化的农耕地占总农耕地的比例已达26.2%。全世界干旱地、半干旱地总面积中近70%已中等程度荒漠化。

水资源并不是取之不尽的。随着人口膨胀与工农业生产规模的迅速扩大，全球淡水用量飞速增长。全球用水量在20世纪增加了7倍，其中工业用水量增加了20倍。特别是近几十年来，全球用水量每年以4%～8%的速度持续递增，淡水供需矛盾日益突出。联合国环境规划署的数据显示，如果这种水资源消耗模式继续下去，到2025年，全世界将有35亿人缺水，涉及的国家和地区超过40个。

海洋资源也有其可持续产量。过度捕捞会造成渔业资源的枯竭。以南极洲为例，1904年人类开始在南极捕鲸，总是先对某一种类过度捕捞，再捕捞其他种类。目前，蓝鲸的数量不到捕捞前存量的1%，抹香鲸约为2%，驼背鲸约为3%。南佐治亚鲟鱼在20世纪70年代早期开始被过度捕捞，现已濒临灭绝。

13.2.2 保护环境是可持续发展的关键

无论是中国还是外国，环境问题都会造成巨大的经济损失。我国是发展中国家，不具备发达国家拥有的经济和技术优势，环境投入有限，治理技术也相对落后。但我们绝不可以走发达国家“先污染，后治理”的老路，必须在经济发展中抓好环境保护，走可持续发展的道路。

1. 保护环境为的是保证发展

1995 年，美国的世界观察研究所发表了《谁来养活中国》的研究报告。报告认为：日本、韩国等在工业化过程中，土地减少了 30% ~50%。尽管努力提高单产，粮食总产量还是下降了 20% ~35%，不得不大量进口粮食。报告推测中国也不能避免这种趋势。到 2030 年，粮食产量将下降 20%，届时每年将需要进口 2.16 亿 t 的粮食，这一数字超过了 1993 年世界总出口 2 亿 t 的水平。

该报告显然有失偏颇，但从一个侧面也给人们敲响了警钟。对于我国土地资源减少的现实，如果不充分重视，也有可能导致未来严重的粮食困难。我国现有耕地仅占国土面积的 13.8%，人均占有耕地面积仅为世界人均值的约 1/3，已经达到人均占有耕地的警戒线。在这些耕地中，受污染的多达 7.6%，受酸雨危害的达 4.0%，仅农田污染每年就使粮食减产 120 亿 kg。水土流失更使土地资源的效率下降。全国每年流失土壤 50 亿 t，相当于全国耕地每年被剥去 1 cm 厚的肥土层。

数据指出了一个问题：如果土地资源不能得到迅速有效的保护，粮食困难不仅会阻碍经济的发展，还会威胁到民族的生存。搞好环境保护正是为了避免出现这样的问题，所以它是实现可持续发展的关键。

2. 环保投资的效益

有些人的直观想法是：中国正处于经济快速增长的过程中，经济建设的各个方面都需要大量投资，给环境保护投资多了，一定会大大降低经济发展的速度。事实胜于雄辩。可以从实践经验和理论模型两个方面来分析这种观点：

1）中国在公害显现和加紧防治阶段的环保投入占国民生产总值（GNP）的比例与发达国家仍有一定差距。日本和美国在 20 世纪 80 年代分别为 4.0% 和 2.1%，德国、英国、法国、意大利、加拿大在 20 世纪 70 年代曾经达到 1.3% ~2.8%，而中国的环保投入只占 GNP 的 0.7%，国际上的实践经验表明，该比例如果达到 1.0% ~1.5%，可以基本控制污染，达到 2.0% ~3.0%，才能逐步改善环境。

2）理论模型显示，适当提高环保投资绝不会对经济增长速度产生明显影响。根据 1974—1990 年日本宏观经济模型测算，日本于 1990 年的治理污染投入比例为 4%，相应的 GNP 为 328 万亿日元；如果该比例为 0，GNP 为 330 万亿日元，两者相比，增长速度降低 0.04%。根据 1995—2000 年中国发展模型的研究，中国的环保投入占 GNP 的比例如果从目前的 0.7% ~0.8% 提高到 1.0% ~1.5%，GNP 每年只降低 0.06%，而带来的收益是每年至少减少 1000 多亿元的污染损失，同时还能带动中国的环保产业的发展。

■13.3　大气环境污染及其防治

13.3.1　大气污染及其成因

1. 大气污染及其成因

大气污染是指大气中污染物质的浓度达到了有害程度，以致破坏生态系统和人类正常生存和发展的条件，对人和物造成危害的现象。

如果被污染的空气不断地被吸入肺部，通过血液而遍及全身，将对人体健康产生直接危害。此外，大气污染对人的影响不同于水污染和土壤污染，它不仅时间长，而且范围广。全球性的大气污染问题更是如此。在迄今为止的11次世界重大污染事件中，就有7件是由大气污染造成的，如马斯河谷烟雾事件、伦敦烟雾事件、多诺拉烟雾事件、洛杉矶光化学烟雾事件、四日市哮喘事件、博帕尔农药厂泄漏事件和切尔诺贝利核电站事故，这些污染事件均造成了大量人口的中毒与死亡。

大气污染引起的强烈效应引起了人们对大气污染的极大重视和关注，大气污染已成为人类当前面临的重要环境污染问题之一。大气污染可以使某个或多个环境要素发生变化，使生态环境受到冲击或失去平衡，环境系统的结构和功能发生变化。这种因大气污染引起环境变化的现象，称为大气污染效应。

大气污染的形成，有自然原因和人为原因。前者如森林火灾、火山爆发、岩石风化等；后者如各类燃烧物释放的废气和工业排放的废气等。世界上各地的大气污染主要是人为因素造成的。人类社会经济活动和生产的迅速发展，正大量消耗各类能源，其中化石燃料在燃烧过程中向大气释放大量的烟尘、硫、氮等物质，这些物质影响了大气环境的质量，对人和物都可造成危害，尤其是在人口稠密的城市和工业区域，这种影响更大，出现了各种形式的大气环境污染。

大气污染的形成有三大要素：污染源、大气状态和受体。大气污染的三个过程是：污染物排放、大气运动的作用、相对受体的影响。因此，大气污染的程度与污染源的排放、污染物的性质、气象条件和地理条件等有关。污染源按其性质和排放方式可分为工业污染源、生活污染源、交通污染源。污染源有害物质对大气的污染程度与污染源性质（如排放方式、污染物的排放量、污染物的理化性质等内在因素）有关，还与受体的性质（如环境敏感度、受体距污染源的距离）有关，也与气象因素（如风和大气湍流、温度层结情况以及云、雾等）有关。

2. 大气污染源

大气污染的主要原因是对能源的不当利用和城市人口的增加。空气污染始于取暖和煮食，到14世纪，燃煤释放的烟气已成为大气污染的主要问题。18世纪产业革命后，工业用的燃料更多，燃煤对空气的污染更加严重了。空气污染的危害，主要取决于污染物在空气中的浓度，而不仅是它的数量。城市人口集中，使局部空气中污染物的浓度升高，而且不容易稀释和分散到广大地区中去。如美国，全部空中排出物的50%以上是从不到1.5%的陆地上排放出去的，而美国约有1/4以上的人口集中在10个大城市中。

根据不同的研究目的和污染源的特点，污染源的类型有四种划分方法。

（1）按污染产生的类型分类

1）工业污染源，包括燃料燃烧排放的污染物、生产过程中的排气（如炼焦厂向大气排放H_2S、苯、酚、烃类等有毒害物质；各类化工厂向大气排放具有刺激性、腐蚀性、异味性或恶臭的有机和无机气体；化纤厂排放的氨、H_2S、甲醇、二硫化碳、丙酮等）及生产过程中排放的各类矿物和金属粉尘。

2）生活污染源，主要为家庭炉灶排气，在我国是一种分布广、排放量大、排放高度低、危害性不容忽视的空气污染源。

3）汽车尾气。在一些发达国家，汽车尾气已构成大气污染的主要污染源。目前全世界的汽车已超过2亿辆，一年内排出一氧化碳近2亿t，铅40万t。

（2）按污染源存在的形式划分

1）固定污染源，位置固定，如工厂的排烟或排气。

2）移动污染源，位置可以移动，在移动过程中排放大量废气，如汽车等。

这种分类方法适用于进行大气质量评价时满足绘制污染源分析图的需要。

（3）按污染物排放的方式分

1）高架源。污染物通过高烟囱排放。在一般情况下，这是排放量比较大的污染源。

2）线源。移动污染源在一定街道上造成的污染。

3）面源。许多低矮烟囱集合起来构成的区域性的污染源。

这种分类方法适用于大气扩散计算。

（4）按污染物排放的时间分

1）间断源，排出源时断时续，如取暖锅炉的烟囱。

2）连续源，污染物连续排放，如化工厂的排气筒等。

3）瞬间源，排放时间短暂，如某些工厂的事故排放。

这种分类方法适用于分析污染物排放的时间规律。

13.3.2　大气污染物

目前对环境和人类产生危害的大气污染物约有100种。其中影响范围广、具有普遍性的污染物有颗粒物、硫化物、碳氧化物、氮氧化物、碳氢化合物等。

1. 主要的大气污染物

（1）颗粒物　颗粒物是指气体之外的包含于大气中的物质，包括各种固体、液体和气溶胶等。其中有固体的烟尘、灰尘、烟雾，以及液体的云雾和雾滴，其粒径范围主要在0.1～200μm。按粒径的差异，可以分为降尘和飘尘两种。降尘指粒径大于10μm，在重力作用下可以降落的颗粒状物质。其多产生于固体破碎、燃烧残余物的结块及研磨粉碎的细碎物质。自然界刮风及沙暴等也可以产生降尘。飘尘指粒径小于10μm的煤烟、烟气和雾在内的颗粒状物质。这些物质粒径小、质量轻，在大气中呈悬浮状态，且分布极为广泛。飘尘可以通过呼吸道进入人体，对人体造成危害。

颗粒物自污染源排出后，常因空气动力条件的不同、气象条件的差异而发生不同程度的迁移。降尘受重力作用可以很快降落到地面；飘尘则可在大气中保存很久。颗粒物还可以作为水汽等的凝结核，参与降水形成过程。

（2）硫化物　硫常以二氧化硫和硫化氢的形态进入大气，也有一部分以亚硫酸及硫酸（盐）微粒形式进入大气。大气中的硫约2/3来自天然源，其中以细菌活动产生的硫化氢最为重要。人为源产生的硫排放的主要形式是SO_2，主要来自含硫煤和石油的燃烧、石油炼制、有色金属冶炼和硫酸制造等。

SO_2是一种无色、具有刺激性气味的不可燃气体，是一种危害大、分布广的大气污染物。SO_2和飘尘具有协同效应，两者结合起来对人体危害更大。SO_2在大气中极不稳定，最多只能存在1～2天。在相对湿度较大，以及有催化剂存在时，可发生催化氧化反应，生成SO_3，进而生成H_2SO_4或硫酸盐，因此，SO_3是形成酸雨的主要因素。硫酸盐在大气中可存留1周以上，能飘移至1000km以外，造成远离污染源以外的区域性污染。SO_2也可以在太阳紫外光的照射下，发生光化学反应，生成SO_3和硫酸雾，降低大气能见度。

（3）碳氧化物　碳氧化物主要有两种物质，即 CO 和 CO_2。CO 主要是由含碳物质不完全燃烧产生的，而天然源较少。1970 年全世界排入大气中的 CO 约 3.59 亿 t，而由汽车等交通工具产生的 CO 占总排放量的 70%。

CO 是无色、无臭的有毒气体，其化学性质稳定，在大气中不易与其他物质发生化学反应，可以在大气中停留较长时间。在一定条件下，CO 可以转变为 CO_2，然而其转变速率低。人为排放大量的 CO，对植物等会造成危害；高浓度的 CO 可以被血液中的血红蛋白吸收，对人体造成致命伤害。

CO_2是大气中一种“正常”成分，参与地球上的碳平衡，它主要来源于生物的呼吸作用和化石燃料等的燃烧。然而，化石燃料的大量使用，造成大气中的 CO_2浓度逐渐增高，这将对整个地—气系统中的长波辐射收支平衡产生影响，还可能导致温室效应。

（4）氮氧化物　氮氧化物（NO_x）种类很多，主要是 NO 和 NO_2，另外还有 N_2O_3、N_2O、N_2O_4和 N_2O_5等多种化合物。天然排放的 NO_x，主要来自土壤和海洋中有机物的分解，属于自然界的氮循环过程。人为活动排放的 NO_x 大部分来自化石燃料的燃烧过程，如飞机、汽车、内燃机及工业窑炉的燃烧过程；也来自生产、使用硝酸的过程，如氮肥厂、有机中间体厂、有色及黑色金属冶炼厂等。

在高温燃烧条件下，NO_x主要以 NO 的形式存在，最初排放的 NO_x中 NO 约占 95%。但是，NO 在大气中极易与空气中的氧发生反应，生成 NO_2，故大气中 NO_x通常以 NO_2的形式存在。空气中的 NO 和 NO_2通过光化学反应，相互转化而达到平衡。在温度较高或有云雾存在时，NO_2进一步与水分子作用形成酸雨中的第二重要酸——硝酸。在有催化剂存在时，如遇上合适的气象条件，NO_2转变成硝酸的速度加快。

（5）碳氢化合物　碳氢化合物由烷烃、烯烃和芳烃等复杂多样的物质组成。大气中大部分的碳氢化合物来源于植物的分解，人类排放的量虽然小，却非常重要。碳氢化合物的人为来源主要是石油燃料不充分燃烧和石油类的蒸发过程。在石油炼制、石油化工生产中也产生多种碳氢化合物。燃油机动车也是主要的碳氢化合物污染源，交通线上的碳氢化合物浓度与交通密度密切相关。

碳氢化合物是形成光化学烟雾的主要成分。在活泼的氧化物如臭氧、原子氧、氢氧基等自由基的作用下，碳氢化合物将发生一系列链式反应，生成一系列的化合物，如醛、酮、烷、烯及重要的中间产物——自由基。自由基进一步促进 NO 向 NO_2转化，造成光化学烟雾的重要二次污染物——醛、臭氧、过氧乙酰硝酸酯（PAN）。

2. 一次污染物和二次污染物

从污染源排入大气中的污染物质，在与空气混合过程中会发生种种物理、化学变化。依其形成过程的不同，通常可以将其分为一次污染物和二次污染物，见表 13-1。

表 13-1　大气污染物的分类

项　目	一次污染物	二次污染物	项　目	一次污染物	二次污染物
含硫化合物	SO_2、H_2S	SO_3、H_2SO_4、MSO_4	碳氧化合物	CO、CO_2	—
含氮化合物 碳氢化合物	NO、NH_3Cl-C5 化合物	NO_2、HNO_3、MNO_3 醛、过氧乙酰硝酸酯	卤素化合物	HF、HCl	—

（1）一次污染物　一次污染物是指从各类污染源直接排出的物质，包括直接从各种排

放源进入大气的各种气体、颗粒物和蒸汽，如前述的SO_2、氮氧化物、碳氧化物、碳氢化合物和颗粒物等。一次污染物又可分为反应性污染物和非反应性污染物两类。反应性污染物的性质不稳定，在大气中常与某些其他物质产生化学反应，或作为催化剂促进其他污染物产生化学反应，如SO_2和NO_2等。非反应性污染物，其性质较稳定，它不发生化学反应，或反应速度很慢，如CO。

一次污染物在大气中的物理作用或化学反应可分为以下几种：

1）气体污染物之间的化学反应（可在有催化剂或无催化剂作用下发生）。例如，常温下有催化剂存在时，硫化氢和二氧化硫气体污染物之间反应生成单质硫。

2）空气中粒状污染物对气体污染物的吸附作用，或粒状污染物表面上的化学物质与气体污染物之间的化学反应。例如，尘粒中的某些金属氧化物与SO_2直接反应，生成硫酸盐。

3）气体污染物在气溶胶中的溶解作用。

4）气体污染物在太阳光作用下的光化学反应。

（2）二次污染物　由上述各种化学反应的结果生成的一系列新的污染物称为二次污染物。例如，大气中的碳氢化合物和NO_x等一次污染物，在阳光作用下发生光化学反应，生成臭氧、酮、醛、过氧乙酰硝酸酯等二次污染物。常见的二次污染物有过氧乙酰硝酸酯、臭氧、硫酸及硫酸盐气溶胶、硝酸及硝酸盐气溶胶，以及一些活性中间产物，如氢氧基（OH）、过氧化氢基（HO_2）、过氧化氮基（NO_3）和氧原子等。

光化学烟雾是光化学反应的反应物（一次污染物）与生成物（二次污染物）形成特殊混合物，主要是大气中的碳氢化合物和NO_x等一次污染物在阳光作用下发生光化学反应，生成氧、酮、醛、过氧乙酰硝酸酯等二次污染物所引起的。

13.3.3　大气污染的类型

根据污染物的化学性质及其存在的大气环境状况对大气污染进行分类。

（1）氧化型（汽车尾气型）污染　这种污染多发生在以用石油燃料为主的地区，污染物的主要来源是汽车尾气、燃油锅炉及石油化工企业。主要的一次污染物是CO、NO_x、碳氢化合物等。这些污染物在太阳光的照射下能够引起光化学反应，生成醛类、过氧乙酰硝酸酯等二次污染物。这类物质具有极强的氧化性，对人的眼睛等黏膜有强刺激作用。洛杉矶光化学烟雾就属这种污染。

（2）还原型（煤炭型）污染　这种大气污染常发生在以使用煤炭为主，同时也使用石油的地区。其主要污染物是CO、SO_2和颗粒物。在低温、高湿度且风速很小的阴天，并伴有逆温存在的情况下，一次污染物受阻，容易在低空进行聚积，生成还原性烟雾。伦敦烟雾事件就是这种污染的典型代表，故这种污染又称伦敦烟雾型。

（3）石油型污染　这种污染的主要污染物来自汽车排放、石油冶炼及石油化工厂的排放，主要包括NO_2、链烷、烯烃、醇、羰基等碳氢化合物，以及它们在大气中形成的O_3，各种自由基及其反应生成的一系列中间产物与最终产物。

（4）混合型污染　这种污染类型包括以煤炭为燃料的污染源排放的污染物，以及从各类工厂企业排出的各种化学物质等。在混合型工业城市，如日本的川崎、横滨等地发生的污染事件，就属于这种污染。

（5）特殊型污染　这种污染是指由工厂排出的特殊污染物造成的污染，常限于局部范围之内，如生产磷肥造成的氟污染，氯碱工厂周围形成的氯气污染等。

13.3.4 大气污染控制技术

根据大气污染物的存在状态，其治理技术可概括为两大类：颗粒污染物控制技术和气态污染物控制技术。

1. 颗粒污染物控制技术

颗粒污染物控制技术常称除尘技术。除尘技术的方法和设备种类很多，各具不同的性能和特点，在治理颗粒污染物时要选择一种合适的除尘方法和设备，除需考虑当地大气环境质量、排放标准、尘的环境容许标准、设备的除尘效率及经济技术指标，还必须了解尘的特性，如粒径、粒度分布、密度、形状、比电阻、黏性、亲水性、可燃性、凝集特性以及含尘气体的化学成分、压力、温度、湿度、黏度等。除尘方法和设备主要有以下五类。

（1）重力沉降　重力沉降是利用含尘气体中的颗粒受重力作用而自然沉降的原理，将颗粒污染物与气体分离的过程。重力沉降室是空气污染控制装置中最简单的一种，主要优点是结构简单，造价低，压力损失小，便于维护管理，可处理高温气体；其主要缺点是沉降小颗粒的效率低，一般只能除去50μm以上的大颗粒。因此，重力沉降室主要用于高效除尘装置的初级除尘器。

（2）旋风除尘　旋风除尘是利用旋转的含尘气流产生的离心力，将颗粒污染物从气体中分离出来的过程。旋风除尘器结构简单、占地面积小、压力损失中等、操作维修方便、投资低、动力消耗不大，可用各种材料制造，能用于高温、高压及有腐蚀性气体，并具有可直接回收干颗粒物的优点，在工业上的应用已有一百多年的历史。旋风除尘器一般用来捕集5～15μm以上的颗粒物，除尘效率可达80%左右。其主要缺点是对捕集小于5μm颗粒的效率不高，一般用于预除尘。

（3）过滤式除尘器除尘　过滤式除尘器是利用多孔过滤介质分离捕集气体中固体或液体粒子的净化装置。因一次性投资比电除尘器少，运行费用又比高效湿式除尘器低，因而被人们所重视。目前在除尘技术中应用的过滤式除尘器可分为外部过滤式和内部过滤式。颗粒层除尘器属于内部过滤式，它是以一定厚度的固体颗粒床层作为过滤介质，这种除尘器的最大特点是：耐高温（可达400℃）、耐腐蚀，除尘效率比较高，滤材可以长期使用，适用于冲天炉和一般工业炉窑。袋式除尘器属于外部过滤式，即粉尘在滤料表面被截留。它的性能不受尘源的粉尘浓度、粒度和空气量度变化的影响，对于粒径为0.5μm的尘粒捕集效率可高达98%～99%。

（4）湿式除尘器除尘　它是利用水形成液网、液膜或液滴与尘粒发生惯性碰撞、黏附、扩散效应、扩散漂移与热漂移、凝聚等作用，从废气中捕集分离尘粒，并兼备吸收气态污染物的作用。其主要优点是：在除尘的同时还可去除某些气态污染物；除尘效率较高，投资比达到同样效率的其他除尘设备低；可以处理高温废气及黏性的尘粒和液滴。但这种方法存在能耗较大、金属设备易被腐蚀、废液和泥浆需要处理、在寒冷地区使用有可能发生冻结等问题。

湿式除尘设备式样很多，根据不同的除尘要求，可以选择不同类型的除尘器。目前国内常用的有水膜除尘器、文丘里洗涤器、喷淋塔、冲击式除尘器和旋流板塔等。净化的气体从湿式除尘器排出时，一般都带有水滴。为了去除这部分水滴，在湿式除尘器后都附有脱水

装置。

（5）电除尘器除尘 电除尘器使浮游在气体中粉尘颗粒荷电，在电场的驱动下做定向运动，从气体中被分离出来，即驱使粉尘做定向运动的力是静电力——库仑力，这是电除尘器（常称静电除尘器）与其他除尘器的本质区别。因此，这种方法具有独特的性能与特点。它几乎可以捕集一切细微粉尘及雾状液滴，其捕集粒径范围为0.01～100μm，当粉尘粒径大于0.1μm时，除尘效率可高达99%以上；由于电除尘器是利用库仑力捕集粉尘的，所以风机仅仅起到运送烟气的任务，而电除尘器的气流阻力很小（约为98～294Pa），故风机的动力损耗很少；尽管本身需要很高的运行电压，但是通过的电流却非常小，因此电除尘器消耗的电功率很少，净化$1000m^3/h$烟气约耗电0.1～3kW；电除尘器从低温、低压至高温、高压，在很宽的范围内均能适用，尤其能耐高温，最高可达500℃。电除尘器的主要缺点是钢材消耗量较大，设备造价偏高；除尘效率受粉尘比电阻的影响很大（最适宜捕集比电阻为$10^4 \sim 5\times10^{10}\Omega\cdot cm$的粉尘粒子）；需要高压变电及整流设备。目前电除尘器在化工、冶金、建材、火力发电、水泥、纺织等工业部门得到广泛应用。

2. 气态污染物控制技术

气态污染物控制技术很多，主要有吸附、吸收、催化、燃烧、生物、膜分离、冷凝、电子束等，这里就前四种方法做简要介绍。

（1）吸附法 气体混合物与适当的多孔性固体接触，利用固体表面存在的未平衡的分子引力或化学键力，把混合物中某一组分或某些组分吸留在固体表面上。这种分离气体混合物的过程称为气体吸附。作为工业上的一种分离过程，吸附法已广泛地应用于冶金、化工、石油、食品、轻工及高纯气体的制备等工业部门。由于吸附剂具有高的选择性和高的分离效果，能脱除痕量（10^{-6}级）物质，所以吸附法常用于用其他方法很难分离的低浓度有害物质和排放标准要求严格的废气处理，如用吸附法回收或净化废气中有机污染物。吸附法的优点是效率高，设备简单，操作方便，能回收有用组分，易于实现自动控制。但是吸附法一般吸附容量不高（约40%），吸附剂机械强度、稳定性等方面有待提高。

（2）吸收法 吸收是利用气体混合物中不同组分在吸收剂中溶解度不同，或者与吸收剂发生选择性化学反应，从而将有害组分从气流中分离出来的过程。该法具有设备简单、捕集效率高、一次性投资低等特点，因此，广泛地用于气态污染物的处理。如含SO_2、H_2S、HF和NO_x等污染物的废气，都可以采用吸收法来净化。吸收分为物理吸收和化学吸收。由于在大气污染控制过程中，一般成分复杂、废气量大、吸收组分浓度低，单靠物理吸收难达到排放标准，因此大多采用化学吸收法。

（3）催化法 催化法净化气态污染物是利用催化剂的催化作用，将废气中的气体有害物质转变为无害物质或转化为易于去除的物质的一种废气治理技术。催化法与吸附、吸收法不同，应用催化法治理污染物过程中，无需将污染物与主气流分离，可直接将有害物转变为无害物，这不仅可避免产生二次污染，而且可简化操作过程。此外，由于要处理的气态污染物的初始浓度都比较低，反应的热效应不大，一般可以不考虑催化床层的传热问题，从而大大简化了催化反应器的结构。上述优点促进了催化法净化气态污染物的推广和应用。

（4）燃烧法 燃烧法是通过热氧化作用将废气中的可燃有害成分转化为无害物质的方法，如含烃废气在燃烧中被氧化成无害的CO_2和H_2O。燃烧法还可以消烟、除臭。燃烧法已广泛用于有机化工、石油化工、食品工业、金属漆包线的生产、涂料和油漆的生产、纸浆和

造纸、动物饲养场、城市废物的干燥和焚烧处理等主要含有机污染物的废气治理。该法工艺简单、操作方便，可回收含烃废气的热能。但采用燃烧法处理可燃组分含量低的废气时，需预热耗能，应注意热能回收。

13.4　水体污染及其防治

13.4.1　水体污染与来源

水体的概念包括两方面的含义，一方面是指海洋、河流、湖泊、沼泽、水库、地下水的总称；另一方面在环境领域中，是把水体中的溶解性物质、悬浮物、水生生物和底泥等作为一个完整的生态系统或完整的自然综合体来看待。

水资源在使用过程中由于丧失了使用价值而被废弃外排，并以各种形式使受纳水体受到影响，这种水称为废水，这种现象称为水体污染。水体污染有多种含义，但其基本要点是指在一定时期内，引入水体中的某种污染物造成的不良效应。有些效应是影响人类健康方面的，如致病菌的引入、有毒化学品或元素的引入等；有些效应是影响感官性状方面，如臭味、颜色等。引入水环境的污染物中较常见的有四类，即持久性污染物、非持久性污染物、热（以温度表征）、酸和碱（以 pH 值表征）。持久性污染物是指在地面水中不能或很难由于化学、物理、生物作用而分解、沉淀或挥发的污染物，如在悬浮物甚少、沉降作用不明显水体中的无机盐类、重金属等。在水环境中难溶解、毒性大、易长期积累的有毒化学品也属于此类。非持久性污染物是指地面水中由于物理、化学或生物作用而逐渐减少的污染物，如耗氧有机物。

水体污染源于人类的生产和生活活动，根据污染物的排放形式可分为点污染源（简称点源）和面污染源（简称面源）两大类。点源指生活污水等通过管道、工矿废水、沟渠集中排入水体的污染源。其排放特点：一般具有连续性，水量的变化规律取决于工矿的生产特点和居民的生活习惯；一般有季节性又有随机性。有一些废水、污水是经过污水处理厂处理后再排入水体。面源指污染物来源于集水面上，如矿山排水、农田排水、城市和工矿区的路面排水等。这些排水有时由地面直接汇入水体，有时通过管道或沟渠汇入水体。其特点是发生时间都在降雨形成径流之时，具有间歇性，变化服从降雨和径流的形成规律，并受地面状况（铺装情况、植被、坡度）的影响。

水体污染也可以根据来源不同分类，即生活污染源、工业污染源、农业污染源三大类。

（1）生活污染源　生活污水是人们日常生活产生的废水，主要包括冲洗厕所、厨房洗涤和沐浴等污水。按其形态可分为：①不溶物质，约占污染物总量的 40%，它们或沉积到水底，或悬浮在水中；②胶状物质，约占污染物总量的 10%；③溶解性物质，约占污染物总量的 50%，这些物质多为无毒，含无机盐类硫酸盐、氯化物、磷酸和钠、钾、钙、镁等重碳酸盐。

（2）工业污染源　工业废水是工业生产过程中排出的废水，其成分主要取决于生产过程中采用的原料及应用的生产工艺。工业废水又可分为生产废水和生产污水。生产废水是较为清洁的、不经处理即可排放或回用的工业废水（如冷却水）。而那些污染比较严重，必须经过处理后方可排放的工业废水就称为生产污水。工业污染源是水体最重要的污染源，主要特点是量大面广，在我国工业废水和生活污水总量中，工业废水占排放总量的70%以上，而且含污染物种类比较多，成分复杂，含有大量的有毒有害物质，有些成分在水中不易净化，处理难度比较大。它们含有的有机需氧物质、化学毒物、无机固体悬浮物、酸、碱、重金属离子、热、病原体、植物营养物质等均可对环境造成污染。

（3）农业污染源 农业污染源是指农业生产产生的水污染源，如降水形成的径流和渗流把土壤中的氮、磷（化肥的使用）和农药带入水体，养殖场、牧场、农副产品加工厂的有机废物（畜禽的粪尿等）排入水体，它们都可以使水体的水质发生恶化，造成河流、水库、湖泊等水体污染，有的导致水体富营养化。农业污染源往往是非点源污染，它具有三个不确定性，即在不确定的时间内，通过不确定的途径，排放不确定数量的污染物质。上述三个不确定性也决定了不能用治理点污染源的措施去防治非点源污染源。

13.4.2 水体污染物

废水中的污染物种类大致可分为固体污染物、富营养化污染物、耗氧污染物、酸碱污染物、有毒污染物、油类污染物、感官性状污染物、生物污染物、热污染等。

为了表征废水水质，规定了许多水质指标，主要有悬浮物、有毒物质、有机物质、细菌总数、色度、pH值、温度等。一种水质指标可以包括几种污染物；一种污染物又可以属于几种水质指标。

1. 固体污染物

固体污染物在水中以三种状态存在：溶解态（直径小于1nm）、胶体态（直径为1～200nm）和悬浮态（直径大于100nm）。水质分析中把固体物质分为两部分，能透过滤膜（孔径为3～10μm）的叫溶解固体（DS），不能透过的叫悬浮固体或悬浮物（SS），两者合称为总固体（TS）。在水质监测中悬浮物（SS）是一个比较重要的指标。

固体污染物常用悬浮物和浊度两个指标来表示。悬浮物是一项重要的水质指标，它的存在不但使水质浑浊，而且使管道及设备堵塞、磨损，干扰废水处理及回收设备的工作。浊度是对水的光传导性能的一种测量，其值可表征废水中胶体和悬浮物的含量。浊度主要是水体中含有有机质胶体、泥沙、微生物及无机物质的悬浮物和胶体物产生的混浊现象，降低了水的透明度，影响感官甚至影响水生生物的生活。

2. 耗氧有机物

绝大多数的耗氧污染物（需氧污染物）是有机物，无机物主要有还原态的物质，如S^{2-}、Fe、Fe^{2+}、CN^-等，因而在一般情况下，耗氧污染物即指需氧有机物或耗氧有机物。天然水中的有机物一般是水中生物生命活动的产物。人类排放的生活污水和大部分生产废水中含有大量的有机物质，其中主要是耗氧有机物，如碳水化合物、脂肪、蛋白质等。

耗氧有机物种类繁多，组成复杂，因而很难分别对其进行定量、定性分析。因此，没有特殊要求，一般不对它们进行单项定量测定，而是利用其共性，间接地反映其分类含量或总量。在工程实际中，采用以下几个综合水质污染指标来描述。

（1）化学需氧量（COD） 化学需氧量是指在酸性条件下，用强的化学氧化剂将有机物氧化成CO_2、H_2O时消耗的氧量，以每升水消耗氧的毫克数（mg/L）表示。COD值越高，表示水受有机污染物的污染越严重。常用的氧化剂是高锰酸钾和重铬酸钾。由于重铬酸钾氧化作用很强，所以能够较完全地氧化水中大部分有机物和无机性还原性物质（但不包括硝化所需的氧量)，此时化学需氧量用 COD_{Cr} 表示，适用于分析污染严重的水样，如生活污水和工业废水。如采用高锰酸钾作为氧化剂，则写作 COD_{Mn}，适用于测定一般地表水，如海水、湖泊水等。目前，根据国际标准化组织的规定，化学需氧量指 COD_{Cr}，而 COD_{Mn} 称为高锰酸钾指数。

(2) 生化需氧量（BOD） 在有氧条件下，由于微生物的活动，降解有机物所需的氧量，称为生化需氧量，以每升水消耗氧的毫克数（mg/L）表示。生化需氧量越高，表示水中耗氧有机物污染越严重。

有机物的耗氧过程与温度、时间有关。在一定范围内温度越高，微生物活力越强，消耗有机物就越快，需氧越多；时间越长，微生物降解有机物的数量和深度越大，需氧量越多。在实际测定生化需氧量时，温度规定为20℃。此时，一般有机物需 20 天左右才能基本完成氧化分解过程，其需氧量用 BOD_{20} 表示。在实际测定时，20 天时间太长，目前国内外普遍采用在 20℃ 条件下培养 5 天的生物化学过程需要氧的量为指标，称为 BOD_5，简称 BOD。BOD_5 只能相对地反映出氧化有机物的数量，各种废水的水质差别很大，其 BOD_{20} 与 BOD_5 相差悬殊，但对某一种废水而言，此值相对固定，如生活污水的 BOD_5 约为 BOD_{20} 的 70%。BOD_5 在一定程度上也反映了有机物在一定条件下进行生物氧化的难易程度和时间进程，具有很大的使用价值。

(3) 总需氧量（TOD） 有机物主要元素是 C、H、O、N、S 等，在高温下燃烧后，将分别产生 CO_2、H_2O、NO_2 和 SO_2，消耗的氧量称为总需氧量 TOD。TOD 的值一般大于 COD 的值。TOD 的测定方法为：向氧含量已知的氧气流中注入定量的水样，并将其送入以铂为触媒的燃烧管中，在 900℃ 高温下燃烧，水样中的有机物即被氧化，消耗掉氧气流中的氧气，剩余氧量可用电极测定并自动记录。氧气流原有氧量减去剩余氧量即得总需氧量 TOD。TOD 测定仅需要几分钟。

(4) 总有机碳（TOC） 总有机碳是近年来发展起来的一种水质快速测定指标，通过测定废水中的总有机碳量可以表示有机物的含量。总有机碳的测定方法为：向氧含量已知的氧气流中注入定量的水样，并将其送入特殊的燃烧器（管）中，以铂为催化剂，在 900℃ 高温下，使水样气化燃烧，并用红外气体分析仪测定在燃烧过程中产生的 CO_2 量，再折算出其中的碳含量，就是总有机碳 TOC。为排除无机碳酸盐的干扰，应先将水样酸化，再通过压缩空气吹脱水中的碳酸盐。TOC 的测定时间也仅需几分钟。TOC 虽可以用总有机碳元素量来反映有机物总量，但因排除了其他元素，仍不能直接反映有机物的真正含量。

3. 富营养化污染

废水中的 N 和 P 是植物和微生物的主要营养物质。当废水排入受纳水体，使水中 N 和 P 的质量浓度分别超过 0.2mg/L 和 0.02mg/L，就会引起受纳水体的富营养化，促进各种水生生物（主要是藻类）的活性，刺激它们的异常繁殖，并大量消耗水中的溶解氧，从而导致鱼类等窒息和死亡。其次，水中大量的 NO^-、NO^{2-} 若经食物链进入人体，将危害人体健康。

4. 无机无毒物质（酸、碱、盐污染物）

无机无毒物质主要指排入水体中的酸、碱及一般的无机盐类。酸主要来源于矿山排水、工业废水和酸雨等。碱性废水主要来自化学纤维制造、碱法造纸、制碱、制革等工业的废水。酸碱废水的水质标准中以 pH 值来反映其含量水平。酸性废水和碱性废水可相互中和产生各种盐类；酸性、碱性废水也可与地表物质相互作用，生成无机盐类。所以，酸性或碱性

污水造成的水体污染必然伴随着无机盐的污染。

5. 有毒污染物

废水中能引起生物毒性反应的化学物质，称为有毒污染物。工业上使用的有毒化学物已经超过 12000 种，而且每年以 500 种的速度递增。

毒物是重要的水质指标，各类水质标准对主要的毒物都规定了限值。废水中的毒物可分为三大类：无机有毒物质、有机有毒物质和放射性物质。

（1）无机有毒物质　这类物质具有强烈的生物毒性，它们排入天然水体，常会影响水中生物，并可通过食物链危害人体健康。这类污染物都具有明显的累积性，可使污染影响持久和扩大。无机有毒物质包括非金属和金属两类。金属毒物主要为汞、镉、铬、铅、铜、镍、锌、钴、锰、钒、钛、钼和铋等，特别是前几种危害更大。汞进入人体后被转化为甲基汞，有很好的溶脂性，易进入生物组织，并有很高的蓄积作用，在脑组织内积累，破坏神经功能，无法用药物治疗，严重时能造成死亡。镉进入人体后，主要贮存在肝、肾组织中，不易排出，镉的慢性中毒主要使肾脏吸收功能不全，降低机体免疫能力以及导致骨质疏松、软化，并引起全身疼痛、骨节变形、腰关节受损，有时还会引起心血管病等。

重要的非金属有毒物有硒、砷、氟、硫、氰、亚硝酸根等。砷中毒时引起腹痛、中枢神经紊乱、肝痛、肝大等消化系统障碍，并常伴有皮肤癌、肾癌、肝癌、肺癌等发病率增高现象。无机氰化物的毒性表现为破坏血液，影响运送氧和氢的机能而导致死亡。亚硝酸盐在人体内还能与仲胺生成硝酸铵，具有强烈的致癌作用。

（2）有机有毒物质　有机有毒物质的种类很多，大多是人工合成的有机物，很难被生物降解。这类物质的污染影响和作用也不同，大多是较强的三致物质（致癌、致畸、致突变），毒性很大，主要有酚类化合物、聚氯联苯（PCB）、有机农药（DDT、有机磷、有机氯、有机汞等）、多环芳烃等。有机氯农药的特点：一是有很强的稳定性，在自然环境中的半衰期为十几年到几十年；二是它的水溶性低而脂溶性高，可以通过食物链在人体和动物体内富集，对动物和人体造成危害。

（3）放射性物质　放射性是指原子核衰变释放射线的物质属性。主要包括 X 射线、α 射线、β 射线、γ 射线及质子束等。天然的放射性同位素^{238}U、^{226}Ra、^{232}Th 等一般放射性都比较弱，对生物没有什么危害。人工的放射性同位素主要来自铀、镭等放射性金属的生产和使用过程，如核燃料再处理、核试验、原料冶炼厂等。其浓度一般较低，主要引起慢性辐射和后期效应，如诱发癌症、白细胞增生、促成贫血、对孕妇和婴儿产生损伤、引起遗传性损害等。

6. 油类污染物

油类污染物包括“石油类”和“动植物油”两项。油轮运输、沿海及河口石油的开发、炼油工业废水的排放、内河水运及生活废水的大量排放等，都会导致水体受到油污染。油类污染物能在水面上形成油膜，影响氧气进入水体，破坏水体的复氧条件；还能附着于土壤颗粒表面和动植物体表，影响养分的吸收和废物的排出。当水中含油量达到 0.01 ~ 0.1mg/L 时，会对鱼类和水生生物产生影响。当水中含油量达到 0.3 ~ 0.5mg/L，就会产生石油气味，不适合饮用。

7. 生物污染物

生物污染物主要指废水中的致病性微生物，包括致病细菌、病虫卵和病毒。未污染的天

然水中的细菌含量很低，水中的生物污染物主要来自生活污水、屠宰肉类加工、医院污水和制革等工业废水。动物和人排泄的粪便中含有的细菌、病菌及寄生虫类等污染水体，会引起各种疾病传播。如生活污水中可能含有能引起肝炎、霍乱、伤寒、痢疾、脑炎的病毒和细菌以及蛔虫卵和钩虫卵等。生物污染物污染的特点是分布广、数量大、繁殖速度快、存活时间长，必须予以高度重视。

8. 感官性状污染物

废水中能引起异色、泡沫、浑浊、恶臭等现象的物质，虽然没有严重的危害，但会引起人们感官上的极度不快，称为感官性污染物。如印染废水污染往往使水色变为红或其他染料颜色，炼油废水污染可使水呈黑褐色等。对于供游览和文体活动的水体而言，感官性污染物的危害则较大。各类水质标准中，对臭味、色度、浊度、漂浮物等指标都做了相应的规定。

9. 热污染

由工矿企业排放高温废水引起水体的温度升高，称为热污染。热电厂等的冷却水是热污染的主要来源。水温升高使水中溶解氧减少，同时加快了水中的化学反应和生化反应的速度，改变了水生生态系统的生存条件，破坏了生态系统平衡。

13.4.3 水污染治理技术

1. 一般处理原则

废水中的污染物质种类很多，所以往往不可能用一个处理单元就能够把所有的污染物质去除干净。一般一种废水往往需要通过由集中方法和几个处理单元组成的处理系统处理后，才能够达到排放要求。要采用哪些方法或哪几种方法联合使用，需根据废水的排放标准、水质和水量、处理方法的特点、处理成本和回收经济价值等，通过调查、分析、比较后确定，必要时要进行小试、中试等试验研究。

废水处理的主要原则，首先是从清洁生产的角度出发，改革生产工艺和设备，减少污染物，防止废水外排，进行综合利用和回收。必须外排的废水，其处理方法随水质和要求而异。一级处理，主要分离水中的胶状物、悬浮固体物、浮油或重油等，可以采用水质水量调节、自然沉淀、上浮、隔油等方法。许多化工废水需要进行中和处理，如硅酸等化合物，无烟炸药、杀虫剂及酸性除草剂等的生产废水。二级处理主要是去除可生物降解的有机溶解物和部分胶状物的污染，用以减少废水的 BOD 和部分 COD，通常采用生化法处理，这是化工废水处理的主体部分。化学混凝和化学沉淀池是二级处理的方法，如含磷酸盐废水和含胶体物质的废水要用化学混凝法处理。对于环境卫生标准要求高，而废水的色、臭、味污染严重，或 BOD 和 COD 比值甚小（小于 0.25），则要采用三级处理方法予以深度净化。化工废水的三级处理，主要是去除生物难降解的有机污染物和废水中溶解的无机污染物，常用的方法有化学氧化和活性炭吸附，也可以采用离子交换或膜分离技术等。含多元分子结构污染物的废水，一般先用物理方法部分分离，然后用其他方法处理。不同的工业废水要根据具体情况，选择不同的组合处理方法。

2. 废水处理方法分类

针对不同污染物质的特征，发展了各种废水处理方法，特别是对化工废水的处理，这些处理方法可按其作用原理划分为四大类，即物理处理法、化学处理法、物理化学法和生物处理法。

（1）物理处理法　通过物理作用，分离和回收废水中不溶解的呈悬浮状态污染物质（包括油膜和油珠）的废水处理法。根据物理作用的不同，又可分为重力分离法、离心分离法和筛滤截流法等。属于重力分离法的处理单元有沉淀、上浮（气浮、浮选）等，相应的处理设备是沉砂池、沉淀池、气浮池、除油池及其附属装置等。离心分离法本身就是一种处理单元，使用的处理装置有离心分离机和水旋分离器等，筛滤截流法截留和过滤两种处理单元，前者使用的处理设备是筛网和隔栅，后者使用的是砂滤池和微孔滤池等。

（2）化学处理法　通过化学反应和传质作用来分离、去除废水中呈溶解、胶体状态的污染物质或将其转化为无害物质的废水处理法。在化学处理法中，以投加药剂产生化学反应为基础的处理单元是中和、氧化还原、混凝等；而以传质作用为基础的处理单元则有汽提、萃取、吹脱、吸附、离子交换、电渗析和反渗透等。后两种处理单元又统称为膜处理技术。其中运用传质作用的处理单元具有化学作用，同时又有与之相关的物理作用的方法从化学处理法中分离出来，成为另一种处理方法，称为物理化学法。化学处理法各处理单元使用的处理设备，除相应的池、罐、塔外，还有一些附属装置。这种处理方法主要用于处理各种工业废水。

（3）物理化学法　物理化学法是利用物理化学作用去除废水中的污染物质，主要有吸附法、膜分离法、离子交换法、萃取法、气提法和吹脱法等。

（4）生物处理法　通过微生物的代谢作用，使废水中呈溶液、胶体和微细悬浮状态的有机污染物质转化为稳定、无害物质的废水处理方法。根据起作用的微生物不同，生物处理法又可分为好氧生物处理法和厌氧生物处理法。

1）好氧生物处理法是好氧微生物在有氧条件下将复杂的有机物分解，并用释放出的能量来完成其机体的繁殖、增长和运动等功能。产生能的部分有机物转变成 CO_2、H_2O 和 NH_3 等，其余的合成新细胞（微生物的新肌体，如活性污泥或生物膜）。废水处理广泛使用的是好氧法。好氧生物处理法又分为活性污泥法和生物膜法两大类。活性污泥法本身就是一种处理单元，它有多种运行方式。属于生物膜法的处理设备有生物滤池、生物接触氧化、生物转盘及近年发展起来的悬浮载体流化床等。

2）厌氧生物处理法是利用厌氧微生物在无氧条件下将高浓度有机废水或污泥中的有机物分解，最后产生甲烷和 CO_2 等气体。

3. 废水处理的分级

（1）一级处理　去除废水中的漂浮物和部分悬浮状态的污染物质，调节废水 pH 值、减轻废水的腐化程度和后续处理工艺负荷的工艺过程。废水经一级处理后，一般很难达到排放标准。所以一般以一级处理为预处理，以二级处理为主体，必要时再进行三级处理，即深度处理，使废水达到排放标准或补充工业用水和城市供水。一级处理的常用方法如下：

1）筛滤法。筛滤法是分离废水中呈悬浮状态污染物质的方法。常用设备是格栅和筛网。格栅主要用于截留废水中大于栅条间隙的漂浮物，一般布置在废水处理厂或泵站进口处，以防止管道、机械设备及其他装置堵塞。格栅的清渣常用人工或机械方法，有的是用磨碎机将栅渣磨碎后，再投入格栅下游，以解决栅渣的处置问题。筛网的网孔较小，主要用以滤除废水中的纸浆、纤维等细小悬浮物，以保证后续处理单元的正常运行和处理效果。

2）沉淀法。沉淀法是通过重力沉降分离废水中呈悬浮状态污染物质的方法。其主要构筑物有沉砂池和沉淀池，用于一级处理的沉淀池，通常称为初级沉淀池。其作用为：去除废水中大部分可沉的悬浮固体；作为化学或生物化学处理的预处理，以减轻后续处理工艺的负荷和提高处理效果。

3）预曝气法。预曝气法是在废水进入处理构筑物以前，先进行短时间（10～20min）的曝气。其作用为：产生自然絮凝或生物絮凝作用，使废水中的微小颗粒变大，以便沉淀分离；氧化废水中的还原性物质；吹脱废水中溶解的挥发性物质；增加废水中的溶解氧，减轻废水的腐化，以提高污水的稳定度。

4）上浮法。上浮法用于去除废水中相对密度小于1的污染物，或通过投加药剂、加压溶气等措施去除相对密度稍大于1的污染物质。在一级处理工艺中主要用于去除废水中的油类和悬浮物质。

（2）二级处理　废水通过一级处理后再加处理，用以除去废水中大量有机污染物，使废水进一步净化的工艺过程。相当长时间以来，主要把生物化学处理作为废水二级处理的主体工艺。近年来，采用化学或物理化学处理法作为二级处理主体工艺，并随着化学药剂品种的不断增加，处理工艺和设备的不断改进而得到推广，因此，二级处理原作为生化处理的同义词已失去意义。

废水在经过筛滤、沉淀或上浮等一级处理后，可以有效地去除部分悬浮物，生化需氧量（BOD）也可以去除25%～40%，但一般不能去除废水中呈溶解状态和呈胶体状态的有机物、氧化物、硫化物等有毒物质，还不能达到废水排放标准。因此需要进行二级处理，二级处理的主要方法如下：

1）活性污泥法。活性污泥法是废水生物化学处理中的主要处理方法。以废水中有机污染物作为底物，在有氧的条件下，对各种微生物群体进行混合连续培养，形成活性污泥。利用这种活性污泥在废水中的吸附、凝聚、氧化、分解和沉淀等作用过程，去除废水中有机污染物，从而使废水得到净化。活性污泥法从开创至今已经有90多年的历史，目前已成为有机工业废水和城市污水最有效的生物处理法，应用非常普遍。活性污泥法运行方式多种多样，如传统活性污泥法、生物吸附法、阶段曝气法、纯氧曝气法、混合式曝气法、深井曝气法，以及近几年发展的氧化沟（延时曝气活性污泥法）。

2）生物膜法。生物膜法是使废水通过生长在固定支承物表面的生物膜，利用生物氧化作用和各相之间的物质交换，降解废水中有机污染物的方法。用这种方法处理废水的构筑物有生物滤池、生物转盘、生物接触氧化池及悬浮载体流化床，其中生物接触氧化池采用较多。废水二级处理可以去除废水中大量BOD_5和悬浮物，在较大程度上净化了废水，对保护环境起到了一定作用。但随着废水量的不断增加，水资源的日益紧张，需要获取更高质量的处理水，以供重复使用或补充水源。为此，有时需要在二级处理基础上，再进行废水三级处理。

（3）三级处理　三级处理又称为深度处理或高级处理，目的是进一步去除二级处理未能去除的污染物质，其中包括微生物未能降解的有机物或氮、磷等可溶性无机物。三级处理管理较复杂，耗资也较大，但能充分利用水资源。完善的三级处理由脱氮、除磷、除有机物（主要是难以生物降解的有机物）、除病毒和病原菌、除悬浮物和触矿物质等单元过程组成。根据三级处理出水的具体去向，其处理流程和组成单元是不同的。如果为防止受纳水体富营养化，则采用脱氮和除磷的三级处理；如果为保护下游引用水源或浴场不受污染，则应采用脱氮、除磷、除毒物、除病菌和病原菌等三级处理，如直接作为城市饮用水以外的生活用

水，如清扫、洗衣、冲洗厕所、喷洒街道和绿化地带等用水，其出水水质要求接近于饮用水标准。

13.5　固体废弃物污染及其防治

固体废弃物由于产生量大，处理和处置水平与废气、废水处理水平相比要低得多、占地多、综合利用少、危害严重，是我国的主要环境问题之一。

13.5.1　固体废弃物的定义、种类及来源

固体废弃物通常指人类在生产、加工、流通、消费及生活等过程中提取目的组分后弃去的固体和泥浆状物质，包括从废水、废气中分离出来的固体颗粒物。实际上所谓的废弃物一般指在某个系统内不可能再加利用的部分物质，而并非指某一物质的一切使用过程，因为在某一使用过程中的废弃物，往往在另外一个使用过程中可以作为原料。如城市中产生的大量城市垃圾，这些废物中含有大量的有机物质，经过适当处理可作为优质的肥料供植物生长。工业废料同样可以经过挑选加工成为有用之物或重新作为原料来生产产品。为了便于环境管理，国际上也将容器盛装的有毒、有害、易燃、易爆、腐蚀等具有危险性的废液、废气，从法律角度上定为固体废弃物，执行固体废弃物管理法规，划入固体废弃物管理范畴。

固体废物主要来源于人类的生活和生产活动。在人类从事工业、农业生产过程中，在交通、商业等活动中，一方面生产出有用的工农业产品，供人们的衣、食、住、行用；另一方面同时产生了许多的废弃物，如废渣、废料等。固体废弃物有多种分类方法，如按其化学性质可以分为有机废弃物和无机废弃物；按其危害状况可分为一般废弃物和有害废弃物，在固体废弃物中凡是有毒性、腐蚀性、易燃性、易爆性、反应性、放射性的废弃物，列为有害废弃物；按其形状一般可分为固体（粉状、颗粒状、块状）废弃物和泥状废弃物（污泥）；通常为了便于管理，一般按其来源进行分类，可以分为工业固体废弃物（industrial solid waste）、矿业固体废弃物（mineral solid waste）、城市垃圾（或称城市固体废弃物 municipal solid waste，简写为 MSW）、农业固体废弃物（agriculture solid waste）和放射性固体废弃物（radioactive solid waste）五类。

13.5.2　固体废弃物的特点及其危害

与废水、废气相比，固体废弃物具有几个显著的特点。首先，固体废弃物是各种污染物的终态，特别是从污染控制设施排出的固体废弃物，集聚了许多种污染成分。对这类污染物人们往往存有一种稳定的错觉。第二，在自然条件影响下，固体废弃物中的一些有害成分会进入大气、水体和土壤中，参与生态系统的物质循环，因而具有长期的、潜在的危害性。固体废弃物的污染途径如图 13-1 所示。第三，固体废弃物具有的上述两个特点，决定了从其产生到运输、贮存、处理、处置每一个环节都必须妥善控制，使其不危害人类环境，即具有全过程管理的特点。

固体废弃物的来源和主要组成见表 13-2。固体废弃物对人类环境的危害是多方面的，从其对各环境要素的影响看，主要表现为以下几个方面。

（1）侵占土地　固体废弃物不加利用，需占地堆放。堆积量越大，占地越多。据估计，

每堆积 10^4t 废渣，约占地一亩。1988 年，我国积存的固体废弃物已达 66 亿 t 以上，占地 5300hm^2以上，其中农田达 450hm^2。目前，我国工业固体废弃物年产生量约 33 亿 t，历史累计堆存量超过 600 亿 t。

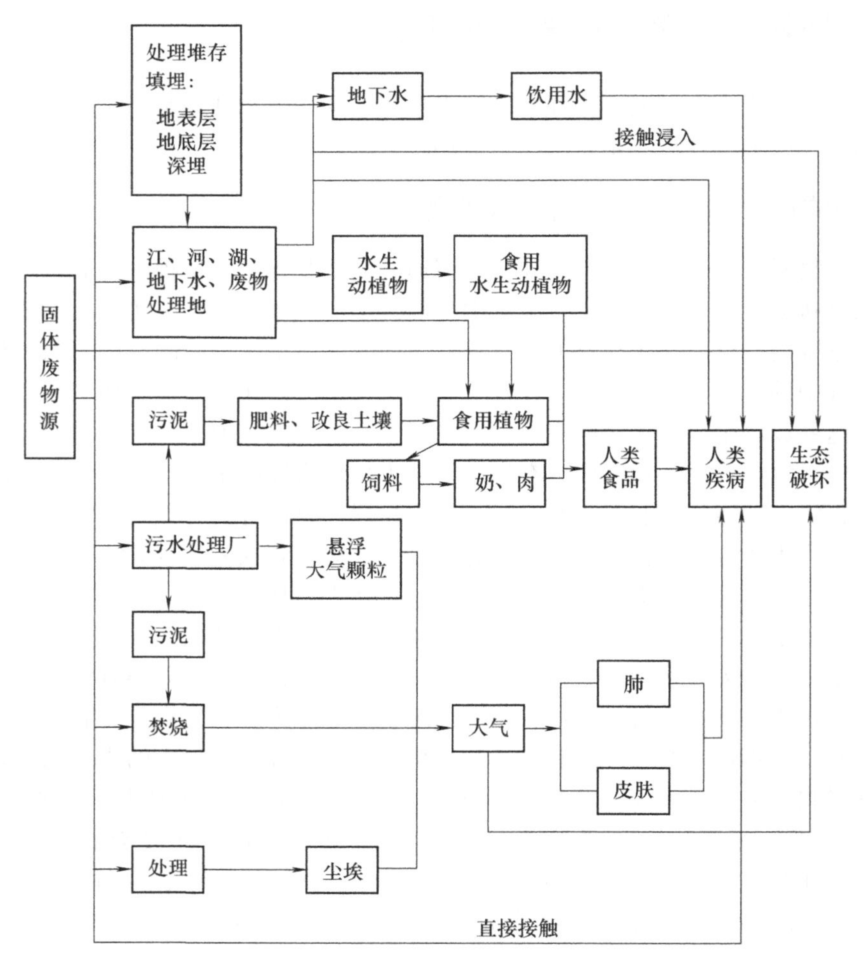

图 13-1　固体废弃物的污染途径

（2）污染土壤　固体废弃物不仅占用了大量的土地，而且废弃物经过雨淋湿浸出毒物，使土地酸化、碱化、毒化，其污染的土地的面积往往超过所占土地的数倍，改变了土壤的性质和土壤结构，影响土壤微生物的活动，妨碍植物根系的生长，有些污染物质在植物机体内积蓄和富集，通过食物链影响到人体健康。

表 13-2　固体废弃物的来源和主要组成

发　生　源	产生的主要固体废弃物
采矿、选矿业	废石、尾矿、金属、木、砖瓦、水泥、混凝土等建筑材料
冶金、机械、金属结构、交通工业	金属渣、砂石、废模型、陶瓷、涂层、管道、黏合剂、绝热绝缘材料、污垢、木、塑料、橡胶、布、纤维、填料、各种建筑材料、纸、烟尘、废旧汽车、废机床、废仪器、构架、废电器等

（续）

发　生　源	产生的主要固体废弃物
食品工业	烂肉、蔬菜、水果、谷物、硬果壳、金属、玻璃、塑料、烟草、玻璃瓶、罐头盒等
橡胶、皮革、塑料工业	橡胶、皮革、塑料、线、布、纤维、染料、金属、废渣等
石油、化学工业	有机和无机化学药品、金属、塑料、橡胶、玻璃、陶瓷、沥青、毡、石棉、纸、布、纤维、烟尘、污泥等
电器、仪器、仪表工业	金属、玻璃、木、塑料、橡胶、布、化学药品、研磨废料、纤维、电器、仪器、仪表、机械等
居民生活	食物垃圾、纸、布、木、金属、塑料、玻璃、陶瓷、器具、杂品、庭院整修物、碎砖瓦、脏土、燃料、灰渣、粪便等
商业机关	纸、布、木、金属、塑料、玻璃、陶瓷、器具、杂品、燃料、灰渣、管道、沥青及其他建筑材料、各种有害废渣、汽车、电器等
市政管理、污水处理	脏土、碎砖瓦、树叶、死禽畜、旧金属、废锅炉、灰渣、污泥、管道、器具、建筑材料等
农业	庄稼秸秆、烂蔬菜、烂水果、糠秕、果树剪枝、人畜粪便、农药等
核工业、核动力及放射同位素应用	旧金属、废渣、粉尘、污泥、器具、建筑材料等

（3）污染水体　含有有毒有害物的固体废弃物直接倾入水体或不适当堆置后受到雨水淋溶或地下水的浸泡，固体废弃物中的有毒有害成分浸出造成水体污染。锦州市某厂20世纪50年代露天投弃堆放的铬渣，因雨水淋溶导致六价铬渗入地下，数年后$20km^2$范围内的水质受到污染，使得7个村的1800眼井的井水不能饮用。某冶炼厂堆放的砷渣污染水井，造成208人中毒，6人死亡。山东胶东湾的东岸沿线倾填固体废弃物破坏了滩涂资源和原有的生态环境，而且海水长期冲刷浸泡、溶出，造成污染物的迁移，使潮间带和近海水域环境受到了严重的污染。

（4）污染大气　固体废弃物对大气的污染也是极为严重的。固体废弃物中的尾矿粉煤灰，干污泥和垃圾中的尘粒随风飞扬移至远处，如果粉煤灰、尾矿堆场遇4级以上风力，可剥1～1.5cm，灰尘飞扬高度达20～50m；有些地区煤矸石因硫含量高而自燃，像火山一样散发出大量的二氧化硫。化工和石油化工中的多种固体废弃物本身或在焚烧时能散发毒气和臭味，恶化周围的环境。

（5）其他影响　固体废弃物堆置不当还会造成很大的灾难。如尾矿或粉煤灰库冲决泛滥，淹没村庄、农田；泥石流中断铁路、公路，堵塞河道等灾难。固体废弃物特别是城市垃圾和致病废弃物是致病细菌繁衍、苍蝇蚊虫滋生、鼠类肆虐的场所，是流行病的重要发生源，垃圾发出的恶臭令人生厌。固体废弃物的不适当堆置还会破坏周围自然景观。

从污染物的比例看，矿业废弃物的排放量一般最大。废石、尾矿大多产生于人口较少的矿区，目前，这部分固体废弃物的利用率还很低，大量的堆存将对环境产生长期的影响。工业和城市垃圾发生在人口稠密的城市中，对环境造成的影响更大。

13.5.3　固体废弃物处理处置技术

固体废弃物的处理与处置包括处理、处置两个方面。废弃物处理（treatment）是指通过

物理、物化、化学、生物等不同方法，将废弃物转化成为适于运输、贮存、资源化利用及最终处置的过程，因此固体废弃物的处理方法主要有物理处理、物化处理、化学处理和生物处理等四种。

固体废弃物由于其来源和种类的多样化和复杂性，其处理和处置方法应根据各自的特性和组成进行优化选择。表 13-3 列出了国内外各种处理方法现状和发展趋势。

表 13-3　固体废弃物处理方法的现状和发展趋势

类　别	中国现状	国际现状	国际发展趋势
城市垃圾	填埋、堆肥、无害化处理和制取沼气、回收废品	填埋、卫生填埋、焚化、堆肥、海洋投弃、回收利用	压缩和高压压缩成型，填埋、堆肥、化学加工、回收利用
工矿废物	堆弃、填坑、综合利用、回收废品	填埋、堆弃、焚化、综合利用	化学加工、回收利用和综合利用
拆房垃圾和市政垃圾	堆弃、填坑、露天焚烧	堆弃、露天焚烧	焚化、回收利用和综合利用
施工垃圾	堆弃、露天焚烧	堆弃、露天焚烧	焚化、化学加工和综合利用
污泥	堆肥、制取沼气	填埋、堆肥	堆肥、焚烧、化学加工和综合利用
农业废弃物	堆肥、制取沼气、回耕、农村燃耕、饲料和建筑材料露天焚烧	回耕、焚化、堆弃、露天焚烧	堆肥、化学加工和综合利用
有害工业渣和放射性废物	堆弃、隔离堆存、焚烧、化学和物理固化回收利用	隔离堆存、焚化、土地还原、化学和物理固定，化学、物理及生物处理，综合利用	隔离堆存、焚化、化学固定，化学、物理及生物处理，综合利用

由于固体废弃物数量巨大，目前回收利用资源化所占的比例还十分小，所以必须寻求合理的处理处置方法，以减少日益增多的固体废弃物对环境的污染。表 13-4 为目前最为普遍的处置方法。

表 13-4　固体废弃物的主要处置方法

方　法	适用范围
一般堆存	不溶解（或溶解度极低）、不飞扬、不腐烂变质、不散发臭气或毒气的块状和颗粒状废物，如钢渣、高炉渣、废石等
围隔堆存	含水率高的粉尘、淤/污泥等，如粉煤灰、尾矿粉等（废物表面应有防止扬尘设施）
填埋	大型块状以外的废物，如城市垃圾、污泥、粉尘、废屑、废渣等
焚化	经焚化后能使体积缩小或质量减小的有机废物、污泥、垃圾等
生物降解	微生物能降解的有机废弃物，如垃圾、农业废物、粪便、污泥等
固化	有毒、有放射性的废物，为防止有毒物与放射性外溢，用固化物质将其密封起来。常用的固化物质有水泥、有机聚合物、金属器具等

1. 压实

压实也称压缩，是用物理方法提高固体废弃物的聚集程度，增大其在松散状态下的重

度，减少固体废弃物的容积，以便于利用和最终处置。固体废弃物的类型和处置目的不同，压实的处理流程也不同。对金属类废弃物，以材料回收和填埋处置为目的的压实处理流程为：有害垃圾→压实处理→胚块→回收再生/填埋；对有害垃圾进行填埋的压实处理流程为：有害垃圾→压实处理→胚块→沥青固化→填埋；以材料回收再生为目的的压实处理流程为：金属废弃物→破碎→压实处理→胚块→回收再生；对一般生活垃圾进行填埋处置的压实处理流程为：城市垃圾→压实处理→胚块→打包→填埋。压实处理技术在部分工业发达国家已得到应用，并取得一定的经济效益，在我国还未广泛使用。压实处理的主要机械设备为压实器。

2. 破碎

破碎是指用机械方法将固体废弃物破碎，以减小颗粒尺寸，使之适合于进一步加工或能经济地再处理。所以破碎是通常不是最终处理，而往往作为运输、焚烧、熔融、热分解、储存、压缩、磁选等的预处理过程。这一技术在固体废弃物的处理和处置过程中应用已相当普及，技术也相当成熟。按破碎的机械方法不同分为冲击破碎、剪切破碎、低温破碎、湿式破碎、半湿式破碎等。

剪切破碎是靠机械的剪切力（固定刀和可活动刀之间的啮合作用）将固体废弃物破碎成为适宜尺寸的过程。当前这种处理技术已广泛使用于木质、塑料、金属、橡胶、纸等固体废弃物的破碎。为了处理不同固体废弃物而设计的剪切破碎机械有林德曼（Lindemann）式剪切破碎机、冯·罗尔（Von Roll）式往复剪切破碎机、旋转剪切破碎机、托尔马什（Tollemacshe）式旋转剪切冲击破碎机、油压式剪切破碎机。

冲击破碎是靠打击锤（或打击刃）与固定板（或打击板）之间的强力冲击作用将固体废弃物破碎的过程。这种处理技术主要适用于瓦砾、废玻璃、废木质、塑料及废家用电器等固体废弃物的处理。用于固体废弃物处理的冲击破碎机多数属旋转式，最常用的是锤式破碎机。

低温破碎是利用固体废弃物低温变脆的性质而进行有效破碎的方法，主要适用于包覆、电线、废汽车轮胎、废家用电器等。通常采用液氮作为制冷剂，有代表性的废聚氯乙烯合成材料低温破碎流程为：废物→切割机→储料槽→液氮室→冷却室→粉碎机→粗筛→分离器。

湿式破碎技术是为了回收城市垃圾中的大量纸浆而发展起来的一种破碎技术，是基于纸浆在水力作用下易发生浆化，因而可将废物处理与制浆造纸结合起来。该技术在部分工业发达国家已获应用，主要通过湿式破碎机破碎。此设备为一圆形立式转筒装置，底部有许多筛眼，转筒内装有六把破碎刀，垃圾中的废纸经过分选作为处理原料，投入转筒内，因受大水量的激流搅动和破碎刀的破碎形成浆状，浆体由底部筛孔流出，经固液分离器把其中的残渣分出，纸浆送到纤维回收工段，经洗涤、过筛，将分离出纤维素后的有机残渣与城市下水污泥混合脱水至50%，送去焚烧炉进行焚烧处理，回收废热。在破碎机内未能粉碎和未通过筛板的金属、陶瓷类物质由机器的侧口排出，通过提斗送到传送带上，在传送过程中用磁选器将铁和非铁类物质分开。

半湿式选择破碎技术是基于废弃物中各种组分的耐压缩、耐剪切、耐冲击性能的差异，采用半湿式（加少量的水）破碎，在特制的具有冲击、剪切作用的装置中，对废弃物作选择性破碎的一种技术。物料在半湿式选择破碎机中的选择破碎和分选分三级进行。物料投入后，刮板首先将垃圾组分中的陶瓷、玻璃等质脆而易碎的物质破碎成细粒、碎片，通过第一阶段的筛网分离出去。分出的第一组物质采用磁力反拨、风力分选设备分别去除玻璃、废铁、塑料等得到堆肥原料。剩余垃圾进入滚筒第二阶段，继续受到刮板的冲击和剪切作用，具有中等强度的纸类物质被破碎，从第二阶段筛网排出。分出的第二组物质采用分选设备先去除长形物，然后用风力分选器将相对密度大一些的物质和相对密度小的纸类分开。残余垃圾在滚筒内继续受到刮板的冲击和剪切作用而破碎，从滚筒的末端排出，其主要成分为延性大的金属及塑料、木材、橡胶、纤维、皮革等物质。第三组物质的分选设备由磁选机和剪切机组成，剪切式破碎机把原料剪切到合乎热分解气化要求的粒度，然后可以利用其相对密度差进一步将金属类和非金属类分开。

3. 分选

分选主要是依据各种固体废弃物的不同物理性能进行分选处理的过程。固体废弃物在回收利用时，分选是继破碎以后的重要操作工序，分选效率直接影响回收物质的价值和市场销路。分选的方法主要有筛分、重力分选、磁力分选、浮力分选等。

（1）筛分　利用固体废弃物之间的粒度差，通过一定孔径的筛网上的振动来分离物料的方法。筛分法可以把通过筛孔的和不能通过筛孔的粒子群分开。筛分法通常和其他设备串联使用。影响筛分效率的因素包括入选物料的性质、筛子的振动方式、振幅大小、振动频率、筛子角度、振动方向、粒子反弹差异、筛孔目数及筛孔大小等。

（2）重力分选　利用混合固体废弃物在介质中的相对密度（或密度）差进行分选的一种方法。分选的介质可以是空气、水，也可以是重液、重悬液等，从而可分为惯性分选、风力分选、重液分选等形式。

1）惯性分选是基于废弃物各组分的相对密度和硬度差异而进行分离的一种方式。根据惯性分选原理设计的机械有反弹滚筒分选机、弹道分选机、斜板输送分选机等。目前该技术主要用于回收垃圾中的玻璃、重金属、陶瓷等相对密度较大的组分。

2）风力分选是基于固体废弃物颗粒在风力作用下，相对密度大的沉降末速度大，运动距离比较近，相对密度小的沉降末速度小，运动距离比较远的原理，对不同相对密度的物质加以分选。

3）重液分选是将两种密度不同的固体废弃物放在相对密度介于两者之间的重介质中，使轻的固体颗粒上浮，重固体颗粒下沉进行分选的一种方法。重介质主要有固体悬浮液、四溴乙烷水溶液、氯化钙水溶液等。国外从废金属混合物中回收铝的技术已达到实用化程度。

（3）磁力分选　基于固体废弃物的磁性差异达到分选效果的一种技术。它是通过设置在输送带下端的一种磁鼓式装置来实现的。被破碎的废弃物通过带式运输机传送到另一预处理装置时，下落废弃物中的碎铁渣被磁分选机吸在磁鼓装置上，从而得到优质的碎铁渣。磁力分选作为固体废弃物前处理的一种方法得到了较普遍应用，多用于城市垃圾中钢铁、钢铁工业尘泥及废渣中原料的回收。

（4）浮力分选　根据固体废弃物粒子表面的物理、化学性质不同，在其中加入浮选药剂，通入空气，在水中形成气泡，使其中一种或一部分粒子选择性地吸附在气泡上而浮到表面再与液相分离的操作。根据分离对象不同可分为离子浮选、浮游选矿、分子浮选及胶体浮选等。浮选技术在工矿企业固体废弃物处理方面的应用实例很多，如粉煤灰浮选回收炭、炼油厂碱渣作浮选捕收剂等。

（5）静电分离技术　利用各种物质的热电效应、电导率及带电作用不同分选物料的方

法。静电分离用于各种橡胶、塑料和纤维纸、合成皮革与胶卷等物质的分选是有效的。如给两种性能不同的塑料的混合物加以电压，一种塑料荷负电，另一种荷正电，就可以使两者得以分离。

（6）光电分离技术　利用物质表面光反射特性的不同而分离物料的方法。先确定一种标准的颜色，让含有与标准颜色不同的粒子混合物经过光电分离器时，在下落过程中，当照射到和标准颜色不同的物质粒子时，改变光电放大管的输出电压，经电子装置增幅控制，瞬间喷射压缩空气而改变异色粒子的下落方向，从而将与标准颜色不同的物质分离出来。

（7）涡电流分离技术　将非磁性而导电的金属（铅、铜、锌等）置于不断变化的磁场中，金属内部会产生涡电流并产生排斥力。由于排斥力随物质的固有电阻、磁导率等特性和磁场密度的变化速度及大小而异，所以能起到分离金属物料的作用。排斥力受金属块的性质、大小、种类及表面状态的影响，所以涡电流分离法用于固体废弃物中回收金属物质是比较困难的。

4. 固化技术

固化技术是指通过物理或化学法将废弃物固定或包含在坚固的固体中，以降低或消除有害成分的溶出特性。固化法是日本为解决放射性废弃物的蒸发、凝聚沉淀、粒子交换等处理后的二次废物（污泥及浓缩液）的处理问题而提出的，现在这一技术正在不断深化。目前，根据废弃物的性质、形态和处理目的可供选择的固化技术有五种方法，即石灰基固化法、水泥基固化法、热塑性材料固化法、高分子有机聚合法和玻璃基固化法。

5. 增稠和脱水

在生产工艺本身或废水处理过程中，常常产生许多沉淀物和漂浮物，如在污水处理系统中直接从污水中分离出来的沉砂池的沉渣、初沉池的沉渣、隔油池和浮选池的油渣，高炉冶炼过程排出的灰渣，废水通过化学处理和生物化学处理产生的活性污泥和生物膜，电解过程排出的电解泥渣等，统称为污泥。污泥的重要特征是含水率高。在污泥处理与利用中，核心问题是水和悬浮物的分离问题，即污泥的增稠和脱水问题。

脱水是进一步降低污泥中含水率的一种方法，主要有机械脱水法和自然干化法。自然干化法是利用太阳自然蒸发污泥中的水分。机械脱水法主要是利用机械脱水设备进行脱水的，机械脱水设备有板框压滤机、真空过滤机、带式压滤机和离心脱水机等。

6. 焚烧

焚烧是一种高温处理和深度氧化的综合工艺，通过焚烧（800～1000℃）使其中的化学活性成分被充分氧化分解，留下的无机成分（灰渣）被排出，在此过程中废弃物的毒性降低，容积减少，同时实现回收热量及副产品的双重功效。如今城市垃圾的焚烧已成为城市垃圾处理的三大方法之一，在处理方面的技术地位仅次于填埋。焚烧法的独特优点：①占地面积小，减容（量）效果好，基本无二次污染，且可以回收热量；②填埋需几个月，而焚烧是一种快速处理方法，使垃圾变成稳定状态，在传统的焚烧炉中，只需在炉中停留 1 h 就可以达到要求；③焚烧操作是全天候的，不受气候条件限制；④焚烧的适用面广，除可处理城市垃圾，还可处理许多种其他有毒废弃物。

焚烧法也存在一些问题：①基建投资大，占用资金期较长；②要排放一些不能够从烟气中完全除去的污染气体；③对固体废弃物的热值有一定的要求；④操作和管理要求较高。

焚烧设备主要有流化床焚烧炉、转窑、多段炉、敞开式焚烧炉、双室焚烧炉等。

7. 热解技术

热解技术是在氧分压较低的条件下，利用热能使可燃性化合物的化合键断裂，由相对分子质量大的有机物转化成相对分子质量小的油、燃料气体、固形碳等。与焚烧不同，焚烧是在氧分压比较高的条件下使有机物在高温下完全氧化，生成稳定的 CO_2 和 H_2O，同时释放能量。

20 世纪 60 年代以来，城市垃圾成分发生了很大的变化，垃圾中可燃成分比例有了较大的提高。据报道，欧洲一些国家垃圾平均热值达 7500kJ/kg，已相当于褐煤的发生量。实践表明，热解法是一种有前途的固体废弃物处理方法。

热解法和其他方法相比，有以下优点：

1）热解是在氧分压较低的还原条件下进行，因此发生 SO_x、NO_x、HCl 等二次污染较少，生成的燃料气或油能在低空气比下燃烧，因此废气量比较少，对大气造成的二次污染也不明显。

2）热解残渣中，腐败性有机物含量少，能防止填埋厂的公害。排出物密度高、致密，废物被大大减容，而且灰渣被熔融，能防止重金属类溶出。

3）能够处理不适于焚烧的难处理固体废弃物。

4）能量转换成有价值的、便于储存和运输的燃料。

8. 堆肥技术

堆肥技术是依靠自然界广泛分布的放线菌、细菌、真菌等微生物，人为促进可被生物降解的有机物向稳定腐殖质转化的生物化学过程。堆肥化的产物称为堆肥，可作为土壤改良剂和肥料，从而防止有机肥力减退，维持农作物长期的优质高产。因而堆肥技术越来越受到重视，成为处理城市生活垃圾的一种主要方法。

堆肥按需氧程度分为有好氧堆肥和厌氧堆肥，按温度分为中温堆肥和高温堆肥，按技术分为有露天堆肥和机械密封堆肥。

13.5.4 固体废弃物的资源化

伴随着世界城市化、工业化进程，世界各国的工业固体废弃物产生量总体上在日益增加。贸易和非法贸易导致的工业废弃物转移排放和向水体倾倒也很严重，根据亚洲发展银行的统计数字估计，亚洲一些主要国家的废物产生量（由于生产和贸易）在 1992—2010 年增加了 3 倍多，且相应的排放量也急剧上升。我国的工业固体废弃物产生量逐年增加，排放量（包括排入水体）的绝对量也很大，因工业固体废弃物排放和堆存造成的污染事故和损失也很严重，且乡镇工业废弃物排放量增加迅猛。另外，由于我国的固体废弃物污染防治起步较晚，《中华人民共和国固体废物污染环境防治法》于 1996 年 4 月 1 日施行，污染防治仍面临着艰巨任务。目前，就国内外研究进展而言，在世界范围内取得共识的技术对策是“3C”原则，即 Clean、Cycle、Control，围绕着“3C”原则。美国在 20 世纪 90 年代初通过的《污染防治法》中规定，对固体废弃物和有害废弃物首先要防止其产生，如不能防止，就要减少其产生，且鼓励有关技术和项目的开发，并在废弃物回收（如废纸、废塑料、废钢铁、废木材等）、废弃物的稳定与固化、废弃物的焚烧等方面获得成功。欧盟则在有关条例中要求其成员防止与减少废弃物的生产，并利用或重复利用，变废为宝，如利用废弃物发电等。日本由于人口密集、国土狭窄，无害化、减量化、资源化一直是固体废弃物处理处置领域强

调的重点。我国虽然在综合利用、稳定与焚烧、固化、填埋等技术方面有了一定的进展与规模，但总体而言，固体废弃物的资源化程度还很低。现在，国家已将工业固体废物排放量作为污染物排放量总量控制指标之一，从尾部控制转变为全过程控制是发展的必然趋势。所以，工业固体废物排放总量控制应从全过程控制的角度研究其内涵。

我国目前积存的主要固体废弃物煤矸石、粉煤灰、锅炉渣、钢渣、高炉渣、尘泥等多以SiO_2、CaO、Al_2O_3、MgO、Fe_2O_3为主要成分。这些废弃物只要进行适当的调制加工即可制成不同强度等级的水泥和其他建筑材料。

13.6　其他环境污染

13.6.1　噪声污染

随着工业的高度发展和城市人口的迅猛膨胀，噪声已成为现代城市居民每天感受到的公害之一。日本1966年因公害起诉的案件20502起，其中噪声就有7640起，占37.3%（水污染占12.5%，大气污染占22.9%，臭气污染占17%，振动公害占5.8%，地面下沉占0.15%，其他占4.8%），而1974年噪声起诉案增至20972起，1977年又激增至80000起。美国1977年在工业生产中因噪声造成工作效率降低、意外事故和要求赔偿等经济损失，估计达40亿美元。

1. 噪声的定义

一般认为，凡是不需要的、使人厌烦并对人类生活和生产有妨碍的声音都是噪声。可见，噪声不仅取决于声音的物理性质，而且与人类的生活状态有关。例如，听音乐会时，除演员和乐队的声音外，其他都是噪声；但当睡眠时，再悦耳的音乐也变成噪声。

2. 噪声的特性

（1）与主观性有关　由于噪声属于感觉公害，它与人的主观意愿和人的生活状态有关。在污染有无和程度上，与人的主观评价关系密切。当然，当噪声大到一定程度时，每个人都会认为是噪声；但即便如此，每个人的感觉还是会不一样。

（2）分散性　环境噪声的声源是分散的，因此噪声只能规划性防治而不能集中处理。

（3）局限性　环境噪声的传播距离和影响范围有限，不像大气污染和水污染可以扩散和传递到很远的地区。

（4）暂时性　噪声停止后，危害和影响即可消除，不像其他污染源排放的污染物，即使停止排放，污染物也可长期停留在环境中或人体里。故噪声污染没有长期的积累效应。

3. 噪声来源

噪声主要来源于物体（液体、固体、气体）的振动，这样可分为气体动力噪声、机械噪声和电磁性噪声。对城市噪声而言，70%来自交通噪声，其余来自工厂噪声和生活噪声。

4. 噪声的危害

（1）损伤听力　噪声可以使人造成暂时性的或持久性的听力损伤，后者即耳聋。声级在80dB（A）以下的职业性噪声暴露，可能造成听力损失，一般不致引起噪声性耳聋；在80～85dB（A），会造成轻度的听力损伤；在85～90dB（A），会造成少量的噪声性耳聋；在90～100dB（A），会造成一定数量的噪声性耳聋；在100dB（A）以上，会造成相当多的噪声性耳聋。但是，高至90dB（A）的噪声，也只是产生暂时性的病患，休息后即可恢复。因此噪声的危害，关键在于它的长期作用。

（2）干扰睡眠　睡眠是人消除疲劳、恢复体力、维持健康的一个重要条件，但是噪声会干扰人的睡眠，尤其对病人和老人这种干扰更显著。当人的睡眠受到噪声干扰后，工作效率和健康都会受到影响。一般说来，40dB（A）的连续噪声可使10%的人受到影响，70dB（A）可影响到50%；而突发的噪声在40dB（A）时，可使10%的人惊醒，到60dB（A）时，可使70%的人惊醒。由于睡眠受干扰而不能入睡所引起的失眠、疲劳无力、耳鸣多梦、记忆力衰退，在医学上称为神经衰弱症候群，在高噪声环境下，这种病的发病率可达50%以上。

（3）对人体生理的影响　一些实验表明，噪声会引起人体的紧张反应，刺激肾上腺素的分泌，因而引起心率改变和血压升高。噪声会使人的唾液、胃液分泌减少，从而易患胃溃疡和十二指肠溃疡；某些吵闹的工业企业里，溃疡症的发病率会比安静环境的高5倍。在高噪声环境下，会出现一些女性的月经失调、性机能紊乱、孕妇流产率增高的现象。有些生理学家和肿瘤学家指出：人的细胞是产生热量的器官，当人受到噪声或各种神经刺激时，血液中的肾上腺素显著增加，促使细胞产生的热能增加，而癌细胞则由于热能增高而有明显的增殖倾向，特别是在睡眠之中。极强的噪声［如175dB（A）］下人还会死亡。

（4）干扰语言交流　噪声对语言通信的影响，来自噪声对听力的影响。这种影响，轻则降低通信效率，影响通信过程；重则损伤人们的语言听力，甚至使人们丧失语言听力。实验证明，60dB（A）噪声下，普通交谈声的交谈距离仅1.3m，大声的交谈距离为2.5m。

（5）对心理的影响　噪声使人易怒、烦恼激动，甚至失去理智。噪声也容易使人疲劳，往往会使人不能精力集中和影响工作效率，尤其是对那些要求注意力高度集中的复杂作业和从事脑力劳动的人，影响更大。另外，噪声分散人们的注意力，容易引起工伤事故。特别是在能够遮蔽危险警报信号和行车信号的强噪声下，更容易发生事故。

（6）影响儿童和胎儿发育　在噪声环境下，儿童的智力发育缓慢。有调查发现，吵闹环境下儿童智力发育比安静环境中的低20%。噪声会使母体产生紧张反应，会引起子宫血管收缩，以致影响供给胎儿发育所必需的养料和氧气。此外，噪声还影响胎儿的体重，吵闹区婴儿体重轻的比例较高。

（7）影响动物生长　强噪声会使鸟类羽毛脱落，不下蛋，甚至内出血，最终死亡。如20世纪60年代初期，美国F104喷气机在俄克拉荷马市上空作超声速飞行试验，飞行高度为10000m，每天飞越8次，共飞行6个月，导致附近一个农场的10000只鸡被轰鸣声杀死6000只。

（8）损害建筑物　美国统计的3000件喷气式飞机使建筑物受损害的事件中，抹灰开裂的占43%，损坏的占32%，瓦损坏的占6%，墙开裂的占15%。飞机噪声造成的经济损失，1968年为40亿~185亿美元，1978年为60亿~277亿美元。

13.6.2　放射性污染

放射性污染是指由于人类活动不当排放出的放射性污染物造成的环境污染和人体危害，而从自然环境中释放出的天然放射，可以视为环境的背景值。这样，放射性污染物是指人类释放的各种放射性核素，它与一般化学污染物的显著区别是放射性与化学状态无关。每一种

放射性核素都有一定的半衰期，能放射具有一定能量的射线。除了在核反应条件下，任何化学、物理或生化的处理都不能改变放射性核素的这一特性。

1. 污染源

（1）核电站 核电站排出的放射性污染物为反应堆材料中的某些元素在中子照射下生成的放射性活化物。其次有由于元件包壳的微小破损而泄漏的裂变产物，元件包壳表面污染的铀的裂变产物。核电站排放的放射性废气中有裂变产物氚、^{131}I 和惰性气体^{85}Kr、^{133}Xe，活化产物有^{14}C、^{14}N 和^{41}Ar 及放射性气溶胶。核电站排入环境的放射性污染物的数量与反应堆类型、功率大小、净化能力和反应堆运行状况等有关。正常情况下，核电站对环境的放射性污染很轻微，如生活在核电站周围的绝大多数居民，从核电站排放放射性核素中接受的剂量，一般不超过背景辐射剂量的1%。只有在核电站反应堆发生堆芯熔化事故时，才可能造成环境的严重污染；如苏联切尔诺贝利核电站 4 号机组发生核泄漏引起爆炸事故，导致 30 人死亡、300 多人受伤，经济损失高达数百亿美元。

（2）核工业 核工业各部门排放的废气、废水、废渣是造成环境放射性污染的主要原因。核燃料生产循环的每个环节都排放放射性物质，但不同环节排放量不同。如铀矿开采过程主要是氡和氡的子体及放射性粉尘对大气的污染，放射性矿井水对水体的污染，废矿渣和尾矿等固体废弃物污染。铀矿石在选、冶过程中，排出的放射性废水、废渣量都很大，排入河流后，常常造成河水中铀和镭含量明显增高。铀元件厂、铀精制厂和铀气体扩散厂对环境的污染都较轻。

（3）核试验 核爆炸在瞬间能产生穿透性很强的中子和 γ 辐射，同时产生大量放射性核素。前者称为瞬间核辐射，后者称为剩余核辐射。剩余核辐射有三个来源：①未发生核反应的剩余核燃料；②裂变核燃料进行核反应时产生的裂变产物，约有 36 种元素，200 多种同位素；③核爆炸时产生的中心和弹体材料及周围空气、土壤和建筑材料中的某些元素发生核反应而产生的感生放射性核素。核爆炸产生的放射性核素除了对人体产生外照射外，还会通过空气和食物产生内照射。其中危害最大的核素是^{89}Sr、^{90}Sr 和^{137}Cs 等。核试验造成的全球性污染比核工业造成的污染严重得多。

（4）核燃料后处理厂 核燃料后处理厂是将反应堆辐照元件进行化学处理，提取铀等后再使用。后处理厂排入环境的放射性核素为裂变产物和少量超铀元素。其中一些核素毒性大、半衰期长（如^{90}Sr 和^{137}Cs），所以后处理厂是核燃料生产循环中对环境造成污染的重要污染源。

2. 危害和影响

放射性气体对人产生辐照伤害通常有三种方式：吸入照射，吸入放射性气体，使全身或甲状腺、肺等器官受到内照射；浸没照射，人体浸没在放射性污染的空气中，全身和皮肤会受到外照射；沉降照射，沉积在地面的放射性物质对人体产生的照射。

放射性物质主要是通过食物链经消化道进入人体，其次是经呼吸道进入人体；通过皮肤吸收的可能性很小。放射性核素进入人体后，其放射线对机体产生持续照射，直到放射性核素蜕变成稳定性核素或全部排出体外为止。就多数放射性核素而言，它们在人体内的分布不均匀。放射性核素沉积较多的器官，受到内照射量较其他组织器官大。人体经受某些微量的放射性核素污染并不影响健康，只有当照射达到一定剂量时，才能出现有害作用。当内照射剂量大时，可能出现近期效应，如出现头晕、头痛、食欲下降、睡眠障碍等神经系统和消化系统的症状，继而出现白细胞和血小板减少等。超剂量放射物质在体内长期作用，可产生远期效应，如出现白血病、肿瘤和遗传障碍等。如1945年原子弹在日本广岛、长崎爆炸后，当时居民长期受到辐射远期效应的影响，肿瘤、白血病的发病率明显增高。

13.6.3 电磁污染

1. 含义和来源

广义上，电磁污染是指天然的和人为的各种电磁波干扰及对人体有害的电磁辐射。狭义上，电磁污染主要是指当电磁场的强度达到一定限度时，对人体机能产生的破坏作用。

人为的电磁污染主要有以下几种。

1）工频交变电磁场。如在大功率电动机、变压器及输电线等附近的电磁场，它并不以电磁波形式向外辐射，但在近场区会产生严重电磁干扰。

2）脉冲放电。如切断大电流电路时产生的火花放电，其瞬时电流变化率很大，会产生很强的电磁干扰。

3）射频电磁辐射。如电视、无线电广播、微波通信等射频设备的辐射，频率范围宽广，影响区域也较大，能危害近场区的工作人员。目前，射频电磁辐射已经成为电磁污染环境的主要因素。

2. 电磁污染的危害

（1）损害中枢神经系统　头部长期受微波照射后，轻则引起头痛头昏、失眠多梦、疲劳无力、记忆力减退、易怒、抑郁等神经衰弱症候群；重则造成脑损伤。

（2）影响遗传和生殖功能　父母一方曾经长期受到微波辐射的，其子女中畸形儿童如先天愚型、畸形足等的发病率异常高。强度在5～10mW/cm^{2}的微波，对皮肤的影响不大，但可使睾丸受到伤害，造成不育或女孩出生率明显增加。

（3）增加癌症发病率　典型的事件发生在1976年美国驻莫斯科大使馆。苏联人为监听美驻苏使馆的通信联络情况，向使馆发射微波，由于使馆工作人员长期处在微波环境中，结果造成使馆内被检查的313人里，有64人淋巴细胞平均数高44%，有15个妇女得了腮腺癌。

（4）引起心血管和眼睛等多种疾病　高强度微波连续照射全身，可使体温升高、产生高温的生理反应，如血压升高、心率加快、呼吸率加快、喘息、出汗等，严重的还会出现抽搐和呼吸障碍，直至死亡。强度在100mW/cm^{2}的微波照射眼睛几分钟，就可以使晶状体出现水肿，严重的则成白内障；强度更高的微波，会使视力完全消失。

【阅读材料】

爆破震动和噪声扰鸡群

新疆乌鲁木齐市某露天煤矿建设指挥部（以下简称指挥部）根据上级有关部门的决定，于1991年开始建设露天煤矿。在指挥部建设露天煤矿期间，某劳动服务公司在该露天煤矿东南边界的边缘建立了一个大型养鸡场。1991年4月，劳动服务公司将养鸡场发包给庞某，承包期4年。1992年2月至6月，庞某分4次购进雏鸡7000只，在鸡场饲养。

同年8~10月，这些鸡先后进入了产蛋期。与此同时，指挥部在露天煤矿进行土层剥离爆破施工，其震动和噪声惊扰了养鸡场的鸡群，鸡的产蛋率突然大幅度下降，并有部分鸡死亡。同年12月底及1993年初，庞某不得已只好将成鸡全部淘汰。经计算，庞某因蛋鸡产蛋率下降而提前淘汰减少利润收益10万余元。经有关部门对庞某承包的养鸡场的活、死鸡进行抽样诊断、检验，结论为：因长期放炮施工的震动和噪声造成鸡群出现“应激产蛋下降综合症”。由于不能就赔偿达成协议，庞某向法院起诉，要求指挥部赔偿其经济损失。指挥部以开矿爆破经国家有关部门批准，没有违反法律，不构成侵权为由，拒绝承担赔偿责任。

法院经审理认为，露天煤矿开始施工建设时，养鸡场已经建成并投入生产，养鸡场的建立没有违反有关规定，指挥部长期开矿爆破施工，其震动和噪声惊扰庞某养鸡场的鸡群，应承担赔偿责任，判决指挥部赔偿庞某经济损失120411.78元。

——资料来源：《中华人民共和国环境噪声污染防治法》。

思考题

1. 环境的概念是什么？环境有什么作用？
2. 什么是环境保护？环境保护与可持续发展有什么联系？
3. 为什么解决环境问题必须走可持续发展道路？
4. 大气污染有哪些类型？其污染物有哪些？
5. 大气污染有哪些控制技术？
6. 水体污染物有哪些种类？
7. 废水处理方法有什么？废水处理分为哪几级？
8. 固体废弃物有哪些处理处置技术？分别适用于什么样的固体废弃物处理？
9. 噪声、放射性污染和电磁污染分别有什么危害？

推荐读物

1. 周敬宣．环境与可持续发展［M］．武汉：华中科技大学出版社．2007.
2. 蒋展鹏，杨宏伟．环境工程学［M］．北京：高等教育出版社，2013.

参考文献

［1］程发良，孙成访．环境保护与可持续发展［M］．北京：清华大学出版社，2009.
［2］曲向荣．环境保护与可持续发展［M］．北京：清华大学出版社，2010.
［3］周敬宣．环境与可持续发展［M］．武汉：华中科技大学出版社，2007.
［4］蒋展鹏，杨宏伟．环境工程学［M］．北京：高等教育出版社，2013.
［5］徐新华，吴忠标，陈红．环境保护与可持续发展［M］．北京：化学工业出版社，2000.
［6］赵文玉．环境可持续发展理论体系框架的构建［J］．四川环境，2004（1）：100-104.
［7］赵多，卢剑波，闵怀．浙江省生态环境可持续发展评价指标体系的建立［J］．环境污染与防治，2003（6）：380-382.
［8］田雪原．人口、资源、环境可持续发展宏观与决策选择［J］．人口研究，2001（4）：1-11.

第14章

生物多样性与可持续发展

生物多样性资源是大自然馈赠给人类最宝贵的财富。依靠地球得天独厚的物理化学环境和生物多样性资源，人类社会才得以产生、存在和发展，直到形成今天这个五彩缤纷的世界。但是随着人口的剧烈增长和大规模的经济活动，使许多物种濒临灭绝，生态系统受到严重破坏，人类赖以生存和发展的基础——生物多样性正在不断遭到无情的破坏。有关机构和生物学家们估计，目前世界上3/4的鸟类、2/5的爬行类、2/3的灵长目正受到严重威胁或濒于灭绝；现在物种灭绝的速度远远超过了原来在自然进化过程死亡的速度。在新世纪里，灭绝的物种可能会增加10倍，将会有更多的植物、动物以及其他有机体从地球上消失。生物多样性损失问题的愈演愈烈，已成为维持人类社会经济持续发展面临的最大问题之一。目前，人类活动造成的生物多样性损失已引起世界的普遍关注。自80年代以来，生物多样性保护问题变得日益普遍化和国际化，成为最大的全球环境问题之一。

■14.1　生物多样性的科学认知

14.1.1　生物多样性

生物多样性是大自然物种拥有程度的笼统术语，包括在某个特定范围内生态系统、物种或基因的数量和出现率。生物多样性通常含有三个不同的层次：遗传（或基因）多样性、物种多样性和生态系统多样性。

遗传多样性是指某个物种内个体的变异性。地球上几乎所有的生物（无性系除外）都拥有独特的遗传组合。当物种没有得到后代延续时，遗传多样性就会出现损失。因此，遗传多样性是生物多样性的基础。

物种多样性是指地球上生命有机体的多样性或动物、植物、微生物物种的丰富性。物种是生物分类的最基本单元。据联合国环境规划署最新的估计数字，地球上的物种数量为1300万～1400万，但有明确记录或研究过的只有其中的13%，即约175万种。一般来说，某一物种的活体数量越大，其基因变异的机会也就越大。但某些物种活体数量的过分增长则可能导致其他物种活体数量的减少，甚至减少物种多样性。要使生物多样性达到最佳状态，就必须不让任何物种数量下降到可能灭绝的危险水平，才有可能保证遗传多样性不受损失。所以说，物种多样性是遗传多样性的载体或体现。

生态多样性是指生物圈内生态环境、生物群落和生态过程的多样化，也是指物种存在的生态复合体系的多样化和健康状态。各生态系统都存在物质与能量的流动，生态环境提供了流动的物质基础，生态过程体现了流动的过程，生物群落则是流动产生的结果。生态平衡也体现了物种间数量与质量的平衡。

因此，生态系统的多样性是物种多样性和遗传多样性的基础，自然生态系统的平衡为物种进化和种内遗传变异提供保证。从根本上说，生物多样性必须在遗传、物种和生态系统三个层次上都得到保护，才有可能真正做到生物多样性的保护。当前保护的重点，应该是生态系统的完整性和野生珍稀濒危物种。

14.1.2 世界物种资源的变迁

1. 现代世界物种资源概况

到目前为止，人们已鉴定出大约175万个物种（表14-1）。这些已鉴定的物种中，哺乳动物4170种、鸟类8715种、爬行动物5115种、两栖动物3125种、鱼类21000种。已有记载和描述的植物大约有25万种，无脊椎动物130万种。

表14-1 现代世界物种种类

类　别	确定种类	估计种类
哺乳动物	4170	4300
鸟类	8715	9000
爬行动物	5115	6000
两栖动物	3125	35000
鱼类	21000	23000
无脊椎动物	1300000	4004000
植物	250000	280000
非植物	150000	200000
合计	1742000	4926000

近年来，科学家们在3500m左右的深海海底发现了极其丰富的新无脊椎动物，从而推测深海的无脊椎动物可能多达1亿种，比过去推测的20万种海洋生物多出好几百倍。科学家们还在洋底火山口边缘（水深2623m，温度为85℃，压力约为26MPa）发现了大量的原始生物（杨氏产甲烷球菌等），并已确认了其中的500多种，估计多远100万种。这类微生物以火山口中排出的二氧化碳、氮和氢为生，科学家们认为这类原始生物可能是早期的生命形式。

尽管人类已经可以登上月球，但地球上还存在不少人类尚未涉足的地域。除了深海之外，另一个重要的地域就是热带森林。有人认为，仅在热带森林就可能生活着3000万种昆虫。因此，现存物种的实际数目比人们以往的估计数肯定会多很多。

2. 地球上生物演化简史

地球的历史约46亿年。到目前为止，地球上发现的最早生命记录是35亿年前出现的单细胞菌藻类化石。在35亿年的演化历程中，地球上的生命循着从无机到有机、从非细胞形态到具细胞结构、从原核到真核、从二级到三极的方向演化（表14-2）。生物的演化和发展，深刻地影响着地球的环境。地球现有状态就是生命活动参与地质历史过程的结果，地球的现状也是靠生命活动来调节和维持的。

表14-2　地球上生物演化记事简表

时　间	生物历史大事记
距今35亿年前	地球上生命出现（单细胞菌藻类、属原核生物）
距今20亿年前	真核生物出现（蓝绿藻类）
距今6.3亿年左右	海生无脊椎动物出现
距今6亿年左右	海生无脊椎动物大发展
距今5亿年左右	海生原始脊椎动物（无须类）出现
距今4.2亿年左右	陆生植物出现
距今3.6亿年左右	脊椎动物登陆成功，两栖类出现；陆生植物大发展，出现原始裸子植物
距今3亿年左右	爬行动物出现，两栖类大繁盛
距今1.5亿年左右	哺乳类、鸟类出现；爬行类、裸子植物大繁盛
距今1.3亿年左右	被子植物出现，哺乳类开始繁盛
距今300万年左右	人类出现，哺乳类、鸟类及被子植物大繁盛

现今地球上的生物是经过了35亿年的漫长演化历程，从无到有、从简单到复杂、从低级到高级的演化结果。其间也发生过多次生物大规模灭绝事件，如发生在距今2.25亿年前二叠纪末的海生无脊椎动物大规模灭绝和发生在6500万年前的恐龙大规模灭绝事件等。地质历史上生物灭绝的原因是自然因素，而发生在现代的生物灭绝，主要是由人类活动直接或间接造成的。

14.1.3　生物多样性对人类的意义

人类的目标应当是谋求社会经济的可持续发展。要达到这一目标，关键是要保护好地球上的生命支持系统，这个支持系统的核心就是生物多样性。生物多样性的价值首先在于它是可供人类利用的自然资源，即生物资源。它包括动物、植物和微生物，再加上受生物影响的环境资源。生物资源明显区别于非生物资源的重要性质是：如保护得法、应用得当，则它是可以再生的，也就可以永续利用；如不加保护或利用过度，则会遭到破坏以至消失，就变得不可再生。生物资源的环境价值对于人类同样是不可低估的。因此，生物多样性与人类的生存和发展息息相关。具体地说，生物多样性对人类的意义包括直接价值和间接价值两个方面。

1. 直接价值

直接价值包括生产性使用价值和消费性使用价值两类。

生产性使用价值是指那些可供市场交易的物品价值，如各类木材和果实、鱼类和海产品、毛皮等。这些物品在市场上反映出来的价值仅仅是生物资源的收获价值，实际上是作为原材料的价值，其最终产品的价值往往要高得多。

消费性使用价值指的是不通过市场交易，直接被消费的自然产物的价值，如薪柴、鱼类、猎物等。在发展中国家远离城市的乡村，此类消费在经济活动中起着巨大作用。如扎伊尔乡村每年消费的动物蛋白有75%来自野味；塞内加尔500万人口每年消费的哺乳类和鸟类野生动物就达37万kg。

因为消费性使用价值并未通过市场交易，因而它们的实际价值往往被忽视，更没有被列入各国的经济指标中去。假如把这些直接消费的生物资源折算成市场价值，就会发现其价值往往是十分巨大的。在马来西亚沙捞越进行的一项详细研究表明，猎人们每年捕食的野猪，其市场价值竟高达1亿美元。

2. 间接价值与潜在价值

生物多样性的间接价值指环境功能价值，潜在价值则包括选择价值及存在价值。

环境功能价值属于非消费性质，指的是生物的自然功能或服务支持，主要体现在植物的光合作用、调节气候、保持水土、保护环境、为人类提供娱乐，具有美学、文化、科学、教育等方面的作用。选择价值则是指生物多样性的未来价值或潜在价值。如人类为了培育良种，经常需要寻找野生生物作为父本或母本，以培育出优良品种。目前地球上人口已超过60亿，其95%的食物依赖的农作物却只有30多种，其中又以小麦、玉米、稻谷占绝大部分；饲养的家畜、家禽和鱼类的种类也十分有限。野生生物是尚待人类开发的重要食物来源。存在价值则是仅仅让其存在而显示的价值。比如“回归自然”的户外活动，仅仅欣赏一下大自然的青山绿水，也给人以极大的享受和振奋；美好的愿望、优美的诗句或文字，甚至科学的灵感也会由此而产生。

生物多样性这些间接价值和潜在价值是无形的，它们不出现在任何国家的统计数字中，但它们的实际作用却远远超过直接价值。据《中国生物多样性国情研究报告》，我国生物多样性保护产生的间接价值远大于其直接价值（表14-3），而且间接价值是全社会的，是自然界对人类的馈赠。更为重要的是直接价值又往往来源于间接价值。因为人类收获的动物或植物都是借助于它们存在的环境所提供的服务与支持而形成，没有这类服务与支持，就不会有生物的多样性，也就不会有如此丰富多样的可供人类利用的生物资源。

表14-3　中国生物多样性经济价值初步评估结果

价值类别	价值/10^{12}元	
直接使用价值	产品及加工品年净价值	1.02
	直接服务价值	0.78
	小计	1.80
间接使用价值	有机质生产价值	23.3
	CO_2固定价值	3.27
	O_2释放价值	3.11
	营养物质循环和贮存价值	0.32
	土壤保护价值	6.64
	涵养水源价值	0.27
	净化污染物价值	0.40
	小计	37.31

（续）

价值类别	价值/10^{12}元	
潜在使用价值	选择使用价值	0.09
	保留使用价值	0.13
	小计	0.22

需要指出的是，迄今为止，保护野生生物的理由都是以其作为可被人类利用资源的实际或潜在用途为基础的，这是一种以人类为中心的观念，也就是说人类有权按自己的意愿来利用世界资源。近年来，很多生态学家和自然资源保护论者认为，以人类为中心的世界观是不全面的。我们必须保护自然资源和承担环境责任，不是因为它们有利可图或者美好，也不是因为有助于我们的生存，而是因为它的存在有助于地球生命支持系统。这就是我们需要的生态文明观。

■ 14.2　全球生物多样性现状

生物多样性给人类带来了无与伦比和不可替代的利益，而且这种利益正随着科学技术的发展和人类文明的进步而日益增加。然而，地球生物圈面临的空前巨大的人口压力和经济开发的压力，造成生物多样性日益减少。虽然人类对生物多样性的认识还仅仅处于起步阶段，既不知道确切的物种数，也不完全清楚生态系统内部复杂的联系，难以全面评价生物多样性的动态变化。但是，在许多地方已发生的物种灭绝情况是触目惊心的，足以给人类敲响警钟。保护生物多样性已是一件全球关注、刻不容缓的大事业。

14.2.1　物种濒危与灭绝

物种的形成与灭绝是一种自然过程。化石记录表明，多数物种的限定寿命平均为100万到1000万年。自地球上出现生命以来，估计存在过5亿多种生物。而在过去的5亿年间，类似6500万年前恐龙灭绝（当时地球上1/2的海生物种、2/3的爬行类和两栖类消失了）那样的巨大灾难性事件发生过五六起。自人类出现以来，特别是1万年前开始农业生产以来，人类的活动进一步加速了物种的灭绝，而且这种人为的灭绝规模和灭绝速率已达到可与过去主要地质灭绝事件相比拟的程度。

物种濒危和灭绝的发展趋势非常明显，越到近代物种灭绝的速度越快。据粗略估计，1万年来，哺乳动物和鸟类的平均灭绝速率已大约增加了1000倍，如果包括植物和昆虫，则20世纪70年代的灭绝速率为一年几百个物种。而20世纪70年代以来，据估计物种的灭绝速率至少又增加了10倍，达到了每年几千种以上。根据2019年IPBES发布的《全球生物多样性与生态系统服务的全球评估报告》，目前全球物种灭绝的速度比过去1000万年的平均值高几十到几百倍，在地球上大约800万个动植物物种中，有多达100万个物种面临灭绝威胁，其中许多将在未来数十年内消失。

物种灭绝是物种濒危的最终结果。濒危是指残存个体数量极少，以致会在所有分布区域大部分分布区灭绝的物种。受威胁物种则是指那些在自然分布区中数量正在减少，或可能会濒危的物种。作为一般规律，某种残存的野生动物种群至少需保持500个个体，才有可能通

过自然选择进行某种程度的演化，否则就可能因不能适应自然变化而灭绝。

从生态学角度看，植物灭绝问题可能比动物灭绝更为严重。据估计，全世界大约10%的植物受到灭绝的危险。根据研究，实际上在过去的100年中，全球大约25万种维管植物中有近1000种已经灭绝，而且目前的灭绝速度正在迅速加快。最近的调查确定，美国的25000种土著植物中有680种在今后10年中行将灭绝。2019年6月13日，英国卫报报道，科学家首次针对过去250年的植物灭绝状况进行全球性分析发现，现在植物灭绝率比工业革命前高出500倍，1750年以来确定已经灭绝的植物有571种，但由于人类对许多植物的认识仍然非常有限，真实的灭绝物种数可能要高得多。

我国在1987年公布了《中国珍稀濒危保护植物名录》第一册。其中录入濒危的种类l21种，受威胁的158种，稀有的110种，共计389种；列为一级重点保护的8种，二级重点保护的159种，三级重点保护的222种。1988年我国公布了《国家重点保护野生动物名录》共257种，列为一级保护的96种，二级保护的161种。

14.2.2　生境损失

世界野生生物保护联盟组织世界各国和各地区7000多名专家对濒危动物、植物、鸟类和鱼类的现状作了最全面与最近的评估，于2000年9月发表的评估报告指出：有1.1万多个物种极有可能在不远的将来灭绝，将近24%的哺乳动物、12%的鸟类、25%的爬行类、20%的两栖类和30%的鱼类面临灭绝危险。面临灭绝的原因几乎全部是由于生境受到破坏。

对于多数野生生物，最大的威胁是其生境被破坏、分割和退化。人与野生生物竞争有限的资源，是导致生境损失的重要方面。

经过几千年不断的土地开发利用，现在世界上绝大多数宜农土地或适于人类居住的土地已被开垦或利用，其中森林转化为农田或牧场的过程已持续了很长时间，而且至今仍在继续进行。联合国的一项研究表明，热带非洲和东南亚大部分地区2/3的野生生物原有生境已经损失或严重退化。世界人口密度最大的孟加拉国，已损失了95%的野生动物生境；美国的高原草原已减少了50%，残存的野生动物生境也正以惊人的速度被切割得支离破碎，从而导致美国的一些鸟类灭绝。

生境损失，除森林与草地外，湿地与荒地的损失也是很重要的方面。

湿地包括沼泽地、泥炭地或水深6m以内的水域。它具有极其重要的经济价值和生态价值，是主要的粮食和食物产地和净化污染物场地，还具有调节水量的功能。如红树林是热带海岸的重要特征之一，具有重要的经济价值与生态价值，因为过去对其缺乏认识，大量的红树林被砍伐或破坏。详细研究与评估的结果是，如果东南亚现有红树林在科学管理下，每年直接效益可达250亿美元，并可创造800万个就业机会，其间接经济效益则超过几千亿美元。

荒地是指基本上以自然力作用为主的土地，包括尚未被人类改变的生态系统，是地球上所剩不多的野生生物栖息地，具有保护生物多样性和环境服务的巨大功能。现在，随着世界人口数量的不断增长，人类活动范围的不断扩大，世界荒地正不断缩小，在短期内人类可能得到实惠，但从长远来看，却未必有利。

14.2.3 经济贸易

当代物种大规模灭绝与地质历史上发生的物种灭绝有着重大的区别。目前的物种灭绝集中地发生在几十年内而不是几百万年，因而这类灭绝不可能通过物种的自然形成来平衡或弥补；另外一方面就是植物物种的快速灭绝，使得很多与它们有密切联系的动物不可避免地受到株连而遭到灭顶之灾。人类大规模开发利用野生动植物主要是被经济利益所驱使，经济商品化大大催化了这一过程。穷人的贫困与愚昧，富人的自私与贪婪，是造成生物灭绝的深刻原因。

旅鸽这一物种的灭绝就是一个典型的例子。19世纪50年代，著名鸟类学家A. 威尔逊在北美曾目睹了一队迁移的旅鸽，这队长约390km、宽1600km的鸽群估计有20亿只。1858年开始，大量捕杀旅鸽成为一项专门业务。1878年，上千专业捕鸽者曾一次就捕杀了300万只旅鸽，获得6万美元的收入。到了1900年，旅鸽就只剩下很少数的小群体。1914年地球上最后一只旅鸽死于辛辛那提动物园。短短半个世纪，一个物种就在人类的枪口下灭绝了。再如蓝鲸，这类体重可达150t的地球上的最大动物，曾经仅在南极海域其数量估计就有200万头，但由于人类的捕杀，现在世界上残存量已不足千头，已经面临灭绝。老虎的命运也大体与鲸相似，8个亚种中已有3个完全灭绝，幸存的5个亚种总数仅有5000只左右。

类似的例子不胜枚举。据估计，世界每年的野生动植物交易额至少达50亿美元。全球市场上买卖的野生动物主要来自热带美洲、非洲、东南亚和热带亚洲。野生动物及其产品的最大进口国和地区有美国、加拿大、新加坡、日本和西欧等。

国际濒危物种贸易公约的报告披露的20世纪80年代全球野生动物及其产品进出口贸易量中有：活灵长目99893只、象牙530506kg、猫科皮383621张、活鹦鹉1288447只、爬行动物11020231只。而且走私等非法贸易的数量尚不在此列。由此可见，无论是发展中国家，还是发达国家，商业性开发利用或非法贸易显然是造成某些高价生物种数减少和灭绝的重要原因。世界经济的不平衡、贫富不均及富国的奢侈性浪费，也是造成世界野生生物濒危和灭绝的重要因素之一。

14.2.4 生物多样性损失的主要因素

1. 自然因素

自然因素主要包括两个方面，一是物种本身的生物学特性，即物种对环境的适应性或变异性。适应性比较差的物种在环境发生了较大的变化时，难以适应，由此面临灭绝的危险。如大熊猫在地质历史时期曾遍布我国南方，而现在仅分布在四川、陕西及甘肃的局部地区。其濒危的原因，除了气候的变化和人类的破坏外，与其本身食性狭窄、生殖力低等自身特性有关。二是环境的突变（天灾），有时也会使得一些地方性的物种绝灭。

2. 人为因素

（1）人口数量与资源消费的剧增，环境污染的加剧　人口的急剧增长导致了消费量的急剧增加，工业化和城市化以及由此产生的环境污染和生态破坏使得生物的生境不断损失，是导致生物多样性损失的重要原因。

（2）科学认识不足或政策失误　人们对生物多样性的认识很晚而且发展迟缓。因为急于发展经济，一些国家政策的片面性客观上鼓励了对生物多样性的破坏。由于科学认识不

足，引进新物种而导致其他物种的灭绝是一个需要注意的问题。非洲的维多利亚湖为了发展渔业于1954年引进了河鲈鱼。该湖鱼的种群原本由400个物种组成，其中90%属于湖体自身的土著种。1978年以前，本地种占湖区鱼类产量的80%；1983—1986年间，河鲈占了80%；到目前，本地种仅占1%，基本上灭绝了。

（3）全球贸易的副作用　全球经济发展的不平衡使得一些发展中国家集中发展某些创汇效益高的农业产品，从而加剧了生境的破坏，对生物多样性构成了很大的压力。

总体上看，人口增多、资源需求压力增大和不合理开发利用资源，对生物资源的乱捕乱猎、滥砍滥伐，使得野生生物的生境遭到严重破坏和损失，从而造成生物多样性的急剧减少。

14.3　生物多样性保护战略

保护生物多样性必须在生态系统水平上采取保护措施。以往的做法或传统的战略主要是建立自然保护区，通过排除或减少人类干扰来保护生态脆弱区。在一般的情况下，这种战略的确是保护某些物种或生态系统的有效途径，并已取得了很大成就。然而，在不断增长的人口压力和不断增长的土地利用需求背景下，被动地保护已很难真正达到保护的目的。为此人们提出了新的保护战略——持续利用，生物多样性保护对全人类有着长远的巨大意义，需要各国政府和广大民众的积极参与。因此，生物多样性保护战略特别强调国际合作与行动。

14.3.1　自然保护区

1. 定义与内涵

自然保护区是为了保护典型生态系统，拯救珍稀濒危野生生物物种，保存重要的自然历史遗迹，而依法建立和管理的特别区域。因此，自然保护区具有保护自然环境和自然资源的双重性质，并且是具有一定的空间范围的特殊区域。

2. 自然保护区的发展与现状

最早的自然保护区是1861年建立的约塞米蒂国家公园。在1872年著名的黄石国家公园建立之后，自然保护区的发展一直很缓慢。在20世纪20年代以后，许多国家为了保护名胜古迹，或罕见的自然景观及一些稀有动植物，相继建立了国家公园，自然保护区得到了初步发展。在20世纪50年代后，面对世界性资源危机和严重的环境污染，人们意识到保护自然资源和自然环境的重要性，分别于1962年在西雅图、1972年在黄石召开了第一次和第二次自然保护国际会议。特别是1972年联合国在瑞典的斯德哥尔摩召开的第一次人类环境会议，发表了《人类环境宣言》，建立了“国际自然和自然资源保护同盟”“人与生物圈计划”“世界野生生物基金会”“联合国环境规划署”“保护区委员会”“国家公园和环境教育委员会”等国际性组织，以促进和建设自然保护区作为保存自然生态和野生生物资源的重要手段。1950—1970年，保护区的数量和范围增加了4倍以上。仅70年代，世界自然保护区的数量就增加了40%，总面积增加了80%。自然保护区和国家公园成为各国保存自然生态和保护野生生物的重要手段和途径。

1982年联合国在印度尼西亚召开了第三次国家公园和自然保护会议，发表了著名的“巴厘行动计划”，提出了使自然保护区占世界陆地总面积10%的目标。世界保护区建设无论在质和量上，都进入了新的发展时期。据《世界资源》1997 年的统计，全世界已建有较大面积（1000hm² 以上）的自然保护区 1.04 万多个，总面积达到 8.41 亿 hm²。其中国家自然保护区系统 4500 多个，生物圈保护区 337 个，世界自然遗产 126 个，世界重要湿地 895 个。其中有几十个保护区面积在 100 万 hm² 以上，面积最大的当属格陵兰国家公园，面积达 7000 万 hm²。

我国对自然的保护有着悠久的历史，古代帝王、诸侯、富贾巨绅等所建的禁猎区，避暑山庄、庙宇园林，以及许多陵园、古刹名山、风水地等实际上就具有保护区的性质。我国正式的自然保护区始建于 1956 年，80 年代以来得到快速发展。

截至 2014 年年底，中国已建立各类自然保护区 2729 个，总面积 147 万 km²，约占国土面积的 14.84%，高于世界 12.7% 平均水平。全国 85% 陆生态系统类型、85% 的国家重点保护野生动植物种群得到了保护。其中 36 处被列入了国际“人与生物圈保护网络”，46 处被列入“国际重要湿地名录”，16 处被列入世界自然遗产或自然与文化遗产；有国家级自然保护区 115 处，占地 5751 万 hm²，还建立了珍稀濒危物种繁育基地 200 多处。

我国的自然保护区类型包括了荒漠、草地、高山、海洋、海岛、湿地，水生生物、森林植被、地质地貌、陆生野生生物等，许多著名的风景名胜区还尚未包括在内。国家还颁布了许多相关法律，如《环境保护法》《自然保护纲要》《森林和野生生物自然保护区管理办法》《野生药材资源保护管理条例》，以及《森林法》《草原法》《渔业法》等。1987 年还正式公布了我国《重点保护野生动物名录》和《珍稀濒危保护植物名录》等，保证了我国生物多样性保护工作的顺利开展。

14.3.2 生物多样性的持续利用

自然保护区对于保护生物资源是必不可少的，它可保证永久性地保护重要的、有代表性的自然生态区域，维持生物多样性和保护野生物种的遗传物质。因此，自然保护区对于国家、地区的持续发展有着重要的保障作用。如何更有效地实施自然保护，如何更好地建设自然保护区是目前科学界面临的主要课题之一。在传统战略的基础上，人们赋予自然保护以新的含义，这就是生物多样性持续利用战略。它主要包括自然保护区的自然性、最小临界规模、系统规划和持续利用四个方面的内容。

1. 恢复自然保护区的自然性

在自然保护区或国家公园中，为了促进某种利用而人为地引进物种（如植树）、实施管理（大规模的人工构筑）、控制生物（改变物种丰度）等，都会使保护区失去更多的自然性，由此也就丧失了原有生态系统结构和功能的机会。自然保护的目的不是简单地保护大量动植物物种，而是在真正的自然状态中保护它们，保护物种之间的关系以及生态过程和演化过程。

因此，自然保护区或国家公园的管理目标都应是保存重要的自然特征和整个自然环境或自然生态系统。这里所说的“自然”是在动态条件之下的定义。自然保护区或国家公园自然性的恢复，意味着重新建造目前非自然生态系统的自然状态或条件，使其恢复到非常接近其自然条件的状态，并且要尽可能允许继续自然的变化。

保持和恢复自然保护区或国家公园的自然性，是建设与管理新型自然保护区的第一准则。

2. 保证保护区的最小临界规模

根据岛屿生物地理学理论，被人类分隔的每个小面积保护区，仅起着岛屿那样的作用，而且会损失一些原有物种，直至达到新的平衡。这种过程取决于保护区的大小、物种丰度和生物多样性及其与其他类似生态环境的隔离程度。据粗略估算，原有生态环境损失10%的保护区，其物种可下降5%。从这一点出发，有关保护区的选择、设计和管理应遵循的原则是：

1）保护区应尽可能大，最好应包括稀有物种的众多个体，并包括生物的整个群落，以及相邻生境缓冲带和本地动物全年生境的需求。

2）保护区应尽量广泛包括生态类型的毗邻分布区。

3）努力使保护区同其他重要生态环境相连成片或相互连接（如通过自然生态环境走廊）。

显然，想无限制扩大保护区的面积是不可能的，而且在土地需求日增的情况下，专门建立保护区会受到越来越多的限制。但是从要真正达到保护生物种的角度出发，自然保护区应尽可能大，这是新型保护区建设与管理的第二准则。

3. 保护区的系统规划

随着世界人口的增长和对资源需求的增加，自然保护区面临的挑战将更加严峻。因而保护区必须赢得更多更大的支持才能健康存在和发展。所以，许多国家正在探索制定将保护区与国家自然保护目标、社会经济发展、现代社会需求和乡村景观健全结合起来的国家自然保护计划，以使自然保护能长期维持并发展到新的水平。自然保护区本身也由传统的封闭式绝对保护逐步过渡到开放式、多功能的积极保护，以缓解保护与开发，自然保护区与当地居民生活、生产的矛盾等。

系统规划实质上是一个国家建设保护区网络的发展规划，它包括了目标、合理性及发展方向等诸方面的内容，可以提供现有保护区系统的状况，国家自然保护目标，选择建设保护区的地点、范围和次序，明确国家最优先考虑的事项及实现国家自然保护目标的行动计划等。

自然保护区的系统规划，不仅用于指导研究人员和其他人员的活动，而且帮助决策者进行投资选择，协调各方面的活动，并吸引更多的资金来支持保护事业。

4. 生物多样性的持续利用

通过建立自然保护区、生物圈保护区、国家公园等进行自然保护的传统措施已取得很大成效，至今仍是自然保护或生物多样性保护的主要方式。然而，越来越多的事实证明，这种保护措施有很大的局限性，即少量的保护地区不能覆盖大部分生物多样性。目前，全球2/3陆地面积已被人类占据，这部分土地大多是地球上生产力最高和生物多样性最丰富的地区，残留的1/3陆地，大多是生产力低、自然条件差、生物种类较贫乏的地区，不能代表地球生物多样性。因此，唯一有效的和在一个长时期内唯一可信的并能达到充分保护生物多样性的战略，应建立在持续利用生物资源的基础上。这种持续利用是指生物资源的利用应以使生物多样性在所有层次上得以保护、再生和发展。

对保护区而言，没有合理的利用也就没有保护可言。利用自然保护区发展旅游业就是一例，利用自然保护区或国家公园开展旅游活动，不仅有经济效益，也起到了宣传和教育群众的作用，从而获得广大民众的广泛支持，这本身就是社会效益的体现，也是自然保护区价值的体现。

14.3.3 国际合作与行动

现在，在生物多样性问题上，全世界已达成共识：生物多样性不只是局部的或者地区性的问题，而是全球性的问题；生物多样性与全人类的长远利益息息相关；生物多样性的保护具有长远的全球意义，多样性损失是全人类的共同损失。联合国有关组织、世界科学界和各国政府都认为国际合作是推进生物多样性保护的重要方面，并正在为扩大和有效地合作而积极努力。

为推进全球的生物多样性保护，20 世纪 80 年代以来，联合国及其下属机构与组织进行了卓有成效的努力，组织了众多的国际合作行动，如 1980 年制定的《世界自然资源保护大纲》及《世界自然宪法》，推动几十个国家制定了国家级的自然资源保护大纲。1992 年世界环境发展大会签署的《21 世纪行动议程》《保护生物多样性公约》等重要文件，有效地推进了全球的生物多样性保护事业。

以各种公约和协定的形式，相互约束，对生物多样性进行保护是国际合作的主要形式之一。在过去的几十年，已形成的公约或协定多达几十个，对保护一些重要物种及自然地域起了很好的作用。如 1973 年签订的《濒危野生动植物种国际贸易公约》主要用于控制非法贸易，列出禁止和控制贸易的物种 2 万余种，至今已有 100 多个国家加入了该公约，针对公约所列物种建立的自然保护区已经超过 130 个。

目前，联合国组织的关于生物保护的国际合作行动计划主要有《人与生物圈规划》《热带森林行动计划》《生物多样性计划》等。

尽管在国际合作与行动中还存在这样或那样的问题，但可以相信，在世界各国政府的积极参与下，生物多样性保护事业必将获得更进一步、更健康的发展，因为这项事业是人类的共同事业。

【阅读材料】

保护生物多样性，促进可持续发展

生物多样性保护组织保护国际主席彼得·泽利希曼（Peter Seligmann）在近期接受中国环境报记者书面采访时介绍了全球生物多样性保护的概况、热点及受益于可持续发展的范例。

在回答记者有关保护生物多样性的关键因素的问题时，泽利希曼说，在近 20 年的全球自然资源保护工作中，保护国际与所有利益相关者建立了合作关系，其中包括政府、国际组织、企业、地方社区等，旨在提高环境意识，让每个人参与寻找解决问题的方法。例如，保护国际认识到中国对未来地球健康的重要性，便与中国的政府、地方组织和社区共同努力，帮助其成为全球自然资源保护的领导者。与中国共同努力，提供一个大幅改变状况的机会，以应对地球所面临的威胁。应对这一挑战需要来自所有政府、企业、地方社区和个人的带头人。

保护国际想创立一个全球性的自然资源保护道德规范，以便各地的人们了解人类与生物资源之间的关系。只有使生物资源繁衍生息，才能使我们的子孙后代过上健全、美好的生活。

泽利希曼重点介绍了其他国家在发展经济的同时保护生物多样性的范例。他说，达到“在保护生物多样性的同时获得经济福利”目标的关键是可持续发展。明智地使用自然资源，以便可持续地从生态系统保护（其中包括清洁的空气和水、食物和矿物财富）中获益，这将减轻贫困，并促进社会稳定。与良好的管理相结合的实践将促进稳定、可持续的经济发展。

受益于可持续发展的范例有很多。

在哥斯达黎加，环境部长卡洛斯·曼纽尔·罗德里格斯倡导海洋资源保护，以确保国家和靠海洋为生的人们继续获得经济利益。此外，他还打算通过采取生物多样性保护和减轻贫困的综合性措施使这个国家的森林覆盖率在10年中增加到75%。

在尼泊尔，特赖阿克社区居民通过实施森林项目保护野生动植物。他们从森林资源中获得燃料、食物、建筑材料、农业和民用工具、药材等。自然资源保护给他们带来了开展多样化经济活动的机会，强化了资源管理，并促进了卫生保健中心和学校等基础设施的建设。

在喀麦隆，奥库山的人们实施可持续社区森林管理计划，使其生计得到加强、森林得以恢复。

在巴西，马米拉哇生物圈保护区正在示范如何在加速提高当地村民的生活质量和加快经济发展的同时保护当地野生动植物。政府和当地社区居民对500万hm^2的国家公园实施联合管理，不仅有助于公园获得资助，还促进当地人可持续地管理亚马孙涝原（又称漫滩）。

在印度尼西亚，巨蜥国家公园参与的一项合作项目使公共部门、私营企业、地方社区居民与国际组织合作，形成具有保护和多产性质的合作，从而促进了人们的安康，减少了贫困，并增强了经济的稳定性。

这些范例显示出生物多样性保护的利益。廉价销售现存的雨林，换取不可持续的木材收获，给人们带来的只是眼前的经济利益，这只是一锤子买卖，将永远不再有收益。保护森林并促进可再生资源的可持续性收获，意味着使人们能够永远持续地获得经济利益，以及保存向当地社区居民提供文化、精神和美学利益的自然环境。此外，自然资源保护还保护大自然的生物网——由植物、哺乳动物、昆虫、鸟类和其他生物构成的丰富多彩的画面，其利益数不胜数。

——资料来源：百度百科。

思考题

1. 简述生物多样性及其内涵。
2. 生物多样性对人类有何意义？
3. 生物多样性损失的主要因素是什么？
4. 自然保护区的定义和发展趋势如何？

推荐读物

1. 伊武军．资源、环境与可持续发展［M］．北京：海洋出版社，2001.

2. 徐新华．环境保护与可持续发展［M］．北京：化学工业出版社，2000.

参考文献

［1］伊武军．资源、环境与可持续发展［M］．北京：海洋出版社，2001.
［2］周敬宣．环境与可持续发展［M］．武汉：华中科技大学出版社，2007.
［3］曲向荣．环境保护与可持续发展［M］．北京：清华大学出版社，2010.
［4］徐新华，吴忠标，陈红．环境保护与可持续发展［M］．北京：化学工业出版社，2000.
［5］郭子良．中国自然保护综合地理区划与自然保护区体系有效性分析［D］．北京：北京林业大学，2016.
［6］蒋志刚，覃海宁，刘忆南，等．保护生物多样性，促进可持续发展——纪念《中国生物物种名录》和《中国生物多样性红色名录》发布［J］．生物多样性，2015，23（3）：433-434.
［7］杜广强，韩永翠．试论生物多样性可持续发展的问题及其对策［J］．经济研究导刊，2009（25）：220-223.
［8］张维平．生物多样性与可持续发展的关系［J］．环境科学，1998（4）：94-98.
［9］王斌．生物多样性与人类可持续发展［J］．中国人口·资源与环境，1996（2）：12-14.

第5篇　可持续发展系统的构建和评估

第15章　可持续发展系统的构建与应用

■15.1　可持续发展的系统观产生的背景

目前国内外对可持续发展的研究基本上集中在经济学、社会学（包括人口学等）、生态学、地理学和系统工程学等几个主要领域，这从对可持续发展概念和内涵理解视角的差异、研究领域和内容的侧重，研究手段和方法的各不相同等方面都可以得到反映。概括国内外可持续发展理论研究的现状，按照研究目标和目的的不同可以分为可持续发展理论和可持续发展应用研究两类。理论研究按照研究对象、研究范围及研究方法的不同，大致可以分为一般可持续发展理论、区域可持续发展理论和部门可持续发展理论三大类；也有学者认为分为一般可持续发展论、区域可持续发展论、部门可持续发展论和全球可持续发展论四大类。一般可持续发展理论是以可持续发展系统作为研究对象，分析可持续发展系统的本质、结构和功能；区域可持续发展理论是以区域人口（Population）、资源（Resource）、环境（Enviroment）、和发展（Development）、系统（PRED系统）的各子系统及各子系统之间的相互关系为研究对象，以各子系统之间的相互协调发展为研究的目标；部门可持续发展又称单系统内在可持续发展，其理论研究的目标是通过首先实现各部门自身的可持续发展，最终达到综合可持续发展。

20世纪的一个重大成就是系统科学的产生和迅速发展，它为人们提供了一种新的思维方式。系统论不但揭示了系统与系统、系统与子系统及其要素之间的普遍联系，还揭示了联系和发展之间的内在关系。一切事物、现象和过程一旦进入到某一特定的系统联系中，就构成了它真正的发展，发展正是系统内部及其与环境的相互联系、相互作用的展现。正是基于这样一种思考，可持续发展本身就构成一个系统，构建可持续发展的系统观，是把可持续发展理论研究推向深入的重要举措，也是可持续发展理论不断发展、完善的必然。

■15.2　可持续发展的系统观

可持续发展的系统观是可持续发展理论的成熟和高级阶段，是可持续发展思想、理论和实践的凝练和升华。可持续发展是一个涉及自然、经济和社会要素的复杂问题，本身就构成

一个系统。区域可持续发展系统，有稳定的结构和独特的功能。其结构不仅包括可持续发展的要素观，如资源观、环境观、经济观、人口观、价值观和发展观等，还包括各要素之间的相互组合观，如资源环境观、资源经济观、资源价值观、资源发展观、环境资源观、环境经济观、环境发展观、环境价值观、人口资源观、人口经济观、人口价值观、人口发展观和经济发展观等。其功能不仅包括各要素独立发挥的功能，还包括各要素之间相互组合所发挥的整体功能和人与自然的协同发展。

我们对于可持续发展系统的认识可以是多维度、多侧面的，一方面，从要素、空间和阶段单维结构；另一方面，从两两组合和三维整体综合分析与把握。

（1）单维结构　从要素维上看，可持续发展系统不仅包括人口、资源、环境、经济、价值和发展等单要素，还包括各要素之间的组合（双重和多重）。从空间维上看，全球可持续发展系统由区域可持续发展系统构成，不同区域可持续发展系统因其处于可持续发展的不同阶段，发展战略、发展目标、主要任务和采取的措施各不相同：如发达地区可持续发展系统的发展目标主要是如何保持生态持续，在全球可持续发展上负有更重要的责任；欠发达地区可持续发展系统的发展目标主要是如何在人与环境协调的基础上促进经济发展。从阶段维上看，可持续发展系统仅仅经历了可持续发展理念—可持续发展理论—可持续发展实践的转变一个轮回，随着历史演替还会进入一个新的轮回。

（2）多维综合分析　从因子-空间平面上看，发展中国家可持续发展系统的要素及要素组合观与发达国家可持续发展系统明显不同，如人口观，前者对于人口的认识主要还停留在“物质”层面，主要关注的是群体人，如何提高其物质生活水平为其主要目标；后者则不仅仅关注“物质”层面，也关注“精神”层面，在一定程度上，关注“精神”超过“物质”层面，主张显示人的个性，其主要目标是实现个体人和群体人的全面发展。从因子-阶段平面上看，在可持续发展系统的不同阶段（构想阶段、理论阶段、实践阶段），对于要素人口（P）、资源（R）、环境（En）、经济（Ec）、价值（V）和发展（D）的认识和理解各不相同。如资源，在概念阶段，“资源 = 自然资源”，在理论阶段，“资源 = 自然资源 + 经济资源”，在实践阶段，“资源 = 自然资源 + 经济资源 + 社会资源”。就自然资源来说，其内涵和外延在不同阶段也不尽相同，在构想阶段主要指当时可以利用的物质和能量，在理论阶段包括潜在的物质和能量，在实践阶段涵盖了环境、空间（包括大气）等内容。从空间-阶段平面上看，发展中国家和发达国家的这三个阶段各不相同，相对发达国家来说，发展中国家的这三个阶段明显滞后。从空间-阶段-因子三维立体交叉来看，不同的区域、阶段和同一区域、不同阶段，对于可持续发展的组成要素及其组合认识不同；不同的要素及其组合、阶段和同一要素及其组合、不同阶段，在不同区域反映和表现形式不同；可以依此类推。

在对可持续发展要素、阶段和空间系统认识不断深化的基础上产生的可持续发展系统观，是任何一种理论经过从实践—理论—实践循环的必然结果。可持续发展系统是指可持续发展本身就是一个具有一定结构和功能的自组织系统，是可持续发展系统的构成要素在其不同的发展阶段和区域相互配合的结果。该系统具有整体性、层次性、协同性和动态性。其结构一方面包括可持续发展的所有构成要素，另一方面包括各构成要素的相互组合关系及构成要素和相互组合关系的时空组合状态；其功能不仅指各要素功能的集合，还包括可持续发展系统的整体功能——人与自然的协调。树立可持续发展系统观，应从空间、阶段、因子，因子—空间、因子—阶段、空间—阶段，空间—阶段—因子三维立体等方面进行思考。概括其

基本内涵，主要包括可持续发展整体观、有限观、适度观、协调观和动态观等。

（1）整体观　可持续发展是一个系统，系统是一个有机的整体，整体性是系统最基本的特性，整体观符合马克思主义哲学关于事物普遍联系和相互作用的原理。把事物看成是相互联系、相互影响和相互作用的整体，从整体上考察事物，而不是把各类事物孤立、封闭起来，研究它们之间的互利、互动和协调一致，从而使系统整体健康运行和持续发展，是整体观的出发点和归宿点。可持续发展的各组成要素（人口、资源、环境和经济等）相互联系、相互依存构成一个具有一定结构和功能的有机整体，各个组成要素又是更低一级子要素相互联系所构成的整体；发达国家、发展中国家的可持续发展系统相互依存、交融，共同构成一个整体—全球可持续发展系统，两者共同努力，全球可持续发展才能实现；构想阶段、理论阶段、实践阶段也是一个整体，只是为了认识和研究的便利而进行相对划分，对一个区域来说，绝对意义上的划分是不存在的；同样，空间、阶段和因子构成的三维立体也是一个整体。对于可持续发展问题的认识，无论理论还是实践，都应树立整体观念，以整体效益最大化为原则，任何从个别因素、角度出发思考和处理问题的思路和做法都是错误甚至有害的。

（2）有限观　可持续发展是一个系统，任何系统在一定时空条件下，其构成要素、结构和功能都有一定的限制，没有任何范围限制的系统是不存在的。可持续发展系统的有限性包含如下含义：首先，人类生存的载体地球在时空上是有限的，其有限性决定地球上的任何事物包括人类生存与发展的有限性，所谓可持续发展是指地球存在的时间范围内的可持续发展；其次，在一定时空条件下，地球的承载力是有限的，承载力的有限性使可持续发展的各个要素都存在极限，不可能无限发展；第三，在一定历史条件下，人类认识、适应、利用和改造自然的能力（生产力水平）是有限的，不可能使地球的容纳能力发挥到极致；最后，受科学技术自身的局限，科技的潜能也不可能完全得到发挥。如资源，作为可持续发展系统的组成要素，无论区域还是全球，无论过去、现在还是未来，相对于社会经济发展需求而言，其数量、质量和空间分布都是有限的，尽管随着科技发展，人类开发利用资源的深度和广度不断增加，新资源、替代资源日益增多，但其增长速度和人类需求的增长相比仍然滞后，资源紧缺的矛盾不仅没有得到缓解，相反却变得日益尖锐、复杂和不可调和。总之，可持续发展是有限制的发展，不是无限制的膨胀，任何超越一定时空条件的限制的盲目的发展观都是不现实的，也是不可取的。

（3）适度观　由于可持续发展系统的整体性和有限性，可持续发展系统必然是要适度发展的。一方面是因为各组成要素自身存在和发展的有限性，另一方面各要素相互组合、彼此约束使得整个系统的存在和发展具有有限性。因此，可持续发展系统无论是各个要素还是各个要素组合形成的整体，其存在和发展必须适度，否则，就无法保证系统内各要素之间的相互协调，从而影响系统功能的正常发挥，影响系统的存在和发展，更谈不上发展的持续性。要保证经济发展的适度，既可以适度生产，又可以适度消费，否则适度的经济发展就无从谈起。

（4）协调观　系统的基本特征是协调，同时协调也是可持续发展的基本内涵之一，可持续发展作为一个系统，自然也不能例外。可持续发展系统的协调不仅是指系统各要素内部（如人口发展中数量、质量和空间分布的协调）及其彼此之间的相互协调（PRED系统的协调）、可持续发展系统与其他相关系统的协调（如与自然生态系统、社会经济系统的协调），还包括可持续发展理论研究与实践应用、区域可持续发展与全球可持续发展之间的协调。系统辩证法认为，一个系统要实现整体目标，关键在于系统与系统之间、系统内部子系统及其要素（单元）之间，在一定条件下通过协同一致的行为，使之产生出多因果、正向反馈、多级嵌套组合等非线性机制的交叉作用，从而形成有序的空间、时间和功能结构。协调是可持续发展的基本要义（或者说是主要目标），根据系统辩证法思想，它应包括人与人、人与自然和自然与自然之间的协调（一般理解只包括人与人和人与自然之间的协调），其实质就是人地关系协调，协调就是要解决人与人、人与自然和自然与自然之间的多重矛盾。地理学者理解的人地关系协调重在解决人—地（自然）矛盾；社会学界理解的人地关系协调重在解决人与人之间的矛盾；而可持续发展系统观的协调则要解决上述三种矛盾。其中，人与人的矛盾占主导地位，人与自然和自然与自然之间的矛盾居次要地位，抓住人与人这一主要矛盾，次要矛盾就可以迎刃而解。当然，人与人、人与自然和自然与自然之间的矛盾密切相关。第一，人与自然之间的关系要受人与人之间关系的制约，人与自然的关系直接表征着人与人的关系，人对自然的统治是人对人的统治关系在自然领域中的映射。第二，人与人、人与自然之间的关系严重影响自然与自然之间的关系。人类诞生以来，人类活动就影响和干预自然环境的演变，纯粹的自然环境只存在于人类诞生之前，自然环境的演变不仅是自然与自然之间的矛盾作用，而且是人与人、人与自然和自然与自然之间矛盾综合作用的结果。自然与自然之间的协调，实际上是在人与人、人与自然关系干预下的协调，是人与人、人与自然关系协调的极限和阈值（因为人最终也是自然的一员）。第三，人与人的关系和谐是人与自然关系和谐的前提和保证。人与自然关系的调适离不开人与人关系的调整，离不开人类解决人与自然关系的社会生产方式的变革。离开人与人关系的协调，空谈人与自然关系的协调是空洞的。

（5）动态观　从发展的历时性上看，可持续发展系统是一个不断延续和发展的动态系统，不断从外界吸收物质、能量和信息，成为动态的活结构，从而处于运动变化之中。从要素上看，各要素及其组合根据时空条件的变化而变化；从阶段上看，构想阶段→理论阶段→实践阶段更是一个连续的动态过程。各阶段只是相对划分，无清晰界限；从空间维看，发展中国家→发达国家不是一成不变的，只是在一定阶段内和一定条件下相对稳定。要实现可持续发展系统的协调，一是把握系统运行的科学规律，使人类的一切行为自觉遵守系统演变的规律性；二是要健全法律、法规，更新传统的伦理、价值观念，树立可持续发展的生态伦理和生态价值观，以约束人类的行为，保证可持续发展系统的协调。

资源的内涵随着时代发展而演进，资源系统与人地系统的相互作用在人类发展的不同时期表现出不同的特征。要实现人类社会的可持续发展，必须树立全新的资源观，即资源系统观、辩证观、价值观和法制观等，因为关注伴随人类始终的资源危机是可持续发展思想的重要起点和直接诱因之一；同时，必须将解决人类面临的资源危机放在极其重要的位置来看待，由于资源危机是可持续发展思想的重要起点（引发点），解决威胁人类发展的资源危机是可持续发展理论的落脚点和归宿。

人类早期对环境的认识蕴涵于对自然的认识之中，东西方先哲们基于不同的文化背景，对人与自然关系的认识有本质的差别。现代环境观和环境学的诞生起因于近代工业革命，马克思文化、互融及在文化与互融中达到整合的环境观，首开现代环境观之先河。环境保护论、环境开发论和环境整合论作为现代环境观的三种主流意识，在促使人们提高对环境和环境问题的认识、保护生态环境和解决环境问题等方面曾发挥积极的作用，但终因其认识问题

的片面性而难免带有历史局限性。可持续发展理论的产生、发展和最终应用于实践，开创了人类对于人与环境关系哲学思考的新纪元。要从根本上解决困扰人类生存与发展的环境等问题，达到人与自然的和谐，实现人类社会的可持续发展，必须树立人与环境是一个有机整体，是一个结构特殊、功能独到的复合系统，环境即资源，具有稀缺性、有限性和价值性；人与环境是主体与客体的一对矛盾，共存共荣是唯一的选择。人口在可持续发展中具有重要地位，人口、物质资料和生态环境再生产之间的协调是可持续发展的中心内容。可持续发展的人口观应从人口数量、构成（质量）和协调等几个主要方面去认识，重在突出人与人、人与自然之间的协调关系，强调个体人与群体人的统一，核心是人的全面发展。包括两种生产并重的人口发展观、人是环境一员的生态伦理观、适度的人口数量观、高素质的人口质量观、与PRED系统相协调的人口系统观。人口观随着历史发展而演进，可持续发展的人口观体现了人们对人类自身发展、人与自然关系的一种理性的认识。这种认识是不断深化的，且在继续发展中。

基本经济观念经历了原始及农业社会的自给自足、商品经济发展初期的保本获利、市场经济日益完善的利润最大化和可持续经济发展的价值最大化，每一次深化都与社会生产力的发展和变革密切相关，都使得对于人与自然的关系及对社会经济活动影响的认识更进一步。可持续发展的经济观涉及社会经济领域的方方面面，但决定经济发展是否可持续，生产和消费两个方面的因素起着主要的、决定性的作用。可持续发展的生产观应以“三种生产”并重为理论基点，坚持“清洁生产”“循环使用资源”和“适度生产”，从源头做起，把社会生产同维护生态平衡紧密结合；可持续发展消费观的核心内容就是适度消费和生态消费。

价值理论或称价值观是经济学的基本理论，随着时代发展而逐步演进。经济发展是可持续发展的基本要求，也是可持续发展的根本要义和归宿，可持续发展的价值观是可持续发展经济观的基石。从西方经济学的价值观、马克思主义的劳动价值观、生态经济的价值观到可持续发展的价值观是人类社会价值观认知史上的重大突破，具有划时代意义。这一突破，为人类正确认识目前面临的人口、资源、环境和发展等问题提供了一个思考问题的平台和基石，也为全面、彻底地解决这一困扰人类生存与发展的问题奠定了理论基础。

发展是人类永恒的主题。无论是传统的以物为核心单纯经济增长的发展观，还是以人为中心的综合发展观，乃至可持续发展观，主题都是如何使人类生活得更好。从发展思想的演进来看，经历了从“注重财富增长”到“注重能力建设”的转变；从发展强调的内容来看，经历了从“一维”发展观（强调经济发展）到“二维”发展观（强调经济与环境协调发展），再到“三维”发展观（强调经济、社会与环境协调发展），最后到“多维”发展观（强调可持续发展）的演进历程；从评判发展的指标来看，目前或将要经历从“GDP”到绿色“GDP”再到“扩展的财富”，最后到“可持续发展能力”的演进过程，发展观的演进标志着社会文明的进步和发展。从“发展 = 增长”到可持续发展观的形成，是对以物为核心单纯经济增长的发展观和以人为核心的综合发展观的合理取舍，是对传统发展观的否定与升华。可持续发展是一个包含人口、资源、环境、经济和社会等要素的动态复杂系统，对它的认识经历了可持续发展理念—可持续发展理论—可持续发展实践的转变，经过近30年的发展，可持续发展理论实现了从可持续发展思想—可持续发展观—可持续发展系统观的理论跨越。

可持续发展系统观是随着可持续发展理论和实践的不断深化而形成的，对于其基本内涵的阐释尚无定论，从要素、空间和阶段三个维度推演系统观，提出可持续发展系统是一个整体，处于动态变化之中，其发展不仅是有限的，而且必须是适度的，协调不仅是系统内部的协调，还包括与相关系统的协调等观点。

15.3 可持续发展系统的指标体系

15.3.1 指标体系的必要性

为了得到精确的信息，首先需要明确我们评价的对象，其次要划定研究的范围。如果将环境这个概念限定在大气中某些特定污染物的数量，那么在衡量环境时是不会遇到什么问题。但是，当我们将定义扩展到包括所有的物理、生物及文化的成分时，描述的难度就会呈指数上升，这样在评价的时候就会遇到很严重的问题。

监测评价和衡量可持续发展进程具有重要意义，最基本的目的是为决策者提供有价值的信息支持。因此，决策者们迫切需要一个工具来帮助他们监测评价过去和现在的发展，制定未来的目标。但到目前为止还没有一组指标得到世界一致的承认。并且，这些指标中大部分主要是用于国家级可持续发展的聚合指数，对于区域级，尤其是对城市级评价而言可实用的指标研究并不多，关于试验区一级的指标研究更少。这是因为可持续发展系统（System for Sustainable Development，SSD）涉及了人口、社会、经济、生态等方面，其内涵还在不断扩展。对可持续发展系统这样的复杂系统进行全面和深入的研究还很缺乏，方法学上还很不成熟。同时，可持续发展的决策涉及的内容复杂、部门繁多，而且人们对可持续发展系统不同子系统之间的关联尚未了解清楚，单纯依靠经验和感性认识来做出科学、合理的决策是十分困难。由于对可持续发展系统机理的研究不够，导致可持续发展模型的开发还存在很多困难。

一次衡量多个方面，并且找到一个精确的解释并不容易。社会心理学家乔治·米勒在1956年前提出了“七加或减二”法则。如果因素是部分的线性，一个普通人一次可以记住大约有5～9个这样相互独立的因素。一台计算机可以同时处理数千个不同的指标和变量，但是在某些阶段，需要人对数据进行解释，此时人们就会知觉法则限制。因此，这就需要减少问题的维度及变量的个数，使其达到决策者能够控制的程度。

15.3.2 指标体系建立的过程

指标体系的建立是一个复杂的过程，但却是一个重要步骤，指标体系选择、建立的恰当与否，直接关系到对可持续发展系统的正确评价，进而影响对系统发展的决策。但由于评价目的、目标、时段和区域的不同，很难用一种统一的方法去要求。以可持续发展系统观为理论依托，对于可持续发展系统的定量评价，建立相应的指标体系一般应遵循下述程序和步骤。

1. 指标的设置与筛选

可持续发展指标的设置要求能客观反映可持续发展系统的目标，同时能兼顾发展效率、公平和生态持续性。指标的设置要根据评价目标、评价时段、评价区域和评价目的的不同，因地、因时而异。因此，要使指标的设置恰如其分，首先要对指标的性质分类。一般来说，指标值与可持续发展有四种状态关系：指标值与可持续发展成正相关；指标值与可持续发展

成负相关；指标值与可持续发展先成正相关，后成负相关；指标值与可持续发展先成负相关，后成正相关。根据可持续发展指标某一时期的发展趋势及当前的存在状态，可把指标分为两类：一是发展类指标，这类指标值的增加能促进可持续发展，指标值越高越好；二是限制性指标，这类指标值的增加若超过一定限度将制约可持续发展，指标值越小越好。

由于可持续发展指标体系涵盖范围广，内容全面，选用的指标数往往较大。因此必须采用科学有效的筛选方法对指标进行筛选。筛选方法一般有定性分析法和定量分析法两种。定性分析法，又称经验法或专家意见法，主要是凭借评价者个人的知识和经验，借鉴同行专家的意见，综合后进行筛选。这种方法的优点是简单易行，缺点是主观性较强。目前采用的定量分析法主要有层次分析法、聚类分析法、相关分析法和模糊综合评判法等。这类方法的优点是客观性较强，缺点是比较机械且计算量大。故具有较强的操作性的方法是采用定性与定量相结合的方法，这样既能避免定性方法的主观性和定量方法的烦琐计算，又能保证筛选指标的客观性，简单易行。

改进层次分析法是在主成分分析法基础上对指标体系进一步降维，对指标进行筛选的方法。其原理及步骤如下：

（1）数据进行标准化变换　标准化公式为

$$x'_{ik} = \frac{x_{ik} - \overline{x_i}}{S_i} \tag{15-1}$$

式中，x_{ik}为 i 指标第 k 年的数值；x'_{ik}为 x_{ik}标准化变换后的值；$\overline{x_i}$是 i 指标的多年平均值；S_i为 i 指标的多年标准差。

（2）计算相关系数和合并重复指标　分别对发展类指标和限制性指标计算相关系数 γ_{ij}，如下

$$\gamma_{ij} = \left(\sum_{k=1}^{n} x'_{ik} \cdot x'_{ik}\right) \Big/ (n-1) \tag{15-2}$$

定义真相关系数为0.95以上（包括0.95）的指标为重复指标并加以合并，方法如下：辨识真假相关，对于同类指标，相关系数为正，是真相关；相关系数为负，是假相关；合并真相关系数大于0.95以上的指标，合并时优先保留高层次指标和综合性指标，这样就得到了可持续发展的初级指标体系。由初级指标体系构成的相关系数矩阵，满足了指标筛选的主成分性原则和独立性原则。

（3）计算特征值和特征向量　对由初级指标体系构成的相关系数矩阵 $\boldsymbol{R}$ ［见式(15-3)］求特征方程 $|\boldsymbol{R}-\lambda\boldsymbol{E}|=0$ 的全部非负特征根共 k 个（另外 $p-k$ 个指标的特征根均为零），并依大小顺序排列 $\lambda_1 \geqslant \lambda_2 \geqslant \cdots \geqslant \lambda_k > 0$，显然 λ_k 是第 k 个主成分的方差，它反映了第 k 个主成分在描述被评价对象上所起作用的大小，第一个主成分的特征向量表明了当前的发展趋势。根据特征向量的计算结果，可知各评价指标 x_i 在各主成分中的系数 α_{ij}，其绝对值表明该指标所起的作用大小。

$$\boldsymbol{R} = \begin{vmatrix} r_{11} & R_{12} & \cdots & r_{1p} \\ R_{21} & R_{22} & \cdots & r_{2p} \\ \vdots & \vdots & \vdots & \vdots \\ r_{p1} & r_{p2} & \cdots & r_{pp} \end{vmatrix} \tag{15-3}$$

（4）确定主成分个数　计算主成分的方差贡献率 α_k及累积方差贡献率 $\alpha(q)$，公式为

$$\alpha_k = \frac{\lambda_k}{\sum_{k=1}^{p} \lambda_k} \tag{15-4}$$

$$\alpha(q) = \sum_{k=1}^{q} \alpha_k \tag{15-5}$$

式中，α_k 表示第 k 个主成分提取的原始 p 个指标的信息量；$\alpha(q)$ 表示前 q 个主成分提取的原始 P 个指标的信息量。

当 $\alpha(q) \geqslant 85\%$ 时，前 q 个指标即所需的主成分，可满足研究的需要。

（5）确定主成分指标　计算各指标在 q 个主成分中的贡献率 α_i，即累积贡献率 $\alpha(q')$，其公式为

$$\alpha_i = \left| \sum_{i=1}^{q} |\alpha_{ij}| \cdot \lambda_i \right| \Big/ \left| \sum_{i=1}^{p} \sum_{j=1}^{q} |\alpha_{ij}| \cdot \lambda_j \right| \tag{15-6}$$

$$\alpha(q') = \sum_{i=1}^{q'} \alpha_i \tag{15-7}$$

式中，α_i 表示第 i 个指标所占的主成分信息量；$\alpha(q')$ 表示前 q' 个指标所占的主成分信息量。当 $\alpha(q') \geqslant 85\%$ 时，前 q' 个指标即主成分指标，构成了评价的最终指标体系。

2. 指标权重的确定

指标的权重是指标体系的重要因素，因此，权重的确定必须慎之又慎。一般来说，在确定指标的权重时，不同层次的指标通常采用不同的方法来确定。准则层（二级指标）指标权重的确定采用交叉影响分析和特尔菲法（DELPHI）相结合的方法；而指标层（三级指标）指标权重的确定采用层次分析法来确定。计算步骤为（设有 n 个指标分配权重）：

（1）构造主观比较矩阵

$$\boldsymbol{C} = [c_{ij}]_{n \times n} \tag{15-8}$$

其中，$c_{ij} = \{1, 0, -1\}$，1 表示指标 i 比指标 j 重要；0 表示指标 i 与指标 j 同等重要；-1 表示指标 i 不如指标 j 重要。

（2）建立感觉判断矩阵

$$\boldsymbol{S} = [s_{ij}]_{n \times n} \tag{15-9}$$

式中，$s_{ij} = d_i - d_j$；$d_i = \sum c_{ij}$。

（3）计算客观判断矩阵

$$\boldsymbol{R} = [r_{ij}]_{n \times n} \tag{15-10}$$

其中，$r_{ij} = P^{(s_{ij}/s_m)}$；$S_m = \max s_{ij}$。

（4）确定权重值　客观判断矩阵 $\boldsymbol{R}$ 任一列的归一化为 n 个指标的权重向量$(W_1, W_2, \cdots, W_n)$。

可持续发展指标体系的研究是可持续发展理论研究的重要组成部分，国内外不同学科的学者从不同的角度对此进行研究，并在不同的区域进行实践验证。但由于可持续发展问题本身的复杂性，对指标体系的理解和把握尚无统一认识。根据可持续发展系统观，指标体系应该包括三个系列，即要素系列、空间系列和阶段系列。对于要素系列，现有的指标体系基本属于此范畴，而对于空间和阶段系列，目前仅停留在概念探讨阶段。

15.3.3　可持续发展评价指标及其选择

1. 国际上有代表性的可持续发展指标

为了弥补 GNP/GDP 指标的不足，人们设计了许多其他指标来弥补传统经济指标的缺陷，其中有些已经在国家和地区一级成功运用。国际上一些关于可持续发展指标最有代表性的研究案例有：

1）人类发展指数（Human Development Index，HDI）。联合国开发计划署（UNDP）自 1990 年起每年都要发表一期《人类发展报告》，这种方法把预期寿命、教育程度和收入综合成一个指数。HDI 用于比较不同地区之间不同人群发展水平的差异，由 UNDP 设计（Murray 等，1991）。

2）可持续进程指数（Sustainable Process Index，SPI），主要用于生态评价（Krotseheck 等，1994；Moser，Franz，1994）。

3）生态足迹（Ecological Footprint），以土地面积为单位，通过生态承载力的计算来度量可持续发展程度（William E. 等，1994；Wackernagel 等，1993，1994，1995）。

4）社会发展指数（Social Progress Index，SPI），主要关注社会福利的衡量（Desai 等，1993）。

5）可持续经济福利指数（Index for Sustainable Economic Welfare，ISEW），是从 GDP 扣除自然资本折旧、环境污染损失和防护支出得到的修正值（Daly 等，1994）。

6）单位服务的生产资料指数（Material Input Per Service Unit，MIPS）（Schmidt Bleek 等，1994）。

2. 可持续发展评价中存在的误区及其改善

目前在可持续发展评价研究的方法学上存在两大误区：

1）过于强调评价方法与模型的普遍适用性，试图建立一套既适应过去、现在和将来，也适应不同范围、不同发展程度和不同社会制度地区的指标体系，贪大求全，追求完备性，使得指标种类和数目不断增大。

2）过于强调评价方法与模型的精细性，试图把可持续发展过程中的细微变化都详细刻画出来，总想建立一个包含变量更多、计算方法更复杂的精细模型。

建立可持续发展指标体系和评价模型的目的是为了指导管理与决策，具有很高的时效性，要求很高的实用性，不需要过分追求普适性和精细性。因此，我们认为：

1）先按可持续发展的思想对现行统计指标进行审视和分析，根据上述指标选取标准建立起一套基于现行统计体系的初步评价方法与模型框架。

2）该评价方法和模型能从总体上描述出自然、经济和社会复合生态系统的特征及其内部之间的联系和影响，尽可能是比较完善的、综合的。

3）该评价方法与模型需要不断完善，以适应对未来可持续发展情景的分析，需要推动统计体系和国民经济核算体系的改革。

当前的研究工作重点放在第 1）步和第 2）步上，为了进一步深入研究，统计改革等也需要适时开展，才能发展到第 3）步。

3. 选取指标的标准

指标的选择要建立在对大量文献的调研和对可持续发展理论的理解上，参考和研究国际上比较有影响的和实践经验较多的指标体系，并结合中国的实际国情。

1）政策的相关性。指标的选择应尽可能体现可持续发展的原则，并能反映可持续发展的内涵和目标的实现程度。指标和变量的选择过程中必须与已有的政策目标和必须遵循的标准相关。

2）易理解性。指标及其体系一定要简明，使公众更容易理解。指标体系中即使是非常复杂的模型和计算也应该用大众的语言表达出来。

3）科学性。指标一定要能够反应实际情况，数据的采集一定要使用科学的测量技术，指标一定要是可证实的和可复制的。只有采用严格的方法，才能使这些数据无论对于专业还是非专业人士都是可信的。

4）时间序列数据。指标必须是可以使用时间序列数据表示的，这样才能反映一定时间内的变化趋势。如果收集的指标数据只有一两个数据点，那么就不可能对将来的发展趋势做出合理预测。

5）数据成本合理。一定要以合理的成本搜集到高质量的数据，有些必须通过问卷调查的数据，也要考虑时间和资金的限制，否则，应选择替代指标。

6）集合信息的能力。这些指标要有很强的集成能力，仅使用少量指标就能反映评价对象的综合发展水平。

7）敏感性。指标一定要能探测出系统细微的变化。

指标筛选采用频度统计法和理论分析法。建立基本指标之后，要分别进行相关系数计算、主成分分析和独立性分析，最后确定评价指标。在此基础上通过分析可持续发展系统的主要特征、基本原则，研究中国具体国情和统计体系（数据可得性），建立数量有限的、量化的、动态的核心指标。

可持续发展评价是一个多指标多层次系统评价问题。指标的合成是通过一定的算法，将多个指标对事物不同方面的评价值综合得到的一个整体性的评价，专家评价法包括评分法、综合评分法、优序法；经济分析法包括特定情况的综合指标和一般费用效益分析；运筹学等包括多目标决策方法、DEA 方法、AHP 方法、模糊综合评价、可能满意度方法。概括起来，多指标综合评价方法的分类如图 15-1 所示。

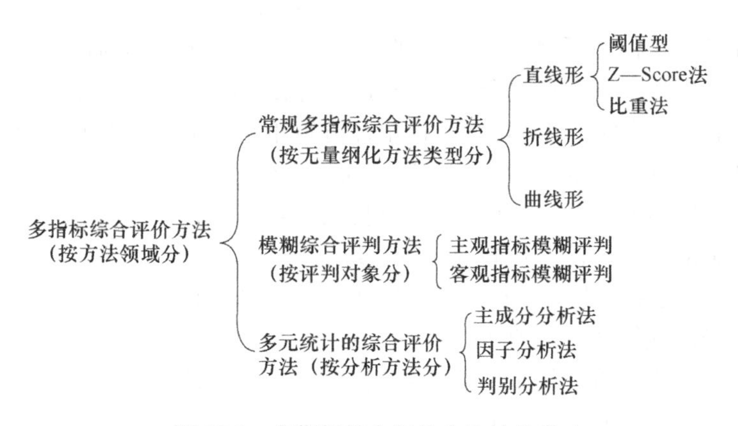

图 15-1　多指标综合评价方法的分类

对于可持续发展系统，主成分分析法和层次分析法为常用的方法。

4. 构建可持续发展指标体系的基本原则

（1）科学性原则　指标体系一定要建立在科学基础上，能充分反映可持续发展的内在

机制。指标的物理意义必须明确，测量方法标准，统计计算方法规范，具体指标能够反映可持续发展的含义和目标的实现程度，这样才能保证测量结果的科学性、真实性和客观性。

（2）全面性原则　指标体系必须能够全面反映可持续发展的各个方面，既要有反映经济、社会、人口、环境、资源、科技各系统发展的指标，又要有反映以上各系统相互协调的指标。

（3）动态性原则　可持续发展既是一个目标，又是一个过程，在一定时期应保持相对的稳定性，这就决定了指标体系应具有动态性。动态指标综合反映可持续发展的趋势和现状特点。

（4）可比性原则　指标尽可能采用国际上通用的名称、概念与计算方法，做到与其他国家或国际组织制定的可持续发展指标具有可比性；同时，要考虑与历史资料的可比性问题。

■15.4　可持续发展系统构建的方法与模型

可持续发展是一个系统，对于可持续发展系统的分析研究，国内外尚不多见。类似的研究多以区域为依托，以区域可持续发展系统作为研究对象。区域可持续发展系统只是可持续发展系统的子系统之一，而可持续发展系统是一个三维空间的复杂系统，虽然两者从组成要素（要素维）上看，内容几乎相同，但若从对要素把握的维度看，基于可持续发展系统理解的要素内涵和外延要比区域可持续发展系统丰富得多，如果是考虑空间维和阶段维，这两者的差别更显而易见。也正是因为如此，对于可持续发展系统的分析和研究难度陡然增加。

1. 理论分析方法

可持续发展系统分析的理论基础是系统科学和系统动力学，特别是系统科学。系统科学的产生和发展为人们思考系统问题提供了理论基础，下面从两方面对可持续发展系统进行理论分析。

（1）概念模型　可持续发展系统是自然—经济—社会复合系统，系统的发展是一个全方位（三维空间）趋向于结构合理、组织优化、高效运行和协调演化的过程。具体来说，包括系统内部人口的可持续性转变、资源的集约化经营和持续性利用、生态环境的良性循环、经济结构与产业结构的优化、经济的持续性增长和社会的持续稳定发展等方面的内容。因此，可持续发展系统的理论分析可以构造如下概念模型

$$\text{SDS}=f(L_1,L_2,L_3,L_4,S,T) \tag{15-11}$$

约束条件

$$L_1+L_2+L_3+L_4\leqslant C \tag{15-12}$$

式中，SDS表示可持续发展系统的目标（可持续发展程度）；L_1表示系统的可持续发展水平，$L_1=f(L_{11},L_{12},L_{13},\cdots,L_{1n})$；$L_2$表示系统的可持续发展能力，$L_2=f(L_{21},L_{22},L_{23},\cdots,L_{2n})$；$L_3$表示系统的可持续发展协调度，$L_3=f(L_{31},L_{32},L_{33},\cdots,L_{3n})$；$L_4$表示系统发展的公平性，$L_4=f(L_{41},L_{42},L_{43},\cdots,L_{4n})$；$S$表示空间变量，即处于不同发展水平的区域；$T$表示时间（阶段）变量，即可持续发展系统的不同发展阶段；C表示环境所能承受的人类活动的承载力。

式（15-11）、式（15-12）的基本内涵可以表述为：可持续发展系统的可持续发展程度取决于一定时空条件下系统的可持续发展水平、可持续发展能力、可持续发展协调度和发展的公平性，而后者又取决于环境所能承受的人类活动的承载力。要提高可持续发展系统的可

持续发展程度，一方面是要通过协调一定时空条件下人口、资源、环境、经济和社会等各要素之间的关系，进而提高系统的可持续发展水平、可持续发展能力、可持续发展协调度和发展的公平性；另一方面（也是更重要的方面）是要通过人们对可持续发展思想及理论认知水平的深化、对可持续发展在全球范围内实践的普及及和科学技术发展提高整个人类生存环境的容量（提高环境所能承受的人类活动的承载力）来实现。

（2）可持续发展系统的发展轨迹　参考区域可持续发展的理论模型，在一定时空条件下，可持续发展系统的发展过程可以用 Logistic 曲线表示（图 15-2）。

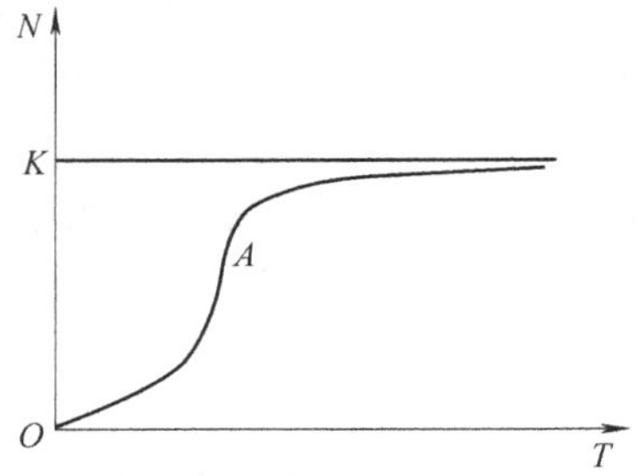

图 15-2　可持续发展系统的 Logistic 曲线

在图 15-2 中，K 表示人口、资源和环境对于可持续发展系统发展的限制容量。在未达到或超过这一限制容量的前提下，可持续发展系统的发展过程（轨迹）为一 S 形增长曲线（A），即 Logistic 曲线，其微分表达式为

$$\mathrm{d}N/\mathrm{d}T = rN(K-N)/K \qquad (15\text{-}13)$$

式中，N 表示可持续发展系统的发展水平；r 是可持续发展系统的内在增长率，是由人们对可持续发展思想及理论认知水平、可持续发展在全球范围内实践的普及水平和科学技术发展水平决定的，可以理解为科技进步；K 表示人口、资源和环境的限制容量；T 表示时间（或阶段），是可持续发展系统在时间上的延续。

对式（15-13）求积分，可得 Logistic 方程的积分形式

$$N = K/(1+ce-rT) \qquad (15\text{-}14)$$

$$e = (K-N_0)/N_0 \qquad (15\text{-}15)$$

将式（15-14）用曲线表示，如图 15-3 所示。在一定时空条件下，可持续发展系统的发展既可以是持续模式（曲线 A），也可以是不可持续模式（曲线 B）；图中，K 由人口变化、资源消耗、环境容量和科学技术水平等因素确定。要保证可持续发展系统的持续性发展，一方面要协调系统发展与人口、资源和环境的关系；另一方面要开拓和提高人口、资源和环境的限制容量。

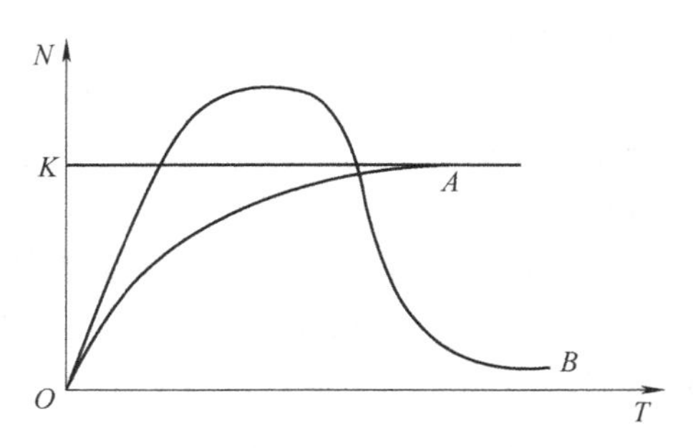

图 15-3　可持续发展系统的两种理论轨迹

可持续发展系统的发展水平 N 主要取决于人口、资源和环境的限制容量 K 和内在增长率两个因素。在一定时空条件下，由于人口、资源和环境的限制容量的限制，可持续发展系统的发展会逐渐趋于平缓；通过科技进步，提高人口、资源和环境的限制容量，可以使可持续发展系统的发展从低层次跃升到较高层次。也就是说，可持续发展系统的发展是一个阶段的趋稳性与层次升迁性不断耦合而成，如图 15-4 所示的组合 Logistic 曲线。

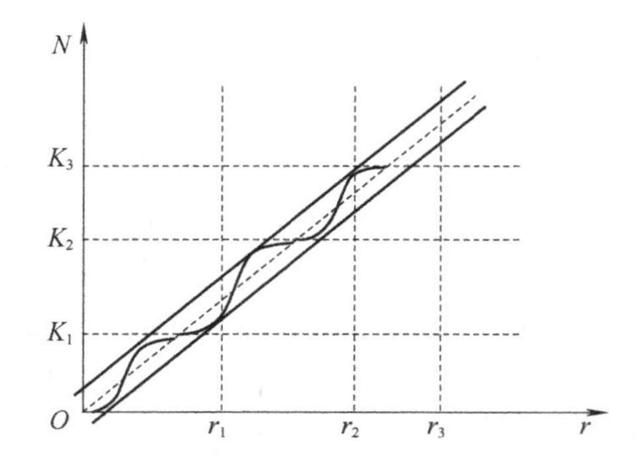

图 15-4　可持续发展系统的组合 Logistic 曲线

2. 模型分析方法

可持续发展系统的量化分析模型是可持续发展系统分析的主要方法，有关模型分析方法的优点在其他文献中论述较多，这里不再赘述。首先从系统整体角度出发，对系统的整体状况（系统结构、功能和演变等）进行分析，主要采用“基于可持续发展的投入产出模型”。其次，从系统要素维出发，分析系统主要构成要素之间的相互关系，主要采用“经济、环境与社会系统协调分析模型”。第三，从区域系统的核心城市出发，分析区域整个城市系统的生态适应性与可持续性，主要采用“生态城市系统评价的聚类分析模型”。最后，以一个城市为例，剖析城市系统的可持续发展状况，主要采用“城市可持续发展系统评价模型”。

3. 现代技术手段

“3S”（GIS、RS、GPS）技术的形成和发展为地球科学及相关学科提供了新的分析和解决问题（特别是空间问题）的手段，不仅大大提高了研究成果的精度，也缩短了研究的周期。

15.5 国外可持续发展指标体系构建与应用

在可持续发展指标的研究与应用上，许多国际机构（如联合国可持续发展委员会、世界银行等）、非政府组织（环境问题科学委员会等）及一些国家（英国、荷兰等）都提出了各自的指标体系。表15-1根据指标体系应用层次的不同介绍了国际上的研究进展。这些指标体系一般是与评价模型结合在一起的，不同的指标体系都有着较明显的特点和缺陷。这些指标体系可以按其结构进行分类（表15-2），也可以按其富集信息的程度分类（表15-3）。

表15-1 可持续发展指标体系研究的国际进展

分类	代表性案例	分类	代表性案例
国际层次	联合国可持续发展委员会指标 世界银行国家财富的衡量 对传统国民经济核算体系（SNA）的修正	省一级	加拿大的阿尔伯塔可持续发展指标体系与美国的俄勒冈基准
		地方一级	美国的可持续发展西雅图 英国的可持续性指标项目
国家层次	加拿大的国家指标体系 加拿大的联系人类/生态系统福利的NRTEE 荷兰的政策执行指标 美国总统委员会可持续发展指标	私营部门	北方电信环境业绩指数生态效率 加拿大安大略湖的全成本账户

表15-2 不同结构的指标体系的对比

指标类型	特 点	缺 陷	代表例子
综合性	直观、简单，适用于宏观层次，与GNP密切相关	只能给出总体水平，不能反映地区差异和问题的症结；数据获取困难	1972，NodiEaus的经济福利尺度；Christain的调节GNP；Pearce的绿色核算
货币评价	通用性好，适合比较和宏观分析	有些参数不容易货币化	世界银行国家财富的新指标
层次结构	包含了更多的信息，反映了复杂性和多样性	持续性、协调性研究不够，地区不同指标差异较大；有些缺少社会发展、环境方面的指标	联合国社会与人口统计体系（SSPS）；Scope提出的含有25个指标的体系；美国的PCSD；中科院牛文元的可持续发展战略报告

（续）

指标类型	特　点	缺　陷	代表例子
多维矩阵	反映指标间的关系，形成了一个有机整体	庞大而分散，很多矩阵空缺："压力"和"状态"不容易明确界定	UNEP 提出的 PSR 模型，以及之后由 UNCSD 提出的 DSR 模型

表 15-3　指标信息富集程度不同的指标对比

指标类型	特　点	缺　陷	代表例子
单项指标	综合性强，容易进行国家之间、地区之间的比较	反映的内容少，估算中有多种假设条件，大量可持续发展信息难以得到	联合国开发的人文发展指数（HDI）；世界银行的新国家财富
综合核算体系	解决度量问题，各个指标直接相加	人口、资源、环境与社会等指标难以货币化，实施困难	联合国开发的环境经济综合体系；荷兰的 3E 结合的核算体系
菜单式	覆盖面宽，很强的描述能力，灵活性和通用性好，反映了经济、环境、资源间的关系	综合程度低，许多指标之间并不存在压力－状态－反应的关系，进行整体上的比较尚很困难	UNCSD 包含 142 个指标的体系；英国政府 118 个指标的体系

15.5.1　国际层次的可持续发展指标体系

联合国可持续发展委员会（UNCSD）设计的指标体系在当前国际上影响较大。指标体系使用了"驱动力—状态—响应"（DSR）模型，共有 134 个指标。经过实验测试，2001 年 UNCSD 设计了一个新的核心指标框架，包括 15 项 38 个子项（表 15-4）。

表 15-4　联合国可持续发展委员会（UNCSD）新的指标体系框架

社　会			环　境		
项	子项	指　标	项	子项	指　标
公平	贫困	贫困人口百分比 收入不均的基尼系数 失业率	海洋与海岸带	海岸带	海岸带水域的藻类浓度 海岸带居民的百分比
				渔业	主要水产每年捕获量
	性别平等	女性对男性平均工资比	淡水	水量	地下、地表年取水占可取水比
健康	营养状况	儿童的营养状况			
	死亡率	5 岁以下儿童死亡率、出生时的预期寿命		水质	水体中的生化需氧量 BOD 淡水中的粪便大肠杆菌浓度
	卫生	适宜污水设施受益人口	生物多样性	生态系统	选定的关键生态系统的面积 保护面积占总面积的百分比
	饮用水	获得安全饮用水的人口			
	保健	获得初级保健的人口比、儿童预防传染免疫注射、避孕普及率		物种	选定的关键物种的丰富程序

（续）

社会		
项	子项	指标
教育	教育水平	儿童小学5年级达到率 成人二次教育水平
	识字	成人识字率
住房	居住条件	人均住房面积
安全	犯罪	每10万人犯罪次数
人口	人口变化	人口增长率 城市常住与流动人口
环境		
大气	气候变化 臭氧层 空气质量	温室气体的排放 破坏臭氧层物质的消费 城区空气污染物环境浓度
土地	农业	可耕地与永久性耕地面积 肥料使用情况 农药使用情况
	林业	森林面积占土地面积比例 木材采伐强度
	荒漠化	受荒漠化影响的土地
	城市化	城市常住与流动人口的居住面积

环境		
项	子项	指标
经济		
经济结构	经济运作	人均国内生产总值GDP GDP中的投资份额
	贸易	商品与服务的贸易平衡
	财政状况	债务占GNP的比率 进出的政府发展援助占GNP的比例
消费与生产方式	原料消费	原材料利用强度
	能源利用	人均年能源消费量 可再生能源消费所占份额 能源利用强度
	废物的产生与管理	工业与城市固体废物的产生 危险废物的产生 反射性废物的产生
	交通运输	废物的再循环与再利用 通过运输方式的人均旅行里程
机制		
机制框架	战略实施 国际合作	国家的可持续发展战略 已批准的全球协议的履行
机制能力	信息获取 通信设施 科学技术 防灾抗灾	每千人因特网上网人数 每千人电话线路数 研究开发费用占GDP的百分比 天灾造成的生命财产损失

改革后的UNCSD新框架的特点是：

1）强调了面向政策的主题，以服务于决策需求。

2）保留了可持续发展的四个重要方面——社会、经济、环境与体制。

3）并没有严格按照《21世纪议程》中的章节来组织，但也有一定的对应关系。

4）取消了对“驱动力—状态—响应”的对应分类，尽管最终所选指标仍为对其综合。

15.5.2 国家层次的可持续发展指标体系

1. 加拿大的联系人类/生态系统福利的NRTEE法

加拿大的联系人类/生态系统福利方法（The linked human/ecosystem well-being approach），即NRTEE法，已经在不列颠哥伦比亚省（British Columbia）的可持续性进展评价项目中进行测试。测试中，五个主要因素被用于评价生态系统的状况，它们是土壤、水、空气、生物多样性和资源利用，五个主要因素被用于评价广义的人类福利，它们是个人、家庭和家族的幸福，社区的稳定和团结，事务活动的丰富和成功，政府的效率与生态系统的活力等。NRTEE 法的指标体系针对每个问题都设计了许多指标来衡量其运行状况。

指标得分根据每个指标的取值同国家或国际上的标准值相比较而得到。单个指标的取值范围是 0 ~ 100，0 是最差，100 是最好。然后通过综合单个指标的得分来计算生态系统、人类福利、人类与生态系统间的相互作用、系统整合与关联四个方面的值。最后，由 NRTEE 指标体系的 245 个指标可以计算出一个反映加拿大生态系统状态的指数。

2. 荷兰的政策业绩指标 PPI 体系

气候变化、环境酸化、环境富营养化、有毒物质的扩散、固体废弃物等六个子系统的选择是基于荷兰国际环境规划（National Environmental Policy Plan，NEPP）中的政策优先性，同时反映了人们对环境状况及其变化对人类健康的影响等方面的日益关注。政策业绩指标中的每个子系统都是通过许多指标并对主要指标进行综合后来衡量的。例如：气候变化系统是对许多重要的温室效应气体排放量指标的综合（二氧化碳、甲烷、氮氧化物、氟氯甲烷和氟氯碳化合物的溴化物等）；环境富营养化系统是对磷酸盐和硝酸盐排放量等指标的综合；有毒物质扩散系统是对诸如农业及其他用途的杀虫剂、有害物质（镉、汞和二氧吲哚等）和放射性物质排放量指标的综合。这种综合方法同样也应用于其他子系统的计算。这种综合方法值得特别关注，因为它是荷兰政策业绩指标最显著的特征之一。它的出发点是：认为环境负担不是由单独的某种物质造成的，而是由许多事物形成的复合影响造成的。每个指标的权重根据它们同系统之间的相关性的大小来确定。例如，一定体积的哈龙 1301 对臭氧层的破坏是同样体积的标准参考物 CFC-11 的 10 倍。因此哈龙 1301 在系统计算中被赋予 10 倍于 CFC-11 的权重。

为了方便比较和综合，荷兰政策业绩指标使用了一个所谓指标等价物的变量来计算各个子系统值。例如，在气候变化系统，各种温室气体的影响被换算成温室气体的等价物——二氧化碳的排放，从而能够计算每种温室气体等价的二氧化碳当量及其总排放量。虽然对于系统值的计算看起来很复杂，但是结果却很简单。它们可以在单独的图表中表示，显示出某一时间段内的总环境压力。环境压力变化的百分率是通过比较某一时点的环境压力值与事先选取的某标准年份的环境压力值得到的。通过计算六个子系统的环境压力，可以使每个子系统都用统一的单位来衡量，因此对不同系统的综合就变得相对容易。所有系统值之和便是环境压力指数。为了对经济部门提供综合的环境经济分析，系统包括了七个方面的指标：农业（年产值衡量）、交通和运输（道路交通的年运输量）、工业（年产值）、能源部门（年发电量）、精炼厂（年产油量）、建筑业（年产值）和消费者（年消费值）。从而，每个子系统能够从多个方面体现其对环境造成的压力。

3. 英国政府的可持续发展指标体系

1996 年 3 月，英国环境部依据可持续发展战略目标推出了英国可持续发展指标体系，该指标体系的组织框架是 WCED 关于可持续发展的定义在英国可持续发展战略环境白皮书中的详细阐述，即可持续发展意味着靠地球的收入为生，而不是侵蚀它的自然资本。这意味着消耗可再生自然资源一定要在它的可更新量的范围内，意味着不仅要留给后代人人造资本，而且要留给他们自然资本。

英国的可持续发展指标的目标有四个：保持经济健康发展，以提高生活质量，同时保护人类健康和环境；不可再生资源必须优化利用；可再生资源必须可持续地利用；必须使人类

活动对环境承载力造成的损害及对人类健康和生物多样性构成的危险最小化。在每一个大目标之下又包含几个专题，共有21个专题。在每一个专题下面又包括若干关键目标和关键问题，在关键目标和问题下面再选择关键指标，共计有118个指标。

15.6　国内可持续发展指标体系构建与应用

中国政府制定了《中国21世纪议程——中国21世纪人口、环境和发展白皮书》，将可持续发展作为一项重大战略在全国实施。一些政府部门和研究机构在可持续发展指标体系和评价模型方面也开展了研究，在不同层次和不同地区取得了一些成果，见表15-5。

表15-5　中国可持续发展指标体系的研究进展

层次类型		组织单位	基本情况
国家层次		国家科技部	根据《中国21世纪议程》，建立描述性指标196个，评价性指标100个
		中国科学院	建立了5大系统组成的指标体系：生存支持系统、发展支持系统、环境支持系统、社会支持系统、智力支持系统
地方和部门层次	省级	山东省	包括：经济增长、社会进步、资源环境支持、可持续发展能力4部分，分15类，共90个指标
		海南省	包括：发展潜力、发展潜力变化水平、发展效能、发展活力、发展水平，共近40个指标
	区域性	清华大学	针对长白山地区，分为系统发展水平和系统协调性，共38项指标
	部门	国家环保总局、清华大学、北京大学	按“压力—状态—响应”框架，建立综合性的环境经济学指标——真实储蓄率

20世纪80年代，尤其是90年代初以来，我国有一批专家学者开展了有关可持续发展指标体系的一系列研究。例如，北京大学叶文虎等的《可持续发展的衡量与指标体系》一文研究了可持续发展和指标体系的概念、指标体系建立的原则及框架建议，提出了全球、国家和地区可持续发展指标体系的框架图。国家计委国土开发与地区经济研究所按照社会发展、经济发展、资源和环境4个领域分别列出了重点指标，共计59个，另有非货币指标12个。国家统计局统计科学研究所和《中国21世纪议程》管理中心尝试建立一套国家级的可持续发展指标体系，其总体结构是将可持续发展的指标体系分成经济、社会、人口、资源、环境和科教6个子系统，在每个子系统内，分别根据不同的侧重点建立一些描述性指标，共计83个。

尽管这些指标体系在经济、社会方面做过不少努力，但主要是以描述性的环境指标为主体，与可持续发展的相关性不够全面，难以满足综合决策和公众参与的要求。因此，需要建立一种指标体系，综合地、完整地体现可持续发展的经济、社会、环境和制度诸方面，既能够看清其变化发展趋势，又能够在一定程度上进行横向比较。然而，这些指标体系都存在着指标数量庞大，指标的量化、权重的分配不够合理，数据的获取比较困难、指标的可比性与同一性不够协调等问题。

国内在追踪国际理论前沿的同时，注意加强了指标可操作性的研究，力求设立的指标具有层次性、开放性和动态性等特点。所建立的国家层次的可持续发展指标体系一方面结合了中国特点，另一方面努力做到普遍性与特殊性的统一。所建立各省区和地方的可持续发展指标体系既反映了区域间的差异，又突出了各自的特色。但是通过文献调研可以发现，无论是在理论上还是在方法学上，我国这类研究的水平在总体上与国际前沿尚有距离，实证研究对实施可持续发展战略的决策支持能力较差，特别是至今还没有大家一致公认和接受的指标体系。

15.6.1　国家层次的指标体系

人口、资源、环境、发展与管理决策五位一体的高度综合，是可持续发展战略实施的基本核心和关键所在。中国的可持续发展必须建立在人口、资源、环境、社会经济发展与管理综合协调的基础上。由于我国自然地域及社会经济地区差异很大，如何评价、监测、督导不同地区可持续发展的状态、水平与进展是研究的重点。研究可持续发展问题，应该以空间分布与时间过程两条主线的交叉与耦合为脉络，以“自然—经济—社会”复杂系统的综合分析为核心，以自然过程与人文过程的有机结合为基础，以理论开拓与实际应用的全方位视野为其出发点。作为反映可持续发展状态与水平的指标应具有三方面的基本功能：描述和反映任何一个时点或时期内经济、环境、社会等各方面可持续发展的现实状况；描述和反映一定时期各方面可持续发展的变化趋势；综合测度一个国家或地区可持续发展整体的各部分之间的协调性。

依据可持续发展指标，可以建立多种多样的评价模型和评价方法，并通过这些模型、方法和指标从多方面评价一个地区、一个国家是否真正实现了可持续发展战略。根据我们对可持续发展的认识和国情，并借鉴国外的经验，中国的可持续发展指标体系宜采用“菜单式”多指标类型。因为这种类型的指标基本上是按照可持续发展的战略目标、关键领域、关键问题等来设计的，有利于监测和评价可持续发展的进展情况；能够反映可持续发展的各个领域、各个层次的发展变化，从整体上反映可持续发展的状况。同时，这种指标体系比较易于推广。评价指标的设置应体现可持续发展状态测度的三个视角，即协调度、发展度、持续度。协调度反映各子系统之间或各要素之间的协调程度，属可持续发展对象系统的“结构状态”；发展度反映区域发展水平，属可持续发展对象系统的“数量状态”；持续度反映各子系统的变化趋势，属可持续发展对象系统的“时间状态”。各项评价指标在定量化基础上，均应设置反映质变的阈值，体现量变与质变相统一的规律。

15.6.2　省级层次可持续发展指标体系

1. 山东省城市可持续发展指标体系

2001 年 6 月，山东师范大学山东省可持续发展研究中心提出了山东省城市可持续发展指标体系。该体系呈明显的层次结构，它认为城市生态系统由自然、经济、社会三个基本层次组成，它们之间相互作用、相互依赖。指标体系包括了 1 个目标层，4 个系统层，13 个指数和 31 个指标。首先收集每项指标需要的数据，通过给定的上、下限标准来计算每项指标的得分。首先，指标上下限标准的制定参照了国内有关的研究成果，个别指标则通过咨询建设主管部门和专家的意见后确定。其次，采用层次分析方法确定指标的权重，选择加权求和

评价方法，最终得到一个城市可持续发展指数。根据这一套指标体系的模型和方法，山东师范大学对 14 个地级以上城市在 1998 年的可持续发展进程做了定量评价。

2. 江西省社会经济可持续发展评价指标体系

南京大学数理与管理科学学院设计了江西省社会经济可持续发展评价指标体系，构造了两种类型的指标体系：一是系统要素型，包含了经济、人口、科技教育、社会、资源和环境 6 个子系统；二是发展特征型，包含了发展水平、发展质量、发展潜力、发展调控度和发展均衡度 5 个方面。根据所用评价方法的特点，以某地区某年的数据为评价对象，进行纵向评价、横向评价及综合评价。在评价方法上，除采用常用的算术加权法外，还采用主成分分析法（PCA 法）及加权的主成分分析法。在确定权重时，采用主观赋权法和客观赋权法。其中，主观赋权法主要采用层次分析法（AHP）和直接打分法；主成分分析法是一种客观赋权法；加权的主成分分析法则综合了主观赋权和客观赋权。在集成评价结果方面，采用迭代组合评价法，使多指标体系的多种评价方法的评价排序结果集成统一，从而提高评价结果的可靠性和准确性。

15.6.3　地方和部门层次可持续发展指标体系

1. 区域可持续发展指标体系

清华大学 21 世纪发展研究院建立的长白山地区区域可持续发展指标体系，分为系统发展水平和系统协调性两个方面。系统发展水平包括资源潜力、经济绩效、社会生活质量、生态环境质量 4 个专题；系统协调性包括资源转换效率、生态环境治理力度、经济社会发展相关性、政策与管理水平 4 个专题。整个指标体系包括了 2 个准则，8 个子准则，共 38 项指标。湖北省计委与湖北省 21 世纪议程管理中心基于人类发展指数（HDI）探索，建构评价长江流域省级可持续发展水平；河北省发展计划委员会和河北师范大学基于真实储蓄测算方法，完成了河北省立项课题，建构了首都周围山区可持续发展指标体系。

2. 部门可持续发展指标体系

1998 年，国家环保局环境与经济政策研究中心、清华大学、北京大学联合开展了中国环境可持续发展指标体系研究。该体系按照压力—状态—响应框架，从描述性环境指标展开，具体描述了经济、环境和资源方面的主题；建立了一组综合环境经济学指标，并最终合成为可持续发展政策指标——真实储蓄率。该课题组组织研究人员，同世界银行合作，采纳“真实储蓄”概念，在烟台、三明开展了案例研究。研究估算了城市环境污染损失和资源、损耗的价值，利用真实储蓄的长期时间序列来判断城市是否在朝可持续发展方向发展。这一指标体系的建立为各级城市衡量可持续发展提供了方法论和范例，为城市之间可持续发展进程的比较提供了统一的尺度。

15.7　城市可持续发展指标体系构建与应用

从可持续发展观角度研究城市系统，其基本运行模式可用图 15-5 表示。

它包括四个层次：

1）系统的状态，它反映系统目前所处的状态水平，是系统可持续发展的基础。

2）系统运行层次，它包含资源利用、经济 - 社会系统运行、污染防治与生态维护三个主要过程，其中经济系统运行是核心。从可持续发展的角度评价区域社会大系统的运行，应主要评价经济系统运行与资源利用，社会系统运行、污染防治及生态维护之间的协调性。

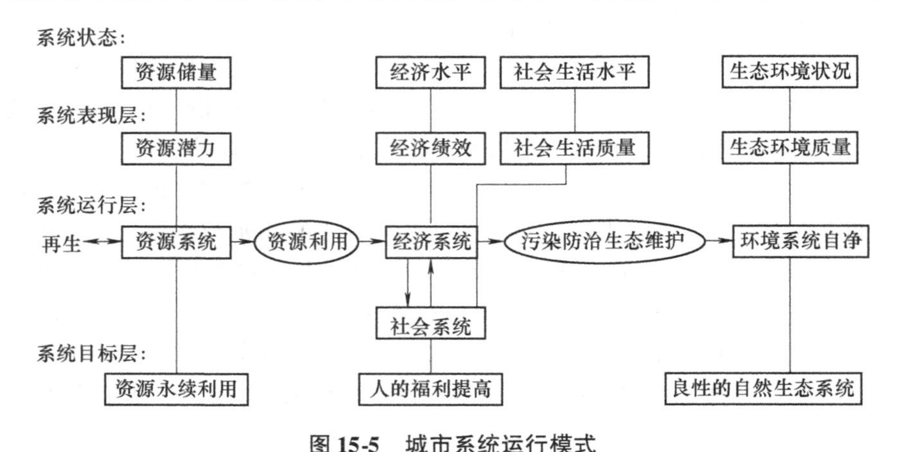

图 15-5　城市系统运行模式

3）系统表现层次，它是系统运行的结果，主要包括资源潜力、经济绩效、社会生活质量和生态环境质量这四个方面。

4）系统的目标层，它反映系统发展的方向及系统内人的期望。

建立城市可持续发展评价指标体系的目的在于寻求城市及周边地区生态维护、资源合理开发利用、产业合理布局及环境保护的模式，以促进该区域的可持续发展。建立可持续发展评价指标体系的具体步骤为：

1）可持续发展的概念分析。从理论上研究可持续发展的内涵及它对城市协调发展的要求。

2）可持续发展目标的分解描述。按照可持续发展的内涵和要求，将城市可持续发展的总体目标分解为对城市发展诸方面（如资源利用与维护、经济和社会发展、生态环境治理及相互之间的协调性）的具体要求，从而指导指标体系框架的设计和指标的选取。

3）数据调研和特点分析。通过对实地考察及有关资料、数据的收集、分析，研究该城市的典型特征、面临的主要问题，使所研制的指标体系做到一般性与特殊性的统一。

4）城市、区域大系统运行模式描述与分析。运用系统的观点对区域社会大系统中资源、经济、社会、生态环境子系统之间的相互作用关系进行分析，为指标体系框架设计和指标选取提供理论依据。

5）通过上述研究、调查和对比分析，初步确定指标体系框架和指标。

6）通过专家（包括地区各方面的管理人员和有关学科的专家）咨询，修改、完善指标体系框架和指标的设置。

7）运用层次分析法（AHP）确定各指标及准则的权重系数。

8）确定指标标准值，运用指标体系和所搜集的数据，对城市可持续发展的水平做出定量的评价，分析其发展趋势和问题。

15.7.1　二层七维城市发展可持续性评价模型建构

为正确测度评价城市发展是否是可持续性的，我们设计了图 15-6 所示的二层七维评价

模型（SD代表可持续发展）。

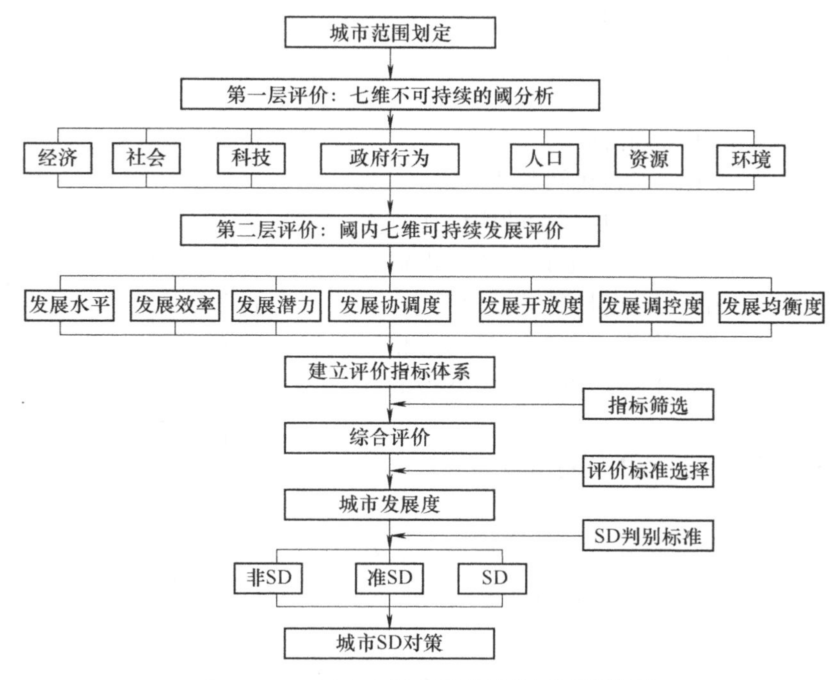

图15-6　二层七维城市可持续发展评价模型

1. 第一层评价：七维不可持续的阈分析

由于基尼系数等指标不宜直接与其他指标一并评价可持续进程，而该指标又的确可以揭示社会是否可持续地发展下去，我们设计了图15-6所示的二层七维评价模型。第一层的七维为经济、社会、科技、政府行为、人口、资源、环境。这七维中的任何一维如果突破了某指标的阈值，发展将无法维系下去。

（1）经济维　应考虑以下指标的阈值：

1）GNP（或GDP）超高速增长率的不可持续性，如连续几年超过10%的增长，将导致全面紧缩，会出现“软着陆”“滑坡”“衰退”。

2）税负率过高，如厉以宁教授研究指出，英国战后经济多年的“走走停停”的根源之一就是税负率过高。

3）通货膨胀率超出“温和膨胀”的水平等。

（2）社会维　应考虑以下指标的阈值：

1）东中西部发展或收入的差距扩大化。

2）基尼系数过高，如超过0.5。

3）腐败行为严重损害政府形象，超出公众的心理承受能力。

（3）科技维　应考虑以下指标的阈值：

1）重大的、有益的但对环境负面影响更大的科技进步（如氟利昂、敌敌畏的过量使用）。

2）大规模杀伤性武器的研制和销售。

（4）政府行为维　应考虑以下指标的阈值。

1）政府社会政策、外交政策等与广大民众的意愿发生冲突、对抗。

2）政府机构过于庞大，冗员过多，超过财政承受能力和社会负担能力。

（5）人口维　应考虑以下指标的阈值：

1）人口数量过大。

2）人口增长率过高。

3）人口的教育水平长期落后。

4）性别比失常，人口老龄化问题严重。

（6）资源和环境维　应考虑指标的阈值比较明显，如石化产品的过度消耗、土地荒漠化、水资源枯竭等问题。因此，第一层的七维指标值为 0～1 变量，由专家或舆论调查得出。七个变量间为相乘关系，即只有七维均取值 1 才是可以发展下去的社会，才进入第二层评价。

2. 第二层评价：七维城市可持续发展评价

第二层七维为城市发展水平、发展效率、发展潜力、发展协调度、发展开放度、发展调控度、发展均衡度，每一维又由若干评价指标予以测度，如图 15-7 所示。

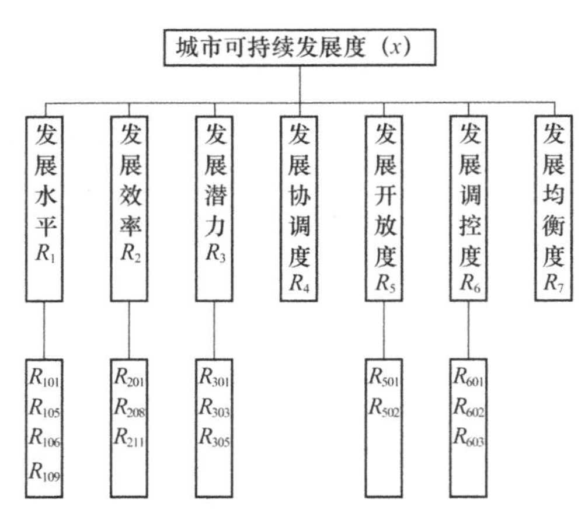

图 15-7　评价指标体系构成

15.7.2　第二层七维城市可持续发展评价

1. 评价标准的选择

评价标准的选择取决于评价目的。如果评价的目的是要建立不同城市可持续发展的序列谱，那么可选择某一时间断面不同城市相同指标的平均值作为评价标准；如果评价的目的是要了解某一城市可持续发展水平的变化状况，发现问题，从而推进可持续发展的规划和管理服务，则可选择该城市某一年的指标数据作为评价标准，观测某一段时间的发展变化情况，以判断可持续进程。

2. 指标权重的确定

指标权重的合理与否在很大程度上影响综合评价的正确性和科学性。可持续发展评价属于多目标决策问题，各指标的权重应反映其对可持续发展的重要程度，因此，利用层次分析法（AHP）确定各层次的权重，其主要步骤如下：建立层次结构，将评价指标层次化；构造判断矩阵；层次单排序；层次总排序；一致性检验。

3. 评价模型的建立和指标的量化

在第二层评价时，可持续发展的各项评价指标在一定程度上存在可替代性（当生态破坏环境污染达到威胁人类生存的阈限值时，它们是不可替代的），故可建立如下的递阶多层次综合评价模型

$$X = \sum_{i=1}^{m} B_i R_i = \sum_{i=1}^{m} \sum_{j=1}^{k} B_{ij} B_i = \sum_{i=1}^{m} \sum_{j=1}^{k} \sum_{v=1}^{n} B_{ij}^{v} R_i^{v}$$

式中，X 表示可持续发展度；B 表示指标权重；R 表示指标或维内量化指标。

根据定义，可持续发展是可持续发展条件改善的结果，表现为城市发展度的持续增大，因此可持续发展各种条件的改善，必须表现为其量化指标的增大。据此，对指标做如下

量化：

$$R=(R_{评价年}-R_{基准年})(效益型指标)$$
$$R=(R_{基准年}-R_{评价年})(成本型指标)$$

4. 评价时间尺度的选择

可持续发展是城市复合系统向理想状态逼近的动态过程，故不能仅从某个时点值评价可持续性，而要测度一个时段城市发展度的轨迹。在长时间尺度上近似平稳的发展过程才是可持续的，在短时间尺度上发展会存在波动，这是不可避免的，而且在短时间内评价指标不可能都得到改善但在较长时间内却是可能的，因而评价的时间尺度不宜太短。评价是为规划服务的，即通过评价发现制约城市可持续发展的因素，及早采取预防措施加以克服，所以最好以5年作为评价的起始时间尺度，以与国民经济和社会发展的5年计划同步，以利于城市可持续发展规划的制订。当然，评价的时间尺度越长越能反映城市的发展趋势，能否做出长时间尺度评价，取决于资料数据的可得性。

5. 可持续发展判据

在确定评价基准年和评价时间尺度（m 年）之后，计算城市发展度 X_i（$i=1, 2, 3, \cdots, m$）。参照城市发展的判据，城市可持续发展是城市发展条件改善的结果，表现为城市发展度 X 的增大，即 $\mathrm{d}X>0$。在此给出可持续发展的判据如下：$\mathrm{d}X>0$，可持续发展；$\mathrm{d}X=0$，准可持续发展；$\mathrm{d}X<0$，不可持续发展。

对于可持续发展来说，其发展曲线基本上可分为两类：平稳型可持续发展（图15-8）和波动型可持续发展（图15-9），根据 X 的值，画出城市发展度曲线，对照两图，可进一步判断城市可持续发展是平稳型可持续发展还是波动性可持续发展。

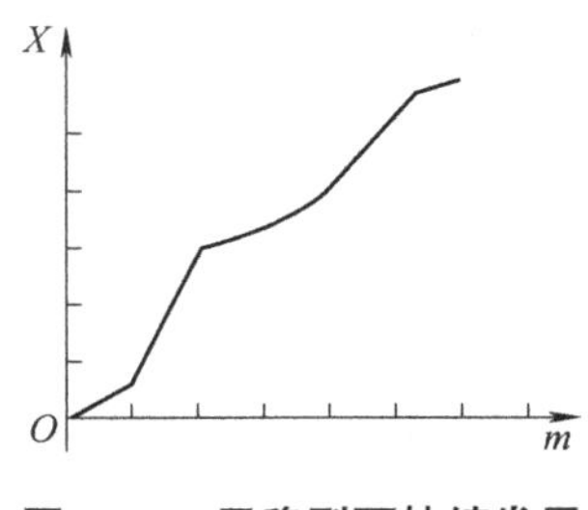

图15-8 平稳型可持续发展

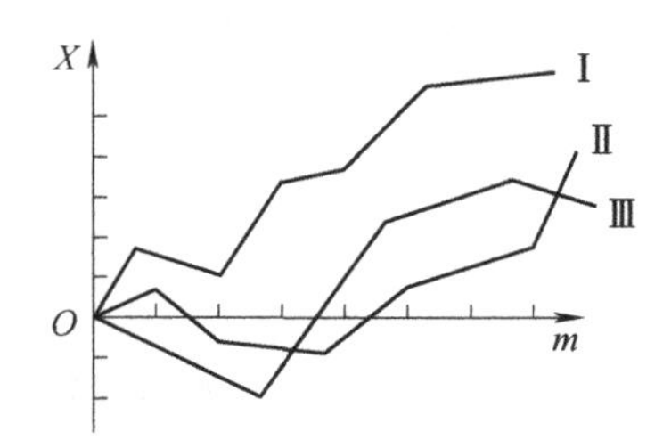

图15-9 波动型可持续发展

【阅读材料】

武汉城市圈可持续发展的总体评估

武汉城市圈可持续发展指数在2003—2007年间是不断上升的，整个系统处于一种缓慢但稳定的可持续发展状态。经济子系统与社会子系统的协调性最好，与环境子系统的协调性次之，与资源子系统的协调性最差。为了协调区域内人口、资源、环境、经济、社会的关系，使“两型社会”综合实验区的建设取得实效，实现武汉城市圈的可持续发展，必须做到：

1）继续控制人口增长，不断提高人口素质。

2）加强自然资源基础的养护，优化能源结构，逐步形成与社会、经济、环境相协调的能源综合规划体系。

3）政府努力和公众参与相结合，不断改善生态环境，提高城乡居民的人居环境质量。

4）加强农业基础设施和农业产业化建设，利用高新技术改造和提升传统产业，大力发展现代服务业，因地制宜地推进区域产业结构调整，努力实现经济发展方式的转变。

5）大力发展各项社会事业，推进城乡经济社会一体化进程。

6）严格区域职能分工，加强区域间的协调与合作，加快城市圈一体化的建设步伐。

——资料来源：中共湖北省委社会科学工作领导小组办公室，湖北省社科基金成果摘编，2009.

思考题

1. 可持续发展系统观是什么？
2. 可持续发展指标体系一般的步骤是什么？
3. 可持续发展指标体系筛选的方法有什么？
4. 如何选取可持续发展指标体系？
5. 国际层次的可持续发展指标体系有哪些？

推荐读物

1. 梁山，赵金龙．生态经济学［M］．北京：中国物价出版社，2008.
2. 马林．民族地区可持续发展论［M］．北京：民族出版社，2006.

参考文献

［1］王锋．环太湖生态农业旅游圈综合评价与可持续发展研究［D］．南京：南京农业大学，2010.

［2］梁吉义．经济与人口、资源、环境系统要素的错位及可持续发展系统的构建［J］．系统辩证学学报，1997，5（4）：64-66.

［3］罗慧，霍有光，胡彦华，等．可持续发展理论综述［J］．西北农林科技大学学报（社会科学版），2004，4（1）：36-37.

［4］张志强，程国栋，徐中民．可持续发展评估指标、方法及应用研究［J］．冰川冻土，2002，24（4）：345-360.

［5］兰国良．可持续发展指标体系建构及其应用研究［D］．天津：天津大学，2004.

［6］宋宇辰，何玮，张璞，等．基于BP神经网络的资源型城市可持续发展指标预测［J］．西安财经学院学报，2014，27（06）：79-84.

［7］李天星．国内外可持续发展指标体系研究进展［J］．生态环境学报，2013，22（6）：1085-1092.

［8］曹斌，林剑艺，崔胜辉．可持续发展评价指标体系研究综述［J］．环境科学与技术，2010，33（3）：99-105.

［9］逯元堂，王金南，李云生．可持续发展指标体系在中国的研究与应用［J］．环境保护，2003（11）：17-21.

第 16 章

可持续发展的测度方法

16.1 可持续发展测度的主旨

可持续发展是近年来一个十分引人注目的研究领域，可以说，经过这十年的研究和探索，人们在运用可持续发展相关理论解决社会经济问题方面已经取得了一定的成果。对可持续发展测度的研究从来不能与可持续发展内涵的认识拆分开来。如果将可持续发展内涵理解为环境上的可持续，反对经济发展的话，对可持续发展测度的研究则建立在自然资源与环境为经济系统提供服务的经济价值的定量化测度上。

研究这个问题，首先要从可持续发展的“三分法”研究思路出发。从我国可持续发展的研究现状出发，“三分法”对我国的可持续发展研究有着特殊的意义。这里所说的三分法有两个层面的意义，即研究领域的三分与观念实施的三分。

1. 研究领域的三分法

台湾统计学者谢邦昌教授曾经有过这样的认识：“任何领域都有其上中下游，在其上游中，一些‘功力高强’的学者不见得愿意帮助中下游解决问题，而中下游又感到上游遥不可及，不敢把问题告诉上游，觉得上游的理论太过于高深，于是该研究领域上中下游出现了断层，影响了研究的发展”。我们认为，目前可持续发展研究中遇到的各种阻碍与此是相似的。

一般可以把可持续发展研究分为以下三个层次：理论研究、应用方法研究和实证研究。

所谓理论研究是指可持续发展纯理论研究，该方面的研究人员是知道为什么做型人才，他们需要专门的智慧，处于可持续发展研究的上游。可持续发展实证研究人员则属于知道怎么做型人才，处于研究的下游，他们不需要考虑具体理论的论证，而只要知道所用方法的基本思想，掌握最基本的应用知识就可以了；他们不必从事方法库方面的建设，而只需用拿来主义的态度从方法库里选取合适的工具就可以了。处于二者中间的是可持续发展应用方法研究。这种研究是对可持续发展理论方法如何应用的研究，是客观上为发展理论方法论而做的工作，它至少应该包括以下的重要内容：

1）从解决实际问题的角度出发，对现有可持续发展理论方法的评判，包括对其缺陷的发现或质疑，对理论方法的改进等。

2）对采用某理论方法所需条件的分析。如对数据的要求，内含假设前提的分析，假设条件放宽后对分析结论的影响等。

3）对理论方法应用场合或范围的探索。

4）对不同理论方法应用于同一事物分析时的比较研究。

5）不同学科间的不同方法交叉应用可能性的探讨等。

可见，可持续发展应用方法研究处于可持续发展研究的中游地带，它是联结可持续发展理论研究与实证研究的纽带，起着非常重要的传导与协调作用。

从目前可持续发展研究需求的分布上来看，对实证分析的需求远远多于对应用方法研究的需求，而对应用方法研究的需求又远远多于对纯理论研究的需求，这是一个从特殊到一般的过程，需求的偏态分布是显而易见的。相比较而言，从供给分布上看，我国的可持续发展研究现状却恰恰相反，更多的人从事的是理论研究，而应用方法研究和实证研究的力量明显不足。并且，在研究中存在着明显的“断档”现象，理论研究与实证研究没有形成良好的信息反馈机制，处于相对封闭的状态，这是一个令人担忧的现象。

基于对可持续发展研究领域的“三分法”的分析可以看出，当前迫切需要加强可持续发展应用方法研究的力量。在诸多可持续发展应用方法的研究中，可持续发展测度研究是一个主要内容。

2. 观念实施的三分法

从可持续发展的理论到实践，至少要经过以下三个环节：

（1）观念创新　观念创新是一切新生事物产生和发展的出发点，它决定着可持续发展能不能被实施，能实施到什么程度。近年来，可持续发展在观念创新方面取得了很大的成就，提出了与以前不同的崭新的发展观，极大地改变了人们对经济与社会发展的看法，并且作为一种观念被引入到许多国家的发展战略中去。这是可持续发展受到普遍肯定的基本原因。

（2）政策实践　可以说，如今的可持续发展问题已经不再限于一种观念、思想与理论，而是成为被世界各国普遍认可的原则、战略，甚至是人类发展的目标，被广泛地付诸实践。在这种情况下，该如何实现可持续的发展模式？这就涉及可持续发展政策实践的问题，即如何使现行的宏观政策与可持续发展观相融合，从而实现可持续发展的政策效果，这是可持续发展管理部门迫切需要解决的问题。

（3）状态测度　在可持续发展观念创新与政策实践之间，有一个重要的环节长期被忽视了，那就是观念实施“三分法”中的另一个部分——状态测度。通常认为，理论可以直接用于指导实践，这是对的；但在理论指导实践的过程中需要大量的信息，而这种信息是可持续发展理论本身不能提供的，因此必须要有详尽的可持续发展状态测度的内容。这里的状态测度可以起到以下两方面的作用：

一是提供参数。任何一个理论指导实践的过程都是要有适用条件的，而判断一个实践方案应使用何种理论模型，要取决于实践所处的环境参数及实践本身的起点参数、现状参数等。可持续发展的测度，可以为可持续发展从理论到实践提供各种参数支持。

二是动态监测。这主要服务于政策管理部门。对于可持续发展的政策管理部门来说，对可持续发展政策的推行取决于前期或当期的政策效果，只有根据现有的可持续发展状态才能制定下一步的工作方案，可以说，没有这种对可持续发展的动态监测，任何可持续发展战略的施行都将是一句空话。总的说来，在可持续发展理论与实践之间，测度工作扮演着一个重要的角色，要从观念实施的“三分法”的高度来认识这个问题。

上述研究领域的三分法和观念实施的三分法既有共性，又有不同。其共性在于：都力求突破原有的理论到实践的二分法思路，为从理论到实践的过渡提供更好的信息或应用方法支持。不同之处在于：研究领域的三分法是横向的，是研究分工上的要求，即要加强可持续发展应用方法的研究，使得现有的可持续发展理论成果更好地为实证研究服务；而观念实施的三分法是纵向的，它指出了一个重要的独立的研究领域——可持续发展测度。

■16.2 自然资源与环境经济价值测定理论和方法

可持续发展要求自然资本不能减少，这一准则是伴随着没有理想的方法来核算自然资本总价值的基本问题而出现的，所以，研究自然资源与环境经济价值测度的理论和方法对可持续发展的测度的研究是很有必要的。

16.2.1 自然资源与环境经济价值的内涵

自然资源是指自然环境中与人类社会发展有关的，能被利用来产生使用价值并影响劳动生产率的自然诸要素。它包括有形的土地、水体、动植物、矿产和无形的光、热等资源。环境是指围绕着人群空间，可以直接、间接影响人类生活和发展的各种因素及其相互关系的总和。它是一个具有一定结构和功能，处于动态发展中的有机统一的系统整体，其实质就是人类以外一切与其有关的自然、社会因素的集合。其中，直接或间接影响人类生存和发展的各种自然构成的集合叫自然环境，如大气圈、生物圈等；人类创造的各种物质文化要素构成的集合叫社会环境，如村落、医疗场所等。

长期以来在经济学科中盛行的自然资源与环境之间的区别，已经不再具有实际意义。自然资源与环境之间的联系表现在，很多直接构成生产要素的自然资源，必须同时具备一定的自然环境质量，也就是说，自然环境质量已成为自然资源内容的一部分。另一方面，一些自然资源的现存量和再生量的多少，也直接影响一定区域的自然环境质量的高低。正是由于自然资源和自然环境质量间存在着上述的内在联系，所以才把自然资源与环境的经济价值问题作为同一个问题来加以研究，这时自然资源与环境价值之间的区别就显得不再重要。将自然资源和环境均作为有价资产，因为它们都为人类提供了同样有价值的服务。

自然资源与环境可以看作是一个有多种产出及其关联产品的复合系统，该系统为经济系统提供的服务包括以下几个方面：

1）自然资源与环境系统是经济系统中原材料输入的来源，如天然气，木材等。

2）自然资源与环境系统为维持生命系统提供了必要的服务，如可供呼吸的空气，以及赖以生存的气候条件等。

3）自然资源与环境系统为人们直接提供福利与效用，良好的环境为人们提供了欢愉的景观生态，而恶劣的环境会导致人们生活水平的下降。

4）自然资源与环境系统能够分解、转移、容纳经济活动的副产品，即产生的废物和残留物。

自然资源与环境经济价值是把自然资源与环境系统视为资产而对其功能和存在所做的综

合。从构成上看，自然资源与环境经济价值包括利用价值和非利用价值两部分。利用价值包括直接利用价值和间接利用价值，是指物品被使用时满足某种需要或偏好的能力。比如对热带森林来说，它的直接利用价值是为当代人提供木材、其他非林木产品及供休闲娱乐等；其间接利用价值则是它对于保证生态平衡所起的作用，如营养循环、水域保护、减少空气污染、调节气候等。非利用价值被生态学视为物品内在性的东西，包括存在价值和选择价值。存在价值是指人们不是出于任何功利性目的，仅仅为了某一环节资产的存在而表现出的价值。选择价值则代表对未来效益损坏的认知价值。在概念上，自然资源与环境经济价值是直接利用价值、间接利用价值和非利用价值之和。

16.2.2 自然资源与环境经济价值的测度方法

经济活动对自然资源的非实物消耗，引起了环境质量的下降，人们对环境恶化的成本提出了不同的方法。这些方法从不同侧面测度人类经济活动的环境成本和代价。测度的基本方法可以分为两类：直接测度法和间接测度法。这两类方法均基于一个事实：由于环境服务具有非排他性和不可分割性的特点，环境服务的市场不存在。间接测度法是通过观察人们对可在市场上交易的商品的行为而获得环境效益或成本的估计值，直接测度法是就被影响的环境服务询问人们问题而获得其估计值。

1. 间接测度法

环境经济价值间接测度法包含若干种方法，根据这些方法对环境成本分析和处理的不同角度，将其分为两大类，并分别称为收入损失型估价方法和维护成本型估价方法。

（1）收入损失型估价方法　这类方法是从经济活动引起的环境质量下降，给人类经济福利带来的损失和代价的角度出发，估计经济活动带来的环境恶化的社会成本。

1）生产率下降法。

生产率下降法将自然环境作为传统生产要素看待。人类经济活动向自然环境排放废物，引起环境质量下降，使环境要素的服务功能下降，即环境资产的生产率下降，其直接表现是，在同样的初始投入条件下，产出量的下降。因此，可以利用减少的产出量的市场价值，作为缓解资产质量恶化的成本。比如，菲律宾曾就巴克尤特湾的伐木行为进行价值评估：如果不禁止伐木，可产生伐木收入 980 万美元，但却会因此增大该海湾的沉积率，影响珊瑚礁和渔业资源，进而影响到它所支撑的旅游、海洋捕捞这两个赚取外汇的行业。两个行业分别减收 1920 万、810 万美元。由此可以认为，伐木造成的环境损害价值相当于 1750（1920 + 810 − 980）万美元，这就是禁止伐木从而保护环境的效益价值。

生产率下降法具有易理解和操作的优点。然而，该方法在有效获取环境资产质量下降引致的产品减少量资料时，存在两个问题：第一，确定环境因素的减产。实际观察到的产品产量由多种因素决定，如农产量的大小取决于地力、种子、施肥量和降雨量等，在土地受到轻度污染时，如果其他因素改善，农产量也有可能增加。这时，要确定土地受到污染的减产量是一件很费力的事。第二，产量减少滞后性。模型中的环境恶化成本、产品产出减少量均为本期数值，而实际上产品减少量并不是由当期经济活动造成的。

2）人类健康损害法。

经济活动的外部不经济性不仅表现为环境质量的下降，还会对人类健康造成损害，引起发病率上升，寿命减短，使劳动力水平下降或提前丧失。人类健康损害法部分类似于生产率

下降法，它将人看作劳动力，用环境污染引起的人类劳动力损失的价值作为环境质量下降成本的估计值。因此，这种方法也可称为“人力资本”法。

环境污染带给人类健康的危害造成的经济损失可以分为两大类：一是人类健康受损后为了治疗疾病和恢复健康需花费的医疗费用，称为第一类损失；二是由于劳动力的暂时丧失、永久性丧失和提前丧失等，以及劳动力生产率下降等造成GDP减少，称为第二类损失。

这两类损失，从表面上看都给国家或个人带来了收入减少的后果，但从宏观角度看，它们对国家收入或GDP的影响是不同的。对于人类健康损害的估价，人们已提出了不少方法，然而从国民经济核算角度出发，它们均具有理论上和方法论上的缺陷。对估价公式分析如下

$$L = L_1 + L_2 = L_1 + L_{21} + L_{22} + L_{23} \tag{16-1}$$

式中，L为环境污染对人体健康损害的经济损失；L_1为治疗因污染而患病人员的支出；L_2为污染引起劳动生产率下降造成的经济损失；L_{21}为因污染而患病的劳动力患病期间的收入损失；L_{22}为因污染而患病，出院后致残和提前退休而损失的收入；L_{23}为因污染而过早死亡的收入减少额。

对年龄为x的劳动力因过早死亡的收入损失可由下式估价

$$V_x = \sum_{n=x}^{\infty} \frac{(P_x^n)_1 (P_x^n)_2 (P_x^n)_3 Y_n}{(1+r)^{n-x}} \tag{16-2}$$

式中，V_x为年龄为x的人未来收入的现值；$(P_x^n)_1$为年龄为x的人活到年龄n的概率；$(P_x^n)_2$为年龄为x的人活到年龄n且有劳动能力的概率；$(P_x^n)_3$为年龄为x的人活到年龄n且有劳动能力，同时又被雇佣的概率；Y_n为年龄为x的人活到年龄n时的平均收入；r为贴现率。

从上面的估算公式可以看出，污染对人类健康造成的损失可划分为两类，其总额就是这两类损失之和。从居民个人角度出发，这两类损失都会带来收入和福利的减少：一方面要支付额外的医疗费用，另一方面劳动力生产率下降，减少个人收入。但是，这两类损失对GDP或NDP带来的影响是截然不同的。此类估价公式的提出者认为环境污染给人类健康带来的这两类损失，均属于环境污染的成本，在对全国经济总量指标GDP或NDP进行调整时，应将该损失总额减去。

从国民经济核算的角度出发，这种处理方法是不科学的，可以通过分析这两类损失的特点，说明它们对经济总量指标GDP的影响。第一类损失时额外的医疗费用，这类费用是为了恢复健康的额外支出，与为治理污染、恢复环境质量的工程支出的性质是类似的。由环境污染引起的这类支出使GDP增加，此时的GDP与没有发生污染而对应着较少的医疗费支出和较少的GDP时相比，并没有体现人类经济福利的任何增加。也就是说，环境污染引起的健康损失，健康损失引起医疗支出增加，医疗支出增加又引起GDP的增加。对个人来说的第一类损失，在宏观上导致反映宏观经济福利总量的指标GDP的增加。这种虚假的对人类没有任何益处的GDP增加部分，应该从GDP中减去。

第二类损失时劳动力丧失带来的收入损失。这种损失不能从GDP中减去，假如没有环境污染，这部分劳动力就不会丧失，会给社会创造出更多的增加值。由此可见，第二类损失对GDP的影响与第一类损失正好相反，它使GDP减少。也就是说实际的GDP已经是减少了的。假如说要用第二类损失对GDP进行修正的话，应该是将这部分损失加入GDP，而不是将其减去。

除了上述两方面以外，该方法还有两处需要商讨：①这种方法不是基于消费者的支付意

愿，而是基于另外一种生命评价的方法，即一个人的生命价值等于他所创造的价值；②忽略了风险的因素。

3）数学模型法。利用数学模型方法，可以帮助人们确定环境质量下降的成本。以空气污染对农产量的影响分析，单位面积农产量与降雨量、播种量、施肥量、除草次数、空气污染程度等因素有关，其关系一般数学表达式为

$$Q=f(x_1,x_2,\cdots,x_n,x_{n+1},x_{n+2},\cdots,x_{n+m}) \tag{16-3}$$

式中，Q 为单位面积农产量，是因变量；x_1，x_2，…，x_n 为各种污染物浓度；x_{n+1}，x_{n+2}，…，x_{n+m} 为污染因素以外的其他因素。

若上述关系为线性，则单位面积农产量数学模型为

$$Q=\alpha_0+\alpha_1x_1+\alpha_2x_2+\cdots+\alpha_nx_n+\alpha_{n+1}x_{n+1}+\cdots+\alpha_{n+m}x_{n+m}$$

式中，α_i（$i=0$，1，2，…，$n+m$）为待定参数，若能获得不同地块农产量和各解释变量观察值，即可估计出 α_i，求出污染物浓度与单位面积农产量之间的相关程度。其中 α_i 为第 i 种污染物浓度每上升 1 单位，单位面积农产量的减少量。

当其他因素不变时，第 i 种污染物浓度上升 Δx_i 个单位时，单位面积农产量减少量为

$$\Delta Q_i=\alpha_i\Delta x_i \tag{16-4}$$

用 ΔQ_i 乘该种污染加重的受害面积 S_i 与农作物单位价格，则得该种污染物加重的环境恶化成本 C，即

$$C=\Delta Q_iS_iP_i \tag{16-5}$$

数学模型法在应用中的最大限制是，模型参数的估计需要收集多种变量的大量统计资料，此项工作目前比较欠缺，但是随着统计资料的日益完善，此方法必将得到较多的应用。

（2）维护成本型估价方法　这类方法是环境资产经过使用后，从维护其质量不下降所需的补偿费用角度出发，评估经济活动对非实物型自然资源消耗的环境成本，即环境恶化成本。

环境资产维护成本的估算有不同于生产资产之处。生产资产经过一段时间的使用之后，其功能或质量肯定会或多或少地降低。这就是要对其提取折旧的原因，这一折旧额就是该生产资产的消耗成本。然而对于环境资产则不尽如此。虽然同样把环境资产的维护成本作为对环境资产的消耗成本，但是根据环境资产维护成本的定义，如果对自然环境资产的使用没有影响到其将来的使用，则此时环境资产的维护成本为零。对于海洋捕鱼和森林伐木来说，如果它们的自然增加量能补偿人类对其的使用量，则此时的使用没有维护成本，即折旧值为零。此外，如果自然环境能安全地吸收、同化和分解经济活动产生的废物，则对自然资产使用的维护成本也为零。

环境资产维护成本的具体估算方法，取决于维护环境资产质量的各种活动的选择，如防护活动、恢复活动、重置活动等，包括防护成本法、恢复成本法和影子工程法等。防护成本法是用防护或避免环境资产质量下降所需要消耗的活劳动和物化劳动价值，作为经济活动的环境成本估价。影子工程法又称替代工程法，它是恢复成本法的一种特殊形式。如果经济活动使某一环境资产的功能永久性失去，则用建造一个与原来环境资产功能相似的替代工程的成本，作为经济活动对原来环境资产的消耗成本。

上述三种方法都是针对人类经济活动对环境资产消耗的成本估价提出的。其中的防护成本法和恢复成本法也可用于估算由于自然因素造成自然资源质量下降的成本。

（3）估价方法的选择问题　目前，尽管人们已经探讨了许多环境成本的估价方法，但是对究竟应该采用哪种估价方法对环境成本进行估价，尚未形成一致的意见。在进行自然资源与环境的经济评价时，采用维护成本型方法，较采用收入损失型方法更具有合理性。原因如下：

1）关于经济活动的外部不经济性对自然环境和人类健康等造成的损害，目前尚不完全了解，因此若要对这些损害进行全面估算评价是非常困难，甚至是不可能的。例如，对全球温室效应和臭氧层变薄给人类带来的潜在危害，人们尚不能完全估计。虽然已提出了健康损害估算法，但由于不了解各种污染物成分和浓度与发病率之间的确切关系，因而很难明确找出某一特定的污染物与健康和福利之间的数量关系。

2）维护成本型估价方法符合马克思再生产补偿理论和可持续发展的要求。将自然环境资产与生产资产同样看待，对一定时期环境资产使用后的维护成本进行估算，这与固定资产提取折旧额的估算思想相一致，能够对环境成本做出合理的估算，从而实现对环境的科学估价。

因此，就目前对环境核算理论与方法的研究水平而言，对经济活动的自然资源与环境恶化成本的估算，采用维护成本型方法较理想。

2. 直接测度法

最典型的直接测度法就是意愿调查价值评估法。

意愿调查价值评估法（Contingent Valuation Method，CVM）就是通过调查人们对环境商品或服务的支付意愿来评估环境经济价值的方法。这种方法通常先给被调查者一个提纲对某中国环境服务的假定条件进行描述，然后询问被调查者：在特定的条件和情形下，若有机会获得这种服务，将如何为其定价，以其所愿支付的价格作为环境经济价值的估计。

意愿调查价值评估法可以估算利用价值，也可以估算非利用价值。与间接测度法相比，很多经济学家认为这种方法问的是假设的问题，而间接测度法获得的是实际的数据，因此意愿调查价值评估法存在不足。但另一方面，意愿调查价值评估法与间接测试法相比又具有两方面的优势：①它可同时用于利用价值和非利用价值问题，而间接测度法只能用于利用价值问题，并且包含弱互补性的假设；②从原则上看，意愿调查评估法回答的是支付意愿或补偿意愿的问题，直接得到理论上效用变化的准确货币计量。

■16.3　代际公平的经济解释

16.3.1　代际公平的内涵界定

代际公平（Intergenerational Equity）的概念最早是由塔尔博特·R. 佩奇（T. R. Page）在社会选择和分配公平两个基础上提出的，它主要涉及的是当代人和后代之间的福利和资源分配问题。1984 年美国的爱迪·B. 维思（Edith. B. Weiss）教授系统阐释了这一概念的含义。她提出了“行星托管”的概念，指出人类的每一代人都是后代人地球权益的托管人，并提出实现每代人之间在开发、利用自然资源方面权利的平等。她提出，代际公平应由三项原则组成：

（1）选择原则　每一代人既应为后代人保存自然和文化资源的多样性，以避免不适当地限制后代人在解决他们的问题和满足他们的价值时可进行的各种选择，又享有拥有可与他们的前代人相对应的多样性的权利。

(2) 质量原则　每一代人既应保持地球生态环境的质量，以便使它以不比从前代人手里接下来时更坏的状况传递给下一代人，又享有前代人享有的那种生态环境质量的权利。

(3) 接触和使用原则　每一代人应对其成员提供平等地接触和使用前代人遗产的权利，并为后代人保存这项接触和使用的权力。

可持续发展的标准概念是，“可持续发展是指既能满足当代人的需求，又不损害后代人满足其需求之能力的发展”，将它与代际公平的基本内涵对照着研究，可以看出，可持续发展其实就是指代际公平意义上的发展。从这个意义上讲，对代际公平的解释就是对可持续发展内涵的解释。

因此，可持续发展的内涵可以重新表述为“能够保证当代人的福利增加，也不会使后代人的福利减少时的发展”。

这个叙述使我们想起了经济学上的帕累托改进（Pareto Improvement）的思想：在没有使任何其他人的情况变得更坏的前提下，至少有一人变得更好（福利得到提高）。进一步地，如果在不减少其他人的福利条件下，就没有任何一种变化可以改善某些人的福利，我们就会得到帕累托最优（Pareto Optimun）。

应该指出的是，帕累托最优不是唯一的。事实上由于帕累托改进不关心对收入和损失均衡的限制，它只告诉我们从无效率的一点移向有效率的一点是值得的，而不是说它是从许多有效率的资源配置的可能性中挑出来的一种特定的资源配置方式，因此存在一系列的帕累托最优。

采用帕累托改进准则（Pareto Improvement Criterion）来确定社会是否会获得福利在应用上是有局限性的。具体地说，它太过于严格，在许多情况下，一个给定的政策总会使一些人受损，而另一些人受益，根本达不到帕累托改进的标准，但这并不是说该政策本身就没有意义。比如：一项政策有 10 个单位的成本，但甲集团可因此获得 20 单位的福利，乙集团则要损失 8 个单位。显然，这个政策并不符合帕累托改进的标准，但整个社会却可以因此获益 2 个单位（20 - 10 - 8）。

为了对付这种情况，经济学家修正了帕累托改进的标准，以使它可以应用于一些人有所得而另一些人有所失的情况。修正时主要是考虑了假设补偿的思想：如果在某一政策的执行中一方获得的收益可以补偿另一方的损失，并且有一定的剩余的话，该项政策就是帕累托有效的。

对应到可持续发展领域，在“可持续发展是指既能满足当代人的需求，又不损害后代人满足其需求之能力的发展”这一概念下，可以得到经济学中的可持续代际关系：

1）可持续发展下的代际关系其实是要维持一种“帕累托改进”的代际关系。

2）由于代际间不可避免地存在上代人对下代人利益的损害（如不可再生资源的耗减），所以代际间应遵循修正后的帕累托改进标准，即当代人在可持续发展政策执行中获得的收益应该能够补偿后代人因此获得的损失，并且只有在当代人的利益扣除支付的补偿后还有剩余的情况下，可持续的代际公平关系才可能得到保持。

16.3.2　代际不公平的经济福利损失分析

如果代际间不存在“代际补偿”，则人类发展必将是不可持续的。下面用图 16-1 来进行分析。

在图16-1中，用OP表示价格，OQ表示数量，用AF线表示需求曲线，SMC线表示考虑了代际补偿的社会边际成本，MC线是没有考虑代际补偿关系的社会边际成本，显然，由于代际补偿的存在，SMC应严格处于MC之上。

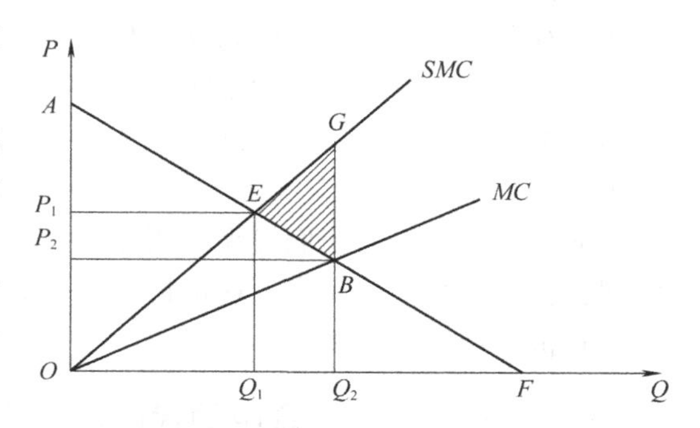

图16-1　代际不公平的经济净福利损失

在包含了代际补偿成本的SMC系统中，均衡的价格与需求量分别为P_1与Q_1，显然E为均衡点。在不包含代际补偿成本的MC系统中，均衡的价格与需求量分别为P_2与Q_2，B为均衡点。在边际成本曲线以下的面积是总成本，需求曲线下的面积可以看作总收益。

第一种情况：当均衡点在E点时，总收益是四边形AOQ_1E的面积，总成本是四边形OQ_1E的面积，创造的净福利（生产者剩余加消费者剩余）是三角形OAE的面积。此时，均衡交易量是Q_1。

第二种情况：当均衡点在B点时，也就是说，由于人类经济行为未考虑代际经济补偿问题，所以均衡交易量由Q_1变为Q_2，即当代人实现了超额的资源需求，代际不公平问题开始凸现。此时总收益进一步增加，增加额为四边形Q_1Q_2BE的面积，而总成本增加的幅度更大，为四边形Q_1Q_2GE的面积，与第一情况比较起来，净减少福利水平为三角形EBG的面积（图中阴影部分的面积）。

通过这个对比可以看出，代际不公平的资源分配，会使得人类整体的福利水平变小。这是代际不公平的必然代价。对于一些容易引起自然垄断的行业而言，上述问题更加复杂。由于在这些行业里，资源的定价甚至会低于私人生产的边际成本，因此还会进一步引发更严重的代际不公平问题，如图16-2所示。

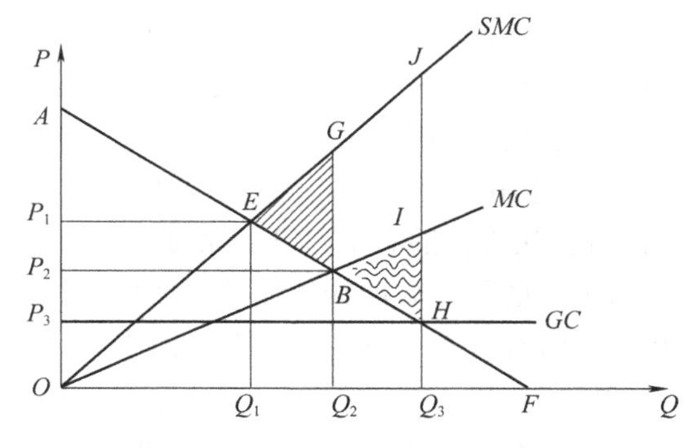

图16-2　考虑代内公平后代际不公平的经济净福利损失

在图16-2中，引入了一个新的有关公平的问题——代内公平。出于代内公平的考虑，政府对资源价格进行管制，以防止资源被少数人垄断，在图中体现为直线GC。GC与需求曲线相交出现了一个新的均衡点H，在这个均衡点处，对资源的使用达到了Q_3，这意味着政府压低资源价格，会进一步侵害后代人的权利。同时，净福利损失进一步加大，即四边形$BHJG$的面积，这部分面积与三角形EBG的面积加在一起，即三角形EHJ的面积，是政府为了增加代内公平造成的经济净福利的损失。

从图16-2可以看出：

1）政府增强代内公平的努力会进一步损害代际公平。从这个意义上讲，代内公平与代际公平并不会自动契合。

2）在政府管制价格的情况下，经济净福利损失是由两方面共同作用的结果。一是政府

对价格体系干涉引起的效率损失（图中波浪线填充的三角形 BHI 的面积），二是代际不公平造成的福利水平损失（四边形 $EBIJ$ 的面积）；

3）图 16-2 中，Q_3与 Q_2之间的距离反映了因价格控制导致的个人需求过度与不公平，它与图 16-1 中的 Q_2与 Q_1之间的距离加在一起反映了代际缺位引起的当代人对后代人利益的侵害。

通过以上的分析我们发现，用经济学理论对可持续发展的内涵进行解释，有很大的研究空间，比起泛泛地用文字论述可持续发展的内涵，具有更大的逻辑上的优势。这一点长期以来一直被忽视，亟须加强。

16.3.3 埃奇沃思方盒中的代际不公平

1. 埃奇沃思方盒中的资源配置

经济学中经常使用埃奇沃思方盒（Edgeworth Box）来研究资源配置，下面用该法来分析可持续发展中代际资源的配置问题。为了方便，假定分析框架中只有两种商品和两个当事人，这样可以在一个二维平面图中使用一种方便的方式来表达分配、偏好和禀赋，如图 16-3 所示。

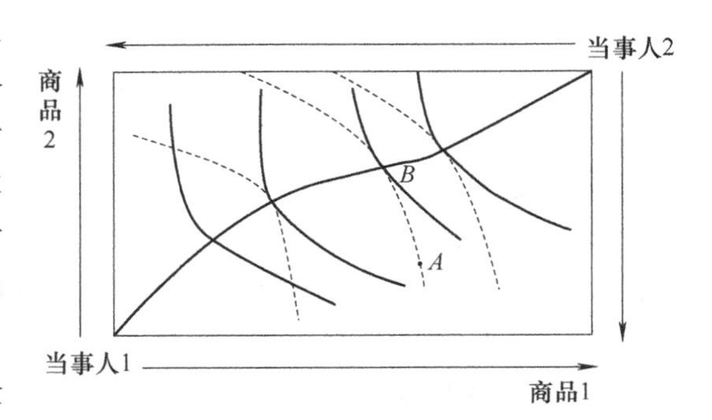

图 16-3 埃奇沃思方盒的基本结构

假定商品 1 的全部数量是 w^1，商品 2 的全部数量是 w^2，很显然 $w^1=w_1^1+w_2^1$，$w^2=w_2^1+w_2^2$（图 16-3 中，埃奇沃思方盒的宽就是 w^1，高就是 w^2），方盒中的点(x_1^1,x_2^1)表示当事人 1 对两种商品各自的持有量。由于系统中只有两个当事人，所以当事人 2 对两种商品的持有量为$(x_2^1,x_2^2)=(w^1-x_1^1,w^2-x_2^1)$。

在图 16-3 中，从方盒的左下角开始来度量当事人 1 的消费束（商品 1 与商品 2 的持有组合），从方盒的右上角开始来度量当事人 2 的消费束，用较细的曲线分别代表当事人 1 与当事人 2 的无差异曲线。显然，图中的 A 点没有能形成经济学上的帕累托最优，而在图中的 B 点，消费者 2 的效用没减少，而当事人 1 的效用水平得到了明显的改善。按照这个思路，任意给定当事人 2 的效用水平，总能找到一个点使得当事人 1 的效用水平最大化，显然，这个点必定在两条无差异曲线的相切处。把所有这样的点连接起来，就得到了图中较粗的曲线，这条曲线就是资源配置的帕累托有效点的集合，也称为经济学上的契约曲线。

对于资源配置来说，这条线上的每个点均可作为初始的资源禀赋，也就是说，当当事人试图在其预算集中最大化其偏好，则他们将恰好在帕累托有效点上达到（显然，如果不在这条线上，那么当事人双方就有积极性进行交换，以移动到这条线上）。

契约曲线在经济学上有重要的意义，它是资源配置的稳定状态点的集合，只要在这个曲线上的配置方式都可以被当事人双方认可。

2. 契约曲线上的公平配置分析

下面分析契约曲线上的资源配置状态。以图 16-3 为基础，移去无差异曲线，其他含义不变，得到图 16-4。在图 16-4 中用几条分界线把整个埃奇沃思方盒分成五个部分。由左下至右上，分别称为 1、2、3、4、5 区。

对于图中任意一点(x_1^1,x_2^1)，设当事人 1 的效用水平为$U_1(x_1^1,x_2^1)$，相应地，对于(x_2^1,x_2^2)，当事人 2 的效用水平为$U_2(x_2^1,x_2^2)$。

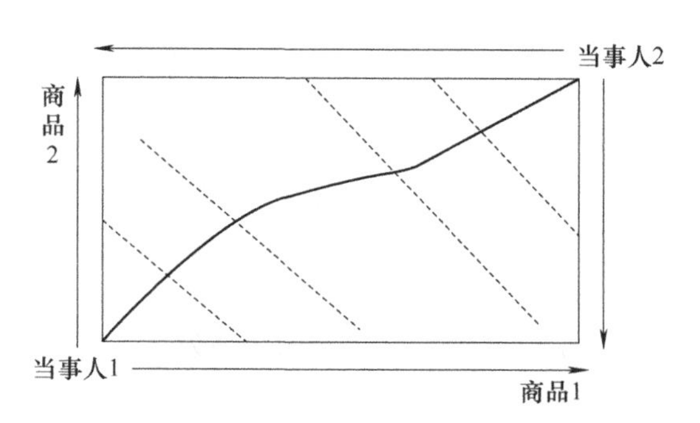

图 16-4　埃奇沃思方盒的分区化处理

在埃奇沃思方盒中的点，在市场机制的作用下，有向契约曲线移动的趋势，那么，只要分析 5 个区中的契约曲线即可。显然，在 5 个区域中的契约曲线，资源分配不公平的程度是不同的，相对来说，3 区最公平，2、4 区次之，1、5 区最不公平。下面分别来研究这几个区域资源配置的不公平问题。

在第 3 区中，当事人 1 的效用函数符合以下条件

$$\frac{\partial U_1(x_1^1,x_1^2)}{\partial x_1^1}\geqslant 0,\frac{\partial U_1(x_1^1,x_1^2)}{\partial x_1^2}\geqslant 0$$

同理，对于当事人 2 $\dfrac{\partial U_2(x_2^1,x_2^2)}{\partial x_2^1}\geqslant 0$，$\dfrac{\partial U_1(x_2^1,x_2^2)}{\partial x_2^2}\geqslant 0$

这个假设与古典经济学的假设是一致的。也就是说，当事人 1 与当事人 2 对商品 1 与商品 2 的需求都呈正偏好。由于这个区域中当事人在资源配置上的差别最小，尚不需要对资源进行再分配，所以可以把这个区域称为资源公平配置的免调整区。第 2、4 区与第 3 区比起来，在资源配置上略显不公平，在第 2 区当事人 1 明显少于当事人 2 的配置，在第 4 区则正好相反。

在这两个区中，当事人的效用函数的特征没发生变化，仍然是

$$\frac{\partial U_1(x_1^1,x_1^2)}{\partial x_1^1}\geqslant 0,\frac{\partial U_1(x_1^1,x_1^2)}{\partial x_1^2}\geqslant 0$$

$$\frac{\partial U_2(x_2^1,x_2^2)}{\partial x_2^1}\geqslant 0,\frac{\partial U_1(x_2^1,x_2^2)}{\partial x_2^2}\geqslant 0$$

但此时，对商品 1 与商品 2 的分配已经开始与社会公众的公平标准相背离，在这个区域中，政府要出面干预经济了。如对这一区域的高收入人群收税，并把它转移给低收入人群。但由于当事人的效用函数仍然是正偏好，所以当事人不会主动调整资源配置的不公平状态。从这个意义上，可以把 2、4 区称为资源公平配置的被动调整区。

第 1 与第 5 区是资源配置最不公平的区域，此时，资源已经被极端地不公平配置，甚至已经影响到了当事人的效用函数特征

在 1 区中

$$\frac{\partial U_1(x_1^1,x_1^2)}{\partial x_1^1}\geqslant 0,\frac{\partial U_1(x_1^1,x_1^2)}{\partial x_1^2}\geqslant 0$$

$$\frac{\partial U_2(x_2^1,x_2^2)}{\partial x_2^1}\leqslant 0,\frac{\partial U_1(x_2^1,x_2^2)}{\partial x_2^2}\leqslant 0$$

在 5 区中，则正好相反

$$\frac{\partial U_1(x_1^1,x_1^2)}{\partial x_1^1}\leqslant 0,\frac{\partial U_1(x_1^1,x_1^2)}{\partial x_1^2}\leqslant 0$$

$$\frac{\partial U_2(x_2^1,x_2^2)}{\partial x_2^1}\geqslant 0,\frac{\partial U_1(x_2^1,x_2^2)}{\partial x_2^2}\geqslant 0$$

也就是说，在这两个区域中，“穷人”的效用函数仍呈正偏好，而“富人”的效用函数已经呈现负偏好。合理的解释是：随着掌握资源的增多，富人的需求层次开始上升到非物质需求上来，他已经出于虚荣心或减轻伦理道德上的痛苦而乐于减少对物质的占有。

由于“富人”的效用函数发生了变化，所以在这个区域，“富人”有积极性向资源配置的“穷人”转移资源。这样，除了政府对资源配置的干预外，当事人的主动调整也开始了。鉴于此，可以把1、5区称为资源公平配置的主动调整区。

3. 代际不公平的图形解释

现在把图16-4中的当事人1与当事人2分别换成当代人与代际人，就可以用它来分析代际不公平问题了。由于后代人不可能参与到当代的资源初始配置中，也就是说不可能使得当代人在资源配置中处于劣势，所以图16-4可以简化成下面的形式（图16-5）。

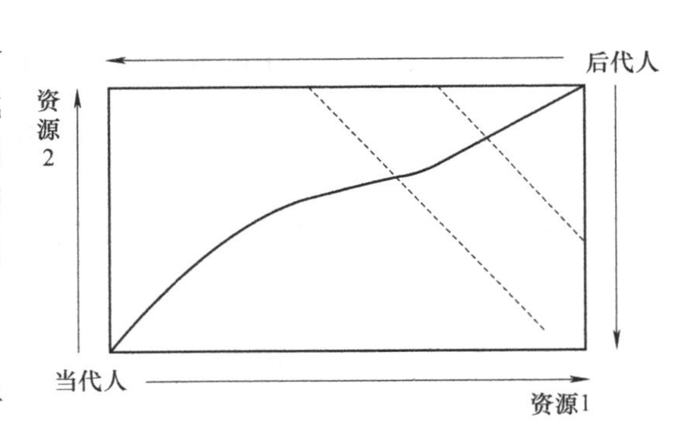

图16-5　代际埃奇沃思方盒

从图16-5可以得到以下结论：

1）在后代与当代人之间，资源的不公平配置是难免的，因为后代人不可能像图16-4中的当事人2一样直接参与到与当事人1的资源制衡中，这使得当代人在资源使用上会沿着契约曲线尽可能地向右上方移动。

2）在契约曲线上，随着当代人不断地向右上方移动（侵占后代人的资源），他会由免调整区过渡到被动调整区以至主动调整区，这样，对代际不公平的调整需求就出现了。

由这两个结论，可以得到的三个重要的有关代际公平的经济解释了：

1）代际公平问题其实是契约曲线公平问题上的一个特例，可以用经济均衡理论及效用理论解释代际公平问题。

2）政府对代际不公平的干预是在第4区开始的，政府是可持续发展的必然倡导者。

3）第5区最有可能是公众可持续发展观成长的阶段。

综上，可持续发展问题中的代内不公平是当代人追求自身效用的必然结果，而代际不公平有其“内在的平衡器”，它不可能沿契约曲线一直向右上移动，全社会的可持续理性最终会使它在某一点停下来。

■16.4　可持续发展综合评价方法的系统分析

对于可持续发展的综合评价，存在着很大的争论。从国外研究者的工作来看，他们大都没有把注意力倾注于对可持续发展的综合评价。国内也有这方面的问题。总的说来，经济学、生态学等方面对可持续发展的测度通常没有综合评价这一阶段，这些研究本身就不追求对可持续发展的总体测度，而是从某个侧面来反映可持续发展的状态。对于可持续发展这样的大系统而言，这种做法是相当务实的，与国外的研究比较相近。

16.4.1　多指标综合评价的合成方法在可持续发展综合评价中的应用

在这方面，邱东教授的学术专著《多指标综合评价方法的系统分析》在国内有着较大的影响，许多成果（张松等，1998；周国华，1998；刘西雷，1999；等）都参考了邱东教授的观点。

邱东教授认为，可以根据指标评价值之间数据差异的大小和评价指标重要程度的差别大小选取不同的合成方法，见表16-1。

表16-1　合成方法的选取原则

		指标评价值间的差别	
		小	大
指标间重要程度差别	小	加法或乘法	乘法合成
	大	加法合成	加乘法混合法

在可持续发展领域，用得比较多的是加法合成法或乘法合成法。公式分别是的

$$x = \sum_{i=1}^{n} w_i x_i \tag{16-6}$$

$$x = \left(\prod_{i=1}^{n} x_i^{w_i}\right)^{\frac{1}{\sum w_i}} \tag{16-7}$$

式中，x 为被评价事物得到的综合评价值；w_i 为各评价指标的权数；x_i 为无量纲化后的指标值；n 为评价指标的个数。一般地，根据可持续发展指标体系的结构，可以采用加权求和与加权求积相结合的综合合成方法。

在具体操作中，要根据不同的指标体系结构决定要采用的综合合成方法。对模块式可持续发展指标体系的结构来说，平行式与垂直式的指标体系中各指标间的关系是不同的。当然，即使是同一种类型的指标体系，其指标间的关系也会因所选的指标不同而发生变化。从这个角度说，每一个指标体系的合成方法必然要根据其体系结构量体裁衣，这个工作并不简单。

例如，在对农业土地资源可持续利用评估指标体系进行综合合成时，就混合运用了加法合成与乘法合成两种方法：在指标层采用乘法合成，以强调指标的独立性和不可代替性；在准则层采用加法合成，以强调系统的叠加性。在对南京可持续发展指标体系综合评价时，所做的处理恰恰相反，在指标层采用加法合成，在准则层采用乘法合成。之所以存在这样的差别，主要是因为二者的指标体系结构不同。前者是接近于平行式的指标体系结构，而后者更接近于垂直式的指标体系结构。

更多的研究单纯采用了加法合成式的合成方法，如刘殿成、李金华等的成果。

在可持续评价中，还出现了一些用多指标综合评价方法建立的综合指标。比如，有的研究者构建了一个发展度评价模型如下

$$D = K\frac{q \cdot E/E_0}{(1-q)\cdot(N/N_0)\cdot(S/S_0)\cdot \mathrm{e}^{P/P_0}} \tag{16-8}$$

式中，E 为评价年经济指数；E_0为基准年经济指数；N 为评价年人口指数；N_0为基准年人口指数；S 为评价年资源指数；S_0为基准年资源指数；P 为评价年环境指数；P_0为基准年环境

指数；q 为评价年恩格尔系数；K 为常数。

很显然，它与社会经济统计中常用的 ASHA 指标、痛苦指数等指标的原理是一致的，都是通过把指标值转化成相对数的方法来消除指标量纲的影响，并且在线性假定的基础上简单综合。式中更多考虑的是指标的正负导向，把正指标（相对于发展度来说）放到分子中，把逆指标放在分母中。相对于可持续发展指标体系的综合合成来说，这种“发展度”的综合合成方法无疑是十分简捷的（类似于一种乘法合成方法）；但另一方面，由于没有考虑权数的作用，它只能是一种比较粗略的方法。我们认为，这种方法可以在可持续发展指标体系综合评价中应用，但它只适用于功能型的指标体系。

16.4.2 其他多指标综合评价方法在可持续发展综合评价中的应用

这些方法是指模糊综合评判与多元统计方法等。相对于常规多指标综合评价方法来说，它们是比较复杂的。

有人认为，在可持续发展综合评价领域，方法越复杂就越有效。李政道先生曾讲过一段有关艺术与科学的话：“艺术是用创新的手法去唤醒每个人的意识或潜意识中深藏着的已经存在的情感。情感越珍贵，唤起越强烈，反映越普遍，艺术越优秀。科学是对自然界的现象进行新的、准确的抽象。科学家抽象的叙述越简单，推测的结论越准确，应用越广泛，科学创造就越深刻。科学和艺术的共同基础是人类的创造，它们追求的目标都是真理的普遍性。它们像一枚硬币的两面，是不可分割的。”

因此，在科学研究上，一方面不能为了追求方法上的华美性，而忽视了方法的应用性。一个方法往往是由于它的简单，才容易得到比较广泛的应用，而那些复杂方法，相对来说，则是专业化一些，只能用于某个具体的问题，并且其得出的结论也很难有很广泛的应用，有时甚至妨碍正确结论的产生；另一方面，对于复杂的方法，要找到其最本质的东西，只有深入浅出地把握住这些方法的抽象叙述，才能最大限度地发挥它们的作用。

在可持续发展测度领域，以模糊综合评判与多元统计方法为代表的综合评价方法有着一定的应用。对这些方法的系统分析是很有必要的。但从本质上讲，这些方法在可持续发展测度上的应用与其在其他领域的应用并无二致，它们并没有因为在可持续发展的应用而呈现出新的特征。比如有研究者（崔振才等，2000；樊建林等，1999）把模糊综合评判模式的基本方法用于可持续发展的综合评价中，取得了比较好的效果；还有研究者（王黎明等，2000；周国华，1998；王玉亮，1996）在可持续发展综合评价领域应用了因子分析、主成分分析的方法。但归结起来，这些研究只是在可持续发展研究中应用了这种方法，属于相关综合评价理论在可持续发展领域的统计实证研究。

16.4.3 其他综合评价方法

联合国《21 世纪议程》在“改善数据评价和分析的方法”栏目下指出：“应当建立连续和精确的数据收集系统，并利用地理信息系统、专家系统、模型等评价与分析数据的其他各种技术”，这句话基本上说明了国际上对可持续发展综合评价工作的新动向。也就是说，对于可持续发展的综合评价问题，并不单纯是指可持续发展多指标综合评价技术，而是指在完备的数据收集系统的基础上，运用多种方法和手段来挖掘数据中所蕴含的各种信息。这里面有主观方法，也有客观方法，甚至可以是纯技术手段（如遥感、地理信息系统等）。这些

方法的应用不及多指标综合评价方法那么广泛，下面做一简单介绍。

1. 以地理信息资源为依托的可持续发展状态总体评价

这是一个涉及多学科、多领域、多技术方法的综合评价技术。它与前面的综合评价思路不同，是本着一种“所见即所感”的综合评价思路，进行直接的综合评价。该方法建立在强大的可持续发展信息搜集系统的基础上，包含了遥感（Remote Sensing，RS）、全球定位系统（Global Positioning System，GPS）、地理信息系统（Geographic Information System，GIS）等先进技术。

该技术方法有着广泛的应用，具有数据采集、编辑、数据转换、图形操作、统计分析等一系列的强大功能模块，可以很方便地用于区域分析和评价。与前面的综合评价方法不同，它不只是输出数字信息，还可以给出图形信息。其配合图形给出的动态空间分析结果是常规可持续发展综合评价方法所不能比拟的。当然，该技术方法也是要借助于数学模型的，但它的重点在于图形化、立体化的测度结果，给人一个逼真的印象。这与国外的可持续发展测度“重描述、轻评价”的思路是十分吻合的。

2. 可持续发展调研

可以分成两种，一种是专家调研（这在前面已经提到过，此处不再赘述），还有一种是面向公众的可持续发展主观评估，它通过提问的方式，间接地取得人们对某个可持续发展问题的综合评价值。这是一种全新的思路，与通常所理解的综合评价不太一致。它把公众对可持续发展的评价值作为可持续发展本身的状态评价值，这种综合评价方法有时是有效的，尤其是当它被用于可持续发展公共决策支持时。

有研究者在这方面进行了尝试，从方法上说，这与一般的社会调研没有什么区别，都要通过一系列的调研技术手段确保调查结果尽可能准确。其调研报告通常无法给出总的可持续发展状态评估值，但会详尽地对每一个问题的公众总体意见进行分析。如前所述，人的行为本身正是可持续发展测度的重要研究内容，这种调研型的研究方法应该得到进一步的推广。

3. 可持续发展模型分析

比如线性规划的方法，这是一种数学味道很浓的可持续发展综合评价方法。该方法通常是先把某一个可持续发展问题用数学语言转化为一个多目标线性规划模型，把各指标按照一定的数学关系置于约束条件中，然后设定一个目标函数进行求解。这个模型可以回答两个问题：一是是否可持续，二是如何发展。在模型的求解过程中，若无可行解（这是经常出现的），则说明该系统在此模型下是不可持续的，否则在此模型下就是可持续的，并且模型的解就是其可持续发展的最佳模式。

显然，这种方法是一种理想状态下的分析方法，它在模型构建初期要受到研究者对可持续发展系统的系统关系认识程度的影响，其评价结果也直接建立在这种认识的基础上。因此，这种方法用于数据充分的可持续发展问题研究（如某资源的可持续性利用）比较好，用到其他方面就会遇到较大的麻烦。有些研究者用其他可以利用的模型工具对可持续发展评价问题也开展了颇有建树的研究，如可持续发展神经网络评价研究、可持续发展的物元模型评价等。

可持续发展综合评价问题是可持续发展测度中一个非常重要的问题，各个领域的研究者都提出了一些较好的研究方法。这既反映出可持续发展综合评价研究的热门程度，也反映出可持续发展系统的多样性和可持续发展系统评价的复杂性。

【阅读材料】

人均资本法

世界银行的专家提出了使用“人均资本”这一概念来对发展的可持续性进行测度的方法。这里的“资本”是广义的，它是影响人类生存和发展的所有人类财富。它包括四个部分：

1）人造资本（Man-made Capital）。人造资本即经济统计和核算中的资本，包括机械设备、运输设备、建筑物等固定资产。

2）自然资本（Natural Capital）。自然资本指的是大自然为人类提供的可供人类享用的自然财富，如土地、森林、空气、水、矿产资源等。

3）人力资本（Human Capital）。人力资本指的是人的生产能力，它包括了人的体力、受教育程度、身体状况、能力水平等各个方面。

4）社会资本（Social Capital）。社会资本指社会正常运转的社会基础，它包括社会中体制、文化、信息的收集、知识等。

根据各种资本的保育程度的要求，世界银行专家把可持续性划分为三个层次：弱的可持续性、适中的可持续性、强的可持续性。

弱的可持续性只要求总的资本量不减少而不考虑资本的结构，这暗含着各种资本量之间存在着完全替代。适中的可持续性不但要求总的资本量不减少，而且还要考虑资本的结构。每种资本都有一个下限，资本的存量不能低于这一下限。如果资本的结构不合理，整个系统就不能有效地运转，适中的可持续性肯定了资本之间的部分可替代关系。强的可持续性要求各种资本都不能减少。例如：对于自然资本而言，消耗石油得到的收益应该全部用于新能源和可再生能源开发，而不能用于其他地方。

——资料来源：刘艳华，生态农业与职业教育，2007。

思考题

1. 在可持续发展测度中状态测度起到了什么作用？
2. 自然资源与环境为经济系统提供了哪些服务？
3. 收入损失型估价方法都有哪些？
4. 代际公平由哪些原则组成？
5. 代际公平有哪些重要的经济解释？
6. 可持续发展的综合评价方法有哪些？（最少写出三种）

推荐读物

1. 韩英．可持续发展的理论与测度方法［M］．北京：中国建筑工业出版社，2007.
2. 张二勋．可持续发展测度方法的系统分析［M］．大连：东北财经大学出版社，2003.

参考文献

[1] 宋旭光. 可持续发展测度方法的系统分析 [D]. 大连：东北财经大学，2001.

[2] 赵毓梅. 区域生态经济系统可持续发展测度方法及案例研究 [D]. 西安：陕西师范大学，2008.

[3] 冯之浚. 树立科学发展观实现可持续发展 [J]. 中国软科学，2004 (1)：5-12.

[4] 王飞儿. 生态城市理论及其可持续发展研究 [D]. 杭州：浙江大学，2004.

[5] 章家恩，骆世明. 现阶段中国生态农业可持续发展面临的实践和理论问题探讨 [J]. 生态学杂志，2005，24 (11)：1366-1370.

[6] 牛振国，孙桂凤. 近10年中国可持续发展研究进展与分析 [J]. 中国人口·资源与环境，2007 (3)：122-128.

[7] 杨凌，元方，李国平. 可持续发展指标体系综述 [J]. 统计与决策，2007 (10)：56-59.

[8] 逯元堂，王金南，李云生. 可持续发展指标体系在中国的研究与应用 [J]. 环境保护，2003 (11)：17-21 +26.

[9] 朱启贵. 国内外可持续发展指标体系评论 [J]. 合肥联合大学学报，2000 (1)：11-23.

第17章

可持续发展的评估体系与方法

■17.1 可持续发展评估概述

可持续发展作为一种概念和发展战略出现以来，在世界范围内得到了广泛的接受和认可，国内外学者也在宏观上对可持续发展进行了多方面、多角度的研究和探讨。在将可持续从概念和理论逐步推向实践的过程中，人们认识到一个亟待研究和解决的问题就是如何评估可持续发展。缺乏这一连接理论与实践的纽带，可持续发展理论只能是动听的言语，或停留在道德原则的概念上而被束之高阁，难以真实考察和把握可持续发展的方向和效果，从而也无法有效地指导可持续发展的具体实践。因此，可持续发展评估的研究成为可持续发展领域的前沿课题之一，受到许多国家和地区的高度重视。

评估就是以客观、特定的方法或步骤去测度某活动或过程的状况，包括已完成的、正在进行的或刚被提出的活动或过程。诊断、监测和评价是评估的三个组成部分。评估可以是人们知道什么是可持续发展、可持续发展的目标及向可持续发展迈进过程中的轨迹。可持续发展的评估是将可持续发展从概念和理论逐步推向实践的一个重要环节，是可持续发展定量评估研究的基础，是实施可持续发展管理的依据。它有助于决策者和公众定义可持续发展的目标，有助于评估实现目标所取得的进步、所选择政策的正确性，也为不同地域、不同时期进行性能比较和评估提供一种经验上或数量上的依据。

如何判断某种发展战略是否是可持续的方法之一是建立一套可持续发展的测量指标（指数）。例如，Meadows 呼吁设计这样一个指数，“该指数由一些简单的数据组成，从而能够与 GDP、道-琼斯指数一样在晚间新闻中出现。我们需要这样的指数来告诉人们，他们的环境是变好了还是变坏了”。对决策者来说，这些指标（指数）可以作为是否可持续的信号，以避免不可持续的发展模式。

由于传统的国民经济核算指标 GNP（及 GDP）在测算发展的可持续性方面存在明显缺陷，为此，一些国际组织及有关研究人员从二十世纪 80 年代开始就努力探寻能定量衡量一个国家或地区发展的可持续性指标。联合国开发计划署（UNDP）于 1990 年 5 月在其第一份《人类发展报告》中首次公布了人文发展指数（HDI），1992 年联合国环境与发展大会后，建立“可持续发展指标体系”被正式提上国际可持续发展研究的议事日程。联合国可持续发展委员会（UNCSD）也于1995年正式启动了“可持续发展指标工作计划（1995—2000）”。

随着可持续发展评估指标（体系）设计和应用研究的不断深入，可持续发展定量评估的各种指标（体系）/指数不断提出，有涵盖可持续发展所涉及的社会、经济、环境和制度四维问题的系统性指标体系；有主要侧重于一个方面可持续发展评估的指标/指数，如社会发展类指标、经济发展类指标、生态环境类指标等。把握国际上有代表性的可持续发展的系统性指标体系的最新研究进展，以及国际上典型的可持续发展的社会发展类、经济发展类、生态环境类指标（指数）的研究、开发与实际评估应用的进展情况，对促进我国开展相关领域的研究具有重要的理论和现实意义。

■17.2　可持续发展评估的原则

任何评估均需要一个参考标准，用于确定一些变化是否会发生或判断这种变化是好是坏。尽管评估不需要知道确切的目标值，但是评估的基本条件是能确定所希望的变化趋势，如贫困和饥饿的人越来越少，环境质量状况越来越好，清洁水的供应越来越充足，人民生活水平越来越高等。所有这些信息反映系统状况是朝向可持续发展方向还是背向可持续发展方向。朝向可持续发展的确实能长期保持下去，表明人类和生态水平等将得到改善。可持续发展的评估应坚持以下原则：

（1）要以远景规划和目标为指导　可持续发展的概念把人与环境联系在一起，所以评估可持续发展意味着必须收集人和环境的相关信息，也就是将人与环境作为一个整体进行考虑。

（2）要有全局观念　按全局的观点对人类活动进行评估时，不仅要考虑人的承受能力，而且要考虑生态环境的承受能力。可持续发展的评估应该包括对整个系统及其组成部分的评价；考虑社会、生态环境、经济子系统及其组成部分，以及相关关系的状态、发展趋势和发展速度；既要考虑对人类社会福利做出贡献的经济发展，又要考虑其他非市场行为。

有全局的观念也意味着应树立跨越人类和生态系统的时间观。人和生态系统的时间差异是把可持续发展理论推向实践过程中最大的挑战。从生态系统看，时间将长达几十年甚至几个世纪，而进行经济分析是建立在现有能力的基础上的。可持续发展的一个中心议题就是既要考虑当代人又要考虑后代人，既关心生态系统又关心人类本身，因此要树立长期的几代人的时间观。

同样，可持续发展也需要转变空间的观念，在某一区域人类所发生的活动也可能对另一区域的人或生态系统产生影响，这是由于：

1）国际贸易的进行使得成本和利益在世界各地进行转移。

2）国际援助活动通过利益的转移使得某一地方的条件得到改善。

3）污染物排入环境中，通过径流、大气循环等形式扩散到另一个地方，或者引起外太空的状态变化。

（3）要有时空观念

1）采用足够的时间跨度，注意包括人类及生态系统，以便从当代人短期决策及后代人需求满足的反应中确定人类及生态系统的时间尺度。

2）从空间上讲，评估不仅应该包括本地，而且要包括对本地的人及生态系统有影响的较远的地方。

评估的时空观念在于拓展视野，使分析变得容易。但是从技术上讲，对每件事的每一个细节进行处理是不可能的，况且某一项决定不可能等上几十年才得出结论，因此必须采用概念的方法来确定其界限。为了改进评估的过程，必须清楚地看到人类活动和生态系统之间的联系。

需要进一步努力，保证在对某些条件及其变化进行评估时有一定的透明度，提高从过失中吸取教训的能力；加强计算技术和数据有效性的研究；即使数据有效，也应该有一种有效的比较机制；即使时点数据有效，也需要有用于趋势分析的时间序列；采用更加合适的分析技术，特别是在涉及多因素的综合影响和考虑将来的条件时，更是如此；为了能够弥补学科之间的空隙，需要多学科方法的交叉综合。

（4）要有一个聚焦点　因为人力、资金、时间、资源等十分有限，所以不能奢望掌握所有数据，因此需要有一个聚焦点：把远景规划、目标与评估标准建立在相联系的组织框架之上；用于分析的主要论点要有限；有能对发展提供明显信号的一组指标体系或指标组合；无论何时均可进行比较的计量方法；能将指标值同目标、参考值、趋势进行分析比较。

（5）要有开放性　为了能被广泛地接收，评估过程必须开放。为了能使评估可信，评估要描述判断的基本原理，确定一些假设和不确定性。不确定性是影响评估正确性的最大因素，因此在解释数据和交流结果时，应作为决策的必要部分加以详细考虑。评估使用的方法和数据要让所有人都易于理解，所有的判断和假设必须清楚明了。

交流是评估过程的一个中心内容，评估工作如果能接受公众的检验，其结果就能影响决策，评估过程和指标设计必须做到公开化、文件化，并进行广泛的教育宣传。为了使这些观点能够渗透到社会的各个角落，渗入公众和决策者，评估过程也要建立在有效的交流的基础上，同时，一些概念的表述必须简单。

（6）要进行有效的宣传　不同的社会必然存在着不同的文化差异，不同的文化层次具有不同的价值观和不同的动机，需要不同的数据和信息；每一文化层次在推动可持续发展的过程中又扮演不同的角色，发挥不同的作用。要使具有层次结构的指标体系能敏感地反映这些差异，需要进行有效的宣传工作。

（7）需要公众参与　评估的过程通过广泛参与，融合了“价值专家”的意见和“技术专家”的意见，通过自上而下、自下而上的评价过程，确保各种价值观被体现。吸收普通市民、专业人员、技术人员及社会团体包括年轻人、妇女等主要人员的广泛参与，并保证决策者参与，从而使采用的政策和取得的效果可靠与可信。

（8）要不断反复地进行　在可持续发展的评估中，制作一次单独的评估是不够的，需要不断的测试评估，才能保证其结论可靠、可信；只有不断地评估，才能检验出企业、政府采取的措施是否正确。需要不断进行评估的主要原因：计量行动正确性的需要；充实知识库的需要，人类作为动态系统的一部分，其中的很多东西有可能被错误地理解。评估可持续发展必然涉及该系统中一些非常不确定的因素，只有不断地评估，才能揭示新的现象，识别一些不能被理解的东西。为了能进行不断的评估，需要一定的连续资源，因此，必须不断收集数据和信息，必须建立一套制度来支持资源库。只有资源得以保证，可持续发展评估工作才能进行。

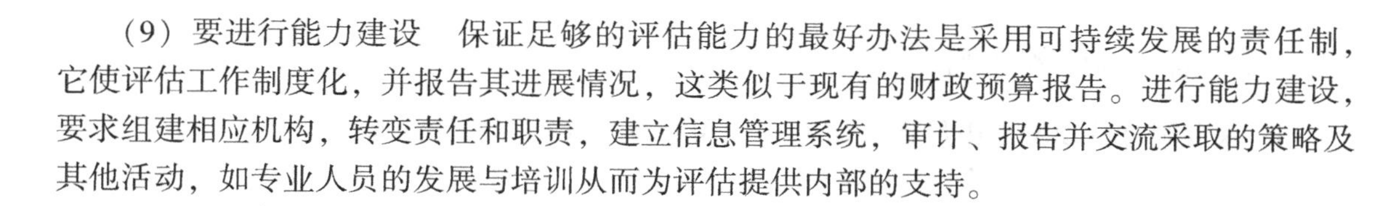

（9）要进行能力建设　保证足够的评估能力的最好办法是采用可持续发展的责任制，它使评估工作制度化，并报告其进展情况，这类似于现有的财政预算报告。进行能力建设，要求组建相应机构，转变责任和职责，建立信息管理系统，审计、报告并交流采取的策略及其他活动，如专业人员的发展与培训从而为评估提供内部的支持。

17.3　可持续发展评估指标体系

可持续发展评估研究是生态经济学研究的前沿领域。1992 年里约环境与发展大会认识到，指标在帮助国家做出有关可持续发展的决策方面发挥着重要作用，指标（体系）是可持续发展评估的工具，并号召各国、国际组织、政府组织、非政府组织开发和应用可持续发展的指标，以便为各层次的决策提供坚实基础。可持续发展指标应当具有三个方面的功能：一是描述和反映某一时间（或时期内）各方面可持续发展的水平和状况；二是评价和监测某一时期内各方面可持续发展的趋势和速度；三是综合衡量各领域整体可持续发展的协调程度。可持续发展评估指标不仅可以给决策者一个了解和认识可持续发展进程的有效信息工具，而且可帮助决策者确定可持续发展问题的优先性顺序。

17.3.1　指标与指数

指标（Indicators）是复杂事件和系统的信号或标志，它们是指示系统特征或事件发生的信息集。指标可以是变量或变量的函数，可以是定性的变量、排序的变量、定量的变量。指标用于指示、描述某种现象、环境、领域的状态，以提供其信息，具有超出参数值本身的意义。运用指标的目的是简化关于复杂现象（如可持续发展）的信息，以使交流变得容易、便捷和定量化。指数（Index）是一类特殊的指标，是一组集成的或经过权重化处理的参数或指标，它能提供经过数据综合而获得的高度凝聚的信息。指标能够从多方面为决策提供决定性的指导，能够将自然科学和社会科学的知识转变为便于决策过程使用的、可管理的信息单元，能够帮助衡量可持续发展状况并促进向可持续发展目标迈进，也可以提供早期预警，及时发出警报，防止出现经济、社会和环境方面的损失。

尽管建立可持续发展测量指标（体系）的主意很诱人，但可持续发展的概念范围如此之大，建立的可持续发展指标（体系）必然会出现适宜性问题及数据的可获得性问题。指标的开发涉及的问题还包括指标的维数、测量的相关尺度、测量中的可能误差、测量数据的权重、测量方法的可靠性等。Anderson 提出，一个好的可持续发展指标应具备下列七个条件：

1）计算出指标的数据是可以获得的。

2）指标是易于理解的。

3）指标是可以测量的。

4）指标计量的内容是重要的和有意义的。

5）指标描述的事件状态与其获取的时间间隔是短暂的。

6）指标所依据的数据可以进行不同区域的比较。

7）可以进行国际比较。

17.3.2 指标选取的原则

1. 联合国可持续发展委员会（UNCSD）可持续发展指标的选择原则

联合国可持续发展委员会（UNCSD）的“可持续发展指标工作计划（1995—2000）”确定的可持续发展指标选择原则如下：

1）在尺度和范围上是国家级的。

2）与评价可持续发展进程的主要目标相关。

3）可以理解的、清楚的、简单的、含义明确的。

4）在国家政府可发展的能力范围内。

5）概念上是合理的。

6）数量上是有限的，但应保持开放并可根据未来的需要修改。

7）全面反映《21 世纪议程》和可持续发展的各个方面。

8）具有国际一致的代表性。

9）基于已知质量和恰当建档的现有数据，或者以合理成本可获得的（有效成本）数据，并且可以定期更新。

2. 经济合作与发展组织（OECD，简称经合组织）**可持续发展指标选择的基本原则**

（1）政策的相关性

1）指标要提供环境状况、环境压力或社会响应的代表性图景。

2）简单、易于解释，并能够揭示随时间的变化趋势。

3）对环境和相关人类活动的变化敏感。

4）提供国际比较的基础。

5）或者是国家尺度的，或者能够应用于具有国家重要性的区域环境问题。

6）具有一个可与之相比较的阈值或参照值，据此使用者可以评估其数值所表达的重要意义。

（2）分析的合理性

1）在理论上应当是用技术或科学术语严格定义的。

2）基于国际标准和国际共识的基础上。

3）可以与经济模型、预测、信息系统相联系。

（3）指标的可测量性

1）指标需要的数据应当是已经具备或者能够以合理的成本效益比取得的。

2）适当的建档并知道其质量。

3）可以依据可靠的程序定期更新。

3. 国际可持续发展研究所（IISD）**可持续发展指标体系选择的原则——Bellagio 原则**

1996 年加拿大国际可持续发展研究所（IISD）在意大利 Bellagio 会议上提出了可持续发展评价的原则——Bellagio 原则。Bellagio 原则共有 10 条，包括指导前景与目标、整体的观点、关键的要素、适当的尺度、实际的焦点、公开性、有效的信息交流、广泛的参与、进行中的评价、制度能力，是关于可持续发展进程评价的指导原则，其中涵盖了可持续发展评价的指标体系选择原则。从可持续发展评估的内在要求及国际上可持续发展评估指标体系发展的实践来看，可持续发展指标的选择应当考虑：与可持续发展目标的密切相关性；

内涵和概念的准确性；可测量性和数据的易获得性；可理解性和简明性；适当的时空尺度；区域的可比性；代表性和数量的有限性；预测性和预警性；测量方法的科学性；与政策的相关性等。

4. 城市可持续发展评价指标体系选取的原则

城市可持续发展评价指标体系要体现城市可持续发展的状态、过程和实力，反映城市经济、环境、生态和社会等方面的建设情况。建立指标体系时遵守以下基本原则：

（1）完备性　可持续发展指标体系中，社会、经济、生态、环境、机制等方面都应该得到体现，而且应得到同样的重视，相对来说比较完备。

（2）客观性　指标体系应当客观体现可持续发展的科学内涵，特别是要体现人们需求的系统性和代际公平性。

（3）独立性　各项指标意义上应互相独立，避免指标之间的包容和重叠。

（4）可测性　指标应可以定量测度，定性指标也应有一定的量化手段进行处理。

（5）数据可获得性　要充分考虑到数据的采集和指标量化的难易程度。

（6）动态性　指标体系中的指标对时间、空间或系统结构的变化应具有一定的灵敏度，可以反映社会的努力和重视程度、可持续发展的态势。

（7）相对稳定性　指标体系中的指标应在一个相当长的时段内具有引导和存在意义，短期问题应不予考虑。但绝对不变的指标是不可能的，指标体系将随着时间的推移和情况的改变有所变化。

5. 农业发展可持续性指标体系选择原则

针对我国农业发展的特点与目标要求，结合一般指标体系设置的原则，我国农业可持续发展指标体系设置须遵循下列原则：

1）体现农业可持续发展的内涵，突出农业可持续发展的系统目标。农业可持续发展涵盖的范围很广，对其评价几乎涉及农业与农村经济社会生活及其环境的各个方面。因此，农业可持续发展的指标体系必须以一定的统计核算体系为基础，但指标体系又不能局限于统计指标本身，而应有综合性指标体现可持续发展中涉及的新概念、新内容，如环境质量、资源存量、协调指数等，以体现农业发展可持续性的评估指标体系及可持续发展的内涵和目标。

2）指标体系要全面但不可包罗万象。统计指标体系是数据收集的基准，因此明确界定指标体系的统计范围是必要的。农业可持续发展的评价指标体系应该能够反映人口、经济、社会、资源、环境发展的各个方面及其协调状况。尽管农业可持续发展几乎涉及农业与农村活动的各个领域，但指标体系却不可能是包罗万象的，有些在统计上无法量化或数据不易获得的指标可暂不列入指标体系中。

3）实用性和可操作性原则。指标体系最终要被决策者乃至公众所使用，要反映发展的现状和趋势，为政策制定和科学管理服务，指标只有对使用者具有实用性才具有实践意义。可使用的指标体系应易于被使用者理解和接受，易于数据收集，易于量化，具有可比较性等特点。

4）层次性和简洁性原则。指标体系是众多指标构成的一个完整的体系，它由不同层次、不同要素组成。为便于识别和比较，按照系统论原理，需要将指标体系按系统性、层次性构筑。同时，指标体系的功能之一是简单明了，以不重复为前提。

5）规范性和完整性原则。作为农业可持续发展指标体系的一般模式，规范性和完整性是极其重要的，这不仅有利于指导不同地区的发展实践，也有利于地区间的比较。

6）动态性与静态性相联系的原则。农业可持续发展是一个不断变化的过程，是动态与静态的统一。农业可持续发展指标体系也应是动态与静态的统一，既要有静态指标，也要有动态指标。

17.3.3 可持续发展评估指标体系类型

由于可持续发展问题的宽泛性和复杂性，迄今提出的可持续发展评估指标（体系）/指数类型多种多样。从不同的研究角度出发，可持续发展的指标体系、指标/指数可以有不同的分类。指标分类的依据有指标的功能、指标的计量单位、指标的信息集成度、指标与时间的相关性、指标的空间尺度、指标的重要性、指标的学科属性、指标体系框架模式、指标对可持续发展的涵盖程度等。

1. 单一指标类型

联合国开发计划署提出的人文发展指数（Human Development Index，HDI）是由平均寿命、成人识字率和平均受教育年限、人均国内生产总值三个指标组成的综合指标。平均寿命用以衡量居民的健康状况，成人识字率和平均受教育年限用以衡量居民的文化知识水平，购买力平价调整后的人均国内生产总值用以衡量居民掌握财富的程度。人文发展指数用来综合衡量社会发展还是比较合适的，但用来衡量可持续发展就不合适了，因为它不能反映资源、环境等方面的情况，社会、经济、人口等方面也仅仅反映了很少一部分。世界银行开发的新国家财富指标虽然由生产资本、自然资本、人力资本、社会资本组成，但它仍属于单个指标——国家财富。新国家财富指标是一个全新的指标，既包括生产积累的资本，还包括天然的自然资本；既包括物方面的资本，还包括人力、社会组织方面的资本，应该说是比较完整的。但是用新国家财富指标来衡量可持续发展仍然有不足之处，主要表现在可持续发展涉及的方面和内容很多，四种资本无论如何也不能把它们的大部分内容都包括进去，甚至连主要的方面也不能包括进去；同时四种资本之间可以互相替代，反映的仅仅是弱可持续性发展。这种类型的指标优点是综合性强，容易进行国家之间、地区之间的比较，缺点是反映的内容少，估算中有许多假设的条件，大量的可持续发展的信息难以得到，难以从整体上反映可持续发展的全貌。

2. 综合核算体系类型

联合国组织开发的环境经济综合核算体系（System of Integrated Environment and Economic Accounting，SEEA）就是将经济增长与环境核算纳入一个核算体系，借以反映可持续发展状况。该方法的研究取得了一定的进展，但仍有许多问题，很难推广。荷兰将国民经济核算、环境资源核算、社会核算有机地结合在一起，建立了国家核算体系，反映一个国家的可持续发展状况。社会核算的主要内容有食物在家庭中的分配、时间的利用和劳务市场的作用；环境核算方面建立了环境压力投入产出模型，将资源投入、增加值、污染物排放量分行业进行对比分析，计算出经济增长与资源消耗、污染物排放量之间的比率关系及其变化，借以反映可持续发展状况。这些都属于综合核算体系型指标。这种类型的指标优点是基本上解决了同度量问题，也就是各个指标可以直接相加，缺点是人口、环境、资源、社会等指标的货币化问题，许多人还很难接受，实施起来还有相当的难度。

3. 菜单式多指标类型

联合国可持续发展委员会（CSD）提出的可持续发展指标一览表（计有142个指标）、英国政府提出的可持续发展指标（计有118个指标）、美国政府在可持续发展目标基础上提出的可持续发展进展指标等都属于这种类型，它是根据可持续发展的目标、关键领域、关键问题而选择若干指标组成的指标体系。为了反映可持续发展的方方面面，指标一般较多，少的有几十个，多的超过一百个。比利时、巴西、加拿大、中国、德国、匈牙利等16个国家自愿参与了联合国可持续发展委员会菜单式多指标类型指标的测试工作。这种类型指标的优点是覆盖面宽，具有很强的描述功能，灵活性、通用性较强，许多指标容易做到国际一致性和可比性等，缺点是指标的综合程度低，从可持续发展整体上进行比较尚有一定的难度。

4. 菜单式少指标类型

针对联合国可持续发展委员会提出的指标较多的状况，环境问题科学委员会提出的可持续发展指标就比较少，只有十几个，其中经济方面的指标有经济增长率（GDP）、存款率、收支平衡、国家债务等，社会方面的指标有失业指数、贫困指数、居住指数、人力资本投资等，环境方面的指标有资源净消耗、混合污染、生态系统风险/生命支持、对人类福利影响等。荷兰国际城市环境研究所建立了一套以环境健康、绿地、资源使用效率、开放空间与可入性、经济及社会文化活力、社区参与、社会公平性、社会稳定性、居民生活福利等10个指标组成的评价模型，用以评价城市的可持续发展。北欧国家、荷兰、加拿大等根据数量不等的几个专题，在每个专题下选择2~4个指标组成指标体系。这类指标多是综合指数，直观性差一些，与可持续发展的目标、关键问题联系不太密切。

5. “压力—状态—反应”指标类型

这是由加拿大统计学家最先提出，欧洲统计局和经合组织进一步开发使用的一套指标。他们认为，人类的社会经济活动同自然环境之间存在相互作用的关系：人类从自然环境取得各种资源，通过生产、消费又向环境排放废弃物，从而改变资源的数量与环境的质量，进而又影响人类的社会经济活动及其福利，如此循环往复，形成了人类活动同自然环境污染之间存在着“压力—状态—反应”的关系。压力是指人类活动、大自然的作用造成的环境状态、环境质量的变化；状态是指环境的质量、自然资源的质量和数量；反应是人类为改善环境状态而采取的行动。压力、状态、反应三者之间存在一定的关系，如人类的生产活动带来氮氧化物、二氧化硫、灰尘等的排放（压力），上述排放物影响空气质量、湖泊和土壤酸碱度等（状态），环境污染必然引来人类的治理，需要投入资金费用（反应）。压力、状态、反应都可以通过一组指标来反映。一些机构借用类似的框架模式来反映可持续发展中经济、社会、环境、资源、人口之间的关系。这类指标的优点是较好地反映了经济、环境、资源之间的相互依存、相互制约的关系，但是可持续发展中还有许多方面之间的关系并不存在着上述压力、状态、反应的关系，从而不能都纳入该指标体系。

17.3.4　指标体系框架模式

指标体系框架是指标体系组织的概念模式，它有助于选择和管理指标所要测量的问题，即使没有抓住现实世界的本质，也提供了一种便于研究真实世界的机制。不同的指标体系框架之间的区别在于它们鉴别可以测量的问题，选择并组织要测量的问题的方法和途径，以及它们证明这种鉴别和选择程序的概念。

目前，可持续发展指标体系框架模式可以归为5种，它们是压力—响应模式（Stress-response Model）、基于经济的模式（Economics-based Model）、社会—经济—环境三分量模式或主题模式（Three-component or Theme Model）、联系人类—生态系统福利模式（Linkedhuman-ecosystem Wellbeing Model）、多种资本模式（Multiple Capital Model）等。

（1）压力—响应指标体系框架模式　该模式的典型例子是OECD的压力—状态—响应（PSR）指标框架模式。PSR指标框架模式的结构是，人类活动对环境施以“压力”，影响到环境的质量和自然资源的数量（“状态”），社会通过环境政策、一般经济政策和部门政策，以及通过意识和行为的变化对这些变化做出反应（“社会响应”）。PSR框架模式是在构建环境指标时发展起来的，对于环境类指标，它能突出环境受到的压力和环境退化之间的因果联系，从而通过政策手段（如减轻环境受到的压力的措施）来维持环境质量，因而与可持续的环境目标密切相关。但对社会和经济类指标，压力指标和状态指标之间没有本质的联系。

依据PSR框架模式使用的目的不同，它可以很容易被调整以反映更多的细节或针对专门的特征。PSR框架模式的调整版本有UNCSD的驱动力—状态—响应（DFSR）框架模式、OECD部门指标体系使用的指标体系框架模式、欧洲环境局（EEA）使用的驱动力—压力—状态—影响—响应（DPSIR）框架模式等。

（2）社会—经济—环境三分量模式或主题框架模式　在三分量指标体系框架模式中，社会、经济、环境领域也常常存在变化和不一致性。例如：就社会主题而言，可能涉及社会、文化、社区、健康或公平的某些方面或所有方面；在环境主题方面，或只涉及严格限定的环境问题，也可以涉及生态、自然资源和环境发展。许多社区可持续发展指标体系采用的是主题指标体系框架模式，这些模式中的指标一般并非相互关联但却构成反映社区关注的不同问题（主题）的一组指标。Alberta可持续性指数、Oregon Benchmarks指标体系、可持续的Seattle指标体系等都是这一模式的具体体现。

（3）联系人类—生态系统福利指标体系框架模式　该模式的提出是为了将系统思想应用于维持和改善人类和生态系统的福利的目标。这种模式有四类指标：生态系统指标，用于评估生态系统的福利；相互作用指标，用于评估人类和生态系统界面处产生的效益和压力流；人口指标，用于评估人类的福利；综合指标，用于评估系统特征，以及为当前和预测分析提供综合观点。这种模式的原形是加拿大国家环境与经济圆桌会议（NRTEE）的可持续发展指标体系。可持续性晴雨表（Barometer of Sustainability）指数是应用这种模式的一个例子。

（4）多种资本指标体系框架模式　该模式的最好应用例子是世界银行的国家财富指标体系，包括自然资本、人造资本（生产资本）、人力资本和社会资本四个方面的指标体系。

17.3.5　国际上代表性的可持续发展系统性指标体系

1. 联合国可持续发展委员会（UNCSD）可持续发展指标体系

联合国可持续发展委员会（UNCSD）在1995年批准实施了为期5年的“可持续发展指标工作计划（1995—2000）”，专门研究可持续发展评价的指标体系，于2001年出版《可持续发展指标：指导原则和方法》报告，详细介绍了其指标体系，阐述了指标概念及其方法。

该指标体系的构建对应于《21世纪议程》有关章节，分经济、社会、环境、制度四维，以“驱动力—状态—响应”（DFSR）模式构建指标。1996年提出的初步指标体系有134个指标（其中，经济指标23个、社会指标41个、环境指标55个、制度指标15个）。初步指标体系的特点是突出了环境受到的压力与环境退化之间的因果联系，因此与可持续的环境目标之间的联系较为密切；但对社会、经济指标，这种分类方法有一定缺陷，即驱动力指标与状态指标之间没有必然的逻辑联系，有些指标属于“驱动力指标”还是“状态指标”的界定不尽合理，指标数目众多，粗细分解不均。

1996—1998年世界上22个国家（非洲6个国家，亚太地区4个国家，欧洲8个国家，美洲6个国家）对有134个指标的初步指标体系在国家尺度上进行了检验和应用，评价了DFSR指标模式的恰当性、这些指标在国家尺度的决策中的适用性。在国家检验和评价的基础上，最终确定了经济、社会、环境、制度4个维度、15个主题、38个子主题的主题）指标框架，并确定了核心指标体系。核心指标体系包含58个核心指标，其中社会指标19个，环境指标19个，经济指标14个，制度指标6个。

UNCSD的主题、子主题和核心指标体系为所有国家提供了一套广泛接受的可持续发展指标体系，对2001年以后各国开发国家可持续发展指标体系具有重要指导意义。该核心指标体系克服了UNCSD的初步指标体系存在的指标重复、缺乏相关性和明确含义、缺乏经检验并广泛接受的计量方法等弊病，清楚地反映了国家和国际可持续发展的共同优先性，体现了与国家政策制定、实施和评价密切相关的可持续发展主题之间的较好平衡，为各国发展各自国家的指标计划及指标检测进程提供了坚实基础，并且为各国政府向国际组织提供满足国际报告要求（包括向UNCSD的报告）的国家可持续发展报告提供了一套共同工具，其广泛采纳和使用有助于改进国际范围可持续发展信息的一致性。同时，该核心指标体系为国际及国家研究机构开发可持续发展的集成化指标提供了基础。

2. 经济合作与发展组织（OECD）可持续发展指标体系

成立于1961年的经济合作与发展组织现有包括美国、加拿大、英国、德国、澳大利亚、日本、韩国等在内的36个成员，在环境指标的研究中一直走在国际前列。从1989年开始，OECD即实施其“OECD环境指标工作计划”，该计划的目标是：跟踪环境进程；保证在各部门（运输、能源、农业等）的政策形成与实施中考虑环境问题；主要通过环境核算等保证在经济政策中综合考虑环境问题。OECD于1991年提出了其初步环境指标体系（世界上第一套环境指标体系），1994年出版了其核心环境指标体系，1998年开始发布OECD成员指标测量结果。在环境指标的重要性凸显的20世纪90年代，环境指标在OECD成员的环境报告、规划、确定政策目标和优先性、评价环境行为等方面得到了广泛应用。

“OECD环境指标工作计划”取得的主要成果是：

1）成员一致接受“压力—状态—响应”（PSR）模型作为指标体系的共同框架。

2）基于政策的相关性、分析的合理性、指标的可测量性等，遴选和定义环境指标体系。

3）为各成员进行指标测量并出版测量结果。

OECD可持续发展指标体系包括三类指标体系：

1）OECD核心环境指标体系（OECD Core Set）。约50个指标，涵盖了OECD成员所反映出来的主要环境问题，以PSR模型为框架，分为环境压力指标（直接的和间接的）、环境状况指标和社会响应指标三类，主要用于跟踪、监测环境变化的趋势。

2）OECD 部门指标体系（OECD Sets of Sectoral Indicators）。着眼于专门部门，包括反映部门环境变化趋势、部门与环境相互作用（正面的与负面的）、经济与政策三个方面的指标，其框架类似于 PRS 模型。

3）环境核算类指标。与自然资源可持续管理有关的自然资源核算指标，以及环境费用支出指标，如自然资源利用强度、污染减轻的程度与结构、污染控制支出。

为便于社会了解，以及更广泛地与公众交流，在核心环境指标的基础上，OECD 又遴选出了“关键环境指标”（10 ~ 13 个），意在提高公众环境意识，引导公众和决策部门聚焦关键环境问题。

3. 瑞士洛桑国际管理开发学院国际竞争力评估指标体系

瑞士洛桑国际管理开发学院（International Institutef or Management and Development，IMD）从 1989 年开始出版《全球竞争力年度报告》（World Competitiveness Yearbook），对全球上主要国家和地区的国际竞争力进行评估和排序。该年度报告已经成为全球对国家的环境如何支撑其竞争力的领导性分析报告。IMD 2005 年度的全球竞争力评价指标体系包括经济表现、政府效率、企业效率和基础设施四大类指标，每个大类指标又分为 5 类指标，一共 20 类共 314 项指标，见表 17-1。《全球竞争力年度报告》使用的评价指标体系一直在不断变化。

表 17-1 IMD 2005 年度全球竞争力评估指标体系

经济表现（74）	政府效率（84）	企业效率（66）	基础设施（90）
国内经济（33）	公共财政（11）	管理生产率（11）	基本基础设施（20）
国际贸易（20）	财政政策（14）	劳动力市场（20）	技术基础设施（20）
国际投资（10）	制度框架（22）	财政（19）	科学基础设施（22）
就业（7）	商业立法（24）	管理实践（11）	健康与环境（18）
价格（4）	教育（13）	全球化的影响（5）	价值体系（10）

注：括号内的数字为指标个数。

据《全球竞争力年度报告 2019》，新加坡排名第 1 位，美国排名第 3 位；中国排名第 14 位。由于该指标体系中约有 1/3 的指标是主观指标，因而其评价结果受人为因素影响明显，导致评价结果的波动比较明显。

4. 世界保护同盟（IUCN）“可持续性晴雨表”评估指标体系

世界保护同盟（IUCN）与国际开发研究中心（IDRC）联合于 1994 年开始支持对可持续发展评估方法的研究，并于 1995 年提出了“可持续性晴雨表”（Barometer of Sustainability）评估指标及方法，用于评估人类与环境的状况以及向可持续发展迈进的进程，该方法最初称为“系统评估”，现在称为“可持续性评估”或“福利评估”。

该评估指标和方法建立的理论依据是，可持续发展是人类福利和生态系统福利的结合，并将其表述为“福利卵”（Egg of Well-being）；生态系统环绕并支撑着人类，就如蛋白环绕并支撑着蛋黄，而且就如只有蛋白和蛋黄都好时鸡蛋才是好的一样，只有当人类和生态系统都好时，社会才能是好的和可持续的。在这些假说的基础上，IUCN“福利评估”指标和方法将人类福利与生态系统福利同等对待。首先确定需要测量的人类福利和生态系统福利的主要特征，然后选定这些特征的主要指标，最后将这些指标集成为指数。

人类福利与生态系统福利两个子系统各包括5个要素方面，每个要素方面又有若干指标。人类福利子系统包括健康与人口（2个指标）、财富（14个指标）、知识与文化（6个指标）、社区（10个指标）、公平（4个指标）5个要素方面36个指标。生态系统福利子系统包括土地（5个指标）、水资源（20个指标）、空气（11个指标）、物种与基因（4个指标）、资源利用（11个指标）5个要素方面51个指标。10个要素方面的87个指标按同等权重平均而分别集成为人类福利指数（HWI）、生态系统福利指数（EWI）、福利指数（WI）和福利/压力指数（WSI，人类福利对生态系统压力的比率）。

“可持续性晴雨表”评估指标和方法将结果以可视化图表形式表示，以人类福利指数（HWI）作为横坐标、生态系统福利指数（EWI）作为纵坐标，如图17-1所示，划分出5个坐标区域以反映可持续发展状况：可持续发展、基本可持续发展、中等可持续发展、基本不可持续发展、不可持续发展。图中HWI和EWI相交的点为福利指数（WI）。

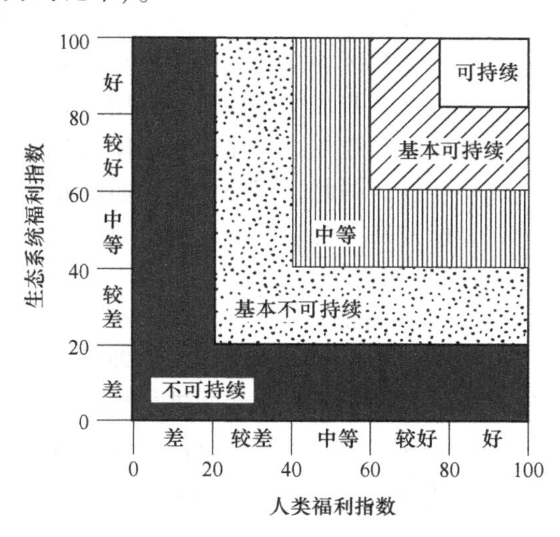

图17-1 福利评估的可持续性晴雨表

Prescott-Allen 2001年通过分析和合成87个“可持续性晴雨表”指标，计算了世界上180个国家的可持续性状况，这是首次对全球的可持续性状况的评估。评估结果显示，世界上2/3的人口生活在人类福利差的国家，不到1/6的人口生活在人类福利较好或好的国家；人类福利排名最前的10%的国家的平均指数是排名处于末尾的10%的国家的平均指数的8倍。环境退化在全球普遍存在，生态系统福利差和较差的国家占据了全球陆地和内陆水域面积的将近一半（48%），生态系统福利中等的国家占据了43%，指数好的国家只占据了9%。

与其他可持续性评估方法形成对照的是，“可持续性晴雨表”评估方法是一个评估可持续发展的结构化分析程序，它同等地对待人类系统和生态系统，“福利卵”的概念清楚地表明了人类与其环境的相互依赖性。同时，该方法提供了测量可持续发展状况的综合方法，并且是一个以用户为中心的评估方法，可以在国际、国家、区域、地方尺度上应用。

这种指标体系及评估方法的不足之处是，指标的权重化处理取决于研究人员而且没有科学上共享的标准，计算过程比较复杂而且只有当有数字化的目标值或标准时才可以计算，百分比尺度任意性太大，计算中的不确定性明显。

5. 联合国统计局（UNSD）可持续发展指标体系

联合国统计局于1995年与政府间环境统计促进工作组合作，提出了一套环境与相关社会经济指标，并于1995年2月第4次工作组会议上通过。在1995年的联合国统计委员会第28次会议上同意由联合国统计局（UNSD）进行该指标体系的国际汇编。

联合国统计局的可持续发展指标体系在指标的框架模式上类似于联合国可持续发展委员会的DFSR指标体系，指标按《21世纪议程》中的问题—经济问题、社会—统计问题、空气—气候、土地—土壤、水资源、其他自然资源、废弃物、人类居住区、自然灾害9个方面的问题，分“社会经济活动事件”“影响与效果”“对影响的响应”“存量和背景条件”4个方面组织指标。指标数目达 88 个，而且对环境方面反映较多，社会经济方面反映较少，制度方面没有涉及，指标数目较多且较混乱。

■ 17.4　可持续发展评估方法

17.4.1　指标筛选的方法

可持续发展指标体系是进行可持续发展评价的基础和关键，必须要能反映可持续发展的本质、内涵和区域社会—经济—环境系统的发展水平、能力及协调状况。区域系统的复杂性、开放性、非线性等特征，使指标的选择和指标关系、结构的确定成为困难，再加上缺乏科学有效的筛选方法，评价指标体系普遍存在着信息覆盖不全和信息重叠的现象，影响了评价的科学性。因此，有必要对目前研究中指标筛选的方法进行讨论。

目前，在可持续发展评价研究过程中，指标筛选的方法可以分为两类：主观方法和客观方法。

1. 主观方法

主观方法包括频度统计法、理论分析法和专家咨询法。频度统计法是对目前有关可持续发展评价研究的报告、论文进行频度统计，选择那些使用频度较高的指标；理论分析法是对区域可持续发展的内涵、特征进行分析综合，选择那些重要的发展特征指标；专家咨询法是在初步提出评价指标的基础上，征询有关专家的意见，对指标进行调整。这几种方法主要用于建立“一般”意义的指标体系。

2. 客观方法

（1）主成分分析法　主成分分析法是目前使用较多的方法，是研究用变量族的少数几个线性组合来解释多维变量的协方差结构，挑选最佳变量子集，简化数据，揭示变量间关系的一种多元统计分析方法。从数学角度看，这是一种降维处理技术，即用较少的几个综合指标代替原来较多的变量指标，而且使这些较少的综合指标既能尽量地反映原来较多变量指标所反映的信息，同时，它们之间又是相互独立的。其基本原理是取原来变量的线性组合，适当调整组合系数，使新的变量之间相互独立且代表性最好。这种方法对于可持续发展系统指标的建立是一种强有力的工具。

（2）因子分析法　因子分析法是主成分分析法的推广和发展，是将具有错综复杂的变量综合为少数的几个因子，以再现原始变量与因子之间的相互关系，也是属于多元统计分析降维处理的一种统计方法。因子分析法与主成分分析法有很多相似的地方，也有许多不同之处。虽然两者的基本思想都是通过变量的相关系数矩阵的研究，找出能控制所有变量的少数几个随机变量去描述多个变量之间的相关关系。但是，在主成分分析中，找出的少数几个随机变量是明确的，是从众多原始变量中筛选出的；在因子分析中，这几个少数的随机变量是不可观测的，是从原始变量中抽象出的，可通过因子旋转手段得出其明确的定义和命名，因此具有对变量进行分类的另一大功能。在可持续发展评价研究中，因子分析法不仅可以对可持续发展系统中的复杂变量（指标）进行降维处理，而且可以在通过主成分分析筛选出主要指标的基础上，建立指标的结构。

（3）灰色关联分析法　从其思想方法上来看，属于几何处理的范畴，其实质是对反映各因素变化特征的数据序列进行的几何比较。用于度量因素之间关联程度的灰色关联度，就是通过因素之间的关联曲线的比较得到的。由于可持续发展系统的复杂性、开放性、多层次性和非线性及人们认识的局限性，目前对其内部各因素之间的关系，以及各因素与整个系统的关系、机理把握得不够，因此可持续发展系统是一类典型的灰色系统，用灰色关联系统理论中的灰色关联分析法来筛选指标是极为恰当的。在目前的统计相关分析中，因素 y 对因素 x 的相关程度与因素 x 对因素 y 的相关程度相等，这与实际情况不相符，而灰色关联分析法成功地克服了统计分析的这一缺陷。从灰色关联分析的数学模型可知，变量 x_j 对变量 x_i 的关联度 r_{ij}取决于各时刻的关联系数的值，也取决于各时刻 x_i 与 x_j 观测值之差 $v_{ij}(t)$。因此，灰色关联分析法用于分析评价具有层次性、动态性的可持续发展系统，是一种强有力的方法。

（4）Rough 集的属性约简法　属性约简是指在保持信息系统原有功能不变的条件下，删除其中不相关或不重要的信息。这种方法的基本思想是：首先将研究对象看成一个信息系统 $S=(U,A,V,F)$，其中 U 为研究个体集合，A 为属性集，V 为属性集 A 的值区域，F 为每个对象的每个属性赋予的信息值，信息系统的数据以关系表的形式表示，关系表的行对应要研究的对象，列对应对象的属性，对象的信息通过指定对象的各属性值来表示。其次，根据相应的属性约简算法约简出核心属性。对于可持续指标体系而言，可以用属性及属性值引入的分类来表示，于是指标筛选可转化为属性约简，而关系表可以看成是分类表。但是，这种方法要求同时对不同的区域进行研究，而且不同区域都要有完全相同的初始指标集，经筛选的指标也要完全相同，这是与可持续发展指标体系建立的区域性原则相矛盾的，再者，部分属性约简方法最后可能会得到几种约简的核心指标体系，而选择其中一种作为最终的评价指标存在太大的主观性。

17.4.2 综合评价的方法和模型

在可持续发展评价研究中，综合评价方法、模型的选择是极为重要的，因为它直接影响到评价结果的科学性和客观性，然而可持续发展系统的复杂性决定了评价方法、模型选择和建立的困难。因此，选择合适的方法、模型是当前研究的难点，而这方面的工作在已有研究中十分薄弱。

1. 指标值的标准化方法

由于各指标的含义不同，指标值的计算方法也不同，造成指标的量纲各异。因此，即使都定量化了，也不能直接计算。必须先对指标进行标准化处理，常用的方法有：

1）模糊隶属度函数，即 $y=(Z/Z0)A$（当 Z 为正作用指标），$y=(Z0/Z)A$（当 Z 为负作用指标），式中，A 为刻划模糊度（$A=0\sim2$），当 $A=1$ 时等于常规的线性无量纲化方法。

2）Z-Score 法，其标准化公式为 $X'_{ik}=(X_{ik}-X_i)/S_i$，其中 X_{ik} 为 i 指标第 k 年的数值；X'_{ik}为X_{ik}标准变换后的值；X_i 为 i 指标的多年平均值；S_i 为 i 指标的多年标准差。常规无量纲化方法：对于发展类指标 $D_i=Q_i/S_i$，对于制约类指标 $D_i=1-|Q_i-S_i|/S_i$，式中，D_i 为 i 指标评价指数值；Q_i 为 i 指标的现状值；S_i 为 i 指标的评价标准值。

2. 指标权重确定的方法

指标权重的合理与否在很大程度上影响综合评价的正确性和科学性，近年来，指标权重确定的主要方法有层次分析法、德尔菲法、专家咨询法、主成分分析法、因子分析法。其中，主成分分析法和因子分析法主要是用主成分的贡献率和因子对系统的贡献率来确定权重，上面对这两种方法及专家咨询法已有叙述，故不再赘述。

（1）层次分析法　层次分析法是近年来在确定指标权重时使用最多的一种方法，它是一种整理和综合专家们经验判断的方法，也是将分散的咨询意见数量化与集中化的有效途径。它将要识别的复杂问题分解成若干层，由专家和决策者对所列指标通过两两比较重要程度而逐层进行判断评分，利用计算判断矩阵的特征向量确定下层指标对上层指标的贡献程度，从而得到基层指标对总体目标或综合评价指标重要性的排列结果。层次分析法的基本步骤是：首先建立判别矩阵，然后进行层次单排序、层次总排序和一致性检验，最终得出各项指标权重。这种多层次分别赋权法可避免大量指标同时赋权的混乱和失误，从而提高预测和评价的简便性和准确性。由于传统层次分析法级别差别较大（在1—9标度中为1、3、5、7、9）及众多的可持续发展指标往往不能满足相对完善的指标赋权，因此，部分研究采用了改进的层次分析法。改进的层次分析法有三种：9/9—9/1标度法，10/10—18/2标度法和指数标度法，对于非数量性指标及与数量性指标的混合状态下的指标权重赋值，最宜采用10/10—18/2标度法，不但判断矩阵的最大特征值最小，一级性指标也最小，因而指标权重的精度也最好；9/9—9/1标度次之，传统的1—9标度最差。虽然层次分析法识别问题的系统性强，可靠性高，可提高评价的简便性和准确性，但在采用专家咨询时易产生标度把握不准或丢失部分信息的现象，因此，又产生了一种熵技术支持下的层次分析法以增大赋权结果信息，提高可信度。

（2）德尔菲法　德尔菲法是一种向专家反复函询、收集意见、进行预测的方法。此法克服了专家会议法中专家代表不足、收集意见的时间仓促、易受权威专家的影响、只能利用一次性征询意见等缺点。

3. 综合评价的方法和模型

（1）模糊综合评判方法　模糊综合评判方法是一种运用模糊变换原理分析和评价模糊系统的方法。它是一种以模糊推理为主的定性与定量相结合、精确与非精确相统一的分析评判方法。它能把社会经济现象中出现的“亦此亦彼”的中间过渡状态采用概念内涵清晰、但外延界限不明确的模糊思想给予描述，并进行多因素的综合评定和估价。由于可持续发展是一个具有多层次的系统，因此，在综合评价过程中一般均采用多层次模糊综合评判模型。从数学角度来看，“可持续发展”是一种内涵清楚而外延不清楚的模糊概念，因此运用“模糊子集”和“隶属度”来描述可持续发展水平更具有科学性。运用模糊变换和模糊综合评判方法主要解决两种问题，一是可以对同级不同区域的可持续发展水平进行综合排序，使评价结果在整个区域的不同区域之间具有可比性；二是对某一区域的可持续发展水平做出评价。需要注意的是，在区域可持续发展评价中，如何合理地确定各指标的五级（很差、差、中等、好、很好）是困难的；在模糊变换中，用不同的算子进行综合评价对处理信息的效果是不同的。

（2）多维灰色评价模型　灰色评价是指基于灰色系统理论，对系统或因子在某一时段所处状态，进行半定性、半定量的评价与描述，以便对系统的综合效果与整体水平进行识别和分类，如高、中、低、大、中、小、好、中、差等。显然这些识别和分类具有相对性和不确定性，可称为灰色性。目前，在可持续发展的评价研究中主要是应用灰色聚类评估法对某一背景区域下的各个次级区域进行综合和排序。多维灰色评价的特点是：先按样点计算出各

指标的类别系数，再将各指标同类别的权系数，按样点加权综合，得到样点的类别权系数向量，以避免常用的指数评分法中发生指标高分值掩盖低分值、以偏概全的弊端，从而可提高分类的精度；利用归一化综合权系数计算样点综合得分，将评价样点排序，以便提高决策的准确性；最后利用三角坐标图，进行分类划区，比简单排序提供了更多的信息，且清晰直观，灵活简便。这样，对于复杂的大系统或递阶调控系统，进行多目标、多层次的综合与归纳，便能得出对系统的全貌与整体水平的评价。

除上述方法外，可持续发展的评价方法还涉及功效函数法、功效系数法、递阶多层次综合评价法、线性加权求和主成分分析法等。

【阅读材料】

可持续发展评估体系建立的必要性

可持续发展的评估体系即可持续发展指标体系，具有目的性、科学性、关联性、系统性等特点。反映可持续发展状况的指标多种多样，有客观指标，也有主观指标；有经济指标，也有非经济指标；有描述性指标，也有评价性指标；有高指标、中指标，也有低指标；有投入指标，还有活动量指标与产出指标等。

可持续发展评估体系的建立是十分必要的，具体体现在：①评价可持续发展战略的实施效果并对其进行有效调控，需要一套完善的评价指标体系；②建立可持续发展评估体系，可对区域的社会、经济、资源、环境、人口、科技等的发展状况进行客观的评估，为决策提供依据；③通过评估体系，可以反映区域发展中存在的问题，找出其不足，分析其产生的原因，以便采取相应的对策；④可以使领导者真正贯彻可持续发展的思想；⑤可进行国家之间、地区之间、部门之间的比较，找出差距，明确发展方向；⑥可进行区域可持续发展的分析与预测，制定相应发展战略与规划，发挥宏观指导的作用。

——资料来源：陈龙飞等，可持续发展思想与中学地理教学，2001。

思考题

1. 可持续发展评估的原则是什么？
2. 可持续发展评估指标的筛选原则是什么？
3. 可持续发展评估体系的类型有哪些？
4. 目前国际上有代表性的指标体系有哪些？
5. 可持续发展评估指标的筛选方法有哪些？
6. 可持续发展评估的方法有哪些？

推荐读物

1. 叶正波．可持续发展评估理论及实践［M］．北京：环境科学出版社，2004.
2. 李永峰，乔丽娜．可持续发展概论［M］．哈尔滨：哈尔滨工业大学出版社，2013.

参考文献

[1] 张志强，程国栋，徐中民．可持续发展评估指标、方法及应用研究［J］．冰川冻土，2002，24（4）：344-359.

[2] 曹斌，林剑艺，崔胜辉．可持续发展评价指标体系研究综述［J］．环境科学与技术，2010，33（3）：99-105.

[3] 华红莲，潘玉君．可持续发展评价方法评述［J］．云南师范大学学报，2005，25（3）：65-69.

[4] 隆刚．可持续发展评估及预警系统［J］．统计研究，2008，25（7）：87-89.

[5] 李锋，刘旭升，胡聃，等．城市可持续发展评价方法及其应用［J］．生态学报，2007，27（11）：4793-4802.

[6] 彭斯震，孙新章．全球可持续发展报告：背景、进展与有关建议［J］．中国人口·资源与环境，2014，24（12）：1-5.

[7] 彭建，吴健生，蒋依依，等．生态足迹分析应用于区域可持续发展生态评估的缺陷［J］．生态学报，2006（8）：2716-2722.

[8] 张志强，程国栋，徐中民．可持续发展评估指标、方法及应用研究［J］．冰川冻土，2002（4）：344-360.

[9] 姚永玲．国际可持续发展指标及评估系统研究的进展［J］．中国人口·资源与环境，1998（2）：92-95.

第18章

可持续发展评估模型及应用

■18.1 农业可持续发展评估模型及应用

农业可持续发展评估指标体系应分别从不同的侧面界定了农业可持续发展的水平，或者说，不同的指标反映的是农业可持续发展大系统的不同子系统的发展水平。要想对农业可持续发展的水平做一个综合评估，必须把不同的指标所反映的可持续发展水平综合，但是不同的指标对农业可持续发展的重要性（量纲）是不一样的，不能直接相加来说明某一地区的农业可持续发展整体状况。因此，需要建立综合评估模型，以便对某一区域的农业可持续发展进行整体评估。

农业可持续发展综合评估主要有两种情况：一是评估某一区域在一个规定的时间尺度里农业是否朝着可持续的方向发展，二是比较不同区域的农业发展道路，判断哪种发展道路更具可持续性。

农业可持续发展的评估模型的总体思路如下：首先，根据农业可持续发展的内涵、六大影响因素和指标体系来构建农业可持续发展的评价指标体系；其次，运用科学合理的方法，确定农业可持续发展评估指标体系中单项指标的权重；再次，收集和整理农业可持续发展评估指标的数据，并利用适当的方法，对指标数据进行标准化处理；最后，利用构建的综合评估模型进行农业可持续发展的综合评估。

18.1.1 农业可持续发展综合评估中指标权重的确定

采用指标综合评估模型，必须确定各指标的权重。指标权重确定的合理与否在很大程度上影响着综合评估的正确和科学性。指标权重的确定方法很多，常见的有专家调查法（又叫德尔菲法）、层次分析法、主成分分析法、熵值法、因子分析法等。各种方法的适用对象和条件不尽相同，各有优缺点，在具体使用时应根据评估目的和指标数据的情况有选择地使用。到目前为止，在实践中常用的方法仍是根据研究者的实践经验和主观判断来确定权重，尤其是专家调查法，但这种方法通常带有研究者的主观随意性，且权重分配的难度和工作量（反复次数）随指标数量的增多而增大，甚至很难获得满意的结果。近年来，用层次分析法确定权重越来越受到研究人员的重视并在多个方面得到应用。这种多层次分别赋权法可避免大量指标同时赋权的混乱和失误，从而可以大大提高预测和评价的简便性和准确性。

层次分析法确定各指标权重的方法如下：

第一步，建立指标体系的递阶层次结构。将指标体系每层中各元素支配下一层中的相应元素，从而形成一个总目标和若干个子系统目标层组成的递进层次结构。表 18-1 给出了农业可持续发展指标体系递阶层次结构。

表 18-1　农业可持续发展指标体系递阶层次结构

子系统	指标
人口子系统 A	人口密度 A_1
	人口自然增长率 A_2
	农业劳动力比重 A_3
	农业劳动力人均受教育年限 A_4
经济子系统 B	农村居民人均纯收入 B_1
	亩均农产品产量 B_2
	农业劳动生产率 B_3
	农业中间消耗生产率 B_4
	农业总产值占国民生产总值的比重 B_5
	农村非农产业比重 B_6
	政府财政支农比重 B_7
	亩均农机总动力 B_8
	农业产业结构多样性指数 B_9
	农产品商品率 B_{10}
社会子系统 C	农村人均住房面积 C_1
	城乡居民收入差异系数 C_2
	农村居民恩格尔系数 C_3
	农村刑事案件发生率 C_4
	农村人均道路拥有量 C_5
	农村每千人拥有医生和卫生员数 C_6
	农村每百人拥有电话机数 C_7
资源子系统 D	人均耕地面积 D_1
	人均水资源拥有量 D_2
	土地复重指数 D_3
	农田有效灌溉率 D_4
	土地生产率 D_5
	中低产田比例 D_6
	土壤生产能力指数 D_7
	农业气候资源生产力指数 D_8
环境子系统 E	区域排污量 E_1
	森林覆盖率 E_2
	亩均农药使用量 E_3
	亩均化肥施用量 E_4
	农业自然灾害成灾率 E_5
	农村水土流失面积比率 E_6
科技子系统 F	每万农业劳动力拥有的农业科技人员数 F_1
	科技进步对农业生产的贡献率 F_2
	农业科研经费占国内生产总值（GDP）的比重 F_3
	农业科研技普及推广指数 F_4
	农业科技成果转化率 F_5

第二步，构造两两比较判断矩阵。指标层次结构建立以后，上下层次指标间的隶属关系就被确定了，对同一层次指标，进行两两比较，其比较结果以 T. L. Saaty 标度法表示，标度 1 ~ 9 的含义见表 18-2。

表 18-2　标度 1 ~ 9 的含义

标值	含义
1	表示两个指标相比，具有同样重要性
3	表示两个指标相比，一个指标比另一个指标稍微重要

（续）

标　值	含　义
5	表示两个指标相比，一个指标比另一个指标明显重要
7	表示两个指标相比，一个指标比另一个指标强烈重要
9	表示两个指标相比，一个指标比另一个指标极端重要
2、4、6、8	上述相邻判断的中值，需要折中时采用

这样对于同一层次的几个评估指标两两比较，就可以得到判断矩阵 $\boldsymbol{A}$

$$\boldsymbol{A}=(\alpha_{ij})_{N\times N} \tag{18-1}$$

它具有如下性质：①$\alpha_{ij}>0$；②$\alpha_{ij}=1/\alpha_{ji}$；③$\alpha_{ii}=1$。

第三步，采用求和法计算各评价指标的相对权重（表18-3）。

第四步，计算指标层所有元素对于最高层（总目标）相对重要性的排序权重（相对权重），将最后一层元素的相对权重依次乘以上一层受控元素的相对权重，从而形成各子系统的单个元素对于总目标的绝对权重。

表18-3　求和法计算权重示例

指　标	a_1	a_2	a_3	a_4	同行之和	正则化
a_1	1	1/5	1/3	1/9	1.64	0.0547
a_2	5	1	2	1/2	8.50	0.2836
a_3	3	1/2	1	1/3	4.83	0.1612
a_4	9	2	3	1	15	0.5005

18.1.2　指标数据的标准化方法

农业可持续发展评价指标体系中的每个单项指标，其含义是有差别的，且指标值的计量单位也不一样，确定的指标权重也有区别，因此不能直接相加来对指标数据进行综合化处理。要解决这个问题，就必须对指标数据进行标准化处理。根据指标的数据属性、指标权重的确定方式、指标数据标准化的方法可以分为直线形、折线形和曲线形三种。

直线形标准化是将指标实际值转化成不受量纲影响的指标评价值，假定两者之间呈线性关系，指标实际值的变化引起指标评价值的一个相应比例的变化。折线形标准化的适用情况是：指标在不同地区的变化对被评价事物的综合水平的影响不同。曲线型标准化的适用情况是：指标实际值对评价值的影响不是按一定比例，而是呈曲线形关系。

由于当前有关农业可持续发展理论研究的不成熟性和相关指标缺乏严格的定量评估标准，本书采用直线形标准化方法对农业可持续发展评估指标数据进行标准化处理。直线形标准化方法的类型很多，这里采用比重法。这种方法一般先选取一个评估基准数据，把被评估方案的指标实际数据与其相比，从而得到一个比例系数。其常用计算公式为

$$P_i=\begin{cases}X_i/X_0(X_i\text{ 为正作用指标})\\X_0/X_i(X_i\text{ 为负作用指标})\end{cases} \tag{18-2}$$

式中，X_i为被评价方案指标数据值，X_0为指标评价基准数据值，P_i为被评价方案指标得分值

(评定系数)。

针对农业可持续发展评价指标数据，本书采用的比重法标准化计算公式如下

$$P_{ijt}=\begin{cases}X_{ijt}/X_{ij0}(X_{ij}\text{为正作用指标})\\X_{ij0}/X_{ijt}(X_{ij}\text{为负作用指标})\end{cases} \tag{18-3}$$

式中，P_{ijt}为评价指标X_{ij}在第t年经无量纲化处理后的得分值（评定系数、标准值）；X_{ijt}和X_{ij0}分别为评价指标X_{ij}在第t年和基年或参照系的统计值。对于任一特定的地区，对于任何一项指标，只要评定系数增大，均可视为随时间的推移农业向着有利于可持续的方向发展。

18.1.3 农业可持续发展综合评估值的计算

农业可持续发展评价指标体系中单项指标权重的确定和指标数据的标准化，为农业可持续发展综合评估奠定了基础。以此为前提，就可以综合评估某一区域的农业可持续发展水平了。

用T表示农业可持续发展综合评估值，则综合评估值计算公式为

$$T=\sum W_iT_i \tag{18-4}$$

式中，W_i表示第i项指标得权重，T_i为第i项指标的数据值。T值越大，则农业可持续发展的水平越高。运用这个公式可以得出农业可持续发展的经济、社会、环境、资源、人口和科技六大子系统及农业可持续发展总系统的综合评估值。

18.2 生态旅游可持续发展评估模型及应用

18.2.1 指标体系内容

生态旅游产业的可持续发展涉及自然科学、社会科学的多个学科，涉及政治、经济、社会各个领域，其范围十分广泛。由于涉及的指标较多，把指标分为五个子系统：社会子系统、资源子系统、环境子系统、区域经济子系统、智力支持子系统。在每个大类下设具体的评价指标，以期建立一套较为适用、针对性较强，同时具有一定可操作性的生态旅游产业可持续发展框架性评价指标体系。

(1) 社会子系统　社会可持续发展是可持续发展的目的。只有社会持续发展，不同国家、不同地区人群发展权利才能得到公平对待，人类生活质量才能不断提高，人类社会才能全面进步。

(2) 资源子系统　资源的持续利用是可持续发展的基础。对于生态旅游景区来说，旅游资源就是旅游吸引物，是开展旅游的前提和基础，如景区的地理位置、各种生存支持能源的供给能力、各种景区资源的独特性和差异性。

(3) 环境子系统　生态环境的持续发展也是生态旅游产业可持续发展的前提。环境在旅游产业发展过程中对资源的利用和废弃物的排放所具有的允许容量或承载能力，主要是指人们在开发生态旅游、开展生态旅游活动对环境的利用或排放的废弃物不得超过环境容量。

(4) 区域经济子系统　区域经济的持续发展是生态旅游产业可持续发展的条件，只有经济持续发展，才能缩小人类财富不均的差距，才能为科学技术的发展、生态旅游产业的发

展提供必要的经济基础，进而提高资源利用率，实现人与自然的协同发展。

（5）智力支持子系统　智力支持系统是推动生态旅游产业可持续发展的动力系统，由一个国家或地区的教育能力、科技能力、管理和决策能力组成，其中教育能力是智力支持系统的基础，科技能力是智力支持系统的核心，管理和决策能力是智力支持系统的灵魂。

18.2.2　指标体系框架

指标体系框架是指标体系组织的概念模式，它有助于选择和管理指标所要测量的问题，即使它没有抓住现实世界的本质，它也提供了一种便于研究真实世界的机制。不同的指标体系框架之间的区别在于它们鉴别可以测量的问题、选择并组织要测量问题的方法和途径，以及证明这种鉴别和选择程序的概念。

目前，可持续发展发展指标体系主要框架模式可以归纳为五种，即压力—响应模式、基于经济的模式、社会—经济—环境三分量模式或主题模式、人类—生态系统福利模式和多种资本模式。

目前可持续发展研究还处于起始阶段，还没有专门用于生态旅游产业可持续发展指标体系的框架模型。生态旅游产业可持续发展是一个复杂的巨系统，用以上的模型不能完全来评价，但基本上可以说明问题。根据可持续发展评价指标体系内容，下面采用资源—社会—经济—环境—智力支持五分量评价模式来构建生态旅游产业可持续发展评价指标体系。

这里也主要采用层次分析法进行构建生态旅游产业可持续发展评价指标体系。

根据指标体系构建原则，从可持续发展指标五方面内容出发，通过征询专家学者的意见，提出评价江西省生态旅游业可持续发展的评价指标体系（表18-4）。

18.2.3　指标筛选工作

利用德尔菲法对评价指标进行筛选，再对指标进行专家咨询，各指标按照“很不重要”“不重要”“一般”“比较重要”“非常重要”五个等级分别给予1、3、5、7、9的分值，专家的“意见集中度”用各指标所得分值的算术平均值来表示。用各指标所得分值的变差系数来表示专家的“意见协调度”。各专家的“意见集中度”和“意见协调度”见表18-5。

意见集中度（算术平均值，C_j）和意见协调度（变差系数，V_j）计算公式如下

$$C_j = \frac{\sum_{j=1}^{n} X_{ij}}{n} \tag{18-5}$$

$$V_j = \frac{\sqrt{\frac{1}{n-1}\sum_{j=1}^{n}(X_{ij} - C_j)^2}}{C_j}(j = 1,2,3,\cdots,m) \tag{18-6}$$

式中，X_{ij}为第i个专家对第j个指标所打的分值，n为专家人数，m为指标数。

C_j越大，说明该指标的相对重要性越大；V_j越小，说明该指标的争议越小。

表 18-4 生态旅游业可持续发展评价指标层次

目标层 A	准则层 B	要素层 C	指标层 D
生态旅游产业可持续发展评价指标体系	资源环境	资源禀赋	1. 森林覆盖率
			2. 生物物种多样性
			3. 珍稀物种或濒危物种种类
			4. 人文景观与自然景观相融性
			5. 自然景观规模
			6. 自然景观丰富度
			7. 人文景观规模
			8. 人文景观规模丰富度
			9. 优良级旅游资源数量
		生态环境指数	10. 生态承载能力
			11. 景区空气质量
			12. 景区噪声分贝
			13. 景区绿化覆盖率
			14. 景区地表水环境质量
		环境建设指数	15. 建筑物与周围环境协调性
			16. 建设用地在景区面积中的占用比例
			17. 游步道建设生态化比例
			18. 单位景区面积内生态卫生间数量
			19. 景区人工服务设施完备性
			20. 安全设施建设是否达标
	经济	社会文化环境	21. 当地居民的生态环境保护意识
			22. 当地居民对旅游者容忍度
			23. 文化水平程度与社会文化环境
			24. 当地政府对环境的保护力度
			25. 当地社区居民参与旅游业比例
			26. 景区规划与当地人文风情融合程度
		社会经济指数	27. 当地 GDP 年增长率
			28. 人均 GDP
			29. 财政收入年增长率及社会经济指数
			30. 实际利用外资年增长率
			31. 固定资产投资年增长率
			32. 旅游建设资金的年投入量
		旅游产业经济总量指数	33. 旅游业总收入占旅游地 GDP 比重
			34. 年接待旅游者人数
			35. 酒店、宾馆接待能力
			36. 旅行社接待能力
			37. 旅游业总收入年均增长率
			38. 旅游产业增加值占第三产业增加值的比例

（续）

目标层 A	准则层 B	要素层 C	指标层 D
生态旅游产业可持续发展评价指标体系	经济	旅游产业经济效益指数	39. 旅游商品收入在旅游总收入中的比重
			40. 旅游业在第三产业中的比重
	社会	人口素质	41. 大专以上文化程度占人口比重
			42. 人均受教育年限
			43. 人口自然增长率
		生活质量	44. 人均可支配收入
			45. 人均社会商品零售额
			46. 每千人拥有的商业网点数
			47. 每千人拥有的病床数
		社会稳定	48. 刑事案件发生率
			49. 失业人员所占比重
			50. 社会保障投入费用占 GDP 比重
	可持续发展潜力	政府支持	51. 当地政府对生态旅游的支持力度
			52. 当地法律法规保障
		环保投入	53. 环保专职人员数量（人/平方公里）
			54. 游客流量监控机制
			55. 制定环境管理体系（EMS）
			56. 生态环境质量监测分析
			57. 制定偶发事件预案
		资源利用	58. 使用无公害清洁剂
			59. 使用节能设施
			60. 选用生态性建筑材料
		废弃物处理	61. 垃圾无害化处理
			62. 污水排放量
			63. 旅游者参加废弃物回收
			64. 污水的回收利用率
		交通与商品	65. 旅游商品原材料不含濒危物种或珍稀物种
			66. 使用低污染娱乐设施
			67. 使用低污染交通工具
		行为引导	68. 制定旅游者行为守则
			69. 员工生态环境保护培训次数
			70. 文化保护培训次数
			71. 生态知识宣传教育
		教育程度	72. 旅游从业人员中专业人员所占比重
			73. 旅游业员工上岗培训率
			74. 教育培训经费占 GDP 比重

表 18-5 各指标“意见集中度”与“意见协调度”表

目标层 A	准则层 B	要素层 C	指标层 D	意见集中度	意见协调度
生态旅游产业可持续发展评价指标体系	资源环境	资源禀赋	1. 森林覆盖率	8. 35	0. 14
			2. 生物物种多样性	7. 82	0. 18
			3. 珍稀物种或濒危物种种类	7. 76	0. 19
			4. 人文景观与自然景观相融性	8. 06	0. 16
			5. 自然景观规模	7. 29	0. 22
			6. 自然景观丰富度	7. 76	0. 17
			7. 人文景观规模	6. 82	0. 28
			8. 人文景观规模丰富度	6. 82	0. 30
			9. 优良级旅游资源数量	8. 12	0. 14
		生态环境指数	10. 生态承载能力	8. 29	0. 14
			11. 景区空气质量	8. 24	0. 12
			12. 景区噪声分贝	8. 12	0. 16
			13. 景区绿化覆盖率	8. 24	0. 13
			14. 景区地表水环境质量	8. 18	0. 16
		环境建设指数	15. 建筑物与周围环境协调性	7. 82	0. 20
			16. 建设用地在景区面积中的占用比例	7. 24	0. 19
			17. 游步道建设生态化比例	7. 41	0. 21
			18. 单位景区面积内生态卫生间数量	7. 06	0. 23
			19. 景区人工服务设施完备性	7. 24	0. 23
			20. 安全设施建设是否达标	7. 59	0. 24
		社会文化环境	21. 当地居民的生态环境保护意识	8. 29	0. 12
			22. 当地居民对旅游者容忍度	7. 47	0. 15
			23. 文化水平程度与社会文化环境	6. 65	0. 26
			24. 当地政府对环境的保护力度	8. 35	0. 15
			25. 当地社区居民参与旅游业比例	7. 06	0. 24
			26. 景区规划与当地人文风情融合程度	7. 94	0. 18
	经济	社会经济指数	27. 当地 GDP 年增长率	7. 06	0. 28
			28. 人均 GDP	7. 06	0. 28
			29. 财政收入年增长率及社会经济指数	7. 00	0. 25
			30. 实际利用外资年增长率	6. 82	0. 29
			31. 固定资产投资年增长率	6. 53	0. 31
			32. 旅游建设资金的年投入量	8. 24	0. 13
		旅游产业经济总量指数	33. 旅游业总收入占旅游地 GDP 比重	7. 71	0. 20
			34. 年接待旅游者人数	7. 41	0. 21
			35. 酒店、宾馆接待能力	7. 47	0. 22
			36. 旅行社接待能力	7. 47	0. 21
			37. 旅游业总收入年均增长率	6. 94	0. 25
			38. 旅游产业增加值占第三产业增加值的比例	7. 29	0. 25

（续）

目标层 A	准则层 B	要素层 C	指标层 D	意见集中度	意见协调度
生态旅游产业可持续发展评价指标体系	经济	旅游产业经济效益指数	39. 旅游商品收入在旅游总收入中的比重	6.82	0.24
			40. 旅游业在第三产业中的比重	7.71	0.15
	社会	人口素质	41. 大专以上文化程度占人口比重	6.47	0.26
			42. 人均受教育年限	6.71	0.24
			43. 人口自然增长率	6.24	0.31
		生活质量	44. 人均可支配收入	6.82	0.30
			45. 人均社会商品零售额	6.29	0.33
			46. 每千人拥有的商业网点数	6.29	0.31
			47. 每千人拥有的病床数	6.18	0.30
		社会稳定	48. 刑事案件发生率	7.47	0.23
			49. 失业人员所占比重	7.06	0.27
			50. 社会保障投入费用占 GDP 比重	7.29	0.22
	可持续发展潜力	政府支持	51. 当地政府对生态旅游的支持力度	8.47	0.10
			52. 当地法律法规保障	8.29	0.12
		环保投入	53. 环保专职人员数量（人/平方公里）	7.82	0.14
			54. 游客流量监控机制	7.71	0.17
			55. 制定环境管理体系（EMS）	7.71	0.17
			56. 生态环境质量监测分析	7.94	0.15
			57. 制定偶发事件预案	7.35	0.21
		资源利用	58. 使用无公害清洁剂	7.53	0.19
			59. 使用节能设施	7.71	0.20
			60. 选用生态性建筑材料	7.76	0.20
		废弃物处理	61. 垃圾无害化处理	8.18	0.16
			62. 污水排放量	8.29	0.13
			63. 旅游者参加废弃物回收	7.82	0.17
			64. 污水的回收利用率	7.94	0.14
		交通与商品	65. 旅游商品原材料不含濒危物种或珍稀物种	7.53	0.21
			66. 使用低污染娱乐设施	7.59	0.19
			67. 使用低污染交通工具	7.88	0.19
		行为引导	68. 制定旅游者行为守则	1.59	0.23
			69. 员工生态环境保护培训次数	7.41	0.20
			70. 文化保护培训次数	7.12	0.18
			71. 生态知识宣传教育	7.47	0.18
		教育程度	72. 旅游从业人员中专业人员所占比重	7.29	0.20
			73. 旅游业员工上岗培训率	8.00	0.16
			74. 教育培训经费占 GDP 比重	7.82	0.18

剔除意见集中度小于7.4、变差系数大于0.22的指标，最后得出生态旅游可持续发展的评价指标体系见表18-6。

表18-6　生态旅游可持续发展的评价指标体系

目标层A	准则层B	要素层C	指标层D
生态旅游产业可持续发展评价指标体系A	资源环境 B_1	资源禀赋 C_1	D_{11}森林覆盖率
			D_{12}生物物种多样性
			D_{13}珍稀物种或濒危物种种类
			D_{14}人文景观与自然景观相融性
			D_{15}自然景观丰富度
			D_{16}优良级旅游资源数量
		生态环境指数 C_2	D_{21}生态承载能力
			D_{22}景区空气质量
			D_{23}景区噪声分贝
			D_{24}景区绿化覆盖率
			D_{25}景区地表水环境质量
		环境建设指数 C_3	D_{31}建筑物与周围环境协调性
			D_{32}游步道建设生态化比例
		社会文化环境 C_4	D_{41}当地居民的生态环境保护意识
			D_{42}当地居民对旅游者容忍度
			D_{43}当地政府对环境的保护力度
			D_{44}景区规划与当地人文风情融合程度
	经济因素 B_2	社会经济指数 C_5	D_{51}旅游建设资金的年投入量
		旅游经济效益指数 C_6	D_{61}旅游业总收入占旅游地GDP比重
			D_{62}年接待旅游者人数
			D_{63}酒店、宾馆接待能力
			D_{64}旅行社接待能力
			D_{65}旅游业在第三产业中的比重
	可持续发展潜力 B_3	政府支持 C_7	D_{71}当地政府对生态旅游的支持力度
			D_{72}当地法律法规保障
		环保投入 C_8	D_{81}环保专职人员数量（人/平方公里）
			D_{82}游客流量监控机制
			D_{83}制定环境管理体系（EMS）
			D_{84}生态环境质量监测分析
		资源利用 C_9	D_{91}使用无公害清洁剂
			D_{92}使用节能设施
			D_{93}选用生态性建筑材料

（续）

目标层 A	准则层 B	要素层 C	指标层 D
生态旅游产业可持续发展评价指标体系 A	可持续发展潜力 B_3	废弃物处理 C_{10}	D_{101} 垃圾无害化处理
			D_{102} 污水排放量
			D_{103} 旅游者参加废弃物回收
			D_{104} 污水的回收利用
		交通与商品 C_{11}	D_{111} 旅游商品原材料不含濒危物种或珍稀物种
			D_{112} 使用低污染娱乐设施
			D_{113} 使用低污染交通工具
		行为引导 C_{12}	D_{121} 员工生态环境保护培训次数
			D_{122} 生态知识宣传教育
		教育培训 C_{13}	D_{131} 旅游业员工上岗培训率
			D_{132} 教育培训经费占 GDP 比重

从专家打分的结果可以看出，专家认为生态旅游可持续发展的关键在于三个方面：生态化的资源环境、良性的经济发展、强劲的可持续发展潜力。在可持续发展潜力中，从专家意见集中度和意见协调度可以看出，专家认为政府的支持是生态旅游可持续发展的至关重要的因素，其次是废弃物的处理。

18.2.4　指标体系构建

1. 指标权重确定

把筛选下来的指标体系的每项指标再进行专家打分，确定指标的权重。其判断矩阵分别为：

（1）目标层判断矩阵（表 18-7）

表 18-7　目标层判断矩阵

A	B_1	B_2	B_3	权　重
B_1	1	3	1	0.4286
B_2	1/3	1	1/3	0.1429
B_3	1	3	1	0.4286

$\lambda = 3.0000$，$CI = 0.0000$，$RI = 0.5180$，$CR = 0.0000 < 0.1$。

（2）准则层判断矩阵（表 18-8 ~ 表 18-10）

表 18-8　B_1 准则层判断矩阵

B_1	C_1	C_2	C_3	C_4	权　重
C_1	1	3	5	5	0.5343
C_2	1/3	1	5	5	0.3051
C_3	1/5	1/5	1	1/2	0.0668
C_4	1/5	1/5	2	1	0.0938

$\lambda = 4.2153$，$CI = 0.0718$，$RI = 0.8862$，$CR = 0.0810 < 0.1$。

表 18-9　B_2 准则层判断矩阵

B_2	C_5	C_6	权　重
C_5	1	3	0.75
C_6	1/3	1	0.25

$\lambda=2$，$CI=0$，$RI=0$，$CR=0<0.1$。

表 18-10　B_3 准则层判断矩阵

B_3	C_7	C_8	C_9	C_{10}	C_{11}	C_{12}	C_{13}	权重
C_7	1	3	5	3	5	5	4	0.3532
C_8	1/3	1	3	1/3	4	4	1/3	0.1146
C_9	1/5	1/3	1	1/5	1	3	1/3	0.0554
C_{10}	1/3	3	5	1	5	5	4	0.2559
C_{11}	1/5	1/4	1	1/5	1	2	1/3	0.0491
C_{12}	1/5	1/4	1/3	1/5	1/2	1	1/2	0.0389
C_{13}	1/4	3	3	1/4	3	2	1	0.1328

$\lambda=7.6807$，$CI=0.1134$，$RI=1.3401$，$CR=0.0847<0.1$。

（3）要素层判断矩阵

表 18-11　C_1 要素层判断矩阵

C_1	D_{11}	D_{12}	D_{13}	D_{14}	D_{15}	D_{16}	权重
D_{11}	1	4	5	3	5	2	0.3631
D_{12}	1/4	1	3	1/3	4	1/3	0.1071
D_{13}	1/5	1/3	1	1/3	1	1/3	0.0550
D_{14}	1/3	2	5	1	5	1/3	0.1702
D_{15}	1/5	1/4	1	1/5	1	1/5	0.0446
D_{16}	1/2	3	3	3	5	1	0.2600

$\lambda=6.3899$，$CI=0.0780$，$RI=1.2482$，$CR=0.0625<0.1$。

表 18-12　C_2 要素层判断矩阵

C_2	D_{21}	D_{22}	D_{23}	D_{24}	D_{25}	权重
D_{21}	1	5	5	3	5	0.4791
D_{22}	1/5	1	3	1/3	1	0.1043
D_{23}	1/5	1/3	1	1/3	1/3	0.0576
D_{24}	1/3	3	3	1	5	0.2611
D_{25}	1/5	1	3	1/5	1	0.0978

$\lambda=5.3457$，$CI=0.0864$，$RI=1.1089$，$CR=0.0779<0.1$。

表 18-13　C_3 要素层判断矩阵

C_3	D_{31}	D_{32}	权　重
D_{31}	1	3	0.75
D_{32}	1/3	1	0.25

$\lambda=2$，$CI=0$，$RI=0$，$CR=0<0.1$。

表 18-14　C_4 要素层判断矩阵

C_4	D_{41}	D_{42}	D_{43}	D_{44}	权　重
D_{41}	1	7	3	5	0.5710
D_{42}	1/7	1	1/3	1/3	0.0647
D_{43}	1/3	3	1	3	0.2406
D_{44}	1/5	3	1/3	1	0.1237

$\lambda = 4.1397$，$CI = 0.0466$，$RI = 0.8862$，$CR = 0.0526 < 0.1$。

表 18-15　C_6 要素层判断矩阵

C_6	D_{61}	D_{62}	D_{63}	D_{64}	D_{65}	权　重
D_{61}	1	6	4	5	3	0.4634
D_{62}	1/6	1	1/4	1/3	1/5	0.0440
D_{63}	1/4	4	1	3	1/4	0.1355
D_{64}	1/5	3	1/3	1	1/4	0.0775
D_{65}	1/3	5	4	4	1	0.2796

$\lambda = 5.3850$，$CI = 0.0962$，$RI = 1.1089$，$CR = 0.0868 < 0.1$。

表 18-16　C_7 要素层判断矩阵

C_7	D_{71}	D_{72}	权　重
D_{71}	1	3	0.75
D_{72}	1/3	1	0.25

$\lambda = 2$，$CI = 0$，$RI = 0$，$CR = 0 < 0.1$。

表 18-17　C_8 要素层判断矩阵

C_8	D_{81}	D_{82}	D_{83}	D_{84}	权　重
D_{81}	1	1/3	1/5	1/7	0.0553
D_{82}	3	1	1/3	1/5	0.1175
D_{83}	5	3	1	1/3	0.2622
D_{84}	7	3	3	1	0.5650

$\lambda = 4.1171$，$CI = 0.0390$，$RI = 0.8862$，$CR = 0.0440 < 0.1$。

表 18-18　C_9 要素层判断矩阵

C_9	D_{91}	D_{92}	D_{93}	权　重
D_{91}	1	2	1/3	0.2493
D_{92}	1/2	1	1/3	0.1570
D_{93}	3	3	1	0.5937

$\lambda = 3.0536$，$CI = 0.0268$，$RI = 0.5180$，$CR = 0.0518 < 0.1$。

表 18-19　C_{10} 要素层判断矩阵

C_{10}	D_{101}	D_{102}	D_{103}	D_{104}	权　重
D_{101}	1	3	5	5	0.5439
D_{102}	1/3	1	5	3	0.2705

（续）

C_{10}	D_{101}	D_{102}	D_{103}	D_{104}	权　重
D_{103}	3	1/5	1	1/3	0.0636
D_{104}	1/5	1/3	3	1	0.1219

$\lambda=4.1981$，$CI=0.0660$，$RI=0.8862$，$CR=0.0745<0.1$。

表 18-20　C_{11}要素层判断矩阵

C_{11}	D_{111}	D_{112}	D_{113}	权　重
D_{111}	1	3	2	0.5278
D_{112}	1/3	1	1/3	0.1396
D_{113}	1/2	3	1	0.3325

$\lambda=3.0536$，$CI=0.0268$，$RI=0.5180$，$CR=0.0518<0.1$。

表 18-21　C_{12}要素层判断矩阵

C_{12}	D_{121}	D_{122}	权　重
D_{121}	1	1/5	0.1667
D_{122}	5	1	0.8333

$\lambda=2$，$CI=0.0000$，$RI=0.0000$，$CR=0.0000<0.1$。

2. 生态旅游可持续发展评价指标权重总排序

（1）生态旅游可持续发展评价指标权重表

$$各指标权重=W_A\times W_B\times W_C$$

式中，W_A、W_B、W_C分别为 A、B、C 层权重。结果见表 18-22。

表 18-22　可持续发展评价指标权重总排序表

目标层 A	准则层 B	要素层 C	指标层 D	总权重
生态旅游产业可持续发展评价指标体系 A	资源环境 B_1	资源禀赋 C_1	D_{11}森林覆盖率	0.0832
			D_{12}生物物种多样性	0.0245
			D_{13}珍稀物种或濒危物种种类	0.0126
			D_{14}人文景观与自然景观相融性	0.0390
			D_{15}自然景观丰富度	0.0102
			D_{16}优良级旅游资源数量	0.0595
		生态环境指数 C_2	D_{21}生态承载能力	0.0626
			D_{22}景区空气质量	0.0136
			D_{23}景区噪声分贝	0.0075
			D_{24}景区绿化覆盖率	0.0341
			D_{25}景区地表水环境质量	0.0128
		环境建设指数 C_3	D_{31}建筑物与周围环境协调性	0.0215
			D_{32}游步道建设生态化比例	0.0072
		社会文化环境 C_4	D_{41}当地居民的生态环境保护意识	0.0230
			D_{42}当地居民对旅游者容忍度	0.0026
			D_{43}当地政府对环境的保护力度	0.0097
			D_{44}景区规划与当地人文风情融合程度	0.0050

（续）

目标层 A	准则层 B	要素层 C	指标层 D	总权重
生态旅游产业可持续发展评价指标体系 A	经济因素 B_2	社会经济指数 C_5	D_{51}旅游建设资金的年投入量	0.1072
		旅游经济效益指数 C_6	D_{61}旅游业总收入占旅游地 GDP 比重	0.0166
			D_{62}年接待旅游者人数	0.0016
			D_{63}酒店、宾馆接待能力	0.0048
			D_{64}旅行社接待能力	0.0028
			D_{65}旅游业在第三产业中的比重	0.0100
	可持续发展潜力 B_3	政府支持 C_7	D_{71}当地政府对生态旅游的支持力度	0.1135
			D_{72}当地法律法规保障	0.0378
		环保投入 C_8	D_{81}环保专职人员数量（人/km^2）	0.0027
			D_{82}游客流量监控机制	0.0058
			D_{83}制定环境管理体系（EMS）	0.0129
			D_{84}生态环境质量监测分析	0.0278
		资源利用 C_9	D_{91}使用无公害清洁剂	0.0059
			D_{92}使用节能设施	0.0037
			D_{93}选用生态性建筑材料	0.0141
		废弃物处理 C_{10}	D_{101}垃圾无害化处理	0.0597
			D_{102}污水排放量	0.0297
			D_{103}旅游者参加废弃物回收	0.0070
			D_{104}污水的回收利用	0.0134
		父通与商品 C_{11}	D_{111}旅游商品原材料不含濒危物种或珍稀物种	0.0111
			D_{112}使用低污染娱乐设施	0.0029
			D_{113}使用低污染交通工具	0.0070
		行为引导 C_{12}	D_{121}员工生态环境保护培训次数	0.0028
			D_{122}生态知识宣传教育	0.0139
		教育培训 C_{13}	D_{131}旅游业员工上岗培训率	0.0474
			D_{132}教育培训经费占 GDP 比重	0.0095

（2）生态旅游可持续发展评价指标权重总排序一致性检验

$$CR_{总} = \frac{\sum_{i=1}^{n} W_i CI_i}{\sum_{i=1}^{n} W_i RI_i} \tag{18-7}$$

式中，$CR_{总} = \dfrac{0.4286 \times 0.0718 + 0.1429 \times 0 + 0.4286 \times 0.1134}{0.4286 \times 0.8862 + 0.1429 \times 0 + 0.4286 \times 1.4301} = 0.079955 < 0.1$。

18.2.5　生态旅游可持续发展综合评价

1. 评价指标量化

指标的量化采用统一赋值的方法，每个指标根据不同的标准统一划分为 A、B、C、D、

E 五个等级，每个等级分别赋值 100、80、60、40、20。具体赋值标准见表 18-23。

表 18-23　生态旅游可持续发展评价标准表

指　　标	评价标准				
	100	80	60	40	20
D_{11}森林覆盖率	>60%	60%～50%	50%～40%	40%～30%	<30%
D_{12}生物物种多样性	极为丰富	丰富	一般	低	缺乏
D_{13}珍稀物种或濒危物种种类	极为丰富	丰富	一般	少	无
D_{14}人文景观与自然景观相融性	优	良	中	低	差
D_{15}自然景观丰富度	优	良	中	低	差
D_{16}优良级旅游资源数量	丰富	较丰富	一般	少	无
D_{21}生态承载能力	0.9～1	0.8～0.9	1.1～1.2	0～0.8	1.2～1.5
D_{22}景区空气质量	优	良	轻度污染	中度污染	重污染
D_{23}景区噪声分贝	<30	30～40	40～50	50～55	>55
D_{24}景区绿化覆盖率	>80%	80%～70%	70%～60%	60%～50%	<50%
D_{25}景区地表水环境质量	Ⅰ	Ⅱ	—	—	Ⅲ
D_{31}建筑物与周围环境协调性	优	良	中	低	差
D_{32}游步道建设生态化比例	优	良	中	低	差
D_{41}当地居民的生态环境保护意识	很强	较强	一般	较弱	弱
D_{42}当地居民对旅游者容忍度	很高	较高	一般	较低	低
D_{43}当地政府对环境的保护力度	极大	很大	较大	适中	较小
D_{44}景区规划与当地人文风情融合程度	优	良	中	低	差
D_{51}旅游建设资金的年投入量	见说明				
D_{61}旅游业总收入占旅游地 GDP 比重	见说明				
D_{62}年接待旅游者人数	见说明				
D_{63}酒店、宾馆接待能力	很强	较强	一般	弱	差
D_{64}旅行社接待能力	很强	较强	一般	弱	差
D_{65}旅游业在第三产业中的比重	>50%	50%～30%	30%～20%	20%～10%	<10%
D_{71}当地政府对生态旅游的支持力度	极大	很大	较大	适中	较小
D_{72}当地法律法规保障	有	—	—	—	无
D_{81}环保专职人员数量（人/km^2）	0.5	0.5～0.3	0.3～0.1	0.1～0	0
D_{82}游客流量监控机制	有	—	—	—	无
D_{83}制定环境管理体系（EMS）	有	—	—	—	无
D_{84}生态环境质量监测分析	有	—	—	—	无
D_{91}使用无公害清洁剂	是	—	—	—	否
D_{92}使用节能设施	是	—	—	—	否
D_{93}选用生态性建筑材料	是	—	—	—	否
D_{101}垃圾无害化处理	>90%	90%～80%	80%～70%	70%～60%	<60%
D_{102}污水排放量	有	—	—	—	无
D_{103}旅游者参加废弃物回收	是	—	—	—	否
D_{104}污水的回收利用	>90%	90%～80%	80%～70%	70%～60%	<60%
D_{111}旅游商品原材料不含濒危物种或珍稀物种	是	—	—	—	否

（续）

指　　标	评价标准				
	100	80	60	40	20
D_{112}使用低污染娱乐设施	>80%	80%～60%	60%～40%	40%～20%	<20%
D_{113}使用低污染交通工具	>80%	80%～60%	60%～40%	40%～20%	<20%
D_{121}员工生态环境保护培训次数	>2	2～1	1～0.5	0.5～0	0
D_{122}生态知识宣传教育	有	—	—	—	无
D_{131}旅游业员工上岗培训率	>90%	90%～80%	80%～60%	60%～40%	<40%
D_{132}教育培训经费占GDP比重	见说明				

2. 指标量化说明

D_{51}：旅游建设资金投入情况，包括旅游基础设施及旅游产品营销网的建设投入。主要利用年投入量占旅游收入的百分比来评价，从统计年鉴上收集本地区的旅游业收入及建设资金投入量，结合本地的实际情况进行综合打分，由专家打分评估。

D_{61}：旅游业总收入占旅游地GDP比重，是衡量某地区旅游产业的发展程度的一个指标。所占比重越大，说明旅游经济对该地区国民经济的影响越大，旅游业越繁荣。从统计年鉴上收集本地区的旅游业收入及GDP，结合本地的实际情况进行综合打分。由专家打分评估。

D_{62}：年接待旅游者人数，反映一地区的旅游发展现状，接待人数过多会对环境的冲击过大，引起生态环境的脆弱化；而接待人数过少，对生态系统的干扰较低，但对社会经济的贡献同样也较低。主要根据不同地区的实际情况，由专家咨询法确定不同评分等级。

D_{132}：教育培训经费占GDP比重，由专家打分评估。

3. 评价模型

采用多目标线性加权评价模型对某地区生态旅游可持续发展进行综合评价。

$$I = \sum_{i=1}^{l}\left[\sum_{j=1}^{m}\left(\sum_{k=1}^{n} S_k W_k\right) W_j\right] W_i \tag{18-8}$$

式中，I为某地区总得分值；W_i为准则层第i个指标权重；W_j为要素层第j个指标权重；W_k为指标层第k个指标权重；l为准则层指标个数，本模型取3；m为要素层指标个数，本模型取13；n为指标层指标个数，本模型取43。

18.3　自然保护区可持续发展评估模型及应用

18.3.1　评价标准的选择

评价标准的选择取决于评价目的。如果评价的目的是要建立不同保护区生态旅游可持续发展的序列谱，则可以选择某一时间不同保护区相同指标的平均值作为评价标准；如果评价的目的在于了解某一保护区生态旅游发展水平的变化状况，重在发现问题，为提高自然保护区的规划、管理水平服务，则选择该保护区某一年度的指标数据作为评价标准。根据本研究选择保护区类型的实际情况和时间的限制，本研究选择自然保护区2000年的数据作为评价标准。

18.3.2 确定评价指标权重

正如前文所述，生态旅游这一自然—人工生态系统的可持续经营涉及环境、社会和经济等诸多要素或指标，并且各指标对于整个系统的作用机理与效果又有所区别，即具有不同的权重系数。因此在研究各指标对相关准则的影响或贡献之前，首先研究确定各指标的权重。

层次分析法（AHP）又称多层次权重分析法，是将与决策有关的元素分解成目标、准则、指标层次，再进行定性和定量分析的决策方法。该方法是美国运筹学家萨蒂（A. L. saaty）于20世纪70年代初提出的一种层次权重决策分析方法。这种方法的特点是在对复杂的决策问题的本质、影响因素及其内在关系等进行深入分析的基础上，按照一定的关系进行分组，形成有序的递阶层次结构，利用较少的定量信息使决策的思维过程数学化，从而为多目标、多准则或无结构特性的复杂决策问题提供简便的决策方法，这种方法能在一定程度上检验和减少主观影响，尤其适用于对决策结果较难直接准确计量的场合。其主要思路是根据对客观实际的模糊判断，就每一层次的相对重要性给出定量表示，再利用数学方法确定全部元素的相对重要性次序的权系数。

1. 建立梯级层次结构

自然保护区生态旅游可持续性评价是对生态旅游环境系统进行的综合评价，包括生态旅游发展现状和趋势的评价，涉及生态旅游的资源、环境、社会及经济等方面，因此评价指标体系是一种极其复杂的多因素、多变量、多层次的等级系统。结合研究地区生态旅游的管理目标与生态旅游的宗旨，以及目前生态旅游的发展阶段，同时考虑观测数据的可得程度，可以建立如下自然保护区生态旅游评价梯级层次结构（表18-24）。

表18-24 生态旅游评价梯级层次结构

生态旅游可持续性 A	环境持续性 B_1	C_{11}旅游区面积比例
		C_{12}生物多样性指数
		C_{13}景观多样性指数
		C_{14}旅游环境负荷数
		C_{15}水体污染程度
		C_{16}空气质量指数
		C_{17}土壤退化比重
	社会持续性 B_2	C_{21}新增当地就业率
		C_{22}宣传/教育投入比例
		C_{23}游客满意率
		C_{24}社区发展投入比例
		C_{25}刑事案件发生次数
	经济持续性 B_3	C_{31}生态旅游年总投入
		C_{32}生态旅游产值
		C_{33}第三产业占 GDP 比重
		C_{34}收入返还保护区比例
		C_{35}环境保护/治理投入

2. 构造比较判断矩阵

采取两两比较同一层次的各指标。两两对比方法是指各指标之间的一对一比较，要求专家组依据选定的标准对每对指标的相对重要性进行比较判断，并通过这些判断来确定指标的权重。该方法是以指标水平为基础的，因为只有在这一水平，原则和标准才是最可测和可见的。采用两两比较方法可以测定不同指标之间的顺序和程度重要性，并且用于一致性分析。同时该方法要求专家组必须考虑每一个指标相对于其他所有指标的重要性，因此，该方法可以更好地分析专家组得出的结果。为了方便起见，按指标的优良程度或重要程度将其划分为若干等级，即重要性相同、稍重要、较重要、非常重要、特别重要，并分别赋予不同的标度值：1、3、5、7、9；相反，如果一个指标较另一个显得次要，则仍按以上等级划分方法，赋予其相应标度值的倒数。

比较 n 个因素 $\boldsymbol{X}=\{x_1, x_2, \cdots, x_n\}$ 对目标 T 的影响，确定它们在 T 中所占的比重。每次取 2 个因素 x_i和 x_j，以 a_{ij}表示 x_i和 x_j对 $\boldsymbol{A}$ 的影响的比值，得到两两比较判断矩阵如下

$$\boldsymbol{A}=(a_{ij})_{n\times n} \tag{18-9}$$

其中，$a_{ij}>0$；$a_{ji}=1/a_{ij}$ $(i\neq j)$；$a_{ij}=1$ $(i, j=1, 2, \cdots, n)$。

采用 1-9 及其倒数作为标度方法确定 a_{ij}。分级定量同一层次上的各因素，按优良程度或重要程度将其划分为若干等级，即相等、稍微重要、明显重要、强烈重要、极端重要，并分别赋予不同的标度值：1、3、5、7、9；相反，如果一个因素较另一个显得次要，则仍按以上等级划分方法，赋予其相应标度值的倒数。如果介于上述相邻判断之间，取值分别为 2、4、6、8（表 18-25）。

表 18-25　判断矩阵标度值及其含义

标　度	含　义
1	表示两个指标相比，重要性相同
3	表示两个指标相比，一方与另一方相比稍微重要
5	表示两个指标相比，一方与另一方相比较重要
7	表示两个指标相比，一方与另一方相比非常重要
9	表示两个指标相比，一方与另一方相比特别重要
为了提高精确度，也可以在各级之间内插 2、4、6、8，成为 9 级定量法	

为了较为科学地反映出各指数间的权重关系，本研究设计了准则层和指标层各指标权重调查表，根据对来自中国林科院、北京林业大学、浙江林学院、北京联合大学旅游学院、国家林业局森林公园管理处，以及普通游客等单位和个人近 30 位专家的咨询结果，经综合分析后予以最终确定。

所以，可以得到某一层判断矩阵 B_{ij}：

B_{ij}	B_1	B_2	$\cdots$	B_j	$\cdots$	B_n
B_1	b_{11}	b_{12}	$\cdots$	b_{1j}	$\cdots$	b_{1n}
B_2	b_{21}	b_{22}	$\cdots$	b_{2j}	$\cdots$	b_{2n}
$\cdots$	$\cdots$	$\cdots$	$\cdots$	$\cdots$	$\cdots$	$\cdots$

B_i	b_{i1}	b_{i2}	…	b_{ij}	…	b_{in}
…	…	…	…	…	…	…
B_n	b_{n1}	b_{n2}	…	b_{nj}	…	b_{nn}

此判断矩阵必须满足三个条件：

1）对角线元素为1，即 $b_{ij}=1$，$i=j=1, 2, \cdots, n$。

2）右上三角和左下三角对应元素互为倒数，即 $b_{ij}=1/b_{ji}$，$i, j=1, 2, \cdots, n$。

3）元素优先次序的传递关系，$b_{ij}=b_{ik}/b_{jk}$，$i, j, k=1, 2, \cdots, n, i\neq j$。

由于专家构造的判断矩阵与理论上的判断矩阵可能有误差，其结果可能导致专家构造的 n 阶矩阵的最大特征值 $\lambda_{\max}$ 不一定等于 n，为了减少这种误差，需要进行一致性检验，检验指标为CI

$$\mathrm{CI}=\frac{\lambda_{\max}-n}{n-1} \tag{18-10}$$

式中，n 为判断矩阵的维数；$\lambda_{\max}$ 为判断矩阵的最大特征值。$\lambda_{\max}$ 的计算步骤是：

1）首先计算判断矩阵每一行元素的乘积 M_i：$M_i = \prod_{i=1}^{n} b_{ij}$，$i=1, 2, \cdots, n$。

2）计算 M_i 的 n 次方根 $W_i'=\sqrt[n]{M_i}$。

3）对向量进行正规化：$W_i = \dfrac{W'_i}{\sum_{j=1}^{n} W_j}$。

4）特征向量 $\boldsymbol{W}=[W_1, W_2, \cdots, W_n]^{\mathrm{T}}$，即各指标的权重。

5）判断矩阵的最大特征值 $\lambda_{\max} = \sum_{j=1}^{n} \dfrac{(AW)_i}{nW_i}$，式中，$(AW)_i$ 表示向量 $\boldsymbol{AW}$ 中的第 i 个元素。

3. 评价模型的建立和指标标准化

自然保护区生态旅游可持续发展的目标是多元的，涉及环境、社会和经济等方面，既有增长目标，又有结构目标；既有效率目标，又有公平目标。同时，自然保护区生态旅游的可持续发展也受到来源于环境、社会和经济领域各种因素的影响（包括积极的影响和消极的影响）。按照可持续发展的原则，在各种因素的综合作用下，实现生态旅游综合效益最大化。

根据评价指标体系多层次的特点，建立如下递阶多层次综合评价模型

$$A = \sum_{j=1}^{m} W_i \times B_i = \sum_{i=1}^{m}\sum_{j=1}^{k} W_{ij} \times C_{ij} \tag{18-11}$$

式中，W_{ij} 为指标权重；B_i 为量化指标；C_{ij} 为量化指标。

自然保护区生态旅游可持续发展是相关发展条件和基础的改善或变化，具体反映是相关指标的变化。为此，本研究对指标做如下量化：

对于正向性指标值＝（评价年指标值－基准年指标值）/基准年指标值

对于逆向性指标值＝（基准年指标值－评价年指标值）/评价年指标值

在确定评价基准年之后，计算自然保护区生态旅游可持续发展测度。由于自然保护区在

管理水平、经营理念、经营模式、科技投入、技术水平以及当地社区居民环境意识，以及生态环境、人文环境等方面都在发生变化，这些条件的改变，势必对生态旅游的发展产生影响，表现为保护区生态旅游可持续发展测度的变化。在此给出保护区生态旅游可持续发展的判据如下：测度 $A>0$，可持续发展；测度 $A=0$，准可持续发展；测度 $A<0$，不可持续发展。

【阅读材料】

绿色城市的标准

根据印度的 Rashmi Mayur 博士的观点，绿色城市应具备以下条件：

1）绿色城市是生物材料和文化资源以最和谐的关系相联系的凝聚体，生机勃勃，自养自立，生态平衡。

2）绿色城市在自然界里具有完全的生存能力，能量的输出与输入能达到平衡，甚至更好些——输出剩余的能量产生价值。

3）绿色城市保护自然资源，它依据最小需求原则来消除或减少废物。对于不可避免产生的废弃物，则将其循环再生利用。

4）绿色城市拥有广阔的自然空间，如花园、公园、农场、河流或小溪、海岸线、郊野等，以及和人类同居共存的其他物种，如鸟类、动物和鱼。

5）绿色城市强调最重要的是维护人类健康（而疾病是非生态的），鼓励人类在自然环境中生活、工作、运动、娱乐以及摄取有机的、新鲜的、非化学性的和不过分烹制的食物。

6）绿色城市中的各组成要素（人、自然、物质产品、技术等）要按美学关系加以规划安排。要给人类提供优美的、有韵律感的聚居地。各种形象设计、颜色、样式、大小与亲和度要基于想象力、创造力以及与自然的关系。

7）绿色城市要提供全面的文化发展，剧院、水上运动场、海滩、公共音乐厅、友谊花园、科学和历史博物馆、公共广场等将为人类的相互影响提供机会，也就是说，绿色城市将是个充满欢乐与进步的地方。

8）绿色城市是城市与人类社会科学规划的最终成果，它对于现存庞大、丑陋、病态、腐败以及糟蹋性开发的城市中心是个挑战，它提供面向未来文明进程的人类生存地和新空间。

——资料来源：David Gordon，Green Cities：Ecologically Sound Approaches to Urban Space，Black Rose Books，1990.

思　考　题

1. 可持续发展评估的模型有哪些？
2. 农业可持续发展综合评估中指标的权重如何确定？
3. 经济可持续发展评估的方法和原理是什么？

4. 生态旅游可持续发展评估指标的内容有哪些？
5. 自然保护区可持续发展评价指标如何选择？

推荐读物

1. 杨伟民．中国可持续发展的产业政策研究［M］．北京：中国市场出版社，2004.
2. 张坤民．生态城市评估与指标体系［M］．北京：化学工业出版社，2003.

参考文献

［1］曾献印．农业可持续发展评估：理论与应用——以河南省为例［D］．郑州：河南大学，2005.
［2］周玉梅．中国经济可持续发展研究［D］．长春：吉林大学，2005.
［3］李新运，孙瑛，等．山东省区域可持续发展评估及协调对策［J］．人文地理，1998，13（4）：65-72.
［4］王锋．环太湖生态农业旅游圈综合评价与可持续发展研究［D］．南京：南京农业大学，2010.
［5］闫守刚．生态旅游可持续发展评价指标体系及评估模型研究—以天津蓟县为例［D］．天津：天津师范大学，2006.
［6］于玲．自然保护区生态旅游可持续性评价指标体系研究［D］．北京：北京林业大学，2006.
［7］李天星．国内外可持续发展指标体系研究进展［J］．生态环境学报，2013，22（6）：1085-1092.
［8］郭存芝，彭泽怡，丁继强．可持续发展综合评价的 DEA 指标构建［J］．济南：中国人口·资源与环境，2016，26（3）：9-17.